高压套管及其绝缘

GAOYA TAOGUAN
JI
QI
JUEYUAN

主　编◇吕　刚　吕金壮
唐　超　沈其荣
副主编◇党镇平　孙　勇　邓　军
李挺标　石玉秉　童孝榜

重庆大学出版社

内容提要

本书是一本完整阐述高压套管及其绝缘的技术专著，详细介绍了高压套管的结构、应用、主要故障和性能测试，并对其绝缘材料的老化机理与改性方式进行了深入的探讨。本书共5章，包括高压套管与绝缘概述、高压套管的结构、高压套管主要故障及性能检测、绝缘纸老化及其改性技术和绝缘油老化及其改性技术。本书可供相关专业的科研人员、教师和学生使用，也可供从事相关行业的工程技术人员参考。

图书在版编目(CIP)数据

高压套管及其绝缘 / 吕刚等主编. -- 重庆 : 重庆大学出版社, 2022.3

ISBN 978-7-5689-2986-8

Ⅰ. ①高… Ⅱ. ①吕… Ⅲ. ①高压—绝缘套管
Ⅳ. ①O521

中国版本图书馆 CIP 数据核字(2021)第195834号

高压套管及其绝缘

主 编 吕 刚 吕金壮 唐 超 沈其荣

策划编辑:荀荟羽

责任编辑:荀荟羽 版式设计:杨粮菊

责任校对:关德强 责任印制:张 策

*

重庆大学出版社出版发行

出版人:饶帮华

社址:重庆市沙坪坝区大学城西路21号

邮编:401331

电话:(023) 88617190 88617185(中小学)

传真:(023) 88617186 88617166

网址:http://www.cqup.com.cn

邮箱:fxk@cqup.com.cn (营销中心)

全国新华书店经销

重庆俊蒲印务有限公司印刷

*

开本:720mm×1020mm 1/16 印张:20.5 字数:415千

2022年3月第1版 2022年3月第1次印刷

印数:1—1 200

ISBN 978-7-5689-2986-8 定价:98.00元

编委会

序言

在碳达峰碳中和的大背景下，特高压电网已成为中国“西电东送、北电南供、水火互济、风光互补”的能源运输“主动脉”，破解了能源电力发展的深层次矛盾，实现了能源从就地平衡到大范围配置的根本性转变，有力推动了清洁低碳转型。贯彻执行习近平总书记“绿水青山就是金山银山”的理念，能源电力行业任务重、责任艰巨，也将承担主力军的作用。在特高压工程中，套管作为电力变压器出线组件或引线穿墙的关键设备，是发展超特高压电力系统最先试制的绝缘结构。对于高压套管来讲，确保其安全运行，提高其健康水平，进而更好地保障清洁能源的可靠传输与供应，就是在为实现“碳达峰、碳中和”目标、建设美丽中国做出贡献。

本书从高压套管的发展历程与应用入手，阐述了随着电压等级的提高和电网规模的扩大，套管的市场需求越来越多，其绝缘可靠性对电力系统正常运行的重要性，以及准确评估套管的运行状态，适时采取高效的运维检修策略，对电网的可靠运行和能源安全的重要意义。本书首先详细介绍了高压套管的结构、应用、主要故障和性能测试；然后对其绝缘材料的老化机理与改性方式进行了深入的探讨，希望对读者有所裨益。

在本书的编写过程中，有关生产企业、科研院所提供了丰富的资料，中国南方电网有限责任公司、国家电网有限公司的有关同志在资料搜集和整理方面做了大量的协助工作，张松、李旭、谢惊宇、郑伟、田汶鑫、张静文等科研人员提供了详尽的相关数据，许多专家提出了宝贵的建议和意见，在此，一并表示诚挚的谢意！

由于编者团队水平有限，书中难免存在疏漏之处，恳请读者批评指正。

编　者

2021 年 5 月

目录

第 1 章 高压套管与绝缘概述

1.1 引言

我国"十四五"规划中指出我国将开启全面建设社会主义现代化国家新征程，随着我国经济持续稳定增长，意味着电力需求在"十四五"建设期间持续攀升，图1.1所示为2025—2060年我国用电总量预测，全社会用电量将在2025年、2030年分别达到9.2万亿kW·h、10.7万亿kW·h。为解决我国能源国情中能源分布与负荷中心分布不均、电力消耗持续增长、输电通道建设滞后于发电建设的问题，国家提出了"西电东送""全球能源互联网"等一系列政策。特高压输电工程成为我国"新基建"的重要建设项目，也是向全世界展示中国实力的"新名片"。在碳达峰碳中和的大背景下，特高压电网已成为中国"西电东送、北电南供、水火互济、风光互补"的能源运输"主动脉"，破解了能源电力发展的深层次矛盾，实现了能源从就地平衡到大范围配置的根本性转变，有力推动了清洁低碳转型。截至2020年底，中国已建成"14交16直"、在建"2交3直"共35个特高压工程，在运在建特高压线路总长4.8万km。我国2019年投运的昌吉—古泉±1 100 kV特高压直流输电工程是目前世界上电压等级最高、输送容量最大、输送距离最远、技术水平最先进的特高压输电工程。

高压套管作为一种重要的绝缘部件，主要搭建于变压器、电抗器、断路器等电力设备及墙体中，承担对地绝缘、支撑及载流功能，被广泛用于电站及各类高压电气设备中。若通有高压电流的导体需要穿过电位不相同的金属箱壳或墙壁，则需采用高压绝缘套管。套管主要用来支撑用电设备，同时还起到引线对地绝缘的作用。特别是在高压设备中，套管起着重要的绝缘作用。套管能否安全稳定运行，将

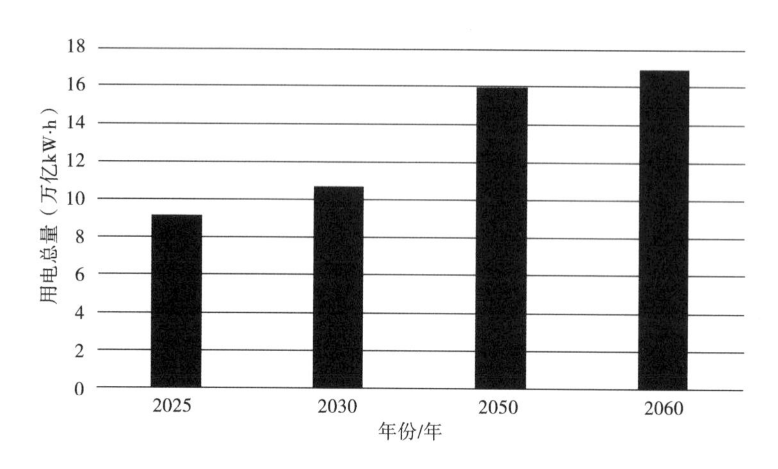

图 1.1　2025—2060 年我国用电总量预测

直接影响整个高压电气设备和用电线路是否能安全、可靠及稳定运行。在特高压工程中，套管作为电力变压器的出线组件或引线穿墙的关键设备，是发展超特高压电力系统最先试制的绝缘结构。目前在我国所建成的 ±800 kV 换流站中，其单极大都配置了 4 支穿墙套管。这 4 支套管分别为 1 支 800 kV 套管、1 支中性线套管和 2 支 400 kV 套管，图 1.2 所示为其穿墙套管的具体位置示意图。除此之外，在

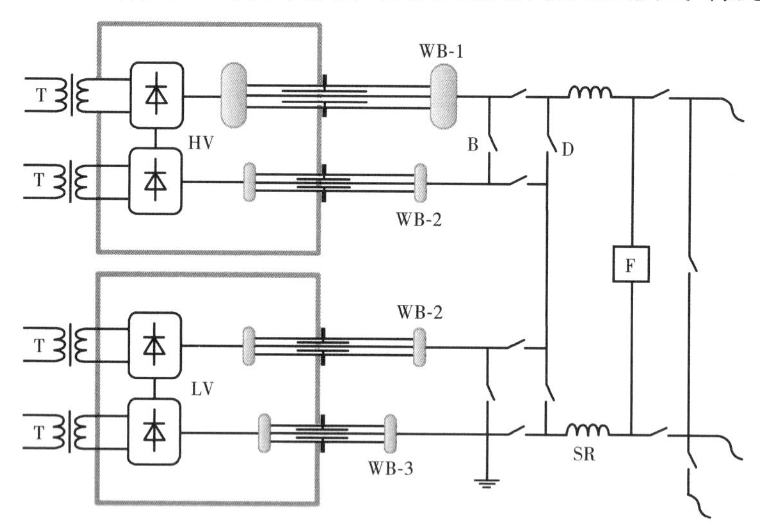

图 1.2　穿墙套管在 ±800 kV 换流站中的位置示意图

HV—高压阀厅；LV—低压阀厅；T—换流变压器；WB-1—800 kV 套管；
WB-2—400 kV 套管；WB-3—中性线套管；B—断路器；D—隔离开关；
SR—平波电抗器；F—直流滤波器

采用户内直流场设计的 1 100 kV 换流站中，单极在进、出户内直流场时还需加装 550 kV 套管和 1 100 kV 套管各 1 支，因此套管需求量进一步增加。套管在运行过

程中,会受到高压电场、磁场及温度等运行环境的作用,其绝缘会劣化,绝缘性能下降,甚至完全失去绝缘作用,导致电力变压器发生故障。随着电压等级的提高和电网规模的扩大,套管的市场需求越来越多,其绝缘可靠性对电力系统正常运行十分重要。准确评估套管的运行状态,适时采取高效的运维检修策略,对电网的可靠运行和能源安全具有重要意义。

1.2　高压套管概述

1.2.1　高压套管发展概述

高压套管是用于穿过导体的一种绝缘子,其作为一种重要的绝缘部件,主要应用在变压器、电抗器、断路器等电力设备及墙体中,承担对地绝缘、支撑以及载流功能,应用十分广泛。

绝缘套管按用途可分为电站类和电器类,前者主要是穿墙套管;后者有变压器套管、电容器套管和断路器套管等。

按主绝缘结构可分为电容式和非电容式,电容式绝缘包括胶粘纸、胶浸纸、油浸纸、浇注树脂、其他绝缘气体或液体;非电容式绝缘包括气体绝缘、液体绝缘、浇注树脂、复合绝缘。

按套管的接线方式可分为穿缆式套管和导电式套管,穿缆式套管是指变压器绕组引线用电缆穿过套管的铜管,上端和接线头连接引出,常用于额定电流在1 250 A及以下变压器套管中;导电杆式套管是绕组引线在套管的下部均压罩内直接和下部接线头连接,电流直接由铜管传导,套管上部接线头直接和铜管连接。

根据绝缘方式不同,可以分为单一绝缘套管、复合绝缘套管和电容式绝缘套管。

(1)单一绝缘套管

单一绝缘套管的结构简单、用途单一,其应用时间可追溯到20世纪50年代。目前,在35 kV以下的接引供电场合中单一绝缘套管仍被大量应用。图1.3为单一绝缘套管的结构示意图,圆管式的套管为单一绝缘套管的主要绝缘部件,可由氧化铝陶瓷、硅橡胶或者树脂等材料制成,其中瓷套管的应用最为广泛。可通过将绝缘套管内部制成空心结构,并在内部充以空气进行绝缘,从而改善套管法兰和端盖附近的场强。

瓷套管的外表有伞裙用来防止滑闪,除此之外,用于穿墙套管的瓷套管也常采用波纹瓷棱来替代伞裙(户外使用伞裙,户内使用瓷棱),相比于伞裙,波纹瓷棱的宽度小、制作工艺简单,能减小瓷套管质量、降低制作成本。同时波纹瓷棱的数目

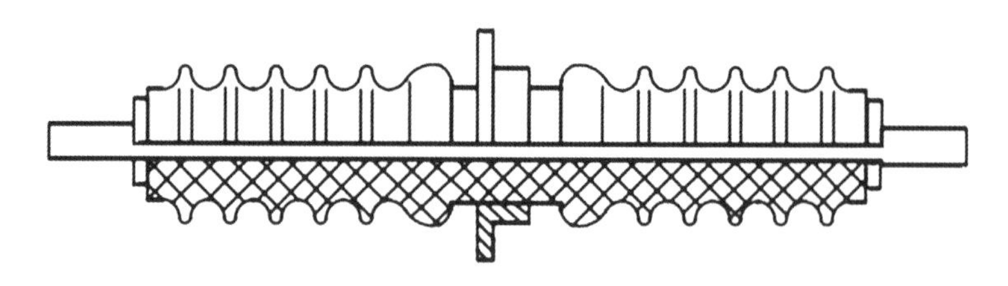

图 1.3　单一绝缘套管结构示意图

较多,可以保证泄漏路径长度,防止闪络。随着电压等级提高,为均匀空气腔的电场分布和防止导电杆表面电晕,经常会在套管内壁喷涂铝膜和导电杆外壁缠绕绝缘纸,为提高套管闪络电压和削弱法兰边缘的电场强度,20 ~ 35 kV 的瓷套管经常在法兰附近加以大伞裙,并在伞裙瓷壁上喷铝或上半导体釉。在更高等级的电压下,不适合采用单一绝缘套管。单一绝缘高温固体电制热储热装置穿墙套管的绝缘材料为外绝缘材料,因为其运行环境限制,必须采用耐高温的高温绝缘材料进行绝缘。常用的外绝缘材料包括硅橡胶、聚四氟乙烯、陶瓷及石英等。

(2)复合绝缘套管

在 20 世纪 50 年代晚期之后,为了改善法兰和导电杆周围的电场并适应更高的工作标准电压,复合绝缘套管逐渐得到广泛使用,其中以充油套管最为常见。复合绝缘套管的结构类似于具有空气腔的单一绝缘层瓷套管,通过用绝缘油、绝缘气体、玻璃纤维或有机材料代替空气腔来组成复合绝缘套管。与单一绝缘套管相比,复合绝缘套管在体积、质量、耐压、散热等方面都具有明显优势。当电压在 35 kV 及以上时,为防止导电杆表面的油道内场强过高,常在导电杆上缠绕厚 5 ~ 15 mm 的绝缘纸以改善电场。然而在电压等级超过 66 kV 时,为提高击穿电压和均匀导电杆周围电场,则必须相应增加绝缘纸厚度,从而导致工艺加工困难。因此对于 66 kV 及以上电压等级的充油套管,也会使用多个同轴胶纸筒以提高击穿电压。此外,也常采用环氧树脂浸渍的玻璃纤维棒制作干式复合绝缘套管,以此提高套管的耐污能力、防爆能力和抗震性能。

复合绝缘套管的特征在于选择合适的绝缘介质与外套管形成复合绝缘,并提高套管电晕电压。如图 1.4(a)所示为一种采用真空结构的复合绝缘套管,利用真空的电气绝缘能力和隔热能力,可以有效地实现套管绝缘水平的提升,并防止炉内热量沿套管散失,同时其套管结构简单,便于生产、安装,能减轻套管质量。真空层内布置垫块作为支撑,增强套管强度。然而,实际运行中真空复合绝缘套管的绝缘和隔热性能主要由真空层的真空度决定,真空层的泄漏或破裂都会造成极大的危害,随着运行时间增加,真空度下降时也会影响套管绝缘性能。

如图 1.4(b)所示的复合绝缘套管采用了冷却结构,利用燃点较高的绝缘油为冷却介质对套管进行冷却,避免套管因绝缘温度过高发生击穿或者缩短套管使用寿命,同时也保证了绝缘油温度处于合理的水平,不至于发生爆炸或分解。

如图1.4(c)所示复合绝缘套管采用内外层绝缘组件组合结构，内层绝缘为耐高温云母卷材组件，外层绝缘为充有SF_6的石英管封闭套管组件，同时石英管与外部气体均压装置相连，以保障装置安全。如图1.4(b)和图1.4(c)所示的复合绝缘套管均通过复合绝缘方式实现套管绝缘强度的增强，但图1.4(b)所示的冷却式复合套管会产生较大的热量散失，不利于储热装置储热效率的提高。图1.4(c)所示的组合式复合绝缘套管绝缘结构比较合理，但该结构下套管的直径较大，仍有改进空间。

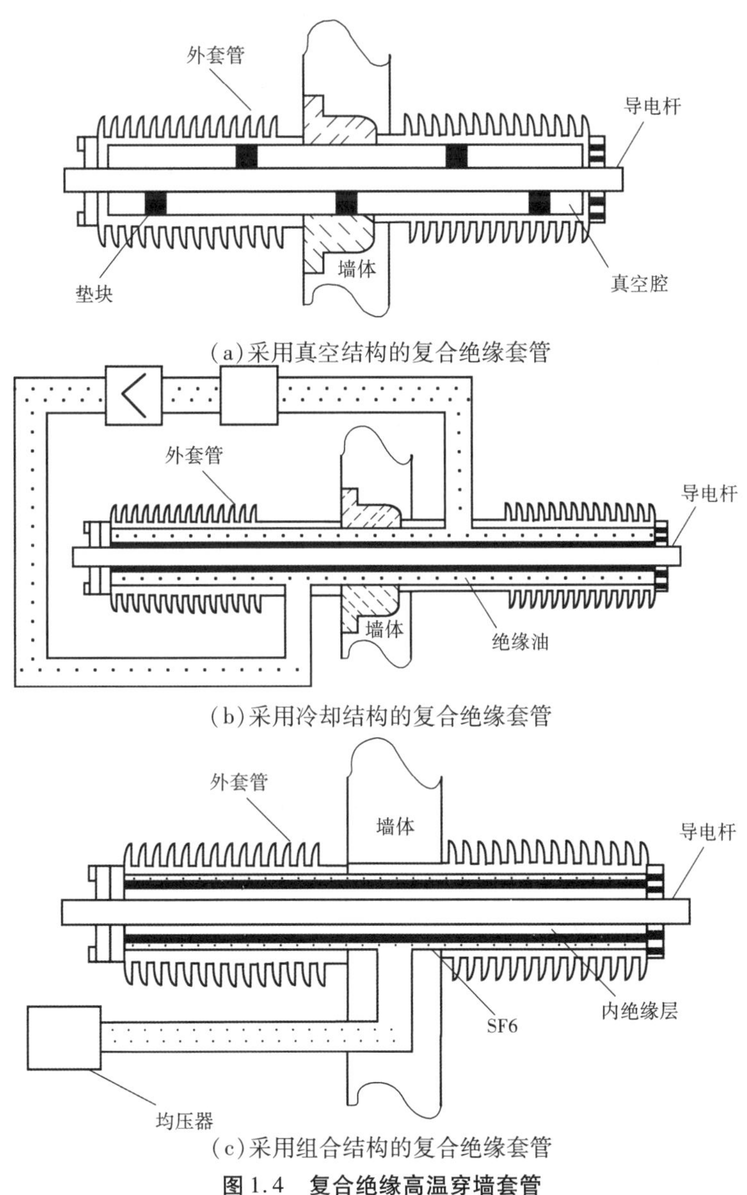

(a)采用真空结构的复合绝缘套管

(b)采用冷却结构的复合绝缘套管

(c)采用组合结构的复合绝缘套管

图1.4　复合绝缘高温穿墙套管

(3)电容式绝缘套管

电容式绝缘套管的出现有效解决了套管与高压设备的连接问题。电容式套管的主绝缘通过电容芯子来完成。通过在导电杆上缠绕铝箔和绝缘纸,电容器的分压原理可用于施加均匀的电场并有效地提高套管的击穿电压。根据电容芯子的浸渍工艺,电容式套管有油式套管和干式套管两种。其中,油式电容套管是电容套管中最常见的一种,绝缘油是一种性能稳定的浸渍介质,浸渍效果良好,并且油式套管的制造工艺简单。根据主绝缘材料的不同,电容式套管的电容芯子一般可分为胶纸和油纸两种。胶纸电容芯子由胶纸和电容极板卷制而成,其中,胶纸一般采用厚0.05~0.07 mm 的不透油单面上胶纸,所上胶多为环氧树脂,卷制时通常使用整张胶纸包绕。电容芯子的极板多为铝箔,常用半导体材料涂刷或镶边以提高局部放电电压。油纸电容芯子由电缆纸和电容极板卷制而成,与胶纸电容芯子相同,电容芯子卷制完成后,先与瓷套及其他附件总装成整体,再抽真空充油(一般使用黏度较大的矿物油)。关于干式套管我们将在后面小节详细介绍。

根据上述高压套管的介绍,高压套管种类繁多,其结构也不尽相同,适合的应用场合也不相同。高电压等级的套管一般采用电容式,在主绝缘中嵌入铝箔作为电容极板强迫电场分布,大大提高了套管的击穿电压。随着材料科学的发展,高压套管结构设计与绝缘材料不断得到优化,进一步提升了高压套管的各项性能。

1.2.2 高压套管结构设计与绝缘材料

20 世纪 80 年代及以前,我国电气设备的各部分分别由不同的工厂设计生产。各工厂的设计和生产只考虑单一产品,套管在设计和试验时虽满足绝缘要求,但与高压电气设备组装后进行整体耐压试验时,套管出现闪络现象的情况经常发生。原因在于套管设计时没有按照其实际运行时的条件进行绝缘分析和设计,导致套管与高压电气设备连接部位的场强超出允许极限值,进而导致闪络的产生甚至造成击穿。

因此,怎样设计使高压套管的结构更加合理或者怎样选择高压套管的构成材料是研究人员一直在探索的问题,接下来介绍 20 世纪以来,国内外对高压套管的结构设计及其材料选择的研究发展历程。

(1)高压套管结构设计

20 世纪 90 年代初期,由于制作工艺水平达不到标准,我国所生产的绝缘子的质量受到严重影响。因此,这一时期国内制造的绝缘套管主要是在 160 kV 及以下电压等级。

21 世纪以来,我国的制造技术有了长足进步,部分产品已经达到国际先进水平。如 NGK 唐山电瓷有限公司已制造出交流系列 70~530 kV 和直流系列 160~400 kV 的产品,并且还制造出多种绝缘子形状,有单伞形、双伞形和三伞形。

复合绝缘子的伞裙护套成形工艺主要分为 3 种类型：

①在芯管上挤压护套，然后在护套上粘接伞裙。

②首先单片压制伞裙，然后再逐片粘接到芯管上。

③将芯材置于模具内，采用高温高压注射成型工艺外包护套及伞裙。

这三种类型各具特色，可根据实际工程应用的不同而采用不同的工艺。

在过去的几十年里，不少国内外学者对复合绝缘子进行了研究，并促进了复合绝缘子的推广和应用。为了解决在使用瓷套管时安全事故多的问题，复合绝缘子已被用于许多应用中。相较于瓷绝缘子，复合绝缘子的优势取决于它的疏水性强、抗污染闪络性强和质量轻的特性。所以，复合套管将会越来越普遍地被使用。尽管复合套管尚未完全取代传统的套管，但复合套管已经成为高压绝缘套管未来的发展趋势。

目前，我国已经可以大规模生产电压等级为 35～500 kV 的棒形悬式复合绝缘子，并且已经大约有 250 万只复合绝缘子在联网运行。具备生产这个电压等级能力的公司有襄樊国网合成绝缘子股份有限公司、东莞高能实业有限公司和广州 MPC 国际电工有限公司等企业。其中，襄樊国网合成绝缘子股份有限公司等几家公司的产品已经销往国际市场。

我国现在已具备生产 550 kV、750 kV 及 1 000 kV 交流电压等级的复合绝缘子和 ±500 kV、±800 kV 直流电压等级的复合空心绝缘子的能力。但由于特高压等级的复合绝缘套管电压等级高，在运行时需要考虑的影响因素较多，所以绝缘结构较为复杂，目前还没有切实可行的参数标准。再加上套管的高度过高、质量较大、制作工艺复杂，目前国内还没有自主生产特高压等级的套管，虽然国外已有生产能力，但造价昂贵。国内的工程建设正在向特高压等级发展，为特高压等级的套管研究和制造奠定了基础。

现阶段，国外复合绝缘子领域主要是发展完善的生产技术，以提高绝缘层的抗压强度和绝缘层材料的利用率，努力降低制造成本。我国和国外复合绝缘子产业的发展仍存在一定差异。海外资金已经投资于复合绝缘子用于特定用途，最大额定电压已达 1 200 kV。日本 NGK 公司生产的绝缘子普遍具有电压等级高、特性稳定和质量高的特点，其绝缘子的科学研究和制造标准一直处于世界领先水平。德国西门子高压电气设备公司生产的套管由于其完美的制造工艺而被广泛用于各种工程项目中。在我国的三峡工程中，采用的 500 kV 复合硅橡胶套管是 HSP 公司的产品。瑞士的 MICAFIL 公司已能够生产出 765 kV 及 1 050 kV 电压等级、额定电流为 1 000～2 000 A 的特高压绝缘套管，该公司生产的产品最长的运行时间已经达到 15 年；传奇德国公司、瑞士 ABB、日本 NGK 以及英国 BUSHING 等公司均已经能够生产特高压等级的套管。国际上普遍采用的复合套管，通常芯筒都是由玻璃纤维增强塑料制作而成，伞套是由硅橡胶制成，最后将芯筒和伞套相粘接组成套管,而套管的外绝缘则采用 LSE 硅橡胶。

由于高压绝缘套管的广泛应用,国内外也相继研究专门用于套管设计的软件,目的是简单高效地实现套管的整机设计。主要的软件有 IST(Insulator Selection Tool)、LPE(Line Performance Estimator)等,这些软件能完成绝缘套管的外绝缘设计功能。关于套管外绝缘的设计方法,目前国际上尚没有一套完整统一的理论,国外 IEC 60815 提出了 3 种方法,CIGRE 158 也提出了两种方法,而这些方法的有效性还有待进一步证明。因此研发具有自主知识版权且有效可行的套管绝缘设计软件,具有理论和工程实际意义。

(2)高压套管绝缘材料

随着电压等级的升高,在进行电气设备绝缘设计时,对电气设备所采用的绝缘材料的绝缘可靠性提出了更高的要求。早期的绝缘套管采用的外绝缘材料均为瓷材料。瓷材料的介电常数高,有很强的绝缘能力。但同时也存在许多不足之处,如瓷材料的亲水性,雨水容易在套管表面聚集,并且也容易受到污秽的影响;瓷材料的密度相对较大,导致套管整体质量较大;此外,瓷材料脆,容易断裂,导致套管外闪;同时瓷材料的这些特性也给运输造成很大的困难。复合绝缘套管与单一绝缘套管相比,需考虑主绝缘材料,其主要作用为浸渍、散热以及提高套管内绝缘电晕起始电压,主要有绝缘油(矿物油、植物油和合成油等)、环氧树脂及 SF_6 等。

1)绝缘油

矿物油是原油的分馏物质。由于其优异的电气设备特性、散热性能,矿物油现已成为电气设备中使用时间最长且市场份额较大的一种绝缘油。现阶段,在超高压和特高压输电行业中,矿物油仍然是最理想的绝缘油。其组成成分包括直链烷烃、异构烷烃、环烷烃和芳烃。而在这几种烷烃中,闪点高、凝点低、性能稳定、不易受潮是异构烷烃和环烷烃的优点,是用于制作理想矿物绝缘油的主要成分。

植物油是通过对纯天然油料作物提取和精炼而制成的绝缘油,主要成分是甘油三酯。它具有可重复再生、易降解的优点。在现阶段,关于使用植物油代替矿物油的研究尚在进行。根据国际电工委员会标准,由于其优异的防火性能,植物油可列为 K 级液体,为高燃点绝缘油。

合成酯油是一种合成油,其主要成分为多元醇酯基础油,具有很好的高低温性能、防潮性能和可降解性,目前主要用于海上风电的高压绝缘。合成酯油的分子极性较强,对水分子的亲和力也较强,因而具有很强的耐湿性能,在高水含量的环境中也能保持良好的绝缘水平。此外,合成酯的酸值较小,氧化诱导期更长,具有更好的抗老化能力,能延长更换周期。

2)环氧树脂

环氧树脂具有良好的电气绝缘性能和化学性能,且成本低,因而广泛应用于干式套管、胶纸电容套管。在某些领域,要求环氧树脂材料除满足基本的绝缘性能外,还要有良好的耐高温性能,因而常通过导入新结构或共混、共聚的方法改善其热物性。如国内有学者在采用增加环氧树脂官能度的方法后,使其固化物的分解温度提高到365.9 ℃。也有学者使用有机硅将环氧树脂改性后,使其固化物的分解温度提高到490.5 ℃。此外,根据研究,环氧树脂的放电起始场强与温度、间隙均呈负相关关系,即温度或间隙增大都会降低环氧树脂绝缘的可靠性。此外,随着温度升高,环氧树脂的分子结构会发生断裂,进而使环氧树脂固化物产生软化、变形,伴随该过程发生的热氧化反应还会继续破坏环氧树脂的分子结构,影响其电绝缘性能。

3)SF_6气体

SF_6气体是一种性能良好的绝缘气体,由于其较大的分子直径和强电负性,能有效阻碍气体放电,并提高绝缘击穿电压,同时因其具有不燃的特性,常被用作灭弧介质。由于SF_6气体出色的介电性能和冷却性能,使用SF_6气体的高压电器都具有体积小、质量轻、空间利用率高和安装运行方便的特点,目前SF_6已广泛应用于各种高压电器。

近年来,国内外开始广泛采用绝缘性能相对较好的复合材料。复合绝缘子的质量比瓷绝缘子轻得多,因此,相比于瓷套管更有利于运输和抗震。此外,复合绝缘子具有优异的疏水性,可以避免在阴雨天气下产生雨帘,防止雨滴积聚在绝缘子的表面,同时其具有可靠的电气绝缘性能、不易发生湿闪以及有出色的污秽工作能力。另外,复合绝缘子的机械性能也非常稳定且不易破裂,为运输提供了极大的便利。同时,在实际的操作中,套管还具有很好的防爆特性。除此之外,复合绝缘子还有很好的抗紫外线性能。复合绝缘子的诸多优良性能使其应用范围越来越广,复合式套管正在广泛应用于不同的高压电气设备中。有很多国际上知名的大公司,目前都在变相进行复合绝缘子的研制,如日本NGK公司、法国SEDIVER公司等。这些公司原来都是以瓷绝缘子或者玻璃绝缘子为主要生产产品的公司。基于上述分析,复合式绝缘子的应用将成为高压套管研发的新趋势。

通过以上介绍,我们可以知道,电网中广泛应用的是油纸套管,其采用绝缘纸和变压器油作为内绝缘,瓷套作为外绝缘;油纸套管具有绝缘利用系数高、介质损耗低和比电容大等优点,同时也存在漏油、套管内部进气进水、绝缘纸受潮、瓷套开裂、防污闪能力弱、维护工作量大等缺点。高压套管有从油纸套管向干式套管过渡的趋势,干式套管生产工艺要求较高,技术被国外长期垄断,我国高压套管曾一度全靠进口,对其在运行电压下的绝缘性能研究比较少,因此,有必要开展对绝缘套管在运行电压下绝缘性能的试验研究。

1.2.3　高压套管电气和化学特性

目前对套管内绝缘的电气特征参量测试主要包括绝缘电阻和吸收比、介质响应、局部放电、介质损耗和电容量等参数。对套管内绝缘的化学特征参量主要包括绝缘纸的聚合度、油中糠醛、CO 和 CO_2 的浓度等。对套管电气特征参量测试大多在出厂试验、交接试验和定期预防性试验时进行。电力行业标准 DL/T 596—2021《电力设备预防性试验规程》中对 66 kV 及以上电容型套管预试规定:每 1 ~3 年或大修后测量主绝缘及末屏对地绝缘电阻、介质损耗和电容量;大修后进行交流耐压测试和局部放电测量;由于预试周期长,不能及时发现故障,因此导致套管故障增多。

(1)高压套管的电气特性

1)绝缘电阻和吸收比

绝缘电阻和吸收比是套管最简单常用的电气特征参量。当直流电压加在电介质上时,通过它的电流包括 3 个部分:纯电容电流、泄漏电流和吸收电流。纯电容电流衰减比较快,吸收电流衰减比较慢,它与电介质的有损极化有关,泄漏电流与时间无关,因此和泄漏电流相对应的电介质电阻就是绝缘电阻。多层电介质的吸收现象比较明显,电流随加压时间的延长而逐渐减低,最后趋于一个稳定值。当介质的绝缘状况良好时,吸收过程进行缓慢,泄漏电流比较小;当绝缘受潮严重或有集中性的导电通道时,吸收过程快,泄漏电流大;由此可知,绝缘电阻的变化情况可以用来区分绝缘是否良好。为了更好地反映电流量的变化,吸收比用于反映消化吸收的全过程。吸收比 K 是充电 60 s 时的绝缘电阻与 15 s 时的绝缘电阻之比。它与机械设备的规格无关,可用于反映绝缘层的状态。因为绝缘电阻测量而得的是体积绝缘电阻,所以有一些绝缘内部集中性缺陷严重发展,故测量的绝缘电阻和吸收比可能会很高。因此,仅通过测量绝缘电阻来判断绝缘是否良好是不可靠的。在大电容量的机械设备中,准确地测量吸收比可以更好地反映绝缘的质量优劣情况,通常基于加压 10 min 和 1 min 的绝缘电阻之比来衡量绝缘是否良好,该比率也被称为极化指数值。

2)介质响应

介质响应的测量过去主要被用来进行试验室样品的绝缘特性研究,近年来,随着计算机及测量技术的迅速发展,基于时域介质响应技术的回复电压法(RVM)、极化去极化电流法(PDC)和频域介电谱分析(FDS)在变压器绝缘系统现场诊断中得到应用,并在变压器绝缘老化及剩余寿命预测的研究中受到重视。由于回复电压法极化谱线的中心时间常数对反映油纸绝缘的水分含量有较高的灵敏度,而且其与绝缘系统的老化程度密切相关,固其常被用作表征电介质绝缘的微量水分变化和老化状态。目前我国在应用介质响应技术进行变压器绝缘老化状态诊断的研究上还停留在回复电压和极化指数等传统的参数上面,更为深入的研究尚未展开。同时介质响应的 3 种测量方法对老化的反映侧重点各不相同,目前国内外对试验现象和测量结果仅进行了定性分析,还需要进一步深入开展定量的研究工作。

3)局部放电

局部放电与电介质的绝缘老化之间有着密切的联系,当电场强度超过某个临界值时,在绝缘介质内部发生贯穿性击穿时的放电现象称为局部放电现象,一般局部放电开始发生在电介质内部介电常数比周围介质介电常数低的区域,比如固体电介质内部的气泡、裂缝处,液体电介质中的气泡或杂质处等。国内外研究表明,当绝缘介质发生局部放电时会产生一系列物理和化学现象,包括产生超声波信号、特高频信号、脉冲电流信号、光信号等。根据局部放电所产生的各种特征信号和特征物,科研人员研究出了不同的检测方法,主要包括:IEC 60270 脉冲电流法、宽频带脉冲电流法、紫外成像法、超声波检测法、UHF 检测法等。随着高性能传感器的开发和应用,对局部放电特征参量的获取有了很大的提高。基于局部放电 PRPS 图谱、PRPD 谱图和单次放电脉冲的智能分析技术越来越多应用到局部放电检测和识别中,常用的有神经网络分析、指纹分析、模糊聚类分析等。通常用于表征局部放电发展状态的特征量包括基本特征量、统计特征量、分形特征量和矩阵特征量等;基本特征量如起始放电电压(PDIV)、熄灭电压(PDEV)、视在放电量 q、局部放电重复次数 n 等。基于 PRPD 谱图的统计特征量提取被广泛应用于局部放电特征提取研究中,在获取 PRPD 放电谱图后,利用陡度、偏斜度、不对称度、分布相关系数和翘度等统计特征量来表征局部放电特性。此外,研究表明 Weibull 分布尺寸参数和形状参数也能在一定程度上区分放电的剧烈程度。统计特征参量虽然能较为全面地反映放电特性,但统计参量数量太大,且有些参量的信息有交叉重叠现象,因此优化特征参量也是研究的重要方面。

目前套管的局部放电测量都还是在定期检修时进行测试,由于检修周期长短不一,因此很难通过局部放电测量及时发现套管的缺陷。对于在线局部放电监测系统,多数情况是对变压器内部局部放电进行监测,若采用 IEC 60270 脉冲电流法或高频 CT 从套管末屏取脉冲电流信号,此时测得的局部放电信号是套管和变压器本体的信号,难以区分局部放电信号的归属。另外,变电站内设备复杂多样,电磁干扰信号强,容易使变压器套管在线局部放电信号淹没在背景噪声中。

4)介质损耗和电容量

介质损耗和电容量测试是电容型设备常用的测试项目,对判断电气设备的绝缘状况比较灵敏,因而在工程上得到了广泛的应用。介质损耗角正切值是指电介质在交流电压作用下,电介质中的有功电流分量和无功电流分量的比值;在绝缘状况良好的时候,有功分量是比较小的。在一定电压和频率下,对均匀介质来说,介质损耗角正切值反映了介质内部单位体积内有功功率的大小,它与绝缘介质的尺寸、体积大小无关,对整体受潮、劣化等分布性缺陷比较灵敏。实际中由于电气设备绝缘结构不同、材料成分不同造成绝缘介质分布不均匀,往往出现测得的总体介质损耗很小,但其中局部缺陷可能已经很大而反应不出来,尤其是大体积的绝缘介质，当其中含有集中性缺陷时，这种情况就尤为显著。

5）高压套管的非均匀雨闪特性

20 世纪七八十年代，全世界高压直流换流站内所使用的穿墙套管的外绝缘大部分为瓷绝缘子，瓷护套的大量使用造成了这一时期套管闪络事故频发。例如，巴西伊泰普 ±600 kV 换流站在投运 4 年内共发生 23 次套管闪络，其中负极性闪络 18 次、正极性闪络 5 次，且所有闪络均发生在雨天；美国太平洋联络线直流升压工程中尽管将绝缘子爬距由 ±400 kV 时的 25 mm/kV 增加到了 ±500 kV 时的 40 mm/kV，但仍然在投运不到 1 年的时间内发生了 7 起闪络事故；另外加拿大纳尔逊河直流输电工程中也出现了大爬距穿墙套管频繁闪络的现象。

某巴西研究人员对伊泰普换流站内瓷套管雨闪事故进行调研后发现，该地区的污秽等级不会引起常规的绝缘子闪络。后续研究表明，非均匀淋雨才是瓷套管在运行电压下发生闪络的根本原因。NGK、IREQ 等公司和机构对换流站内绝缘子设备的非均匀雨闪特性进行了实验研究，结果发现：闪络电压与干区长度呈 U 形分布，即存在一个能使闪络电压降至最低的临界干区长度；闪络电压随雨水电阻率的增大而上升，两者呈轻微的幂函数关系；正极性闪络电压较负极性高约 10%；增大爬距无法显著提高闪络电压。对于瓷套管非均匀雨闪的预防措施主要有加装辅助伞裙、表面涂覆硅脂或 RTV 硅橡胶等憎水性涂料等，这些方法都需要定期对套管进行人工擦拭及水冲洗。

在 20 世纪 80 年代末，用于直流套管的硅橡胶绝缘子逐渐用于变电站。硅橡胶材料的疏水性使表面无法产生连续的收缩水。ABB 公司生产的近 50 个 75 ~ 800 kV 直流硅胶防水套管的运行统计数据表明，该套管的整体年故障率仅 0.1%；1992 年投入使用的 23.2 mm/kV 爬升距离的 400 kV 壁式套管已经安全运行了近 30 多年，而在同一输电和变电站中具有相同爬电距离的瓷套管则是经历了多次闪络故障，现已经根据 RTV 硅酮建筑涂料的涂层规范进行了处理；2002 年投入运行使用的500 kV换流变套管共有 16 条，在 2009 年仅发生了一次雨闪事故；2015 年，投入使用的带有 FREP/HTV 空心复合绝缘子共有 12 支，仅一支 800 kV 穿墙套管在“哈郑”工程郑州站内发生了一起雪闪事故，其他已安全运行了 5 年多。不难看出，穿墙套管的非均匀雨闪问题随着憎水性涂料及硅橡胶绝缘子技术的改进得到了很好的解决。

6）直流电压下绝缘子的表面电荷特性

气体绝缘设备内部不可避免地需要采用绝缘子进行气室隔离或电极支撑。实际运行过程中绝缘子表面往往会先于其相邻的气体间隙发生沿面闪络，是绝缘结构中最薄弱的环节之一。直流电压下绝缘子表面存在电荷积聚现象，一定量的电荷将导致电场发生畸变，在极性反转等特定条件下会降低绝缘子的闪络电压。研究人员在压力为 0.4 MPa 的 SF_6 气体中对柱式绝缘子进行闪络实验后发现，施加负极性直流电压100 h后的闪络电压比加压1 h后降低了约30%；而另外的研究人员却发现当绝缘子表面存在大量异极性电荷时，其在直流电压下的闪络电压与在操作冲击电压下相当。表面电荷在交流和冲击电压下的积聚特性与在直流电压下有所不同：电荷在交流电压下做双向运动，且正、负半周期内绝缘子表面均存在异极性电荷复合的现象，因此电荷量较小，电荷分布存在明显的极性效应；而冲击电压下仅当气体侧发生放电时绝缘子表面才会出现明显的电荷积聚现象，电荷量随施加脉冲次数的增加而增大。在各种电压形式下对550 kV盆式绝缘子进行了闪络实验，结果显示绝缘子在正极性直流、雷电冲击和正极性操作冲击电压下的闪络电压相当，而在工频、负极性直流和负极性操作冲击电压下则相对较低。

表面电荷测量的基本方法是采用静电探头，通过测量表面静电电位并进行反演计算得到表面电荷密度。在20世纪80年代初，研究人员利用静电探头测量了直流GIS用绝缘子的表面电荷分布，并与粉尘图法的结果进行了对比，两者吻合较好。但静电探头法亦存在标度、探头靠近试样表面时可能引发放电以及干扰测量结果等问题，另外其测量精度不高且无法进行在线测量。20世纪90年代以来，基于Kelvin探头的有源静电探头法和基于Pockels效应和Kerr效应的光电测量方法陆续被用于表面电荷测量，其测量精度逐步提高且能够实现在线测量。

表面电荷一般有四种来源：气体自然电离、绝缘材料内部载流子、电极表面放电及局部放电、导电微粒。

①气体自然电离

气体分子是在高能宇宙射线作用下的一种弱电离形式。气体自然电离率与气体类型、辐射强度、气压等因素有关。通过对SF_6气体中的聚四氟乙烯（PTFE）试样施加300 V直流电压3 h后便在其表面探测到数百伏的感应电位，证明了气体自然电离是小场强下表面电荷的主要来源。

②绝缘材料内部载流子

在弱静电场下，参与电导的本征（高温离子电导）和弱束缚（晶体的低温电导）离子构成了绝缘材料内部载流子，在宏观上则主要表现为绝缘材料的体积电导率γ与温度T呈指数关系[$\gamma \propto \exp(-W/k_B T)$，$W$为势垒高度，$k_B$为玻尔兹曼常数]。通常在绝缘支撑点发现的环氧复合材料的磁场强度不超过10 kV/mm，并且其导电原理属于上述情况。强电场下载流子还包括从电极注入后未被材料内部陷阱捕获而参与电导过程的自由电子，宏观上表现为γ随场强E的变化，如电子跃迁模型（$\gamma \propto \sin h(E)/E$）。该情况常见于交联聚乙烯（XLPE）等电缆材料。

③电极表面放电及局部放电

电极表面放电主要是指电极表面细小突起引起的微放电，局部放电包括金属/绝缘介质接触面、三结合处等强电场区域内的放电。利用表面粗糙度不同的环电极对置于0.5 MPa的SF_6气体中的PTFE试样充电并测量其表面电位，实验结果显示,加压3 h后试样表面出现明显的电荷积聚(感应电位大于1 kV),光滑的电极表面宏观场强为17.7 kV/mm,粗糙度为2.1 mm和10.9 mm的电极表面宏观场强分别为7.1 kV/mm和3.6 kV/mm。这表明电极表面微放电在低于一般控制场强的情况下便会发生。

与放电有关的电荷来源还包括其他因素。研究发现湿度对空气和SF_6气体中的泄漏电流影响较大,并认为潮湿气体中电极附近水分子电离形成的簇离子是载流子的来源之一;对常压空气中的220 kV盆式绝缘子进行表面电荷测量,发现仅当外施电压大于±30 kV(电极表面场强接近30 kV/cm)时绝缘子表面才会出现明显的电荷积聚,且分布极不均匀,据此认为气体侧随机发生的局部放电是电荷的主要来源。

④导电微粒

电力设备在生产、加工、安装和运行的整个过程中可能会产生一些金属材料颗粒。由于电场力的作用,它们运动并黏附在复合绝缘子的表面上后,通常会产生短暂电晕放电,从而在颗粒周边的绝缘子发生充电。颗粒的大小和位置将影响整个放电过程。

(2)高压套管的化学特性

电容式套管的主绝缘结构为油纸绝缘结构。绝缘纸在运行中由于温度、水分、氧气以及老化产物的作用,发生一系列的化学变化,首先表现为绝缘纸的纤维素大分子断裂,其物理表现为机械强度和聚合度(degree of polymerization,DP)下降,其次在降解过程中产生可以溶解在油中的老化产物,如糠醛和CO、CO_2等。因此可以通过检测绝缘纸的聚合度和油中老化产物的含量来推测变压器的老化状态。

1)聚合度

电力行业中绝缘用绝缘纸主要是由大量的葡萄糖基($C_6H_5O_{10}$)连接起来的大分子长管状纤维构成,其化学通式为$(C_6H_5O_{10})_n$,分子式中的n即为绝缘纸的聚合度。DL/T 984—2018《油浸式变压器绝缘老化判断导则》中表明,实际测定新绝缘纸聚合度约为1 000。

在高压套管绝缘纸的运行过程中,在水分、温度、氧气和老化产物的作用下,绝缘纸的纤维素会裂解,从而降低了聚合度值。由于机械强度与DP值之间存在一定的相关性,因此聚合度降低实质上降低了绝缘纸的机械强度。对于拉伸强度降低到60%的绝缘纸,绝缘纸在遭受由外部短路故障引起的机械应力时,会失去绝缘层的工作能力,也就是达到了使用寿命的终点。当拉伸强度为60%时,相对应的聚合度转变为温度初始值时的40%~50%。新纸的聚合度约为1 000时,相对应的聚合度转变温度的使用寿命终点值为400~500。聚合度的精确测量具有所需样品少和重复性良好的优点。准确测量的聚合度可以立即可靠地分析绝缘纸的绝缘状态。因此,在油纸绝缘的科学研究中,许多人将DP值用作反映绝缘纸老化状况的基本特征量。所以,测量绝缘纸的 DP 值是评估绝缘层脆性水平的关键方法之一,已经成为 IEEE 技术规范的基本参数之一。然而,为了进行机械设备的聚合度检测,需要对套管进行拆卸和采样,因此采用绝缘纸聚合度来评估绝缘层方面有较大局限。

2)油中糠酸

当绝缘纸发生劣化时,纤维素就会降解生成一种单糖——D-葡萄单糖,在变压器运行条件下,这种单糖的化学性能不稳定,很容易发生分解反应,分解成很多能够溶解在变压器油中的氧杂环化合物。其中一种主要的纤维素降解产物就是糠酸。

在新变压器油中是不含糠酸的,而且变压器中只有绝缘纸降解才能生成糠酸,其他非纤维绝缘材料劣化不生成糠酸,所以油中糠酸的含量能够反映变压器内部绝缘纸的劣化情况。研究表明,绝缘油糠酸含量与绝缘纸聚合度呈半对数线性关系,且在矿物油中具有中等溶解能力的糠酸,其不仅沸点高,而且不易挥发,在变压器运行中只有纤维素降解能够改变油中糠酸含量,所以监测油中糠酸含量能够判断绝缘纸的绝缘老化情况,油中糠酸含量也是评估绝缘纸绝缘状态的重要老化指标之一。但是电力变压器等电力设备在运行中,会因故障而更换变压器油,但绝缘纸还是原来服役的绝缘纸,所以新油中糠酸含量将不再能够表征电力设备的绝缘状态。

3)CO 和 CO_2

纤维素在热老化过程中分解糠酸的同时也将生成大量的 CO、CO_2气体,且二者含量比生成碳氢化合物的含量大得多,可以采用油中溶解气体分析技术(DGA)诊断绝缘的故障类型和严重程度。经研究表明,CO、CO_2生成总量和二者的比值与油纸绝缘的老化程度有一定的关系,因此其能够间接地表征油纸绝缘的老化程度。目前现行的很多导则依据这种特性,给出了变压器老化的判据,例如:在 IEC 导则中,对于隔膜式变压器,当其 CO/CO_2 比值大于0.5,对于氮式变压器,当二者比值大于0.2,以上情况即可能存在异常;GB/T 7252—2001《变压器油中溶解气体分析和判断导则》规定,对开放式变压器来说,CO 含量如果超过 300 mg/L,则可能存在内部绝缘故障。但有研究发现,在设备运行中,不仅绝缘纸能降解生成 CO、CO_2,绝缘油也可以氧化分解生成 CO、CO_2,二者生成量没有确定的比例,所以应用此方法进行实际油纸绝缘故障诊断有很大的不确定性。

综上可知,由于糠醛、CO 和 CO_2 溶于绝缘油中,在设备运行时检修设备可能会进行换油滤油等处理,从而影响到油中二者的含量。所以通过这二者的含量来评估油纸绝缘的状态会有误差,甚至不能够准确诊断绝缘状态。绝缘纸聚合度是直接对绝缘纸的绝缘性能的表征,不随设备运行检修的进行而改变,可靠性高,所以绝缘纸聚合度被认为是评估油纸绝缘状态最基本的参量之一。但是由于测取绝缘纸聚合度要对设备进行拆装、取样,这样一来,不仅会影响到设备的正常运行,处理不当还可能造成设备的二次损坏。

1.2.4 高压套管的故障检测

(1)绝缘套管典型故障类型

实际运行中,套管内部潜伏性的绝缘缺陷在苛刻的运行过程中会逐渐暴露出来,造成放电故障,引起套管爆裂事故。套管绝缘缺陷可能产生于设计、制造、运输、安装及使用过程各个环节,包括外部水分因素、特定的制造缺陷以及非正常使用造成寿命缩短。在套管内部缺陷劣化的发展过程中,单个缺陷因子可能衍生多个不同性质的缺陷,从而导致严重故障。通常,根据故障部位可将套管故障分为顶部密封不良、电容芯子工艺控制不严、末屏接触不良、均压球(罩)接触不良、载流导体及端子接触不良、瓷套污秽及裂纹等,其中密封不良引起的水分侵入(受潮缺陷)、干燥浸渍不彻底引起的内层缺陷(受潮缺陷)是产生绝缘故障的主要原因。

水分对套管电气设备特性的危害较大。在实验技术规范中,用于区分防水套管机械设备关键绝缘层回潮率的特征参数包括介电损耗角正切、容量、局部放电等,但其受潮评价标准有待进一步完善。套管本身的绝缘电阻非常大(GΩ 或 TΩ 级),因此泄漏电流很小,并且会受到外部绝缘表层泄漏电流的影响。因此,在套管绝缘层的诊断和检查中不涉及泄漏电流。套管密封效果不佳的特定原因包括密封设计方案、橡胶密封件的产品质量问题或不科学的维护。在整体密封设计中,裸露的垫片会危害橡胶密封件的抗收缩性和抗老化性,并且会降低密封结构的长期运行稳定性。操作维护管理人员和维护人员操作不当会导致套管的密封失效,如取油样后缺乏仔细的密封,见表 1.1。进油口的地脚螺栓的设计规定应增加一个密封圈。如果不使用密封环,则会将水分引入套管中。另外,在修理套管时,从防水外壳的上端滴油并从底部取油后,密封塞很容易掉落或密封太松,导致水分很容易渗入防水外壳。同样,如果套管顶部用于真空包装的螺孔密封垫破裂,则整个密封也会损坏。在操作过程中,水分会因为螺孔的密封性失效而轻易进入套管并积聚在下部瓷套中。

表 1.1 密封失效引起的进水受潮的故障模式

缺陷部位	缺陷表现形式	故障形式	故障影响
油枕	密封螺母丢失、密封垫圈老化损坏、注油孔密封失效、顶部螺栓与螺母设计不符、注油孔等密封不严	受潮入侵、水分从顶部渗入	局部放电、尾部闪络、击穿爆炸

密封严格的套管绝缘故障与制造工艺密切相关。工艺过程中残留的潮气、不完全浸渍以及老化产物等因素严重威胁套管安全运行。此类缺陷常见于套管制造过程中工艺控制不严,出厂试验对潜伏性工艺缺陷不完全有效,进而导致潜伏性缺

陷套管投运后绝缘劣化发展,引起层间放电甚至电容屏击穿。干燥浸渍不良缺陷是导致油浸纸套管故障的直接原因之一。在油纸绝缘套管制造中虽然采取了真空干燥浸渍工艺,但不可避免地存在干燥浸渍不良缺陷。目前,油浸纸套管故障机理的研究仍仅为对套管故障的简单分析,缺乏放电机理及缺陷诊断的试验研究。国内外对油浸纸套管浸渍不良缺陷与其介电特征、放电特征关系仍然研究不明。油纸绝缘套管浸渍不良缺陷模型与其多层细长同轴圆柱电容串联结构密切相关,要建立更为完善准确的油浸纸套管绝缘状态诊断方法,须深入研究电容芯子结构干燥浸渍不良缺陷劣化机理及特征,常见有如下4种缺陷:

①不完全干燥

电容芯子干燥技术是套管生产制造的核心技术。绝缘是否彻底干燥直接决定电气强度的优劣。套管电容芯子内外的均匀干燥,是套管长期运行介损稳定的重要保证。在套管的制造过程中,虽然采用干燥、真空浸油等干燥浸渍工艺,但电容芯子中仍会残留一定量的水分,尤其是绝缘厚、铝箔多的超特高压套管。在同一干燥罐内,套管放置的位置不同,干燥效果可能不一致。电容芯子干燥不彻底,引起芯子外干内湿的局部受潮,产生放电破坏绝缘。现有的检测方法,出厂试验时不一定能发现不完全干燥的套管。干燥不良缺陷的套管运行一段时间后,可能产生层间放电,如不能及时发现,就可能发生严重绝缘故障,见表1.2。

②不完全浸渍

在套管干燥浸渍工艺过程中真空度不足,或者大修中抽真空不彻底以及漏油未及时补油,使屏间残存空气,运行后在高电场作用下会发生局部放电,导致绝缘击穿甚至爆炸事故。

③电容芯子极板边缘尖刺、纸层褶皱等

电容芯子极板边缘尖刺、纸层褶皱等缺陷会导致芯子受到的电场不均匀,褶皱处和毛刺处承受比较集中的局部场强,容易引起尖刺放电,造成绝缘老化、性能降低。

④芯子卷制不紧

芯子卷制不紧缺陷在长期的运行过程中会造成芯体下沉移位,使得电场分布不均,在电场最集中的外边缘处容易达到起始局部放电场强,引起放电。

表1.2　电容芯子的故障模式

部位	缺陷类型	故障机理	故障模式
电容芯子	不完全干燥、不完全浸渍、极板尖刺、芯体移位	电场畸变、场强分布不均	局部放电

绝缘缺陷是影响套管安全运行的最重要因素。在运行电压下套管内部水分残留、浸渍不充分、潮气入侵等缺陷,会导致套管发生临界电离,内部产生电弧,使得

油分解产生大量气体并发生套管爆炸。目前国内外对套管故障事故仅停留在故障现象的解释和可能原因的猜测,故障特征研究不明。现阶段,世界各国针对油纸绝缘水分迁移、放电特性的研究主要集中在简单油浸纸板、典型电极结构的研究上,缺乏对套管受潮过程及特征的科学研究。在整个过程中,套管的特性和特定的受潮过程有关。结构上的差异导致受潮套管的电极化特性和充放电特性与简单的锡箔绝缘层结构不同。目前,油纸绝缘层中的水危害规律还不能完全适用于套管结构。在这个阶段,还没有专业的科学研究来研究套管的故障模拟和特征研究。油浸纸套管受潮状态与其绝缘特性关系仍然研究不明。

根据上述典型故障可以发现,侵入的潮气、残留的潮气和浸渍不良是引起套管电容芯子绝缘破坏的主要原因。在特定环境下套管潮气侵入、不完全干燥、不完全浸渍缺陷具有突发性、灾难性。套管故障发生的内在规律并不清晰,故障特征及早期诊断研究不明。为保障电力系统的可靠运行,必须提前阻止灾难性的套管故障。全面掌握套管绝缘内部的运行状态对于防治套管失效非常关键。

(2)套管中 X 蜡的生成

实际工程中的缺陷套管,解体后常常发现芯子内层存在黏稠的黄色蜡状物。当套管内部发生潜伏性放电故障时,在电、热、水分等因素共同作用下绝缘油发生裂解反应和聚合反应,进而可能产生碳氢聚合物(蜡状物)。蜡状物的产生过程中,伴随油中特征气体的剧增,如氢气和甲烷。

目前未见资料详述该蜡状物,其分子式具体参数研究不详。国内外学者因不知蜡状物的分子式,故称为 X 蜡(X-wax)。蜡状物的存在反映了套管内部放电性缺陷,间接反映套管内部存在严重缺陷。ABB 组件公司 Bentt 认为 X 蜡是由油中碳氢化合物在局部放电作用下 C—H 键或 C—C 键分裂形成的,反应过程短暂、不稳定。研究人员通过密封受潮和自然吸潮试验,发现油中受潮的局部放电生成了蜡状物。印度康普顿公司的研究人员认为浸渍不彻底产生的空穴、高湿度纸、油过饱和或者空穴,由于产生局部放电,进而导致 X 蜡的生成。加拿大和瑞典的实验人员在 2016 年 GIGRE 报告中指出(X 蜡)是局部放电的产物,介电谱可以用于 X 蜡的检测。ABB 公司的实验人员认为套管内部的蜡状物能够使 50 Hz 下的介损增加,从而使整体损耗增加,导致介质温度升高。国内吉林省电力科学研究院有限公司的实验人员追踪发现了异常产气的高压电流互感器的绝缘夹层间存在大量 X 蜡,并认为 X 蜡源于绝缘夹层间的局部放电,其反应机理为自由基的裂解反应,自由基的裂解反应将产生 CH_4、H_2 等气体。根据国内外研究现状,油浸电力设备中产生蜡状物,电气特性表现为局部放电量增大、$\tan\delta$ 增大、油中溶解气体组分 H_2 和总烃含量超标。这三种检测数据的异常说明了油浸电力设备内部存在严重的缺陷。

由于现场环境复杂,对套管取油样必然破坏套管密封系统,而实际中并不建议对每个套管进行色谱分析。所以如何利用频域介电谱无损检测技术,检测套管设备内部蜡状物,对于套管安全运行非常关键。

(3)套管特征参量及评估方法

根据电力行业标准 DL/T 596—2021《电力设备预防性试验规程》及国家电网公司的《输变电设备状态检修试验规程》规定,高压电容式套管的状态监测主要监测绝缘电阻、介质损耗因数 $\tan\delta$ 与电容量 C。同时测量介质损耗因数和电容量分为在线监测和离线监测。

在线检测是在高压套管的末端屏蔽层上嵌入一个高性能的单管直通型细芯电流传感器,将末端屏蔽层的电流数据信号收集到地面。另外,从相应的变压器收集工作电压数据信号。计算并解析所采集的电流强度数据信号,以获得诸如介电损耗和等效电路容量之类的信息内容;增加端屏上的高频激励工作电压,收集高频激励引起的电流数据信号,然后计算出高压套管、等效电路电容器的介电损耗等主要参数。根据对三相套管最终屏蔽电流矢量和补充检查,在所有正常情况下,其矢量和为0。当相中出现常见故障时,三相套管端滤网的矢量和将增大。即可根据测量三相套管端屏矢量和的准确大小,来检查套管的常见故障。

离线测试主要根据 DL/T 596—2021《电力设备的预防性试验规程》进行。关键是在精确测量期间增加防水外壳高压端的直流通信和交流高压,并根据电桥电路准确测量电容器型套管的主绝缘层、介电损耗因子 $\tan\delta$ 和电容 C。在直流电的情况下,介电损耗因子 $\tan\delta$ 在检测整体劣化(例如套管的湿润返回)时更加灵巧,但不容易发现一些缺点。当套管的体积增大时,其灵敏度将降低,从而难以检测其绝缘层中的常见故障。同样在直流的情况下,可以从套管的电容器芯的锡箔绝缘层转变所引起的绝缘层极化过程变化的信息内容中得出套管的电容 C,以及缺陷信息内容中较严重的部分,但是根据容量 C 与给定信息内容来检测缺陷的敏感性还与绝缘层受损部分的体积与绝缘层的体积之比有关。

在高压套管中,由于高压绝缘问题和现场复杂的电场、磁场环境,使得在线监测的信号采集与评估难以在实际中得到广泛应用。离线时监测的工频下套管的电容量 C 和介质损耗因数 $\tan\delta$ 只能在套管绝缘遭到较大的破坏时才能很明显地被监测到,如高压套管漏油、进水以及末屏接地破坏等。因此,常规的诊断参量包括介损、电容量、油中微水含量等不足以对现场套管受潮状态形成有效评估,固寻找切实可行的套管受潮的诊断量及诊断依据十分必要。

在目前电网运行的高压套管中,其绝缘结构多为油纸绝缘结构。对于油纸绝缘结构的绝缘状态检测评估,学者们主要研究以介电响应为理论基础的无损诊断状态监测方法,如回复电压法(Recovery Voltage Method,RVM)、极化去极化电流法(Polarization and Depolarization,PDC)和频域介电谱法(Frequency Domain Spectroscopy,FDS)。其中回复电压法和极化去极化电流法为时域介电响应法,频域介电谱法为频域介电响应法。尽管时域介电响应方法在实验室研究中具有很好的实用效果，但在现场噪声检查中其难以准确测量响应工作电压和极化去极化电流的数量。而频域介电响应法可以合理地消除时域介电电极化响应法的缺点，使其在绝缘测试和评估方面得到了广泛的科学研究。基于介电响应的频域介电谱法作为一种无损检测方法，在铁电、压电、油纸等材料特性研究获得广泛应用，近 20 年来，基于频域介电谱的油纸绝缘评估技术，因现场抗干扰能力强、无损评估固体绝缘含水量及老化状态等优点，逐渐被国内外专家学者引入电力设备绝缘水分评估的诊断中。

国内外众多学者针对油纸绝缘的频域介电谱测试技术开展了大量的研究。加拿大魁北克大学的研究人员研究了 1 mHz～1 kHz 不同水分含量、不同温度的套管电容芯子的频域介电谱特征，认为水分对于低于 1 Hz 的 $\tan\delta$、C 特征显著，并基于扩展德拜方程的电阻、电容，提出不依赖油纸绝缘尺寸的极值 P 作为新特征量，以此来评估绝缘的水分含量。挪威科技工业研究院和瑞典 ABB 公司的实验人员采用基于 FDS 测试技术的油纸绝缘老化评估方法，发现老化产生的低分子酸与微量水分类似，都影响着介电响应，且水分和酸对介电响应的影响很难区分。国内西安交通大学的研究人员基于 FDS 对套管受潮与老化状态诊断评估的方法，提出了基于介损特征频率 f 的水分评估拟合方程，并建立变压器油纸绝缘 XY 模型，通过比较拟合的方式获取绝缘纸含水量，并提出了基于频域介电谱介损最小值的含水量估算方法。现有基于 FDS 油纸绝缘水分评估的方法基本思路仍是基于 XY 模型的评估方法，提取特征频率介损、介损积分区间或 Cole-Cole 模型参数与含水量的关系等。在国外已有成熟商业的软件产品，但 XY 模型是否适用于受潮套管的绝缘状态诊断尚且未知，套管受潮定量诊断缺乏依据。

1.2.5　干式套管概述

干式电容套管是近年来新兴的套管类型，其具有优越的防潮、防爆和防火性能，采用绝缘纤维或皱纹纸作为绝缘层，与铝箔或半导体材料交替绕制电容芯子后，以环氧树脂为浸渍剂在真空环境下浸渍，最后经过热处理和车削，使经过浸渍的电容芯子固化成型。通过这种方式制成的电容套管在解决绝缘油受潮、堵塞、泄漏等问题方面有很好的作用。

(1) 干式套管分类

干式套管按照绝缘材料分为胶浸纸干式套管和胶浸纤维（简称玻璃钢）干式套管。

1) 胶浸纸干式套管

胶浸纸干式套管为国外引进技术，研制时间较早，有资料显示在 19 世纪 60 年代国外就有胶浸纸套管出现。国内在 19 世纪 70 年代便开始试制，但后续发展较为缓慢，外国企业产品占据很大的份额。2000 年国内才开始大力开展胶浸纸干式套管的研究。胶浸纸干式套管芯体主绝缘是用树脂浸渍绝缘纸卷制而成，其主要生产工艺如下：

①采用金属管材为中心导管，在特制机床上卷绕上皱纹绝缘纸，到一定厚度时设置铝箔材质的屏蔽层，直到达到设计要求的直径。

②将卷绕好的芯体放入真空罐，进行真空浸渍环氧树脂，固化完成后进行电气试验检验。

③检验合格后，对芯体进行机械加工。

胶浸纸干式套管生产工艺比较复杂，国内能够生产的厂家较少，主流生产厂家有传奇电气（沈阳）有限公司、南京电气高压套管有限公司、西安西电高压套管有限公司等，国内主要应用于换流变的阀侧套管，电压等级可达到800 kV。

2）胶浸纤维干式套管

胶浸纤维干式套管为我国自主研发产品，于2001年投入市场使用，并于2008年在国家标准GB/T 4109—2008《交流电压高于1 000 V的绝缘套管》中命名为"胶浸纤维套管"。目前胶浸纤维套管在国内外广泛应用在电网、发电、新能源及各类工矿企业中，随着产品的不断升级和市场认可的提升，其在国际市场的使用量每年快速增长。

胶浸纤维干式套管芯体主绝缘是用树脂浸渍纤维卷制而成，俗称玻璃钢增强干式套管。其主要生产工艺如下：

①采用金属管材为中心导管，在机床上将树脂浸渍纤维卷绕在导管上制作成电容芯棒。

②将卷绕好的芯体在高温烘箱内进行绝缘胶料的固化，固化完成后进行电气试验检验。

③检验合格后，对芯体进行机械加工。

胶浸纤维干式套管生产工艺相对简单，国内能够生产该套管的厂家较多，有南京电气高压套管有限公司、北京天威瑞恒高压套管有限公司、山东七星高压电气有限公司、博世因（北京）高压电气有限公司（三合集团）、茨德格电气（北京）有限公司等。目前，生产胶浸纤维干式套管的电压等级达到1 200 kV，并已成功应用于国网电力科学研究院武汉南瑞有限责任公司。

干式套管按照应用场合分为油-空气套管、油-SF_6套管、油-油套管、直流套管、穿墙套管、GIS出线套管等。变压器用油-空气干式套管主要用于电力变压器和电抗器中作为引入以及引出变压器或电抗器的高、中、低压侧电流的载流导体并对变压器油箱外壳起绝缘和密封作用的绝缘套管。变压器用油/SF_6干式套管适用于充油变压器和SF_6金属封闭开关设备之间的直接连接。套管可以水平、垂直或以任意角度安装。变压器用油-油干式套管适用于充油变压器和电缆盒之间以及其他充油设备之间的直接连接。套管可以水平、垂直或以任意角度安装。穿墙干式套管适用于交流变电站高压引线穿越墙壁或楼板，具有干式无油，抗震防爆以及免维护等优点。直流阀侧干式套管适用于高压直流系统中换流变压器,作为引出换流变压器的直流侧电流的载流导体并对变压器油箱外壳起绝缘和密封作用的绝缘套管。直流穿墙干式套管适用于直流变电站高压引线穿越墙壁或楼板,具有干式无油、抗震防爆以及免维护等优点。

(2)干式套管的技术特点

干式套管应用时既存在优点也存在缺点。

1)优点

①干式套管防火防爆

油纸套管故障是引发变压器火灾的主要原因,也是该类套管存在的致命缺点。根据加拿大魁北克水电公司近25年变压器故障统计,变压器火灾中套管故障占比72%。干式套管为无油化产品,内部芯子为阻燃绝缘材料,无燃烧及爆炸风险,因此套管故障时不会引发变压器火灾。使用复合外套干式套管时,即使套管出现故障,对周边设备也不会造成二次伤害。干式套管的防火防爆性能,对降低变压器火灾具有重要意义。

②干式套管维护工作量少

干式套管无油、质量轻、伞裙不怕磕碰,因此非常便于安装。干式套管运行中不存在渗漏油缺陷,无须测量油位和内部压力,也无须进行采油样分析,维护工作量很少。

③干式套管机械强度高

干式套管电容芯子为固体绝缘,其机械性能优于油纸电容式套管,在现场可以任意角度安装,油纸电容式套管在现场的安装角度宜控制在0°~30°。复合外套干式套管因复合外套具有较高的韧性、抗弯强度和机械强度,可应用于重震地区。胶浸纤维干式套管芯体主绝缘是用树脂浸渍纤维卷制而成,而胶浸纸干式套管芯体主绝缘是用树脂浸渍卷制绝缘纸而成,两种生产工艺及原材料(玻璃纤维与皱纹纸)的差异,使得胶浸纤维套管具有更高的机械强度。

④干式套管绝缘裕度高

干式套管法兰下侧绝缘结构全部是固体绝缘,油纸电容式套管绝缘结构为电容芯子-油-瓷套,在相同尺寸下,干式套管绝缘厚度远大于油纸电容式套管,油中绝缘裕度能够提高30%以上。干式套管在运行中,即使内部少数电容屏击穿,其他电容屏仍能承受运行电压并长时间运行。

⑤复合外套干式套管耐污闪能力强

干式套管采用复合外套时,具有良好的憎水性和防污闪性能,可以使用在重污秽地区。油纸电容式套管采用复合外身时,因变压器油对硅橡胶伞裙的溶胀作用,当油纸电容式套管发生漏油时,绝缘油会严重降低硅橡胶伞裙外绝缘性能,存在一定的运行风险。

⑥胶浸纤维干式套管生产周期短

胶浸纤维套管生周期短，可根据用户要求进行特殊设计，非常适合用于根据原有套管参数、环境及运行状态进行特殊设计，以替换现有的在用套管产品，提高故障套管替换效率。

2）缺点

①胶浸纸干式套管生产工艺复杂

胶浸纸干式套管的生产需采用全自动卷制设备、原材料脱气罐、备料脱气罐、静态混料器、真空干燥、浇注、固化一体罐、脱模机、卷制模具、浇注模具等设备，同时电容芯子卷制时需要采用恒温、恒湿、超洁净卷制厂房，使得胶浸纸干式套管前期投入成本和固定资产较高，导致胶浸纸套管生产成本较高。

②胶浸纸干式套管存在受潮隐患

因胶浸纸套管电容芯子是采用皱纹纸进行卷制，然后进行真空浸渍环氧树脂固化而成。电容芯子在潮湿环境下的受潮特性，使得套管在运输、存放过程中，容易受到环境影响，造成电容芯子受潮，进而影响套管的主体介损。

③胶浸纸干式套管温度分布不均匀

胶浸纸干式套管固体电容芯子散热性能较差，运行中当电流较大、温度较高时，易导致套管温度分布不均，进而影响胶浸纸套管的温升特性。胶浸纤维干式套管采用环氧树脂浸渍玻璃纤维固化工艺，玻璃纤维的加入使得套管能够承受更高的温度。油纸套管内部绝缘油的流动性使得套管温度分布比较均匀，并具有较好的散热性。

④现有工艺易导致部分产品出厂局部放电不合格

胶浸纤维干式套管是在非真空条件下缠绕而成，在现有工艺条件下，套管内部可能会残留气泡，导致部分产品出厂时局部放电不合格。

（3）干式套管的应用情况

通过对主流厂家的调研，截至2020年底，国内主要生产厂家在国内市场中干式套管总用量为54 924支，其中胶浸纤维套管52 097支、胶浸纸套管2 827支。其中66 kV及以上电压等级占比为59.55%，干式套管总用量为32 708支，其中胶浸纤维套管30 054支，胶浸纸套管2 654支。目前，干式套管已经大量应用于电网中的交直流工程、火电、水电、铁路、煤矿、石油化工、铝业等多个行业上的变压器油/空气套管、油/SF_6套管、油/油套管、直流套管、穿墙套管以及GIS出线套管等。在国内市场上（含电厂、铁路、化工企业等），胶浸纸套管共计应用了2 827支，其中220 kV及以上电压等级套管用量2 169支，占比76.72%。对于66 kV及以上电压等级，胶浸纸套管共计应用了265 4支，其中变压器油/空气套管893支、油/SF_6套管601支、油/油套管147支、直流套管828支、穿墙套管185支。在电网系统中，220 kV及以上电压等级胶浸纸套管共计应用了1 160支，主要应用在换流变上的直流套管(533 支)、变压器与 GIS 连接用的油/SF_6套管(316 支)以及变压器与电缆盒连接用的油/油套管(111 支)上,变压器上的油/空气套管(97 支)应用较少,厂家以传奇公司为主,运行经验 10 年。从应用效果看,据工作组统计胶浸纸套管目前共发生 6 个批次性缺陷,故障率相对偏高,此外还发生过一些零散缺陷,例如某变电站换流变中性点套管末屏受潮、悬浮放电异常等。

在国内市场上(含电厂、铁路、化工企业等),胶浸纤维套管共计应用了 52 097 支,其中变压器油/空气套管 50 486 支、油/SF_6套管 643 支、油/油套管 351 支、穿墙套管 608 支,在直流套管领域应用量较少,在 66 kV 以下低电压等级仅应用了 9 支。对于 66 kV 及以上电压等级,胶浸纤维套管共计应用了 30 054 支,其中变压器油/空气套管 28 871 支、油/SF_6套管 643 支、油/油套管 351 支、穿墙套管 189 支在电压等级上,胶浸纤维套管主要应用在 220 kV 及以下,330 kV 及以上应用量偏少。在电网系统中,胶浸纤维套管在 110 kV 及以下电压等级的普及率较高,并已经受到用户的认可,在本材料中未详细统计;在 220 kV 及以上电压等级,胶浸纤维套管总用量为 1 697 支,主要应用在变压器油/空气套管(1 603 支)、油/SF_6套管(33 支)以及油/油套管 60 支,在直流套管上没有应用。220 kV 电压等级的胶浸纤维套管运行经验最长已达 10 年。

(4)干式套管存在的关键问题

目前干式套管在结构设计和制作工艺上均存在一些关键问题亟待解决。

1)电容屏的场强设计与电、热老化的关联性问题

干式套管的场强设计存在较大差异,通常是套管对地运行电压与试验冲击电压的幅度差,仅以 40.5 kV 和 1 500 kV 套管为例,其冲击电压与工频对地电压之比为 7.698 和 4.88。而冲击电压损伤,往往是套管内部绝缘损伤的诱发因素。因此,套管的绝缘场强设计既要考虑经济效率比,同时也要考虑套管使用环境的落雷频率。这样对于绝缘场强的设计不可一概而论(环氧玻璃钢板材的通行检测规范工频为 10 kV/mm)。目前国内干式套管的芯体外形分作“棒形”和“锥形”两种,其散热形态存在差异;除此之外,胶浸纤维温升特性的性能略高于胶浸纸。

2)高电压等级套管的外绝缘(硅胶护套)整体性和分体性取舍问题

干式套管的绝缘护套(伞裙)的敷设分作整体模装和分片套装,其用作外绝缘的性能存在差异;绝缘护套(伞裙)通常采用硅橡胶制作,其配方的差异造成耐候性能(紫外线老化)的差异。

3)套管绝缘结构、制作工艺的稳定性问题

浸胶的黏稠度变化(胶浸纤维)和浸胶固化过程中的重力“悬垂”作用所造成的电容屏间绝缘厚度的改变。

4)套管电容屏材质使用问题

电容屏制作采用的低阻带(碳素纸,厚度 0.1 mm,宽度 20 ~25 mm)和采用整张

碳素纸存在差异，由于低阻带电容屏采用挂胶缠绕，绝缘胶料会否造成低阻带呈空心电感线圈效应。低阻带电容屏在浸胶绕制过程中的脱碳问题，细小碳粒对屏间电容形成累积性故障（缺陷）起着主要作用，也是影响套管成品率的关键因素之一。

5）套管监视信号接出端子的标准化问题

干式套管的末屏出口端子应当考虑采用统一的端子接口，并统一接口端子信号的幅度。

6）套管的抗疲劳能力问题

干式套管的安装法兰及其套管芯体需要考核其抗震能力和抗机械力的长期效应，即抗疲劳能力。

（5）干式套管的发展趋势与应用前景

干式套管在结构及性能上的优越性，扩展了干式套管的应用场景。高机械性能，使其可以应用在电力机车套管、车载变套管等对机械强度要求很高的场合。高耐冷热性能，使其可以应用在温度变化较大的环境，如超导限流器、静电除尘器等设备上。而高可塑性，可根据客户需求进行特殊设计，例如穿墙式 GIS 出线套管等。尤其在城市环网供电、直流输电、GIS 与变压器的连接、电缆与变压器的连接等方面，干式套管应用较广。干式套管具有防火、防爆、免维护、无污染、体积小、质量轻、使用方便等优点，且使用量逐年递增，良好的安全性能使得干式套管替代油纸套管成为一种发展趋势。对于干式套管的设计、制造，制造厂应重点提高结构设计能力，避免设计缺陷，降低干式套管运行故障率。长期稳定运行的业绩及安全性能是干式套管长远发展的基础。

总而言之，国内外针对高压套管从绝缘方式、结构设计、绝缘材料入手进行了研究，并主要关注套管材料性能和故障诊断。由于高压套管往往处于复杂外部环境，这对其工作安全性和供电可靠性带来了较大挑战。因此，针对高压套管进行深入分析，了解其绝缘性能和结构特点，对其合理设计和管理维护具有重要的理论意义和指导价值，也对高压套管的高可靠性运行具有重要的保障作用。除了油纸绝缘套管，干式套管的应用也逐渐变得广泛起来，因此，本节对干式套管的应用发展也进行了简要概述。

1.3　套管绝缘材料概述

1.3.1　绝缘油发展概述

高压绝缘套管的绝缘结构主要以绝缘油和纤维素绝缘纸组成的油纸组合绝缘为主。当变压器油浸入绝缘纸内部所形成的独特的油浸纸复合绝缘材料应用在变压器中时,二者的电气性能以及其他方面的性能将相互影响和制约。因此对于变压器油纸组合绝缘的改性一般分别从变压器油和绝缘纸两种绝缘材料出发,同时还需考虑二者之间的相互作用。

绝缘油作为液体绝缘介质在常温下为液态并且广泛应用于变压器、电容器、断路器以及充油电缆等电力设备中,在这些电气设备中起着绝缘、填充、浸渍以及传热等作用。液体绝缘材料一般可分为三类,分别为矿物绝缘油、植物绝缘油以及合成绝缘油。其中,由于具有良好的导热和绝缘等性能,矿物绝缘油被广泛应用于变压器中。矿物油一般通过对原油制品进行分馏和精制制成。矿物油的化学组成中,碳氢化合物为其主要成分,占95%以上,碳氢化合物中以烷烃、环烷烃和芳香烃类有机物为主,剩余部分为非烃类化合物。近年来随着设备小型化和电力系统输变电电压等级的提高,对变压器的绝缘性能也有了更高的要求。由传统变压器油组成的变压器油纸绝缘系统已很难满足未来电力系统的发展需求,因此各国学者在变压器油改性处理方面开展了大量的研究工作。这里介绍四种研究比较成熟的绝缘油。

(1)环烷基绝缘油

环烷基绝缘油有适中的溶解特性,将其应用到变压器中既能溶解因电场、高温、水分和金属催化剂作用而产生的油泥,也能避免变压器的绝缘漆被溶解。环烷基油溶解了油泥,避免油泥附着在固体绝缘材料上、沉积在循环油道和冷却散热片上,从而不会引起变压器绕组局部过热和变压器工作温度升高,达到延长变压器使用寿命的效果。数据显示因为石蜡基油中含有较多的石蜡烃,它在低温下容易结晶,使油品失去流动性。而如果通过脱蜡来降低石蜡基油倾点,其成本较高且受脱蜡程度限制,倾点不可能很低。而与石蜡基油相比,环烷基变压器油的石蜡烃含量低,不需要脱蜡过程倾点就很低。所以环烷基变压器油有良好的低温性能,当气温低至 -40 ℃的极端气候时,环烷基变压器油依然可以正常工作而不会影响设备的绝缘性能。

除此之外,绝缘油的散热性能对变压器的稳定运行也非常重要,为了预防高温对变压器和绝缘油的影响,更加利于变压器的散热,需要绝缘油的黏度尽量小,以保证液体绝缘具有较好的流动性。绝缘油的流动性与温度有关,当温度在 40 ℃时,环烷基变压器油和石蜡基变压器油的运动黏度基本相同,而温度达到 100 ℃时,石蜡基变压器油的运动黏度要远大于环烷基变压器油的运动黏度。所以变压器使用环烷基油时的散热冷却性能更好。对 QS2598A 型石蜡基油和 V-35 型标准环烷基油进行研究发现,当温度为 -50 ~ -20 ℃时,环烷基油的黏度远远低于石蜡基原油。通常变压器在冬季会停用检修,当重新启动变压器时,环烷基变压器油相比石蜡基变压器油能更快地使变压器正常启动。环烷基变压器矿物绝缘油的分子模型如图 1.5 所示。

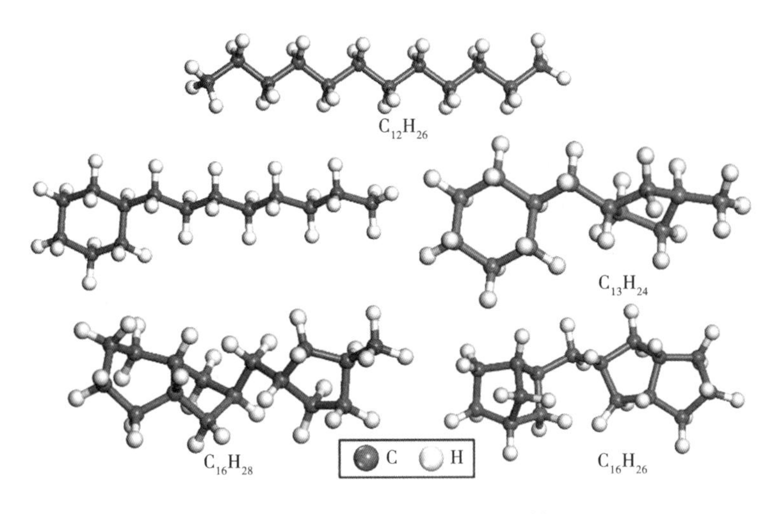

图1.5　环烷基矿物绝缘油分子模型

(2)石蜡基绝缘油

当变压器在极低温度下运行时,需要尽可能防止浮冰的出现。浮冰形成后,在融化时,会生成液态水存在于绝缘油中,当这些液态水受电场影响,流向电极,会极大地降低绝缘油的击穿电压。数据显示,纯净的冰在0 ℃、1个标准大气压下的实际密度在880~920 kg/m^3范围内变化。为了更好地控制浮冰的出现,则希望绝缘油与浮冰之间有更大的密度差。研究发现,在0 ℃和20 ℃温度下,石蜡基油的密度比环烷基油的密度小。所以,石蜡基油更容易控制浮冰的出现。除此以外,石蜡基绝缘油还具有良好的电气性能,击穿电压和介质损耗是判断绝缘油性能的重要指标,而这两个参数主要受变压器油中含水量的影响,即便是含水量很少,对击穿电压和介质损耗都会产生不可忽视的影响。抗氧化安定性是反映变压器油抗氧化性能的重要指标之一。石蜡基油的抗氧化安定性优于环烷基油,石蜡基油在长期运行下的性能更加稳定,使用寿命更长。石蜡基绝缘油的分子示意图如图1.6所示。

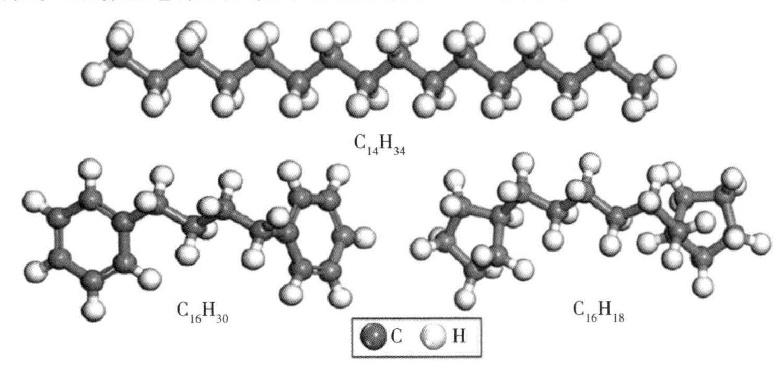

图1.6　石蜡基变压器油主要成分

(3)植物绝缘油

植物绝缘油作为矿物绝缘油的替代品,正在被广泛关注。植物绝缘油富有更多的亲水基团,所以其饱和含水量更高,能够从绝缘纸中吸收更多的水分,以此来减少绝缘纸的老化降解速度,从而延长绝缘纸和变压器的运行寿命。而随着现代农业技术的不断进步与发展,转基因技术的成熟,从农作物中提取油料作物的产量逐年攀升,这也为植物绝缘油提供了充足的后备资源,极大地降低了植物绝缘油在应用过程中的价格。且植物绝缘油的燃点高于300 ℃,生物降解率高达95%,在经过合理的精炼和改性以及相关电气性能测试后,结果表明可以达到目前电力系统用油的标准。在目前的研究中,油菜籽、大豆、花生等农作物都可以制备成植物油。

石蜡基变压器油与环烷基变压器油各有优缺点。通过对比发现在密度、氧化安定性等性能方面,石蜡基变压器油优于环烷基变压器油,但石蜡基变压器在溶解性能、运动黏度、低温性能等方面则不如环烷基变压器油。而在电气性能方面,两者相差不大。但是,环烷基油的链烷烃、环烷烃和芳香烃的比例合理,而且其低温性能良好。同时环烷基原油的蜡含量大多低于3%,只需简单的脱蜡工艺处理,大大节约了生产成本。除此以外,植物油虽然具有高燃点、高降解率等优点,但其散热性能与电气性能并不稳定,在变压器绝缘油中并不能大范围应用。因此,目前国内外的情况大都是从环烷基原油中炼制变压器绝缘油。

(4)纳米改性绝缘油

纳米材料作为一种新型材料,要求其至少在某一维的尺度数量级达到纳米级别(1 ~100 nm),且其拥有与本体材料不同的特殊性质。从空间维数上划分,纳米材料可分为零维材料、一维材料、二维材料。其中零维材料如纳米团簇或颗粒,在三维空间体系中其各个维度均可达到纳米量级,在材料改性中。一维材料如纳米线、纳米棒、纳米管等具有纤维结构的纳米材料,在两个维度上可达到纳米量级。二维材料如片装或层状纳米材料则可仅在一个维度上达到纳米量级。

当材料的基本物质尺度减小至纳米级别,导致材料表面原子数变大,同时原子结构的排列方式发生改变,使其既不属于晶态也不属于非晶态,固其拥有了独特的物理效应。这也是纳米材料之所以能够发挥其在材料改性中的独特功能的主要原因。这些独特的物理效应包括小尺寸效应、量子尺寸效应、表面效应、宏观量子隧道效应等。为了提升材料性能,可通过纳米改性技术制备纳米复合材料,故其在化工、生物等领域被广泛应用。

纳米绝缘油就是以纳米颗粒为添加剂的绝缘油作为基液的一种纳米流体。关于纳米流体的制备,有两种常见的方法,分别是“一步法”和“两步法”:一步法是纳米颗粒的制备过程与在基液体系的分散过程同时进行,由于节省了存储、干燥和运输这些中间环节,较大程度上减少了纳米材料与外界环境的接触,所以制备的纳米流体稳定性较好。“两步法”是先制备好纳米颗粒后再使用特殊工艺将其分散到基液形成纳米流体。这种制备方法较上一种方法工业流程简单,设备要求不高,容易在实验室条件下达到。

制备纳米流体通常采用的纳米材料都是无机纳米材料,是不溶于有机材料的液体介质,纳米颗粒可以稳定地分散在绝缘油基液中形成胶体,其对纳米变压器油的性能有重要影响。通过对纳米颗粒进行表面改性后,再使用超声分散可以增加其在有机相的分散度,以减少纳米颗粒的团聚。表面改性方式有物理手段改性和化学手段改性两大类。物理改性即用于表面改性的物质与无机纳米颗粒之间通过物理作用结合,常见的改性手段有涂敷、包覆等。实验人员采用柠檬酸和维生素C这两种生物活性剂分子与纳米 SiO_2 表面发生物理吸附,从而改善其在基体的分散效果。化学改性即表面改性剂与纳米颗粒发生化学反应,通过化学作用键合在一起。通常采用的有硅烷偶联剂法和接枝法。改性剂的一端可以与 SiO_2 的极性基团发生水解反应,从而将有机基团接到纳米颗粒表面,增加其在有机介质中的分散性。实验人员采用硅烷偶联剂(γ-巯丙基三乙氧基硅烷)对纳米 TiO_2 粒子进行表面处理,增加了纳米粒子在PI膜中分散性。Kotsuchibashi 采用表面引发原子转移自由基的方法成功地在纳米 SiO_2 表面接枝聚(2-甲基丙烯酸乙酯),完成纳米颗粒功能化改性。硅烷偶联剂法是最为常见的改性方法,其是利用水解反应达到对纳米粒子表面修饰的目的。保持纳米颗粒在纳米流体中的稳定分散对于纳米流体的性能十分重要。纳米胶体中的纳米颗粒会发生团聚现象,当团聚颗粒较大时,可能由于重力因素而沉降。判断纳米流体的稳定性可以采用以下方法:

①观察法:将纳米流体在恒定的条件下放置一段时间,等待纳米颗粒自然沉降,观察其是否产生沉淀。

②Zeta 电位检测法:根据胶体理论,当固液两相接触时,界面处会带有相反电荷,产生 Zeta 电势。一般来说数值越高,胶体越稳定。

③分光光度法:由于物质对光的吸收具有选择吸收特性。利用其在特定波长下对光的吸收度可以定性分析胶体的稳定性。采用肉眼观察的方法操作简单,但是误差较大。因此,常采用后面的两种办法对胶体的稳定性进行判定较可靠。

研究结果发现采用磁性纳米颗粒改性绝缘油时,当体积浓度小于0.01,直流击穿电压较纯油显著提升,且磁性纳米绝缘油的直流击穿电压受磁场影响。对多种液体绝缘进行击穿电压测试,结果见表1.3。采用油酸包裹磁性氧化铁对天然脂绝缘油进行改性,得到的改性天然脂绝缘油有较高的运行可靠性,在62.1 kV的电压水平下,发生击穿事件的概率只有1%。研究发现,纳米改性变压器油对间隙5 mm的交直流电压有提升,并且对局放起始电压提升效果最为显著,高达53%,还可以改善雷电冲击条件下的击穿特性。

一些研究团队对纳米绝缘油的老化性能进行研究。研究发现老化后的纳米 TiO_2 绝缘油的雷电击穿电压和工频击穿均比老化相同天数的矿物油高。该团队对

TiO_2 的研究成果还表明，TiO_2 的添加加快了空间电荷消散速率，引入更多的浅陷阱，因此提升了老化过程中的绝缘强度，其次，还提出了纳米颗粒的界面吸附水分，从而减小了水分对于绝缘油的老化加速进程的影响。研究人员通过添加 C60 富勒烯纳米粒子制备纳米绝缘油，研究结果表明纳米油在老化过程中的击穿电压大于纯油，这与富勒烯对水分的吸附有关。研究人员对 BN/CNF 纳米植物油进行热老化实验，通过老化前期的实验结果，如图 1.7 所示的 CNF 与 BN 协同作用，有效抑制了绝缘油老化的引发阶段，延缓了绝缘油的老化。

表 1.3　纳米流体的平均击穿电压比较

液体电介质	平均击穿电压/kV
Col NF 0.012%	77.8 ± 6.7
P NF 0.008%	77.7 ± 17.1
Mineral oila	70.3 ± 16.7
Natural ester oila	64.5 ± 12.6
TiO_2 NF 0.007%	30.3
SiO_2 NF 0.02%	68.5
Fe_3O_4 NF 0.004%	59.8
Fe_3O_4(EFH1) NF 0.6%	55.2

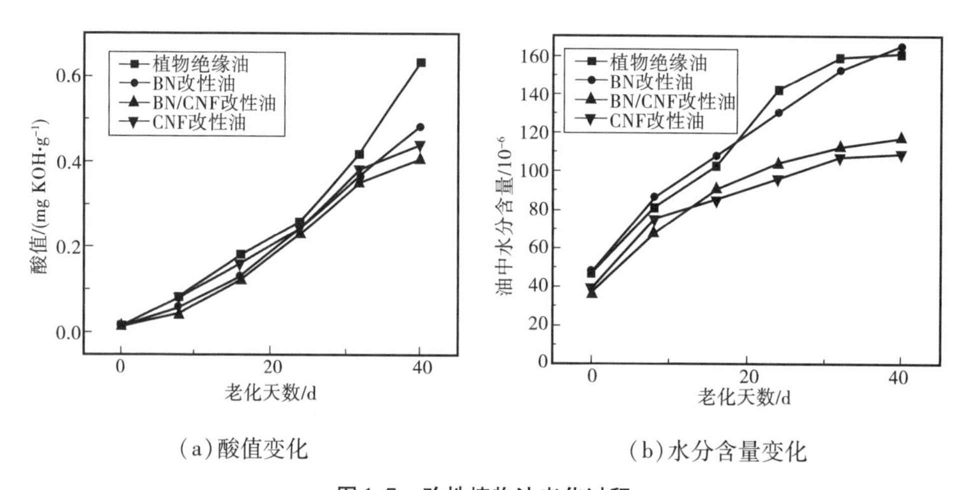

(a)酸值变化　　(b)水分含量变化

图 1.7　改性植物油老化过程

1.3.2　绝缘纸发展概述

电力变压器是电力转换和传输的核心枢纽，是电力系统网络输配电装备中的关键设备之一。大型电力变压器普遍采用油浸绝缘纸作为绝缘材料。纤维素绝缘纸凭借其环保可再生等优点被广泛运用于油浸式电力变压器中。变压器长期运行或故障运行会使油-纸绝缘系统的绝缘性能降低。而绝缘油可以通过滤油、换油等操作恢复其绝缘性能,但绝缘纸缠在变压器绕组上,其在服役期间无法更换,因此,绝缘纸的老化终点也就意味着变压器的寿命终点。因此,提升绝缘纸的性能是一大研究热点。这里介绍三种目前国内外研究比较成熟的绝缘纸类型。

(1)纤维素绝缘纸

纤维素来自植物细胞壁,是一种可再生的高分子化合物。由于纤维素来源丰富、价格低廉、性能(机械性能和绝缘性能)相对优越的特点,纤维素作为绝缘材料从变压器诞生以来一直沿用至今。然而,随着电力工业的发展,为了提升输电的效率,电网输电电压等级在不断升高,传统的纤维素绝缘纸在高压高负荷作用下的电力变压器中难以长期保持优良的绝缘性能。为了满足当今高压输电对变压器用纤维素绝缘纸绝缘性能的要求,国内外对纤维素绝缘纸进行了各种改性研究。纵观近年来的研究现状,国内外对纤维素绝缘纸的改性研究主要可以分为热稳定剂改性和纳米改性两个领域。

纤维素在高温下会出现热裂解的现象,在纤维素的热老化过程中,由于部分糖苷键的断裂,直接导致纤维素链的聚合度下降,最终导致纤维素的机械性能下降。在高温下,纤维素链中的葡萄糖吡喃环也会出现开环现象,并逐渐形成小分子物质,产生的 H_2O、CH_2O_2、$C_2H_4O_2$ 等会影响纤维素的性能,其中以 H_2O 的影响最大,H_2O 与温度协同作用将加速纤维素的热老化。由于水分和温度对绝缘纸的热老化影响最大,所以下面将分析针对这两个影响因素国内外对绝缘纸纤维素的研究状况。

(2)热稳定剂改性绝缘纸

由绝缘纸纤维素的热老化可知,在纤维素热老化过程中会产生水分,而水分的存在又会对绝缘纸纤维素的热老化产生“正反馈”作用,所以国内外对此开展了如何抑制水分对纤维素性能影响的研究工作。

水分对绝缘纸纤维素性能的影响在20世纪人们就意识到了,并开展了许多研究。对纤维素的一些研究如反应活性的研究结果表明,纤维素上活性最强的羟基与C6原子相连,如图1.8所示,其具有较强的亲水性,因此为了减少水分对纤维素性能的影响,可以将与C6原子相连的羟基替换成更稳定的基团,从而降低纤维素的吸水性。在20世纪中叶,为了降低绝缘纸的亲水性。美国通用公司就曾对纤维素的吸水基团羟基进行过取代,例如将纤维素进行氰乙化和乙酰化。但是纤维素中曾与C6原子相连的羟基被取代之后,纤维素链之间的连接作用被削弱,出现了绝缘纸纤维素的机械性能下降的问题。

而热稳定剂对绝缘纸进行改性,不需要接枝到绝缘纸纤维素上,其不会破坏纤维素的结构。国外开展热稳定剂对纤维素绝缘纸的改性研究进行得比较早,在20

图 1.8　纤维素的前线轨道等值面

世纪 50 年代末期,美国西屋电气公司首先开发出了热稳定剂改性纤维素绝缘纸(TUK Paper),通过添加热稳定剂对纤维素绝缘纸进行改性,改性后的绝缘纸耐热等级提升至 120 ℃(E 级),并在 60 年代就开始应用到油浸式电力变压器中。在 1968 年,研究人员通过试验研究表明,当热稳定剂改性绝缘纸(TUK Paper)的性能达到最佳时,其寿命是普通绝缘纸的 10 倍左右。

一些实验研究表明,热稳定剂改性绝缘纸在老化过程中产生的水分含量低于普通绝缘纸,而纸中酸值随着老化的进行有所升高。热稳定剂改性绝缘纸在水解过程中的活化能比普通绝缘纸低 40 kJ/mol,而且对绝缘纸的氧化反应影响较小。

将双氰胺作为热稳定剂改性绝缘纸,然后将绝缘纸浸矿物绝缘油之后进行热老化研究,研究表明如果以 30 年寿命为判断依据,改性绝缘纸比普通绝缘纸的耐热等级可以提升 15 ℃左右。虽然在绝缘纸老化过程中会产生更多的 CO 和 CO_2,但都是由于双氰胺老化降解产生的。

通过研究表明使用热稳定剂 CK-Ⅰ助剂(葡甘聚糖经碱化、催化改性、中和等得到黄褐色的液体)和 CK-Ⅱ助剂(CK-Ⅰ助剂与含氮化合物、溶剂等混合后,经复合、中和等步骤得到)可以提升绝缘纸的热稳定性,将这两种助剂以单一和组合的方式通过涂布或喷涂的方法添加到绝缘纸中,当 CK-Ⅰ助剂添加量为 0.5% 时,可以显著提升绝缘纸的抗张强度和耐破度,且氮在绝缘纸中含量保持为 3.7% 时绝缘纸的热稳定性较好。

近年来,国内也开展了热稳定剂对纤维素绝缘纸的改性研究工作。在 2011 年,重庆大学研究团队开始使用双氰胺、三聚氰胺、尿素 3 种热稳定剂对纤维素绝缘纸进行改性研究,3 种热稳定剂分子结构如图 1.9 所示。

双氰胺、三聚氰胺以及尿素通过涂布或者喷涂的方式分别被加入绝缘纸中,然后将制备的普通绝缘纸和三种改性绝缘纸浸油后进行了 31 天的油纸联合热老化试验,定期取样并对绝缘纸的聚合度、绝缘油的酸值、油纸溶解气体以及油的介质损耗进行测试。研究结果表明双氰胺改性后的绝缘纸抗老化效果最佳,而且油中酸值、溶解气体体积分数以及油的介质损耗都是最小的。而且,研究得到普通绝缘纸和 3 种改性绝缘纸(P_o代表普通绝缘纸;P_d代表双氰胺改性绝缘纸;P_m代表三聚氰胺改性绝缘纸;P_u代表尿素改性绝缘纸)在老化 31 天之后的聚合度,见表 1.4。

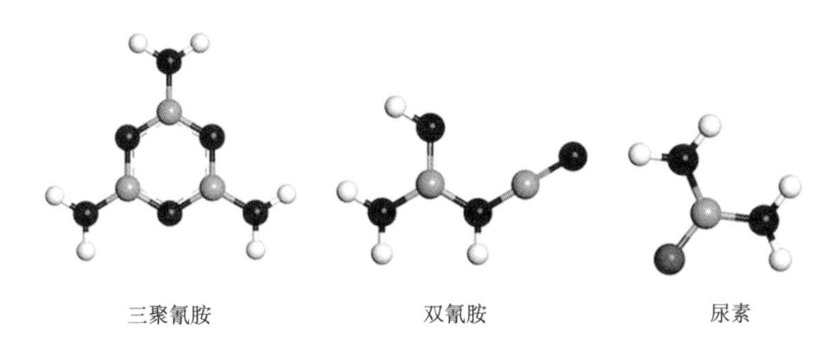

图1.9 热稳定剂(三聚氰胺、双氰胺和尿素)

表1.4 老化31天绝缘纸聚合度

试品	P_o	P_d	P_m	P_u
DP	296	429	312	290

此外,还采用了双氰胺、三聚氰胺、尿素以及聚丙烯酰胺的不同组合对纤维素绝缘纸改性。研究结果表明,胺类组合热稳定剂改性后的绝缘纸性能优于单一胺类化合物改性绝缘纸,而且,双氰胺+三聚氰胺+聚丙烯酰胺改性后的绝缘纸抗老化性能和对应矿物油的工频击穿电压都有较大提升。双氰胺+三聚氰胺+聚丙烯酰胺的组合所改性后的绝缘纸在老化过程中的聚合度下降速率和水分含量都是最低的,绝缘纸的击穿电压与其他组的并无明显差异。热稳定剂与小分子酸、水分的化学反应活性比β-D-吡喃葡萄糖分子与小分子酸、水的反应活性强,由此可见,在实际当中热稳定剂能先于纤维素与酸和水反应,并对纤维素绝缘纸的老化起到延缓的作用。

从以上热稳定剂对纤维素绝缘纸的改性研究可知,热稳定剂不需要接枝到纤维素的链上,因此不会对纤维素链的结构造成破坏。而且,胺类作为热稳定性的效果最佳,能消耗因绝缘纸纤维素老化所产生的水分,从而减缓纤维素的热老化。

(3)纳米改性绝缘纸

采用纳米改性技术对高分子材料进行改性也可以提升材料性能,现阶段从事纳米粒子改性纤维素绝缘纸性能的研究主要分成两种思路:第一方法是将纳米粒子对绝缘油进行改性,然后使用纳米粒子改性后的绝缘油对绝缘纸进行浸渍处理,间接对绝缘纸进行改性;第二种方法是直接将纳米粒子对绝缘纸进行改性,在绝缘纸制备的过程中将纳米粒子添加到绝缘纸中,然后用普通绝缘油对改性后的绝缘纸进行浸渍处理。尽管这两种方法之间存在差异,但作为变压器内部的绝缘系统其是由油纸绝缘共同组成,所以共同的目标均为提升油纸绝缘系统的绝缘性能。

部分研究人员采用改性绝缘油浸渍普通绝缘纸,先将纳米粒子对绝缘油进行改性,然后用改性后的绝缘油浸渍普通纤维素绝缘纸。如使用纳米 TiO_2、纳米

Fe_3O_4 和纳米 Al_2O_3 对绝缘油进行改性，然后分别用纯绝缘油和纳米改性绝缘油对绝缘纸进行浸渍处理。研究发现纳米改性绝缘油浸渍后的绝缘纸局放起始电压和沿面闪络电压均大于纯油浸渍绝缘纸的，而纳米 TiO_2 改性绝缘油浸渍绝缘纸的击穿电压提升最为明显，见表1.5；对绝缘纸进行加速热老化研究表明，纳米粒子对绝缘纸的聚合度影响不大。在热老化试验中，20、30 和 40 mm 电极间距下，纳米变压器油浸渍绝缘纸的沿面爬电起始电压和沿面闪络电压都比纯油浸渍绝缘纸的高。对纳米油浸绝缘纸的沿面闪络特性进行分析，研究结果表明不管是正极性雷电冲击闪络电压还是负极性雷电冲击闪络电压，纳米变压器油浸渍绝缘纸的数值均高于纯油浸渍绝缘纸的，而且电极间距越大，数值差距越明显。

表1.5　不同绝缘油浸渍绝缘纸的工频击穿电压　单位：kV

试验样品	局放起始电压	标准偏差	沿面闪络电压	标准偏差
纯油浸纸板	25.83	1.51	33.46	1.80
TiO_2 纳米油浸纸板	28.98	1.53	39.76	2.10
Fe_3O_4 纳米油浸纸板	26.66	1.92	36.14	2.21
Al_2O_3 纳米油浸纸板	26.13	1.75	34.01	1.99

另一种方法是采用纳米粒子对绝缘纸进行改性，某研究团队分别开展了纳米 Al_2O_3 和纳米 TiO_2 对绝缘纸的改性研究，在真空条件下对改性绝缘纸浸油后进行性能测试分析。对纳米 Al_2O_3 改性绝缘纸研究结果表明，在纳米 Al_2O_3 含量为1%时，绝缘纸工频击穿电压和抗张强度最佳，分别提升了12.75%和14.13%，介电常数和介质损耗都最小，而且 Al_2O_3 的加入增加了绝缘纸的热导率。对纳米 TiO_2 改性绝缘纸研究结果表明，在纳米 TiO_2 含量为3%时，绝缘纸的工频击穿电压提升了20.83%，介电常数、介电损耗、电导率都达到最小，且从宏观的角度分析了可能导致绝缘纸性能提升的原因。

在2015年，重庆大学某研究团队分别研究了蒙脱土、纳米 Al_2O_3 和 ZnO 对绝缘纸的改性。在研究蒙脱土对绝缘纸进行改性时，做法有别于之前，引入了胺类化合物和蒙脱土一起对绝缘纸进行改性，通过对蒙脱土改性绝缘纸的研究表明，改性绝缘纸的抗老化性能更好、击穿强度更高。通过试验研究纳米 Al_2O_3 和 ZnO 对绝缘纸的改性表明，纳米粒子的加入对绝缘纸中的空间电荷具有较好的抑制作用，使其电场分布更加均匀，见表1.6（P_A 代表纳米 Al_2O_3 改性绝缘纸；P_Z 代表纳米 ZnO 改性绝缘纸；P_0 代表普通绝缘纸）。

实验人员使用纳米 SiC 对变压器出线口用绝缘纸进行改性，研究表明在直流及极性反转电压的作用下，纳米改性绝缘纸中的场强得到降低，变压器油中的场强得到提高，油纸中的电场分布更加趋于均匀。实验人员使用纳米 Al_2O_3 对绝缘纸进行改性,研究绝缘纸的陷阱深度和密度,结果表明,随着陷阱深度和密度的增加,改性绝缘纸击穿场强在上升,电导率在下降,陷阱特性是影响改性绝缘纸介电特性变化的主要原因。

表1.6　电场最大畸变率

类型	P_0	P_A	P_Z
ΔE	38.33%	17.00%	14.67%

随着电压等级的提高和输送容量的增加,对套管绝缘性能提出了更高的要求,但是单纯从结构设计方面对套管绝缘进行改进,效果非常有限。同时由于近年纳米改性技术及分子结构调控技术等的蓬勃发展,可通过对油纸绝缘材料本身进行改性处理,以获得具有较好绝缘性能的油纸绝缘材料。

第2章 高压套管的结构

2.1 引言

套管作为变压器进出线所用到的重要组件,起着把电压和电流引入或引出变压器的作用。套管有着电气绝缘、机械支持和密封等功能。从绝缘结构分,可分为充油套管、电容式套管、干式套管等。而其中电容式套管又可分为油纸套管和胶纸套管,35 kV 以下电压等级的套管多用充油式。从外绝缘分,可分为瓷套管和合成绝缘套管。当电压等级提高时,单纯的油绝缘(或辅以高压导体上的绝缘覆盖)已不能满足对套管的各项电气性能的要求,特别是对高压变压器,有时甚至对 20 kV 的低压侧套管也必须采取有效措施来降低套管的局部放电量,以保证对变压器进行局部放电量测量的要求。这样,35 kV 及以上电压等级的套管大多采用电容式绝缘结构,目前大型电力变压器通常采用油纸电容式套管。

高压绝缘套管的种类很多,可按照结构特点和绝缘介质进行分类,见表 2.1。

其中的胶浸纤维就是主绝缘用树脂浸渍纤维卷制成的。玻璃钢(FRP)也称作 GRP,即纤维强化塑料,一般指用玻璃纤维增强不饱和聚酯、环氧树脂与酚醛树脂基体。以玻璃纤维或其制品作增强材料的增强塑料,称谓为玻璃纤维增强塑料,或称谓玻璃钢。由于所使用的树脂品种不同,故有聚酯玻璃钢、环氧玻璃钢、酚醛玻璃钢之称。其优点是质轻而硬,不导电,机械强度高,回收利用少,耐腐蚀。玻璃钢套管就是运用玻璃钢为原料生产的新型套管。

胶浸纤维套管是主绝缘用树脂浸渍纤维卷制成的芯体所组成的套管。俗称玻璃钢增强干式套管,采用玻璃钢作为主绝缘,运用硅橡胶作为增爬伞裙,安装有铝合金,不再是传统的瓷套结构,具有质量轻的特点。常见的有变压器、穿墙、GIS 等类型套管。

表 2.1　高压套管的分类

绝缘结构	主要绝缘介质	绝缘特点	应用范围
单一绝缘	纯瓷	电瓷	不高于 35 kV 的穿墙套管和不高于 10 kV电器用套管
	树脂	树脂	组合电器
复合绝缘	充油	内部为绝缘油	不高于 60 kV 的电器用套管以及试验变压器套管
	充气	内部为压缩气体	组合电器
电容式	油纸电容式	油浸纸	不低于 110 kV 的穿墙套管或电器用套管
	胶纸电容式	胶纸	
	浸胶电容式	纸包后浸胶	

变压器套管是将变压器内部高、低压引线引到油箱外部，不但作为引线对地绝缘，还担负着固定引线的作用。变压器套管是变压器载流元件之一，在变压器运行中，长期通过负载电流，当变压器外部发生短路时通过短路电流。因此，对变压器套管有以下要求：

①必须具有规定的电气强度和足够的机械强度。

②必须具有良好的热稳定性，并能承受短路时的瞬间过热。

③外形小、质量轻、密封性能好、通用性强和便于维修。

2.2　干式套管的结构

套管是将载流导体引入变压器或断路器等电气设备的金属箱内或母线穿过墙壁时所用到的引线绝缘。根据套管所用绝缘介质的不同，分为干式套管、油式套管和油纸复合型套管，本节主要讲述干式套管的结构设计，又分为穿墙套管和出线套管两个部分。穿墙套管是将高压引线穿过墙壁等所用到的套管，出线套管是将高压引线从变压器箱壳中引出所用到的变压器套管。本节结合了具体类型的套管，分别从材料选择、绝缘介质、内外绝缘、结构设计及优化方案等角度展开分析。

2.2.1　穿墙套管

本节以高温固体电制热储热装置穿墙套管为例，对其绝缘、隔热结构展开设计,研究高温固体电制热储热装置穿墙套管的设计原则和参数计算方法,介绍了一种耐受66 kV以上高电压和储热炉内800 ℃以上高温的储热装置穿墙套管。通过电容芯子、真空隔热和阻热环的结构设计和耐温材料遴选,来提升高温固体电制热储热装置穿墙套管的工作电压和耐温等级,并研究其绝缘、隔热结构参数的计算方法。

本节所介绍的高温固体电制热储热装置穿墙套管为一种电容式套管,电压等级为66 kV,耐受温度为800 ℃,其主要结构如图2.1所示,主要由内绝缘、外绝缘、法兰、阻热环和均压装置组成。

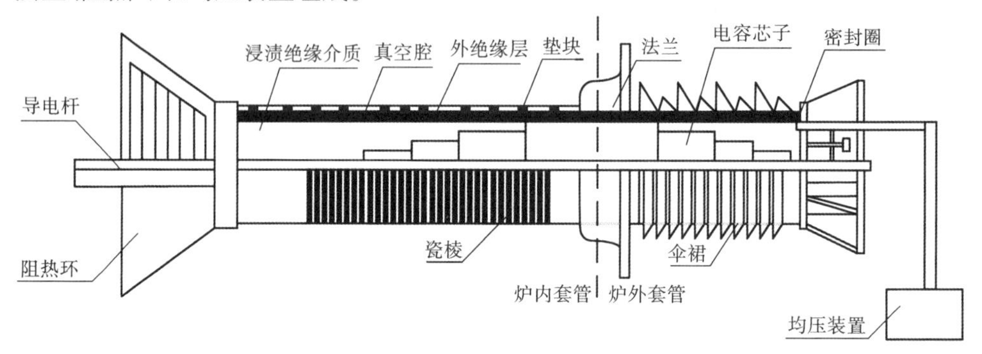

图2.1　高温固体电制热储热装置穿墙套管结构示意图

与传统的高温固体电制热储热装置穿墙套管相比,本节做出以下优化设计:

1)采用电容芯子改善套管整体的电场分布

电容芯子是提升高温固体电制热储热装置穿墙套管电压等级最重要的绝缘部件。电容芯子由多层绝缘纸绕制而成,根据设计要求,绝缘纸层间夹有铝箔,构成串联结构的同轴圆柱电容。此外套管内还充有绝缘介质对电容芯子进行浸渍和散热。均压装置是高温固体电制热储热装置穿墙套管的浸渍绝缘介质的保护设备,其作用是均衡套管内部非固体绝缘介质在储热装置运行时的体积变化。

2)阻热环吸收导电杆向套管传导的热量

高温固体电制热储热装置穿墙套管最主要的传热方式为导电杆的热传导,由于高温固体电制热储热装置穿墙套管的导电杆与电热元件相连,而导电杆又具备极高的热导率,因而由导电杆传导的热量将对耐高温穿墙套管产生极大的危害。针对导电杆传热的隔热问题,设计了一种阻热环结构,如图2.2所示,该结构是由多个储热层和隔热层交替组成的同心圆台结构。其中储热层由高导热系数、高密度、高热容、高熔点的储热材料制成,其作用为存储由导电杆传导的热量,避免到高温危害高温固体电制热储热装置穿墙套管的内部绝缘。隔热层由低热扩散率的保温材料制成,其作用一方面是阻止由炉内循环风的对流传热和储热体的辐射传热,减小储热层的储热压力,另一方面是增加储热层间的热阻,使阻热环内的温度分布更均匀,提高储热层的利用率。

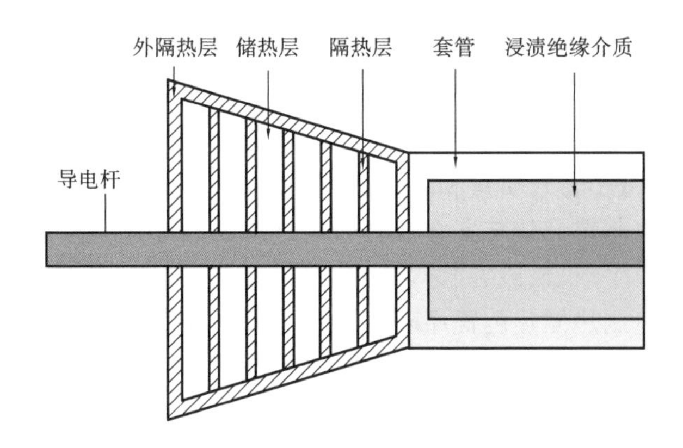

图 2.2　阻热环结构示意图

3）径向隔热层阻隔套管表面向套管内部传导的热量

穿墙套管外隔热层的主要作用除阻隔套管表面向套管内部的传热外，还必须满足足够的绝缘条件。因此，穿墙套管的外隔热层参考现有采用真空结构的高温固体电制热储热装置穿墙套管，利用真空腔进行隔热，其结构如图 2.3 所示。利用真空腔内低气体密度的特点，既可以有效隔热，也可以降低气体热电离程度，有效防止套管的电晕和击穿。为保障内外层瓷套在真空腔低气压的环境下不发生形变，真空腔内还必须间隔布置垫块，增加内外层套管的强度。但由于垫块的导热系数高于周围真空，所以，垫块的存在会降低真空层的隔热效果。因此，高温固体电制热储热装置穿墙套管在设计时，应考虑垫块及真空腔厚度的影响，适当采用双层真空腔结构。

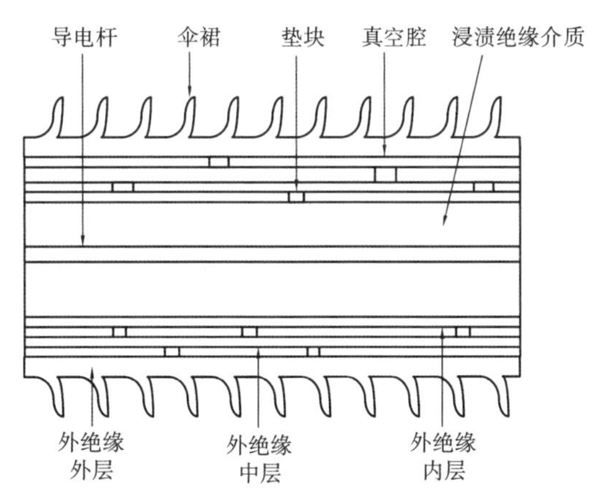

图 2.3　真空隔热结构示意图

（1）材料选择

高压套管材料选择包括浸渍绝缘介质、电容芯子材料、外绝缘材料和储热/隔热材料，本节将分别介绍这几种材料的选择。

对高温固体电制热储热装置的穿墙套管而言，储热炉内极端的高温条件对绝缘材料的要求则更高：

①高温固体电制热储热装置穿墙套管的绝缘材料在高电压下必须具有较高的绝缘性能，尽可能减小套管质量和尺寸，节省储热炉内部空间。

②高温固体电制热储热装置穿墙套管的绝缘材料必须具有较高的耐温性能，在炉内高温下不发生形变、破裂、分解及爆炸等。

③高温固体电制热储热装置穿墙套管的绝缘材料在温度梯度下必须具有较好的热物性，在大温度梯度下不发生较大的绝缘性能衰减。

④储热材料除具备上述热物性外，还需具备较高的储能密度。

1）浸渍绝缘介质选择

常见的电容式套管浸渍绝缘介质有绝缘油（矿物油、植物油和合成油等）、环氧树脂及 SF_6 等，其性能参数见表 2.2。

表 2.2 常用浸渍绝缘介质性能比较

项　目	矿物油	植物油	合成酯油	环氧树脂	SF_6
密度/($kg \cdot m^{-3}$)	890	923	970	980	6.46
闪点/℃	135	326	275	—	—
分解温度/℃	—	—	—	411	500
凝点/℃	-45	-20	-60	—	—
相对介电常数	2.2	3.2	2.18	4.7	1.002
导热系数/($W \cdot m^{-1} \cdot ℃^{-1}$)	0.157	0.167	0.144	0.23	0.021 3
击穿电压/kV	>35	56	75	35	67
运动黏度/($mm^2 \cdot s^{-1}$)	9.2	34	28	—	—
酸值/($mg\ KOH \cdot g^{-1}$)	<0.03	0.04	0.03	—	—
介质损耗/%	<0.5	3	3	<0.004	—
膨胀系数	7.2×10^{-4}	7.3×10^{-4}	7.5×10^{-4}	6×10^{-5}	—

根据表 2.2 所示参数，矿物油虽然是现代电力设备中使用量最大的浸渍绝缘介质，其性能也比较优秀，但仍存在多种问题，如闪点较低，在高温下极易分解，高压电器发生电弧时会造成燃烧、爆炸等事故。此外，矿物油属于不可再生资源且难以降解，一旦发生泄漏就会污染当地环境。相比于矿物油，植物油的燃点更高，耐火安全性更好，相对介电常数更高，其值与绝缘纸接近，更有利于实现油纸的绝缘配合，均匀套管的电场分布。然而植物油的价格较高，介质损耗因数、运动黏度、凝

点和酸值也都高于矿物油，实际应用中需要配置添加剂，通过化学方式改善电学和热工性能，因此限制了其进一步推广。合成酯油的性能介于矿物油和植物油之间，具有很好的高低温性能。然而，合成酯油尚处研发阶段，进一步的商业应用有待发展。

综上所述，绝缘油的使用温度普遍较低，且性能限制较多，会增大高温固体电制热储热装置穿墙套管的设计难度。环氧树脂和SF_6气体的耐温等级较高，但在高温下，环氧树脂的膨胀问题难以解决，而SF_6难以作为浸渍介质与电容芯子材料形成较好的绝缘配合。因此，可同时选用环氧树脂和SF_6气体作为高温固体电制热储热装置穿墙套管的浸渍绝缘介质实现高温绝缘。将SF_6作为套管与电容芯子间的填充介质，一方面提高套管内的电晕起始电压，另一方面利用SF_6气体较高的耐受温度和相对于套管其他部件较低热导率，对电容芯子起隔热保护作用。将环氧树脂作为浸渍介质，可以达到更好的浸渍效果，提高套管电容芯子的电场均匀度。

此外，SF_6气体在常温下无色、无味、无毒、化学性质稳定，温度在150℃以下时，不与常用电气设备材料发生化学反应。但是当温度在150 ℃以上时，SF_6会在硅钢的催化作用下开始分解；温度在180～200 ℃范围内与$AlCl_3$发生反应；温度在200 ℃以上时，在含水量较多的条件下会发生水解反应，产生具有腐蚀性的HF；500 ℃以上高温下会发生分解，产生有毒的低氟化物，并腐蚀绝缘材料。因此，在使用SF_6时，必须严格控制含水量（小于15×10^{-6}），并选择对SF_6耐受性较强的材料，如环氧树脂、氧化铝陶瓷、聚四氟乙烯等。

2）电容芯子材料选择

一般所用到的电容芯子材料为植物纤维绝缘纸、矿物纤维绝缘纸和合成纤维绝缘纸。其中植物纤维绝缘纸具有价格低、浸渍后绝缘强度高、抗张强度高及易降解的优势，是多数电气设备的首选绝缘材料，其缺点在于最大耐受温度较低，仅为130 ℃，难以在高温场合使用。矿物纤维绝缘纸的耐温温度较高，其中云母绝缘纸的最高耐受温度约为1 000 ℃，玻璃纤维绝缘纸的最高耐受温度为500～750 ℃。然而，对于采用SF_6气体的电容式套管，在制造时，SF_6气体中会不可避免地混入水分和氧气，并与SF_6在高温下的分解产物SF_4和WF_6发生化学反应，产生新的化合物HF。HF将与水合成对含硅物质腐蚀性极大的氢氟酸，侵蚀含玻璃纤维的电容芯子。合成纤维绝缘纸的耐温等级普遍较高，其中芳纶纤维可耐受370 ℃的高温，具有优秀的高温性能和电绝缘性能。

综上所述，高温固体电制热储热装置穿墙套管的电容芯子材料应选择耐温等级较高、热性能较好的材料，经上述比较，选用芳纶纤维为绝缘纸材料，减少高温下电容芯子绝缘性能的劣化，并防止SF_6的腐蚀。

3）外绝缘材料选择

外绝缘材料的选择是高温固体电制热储热装置穿墙套管设计的重要部分，在高温固体电制热储热装置中,要求套管的外绝缘材料一方面要具有较强的耐压能力和防闪络能力,能耐受 66 kV 的高压不被击穿,炉外套管外绝缘不易发生湿闪和污闪。另一方面还应具有较好的热物性,高温下外绝缘材料的介电性能不发生较大变化,大温差下不发生较大热变形。常用的外绝缘材料包括硅橡胶、聚四氟乙烯、陶瓷及石英等,其性能见表 2.3。

通过比较可以看出,硅橡胶的耐受温度很低,然而实际中,高温固体电制热储热装置内的温度可以达到 500 ~ 800 ℃。因此硅橡胶很难作为高温固体电制热储热装置穿墙套管绝缘材料使用。陶瓷和石英两种绝缘材料的耐受温度都很高,陶瓷略高于石英,都能符合高温固体电制热储热装置穿墙套管使用要求。此外,与陶瓷相比,石英玻璃的抗热振性能更强,导热系数更小,在高温环境下具有更好的耐温和隔热性能,因此更适合为高温固体电制热储热装置穿墙套管外绝缘材料。但在高温环境下,石英玻璃会与 SF_6 的化学产物发生反应,不能与 SF_6 直接接触,因此选用陶瓷为内层外绝缘材料,与导电杆和电容芯子共同构成 SF_6 气体腔,选用石英玻璃为外层外绝缘材料,与内陶瓷管构成真空腔,起防止闪络和隔热作用。

表 2.3　常用外绝缘介质性能比较

<table>
<tr><th>项目</th><th>硅橡胶</th><th>聚四氟乙烯</th><th>陶瓷</th><th>石英玻璃</th><th>单位</th></tr>
<tr><td>耐受温度</td><td>260</td><td>327</td><td>1 600</td><td>1 180</td><td>℃</td></tr>
<tr><td>膨胀系数</td><td>—</td><td>12.8×10^{-5}</td><td>7.4×10^{-6}</td><td>6.5×10^{-7}</td><td>1/℃</td></tr>
<tr><td>热抗震性</td><td>良好</td><td>—</td><td>差</td><td>好</td><td>—</td></tr>
<tr><td>比热容</td><td>—</td><td>1 050</td><td>960</td><td>1 040</td><td>J/(kg · ℃)</td></tr>
<tr><td>导热系数</td><td>—</td><td>0.24</td><td>21</td><td>1.4</td><td>W/(m · ℃)</td></tr>
<tr><td>密度</td><td>—</td><td>—</td><td>3 700</td><td>2 200</td><td>kg/m^3</td></tr>
<tr><td>相对介电常数</td><td>—</td><td>2.1</td><td>3.9</td><td>6.2</td><td rowspan="3">kV/mm</td></tr>
<tr><td>绝缘强度</td><td>—</td><td>60</td><td>18</td><td>10</td></tr>
<tr><td>介质损耗</td><td>—</td><td>0.5×10^{-4}</td><td>2.5×10^{-4}</td><td>3×10^{-4}</td></tr>
</table>

4)储热/隔热材料选择

储热/隔热材料的选择是高温固体电制热储热装置穿墙套管隔热设计的重要部分,根据本节所介绍的高温固体电制热储热装置穿墙套管的结构特点,沿套管外壳的传热主要由真空进行隔热,其导热系数为 0.03 W/(m · ℃),密度为 0.01 kg/m^3,平均比热容为 10 $kJ/(kg^3 \cdot ℃)$(20 ℃)。

根据储热层与隔热层的特点,阻热环选用氧化铝陶瓷制作储热层,氧化铝陶瓷的导热系数为 21 W/(m · ℃)，密度为 3 700 kg/m^3，平均比热容为 850 kJ/(kg · ℃)(20 ℃)，熔点为2 000 ℃，满足储热要求，且氧化铝陶瓷为常用绝缘材料，具有良好的电绝缘性能。本节所介绍的阻热环选用硅酸铝纤维制作隔热层，硅酸铝纤维的导热系数为 0.13 W/(kg · ℃)，密度为 256 kg/m^3，平均比热容为1 093 kJ/(m · ℃)，满足隔热要求。

(2)穿墙套管绝缘计算

穿墙套管的绝缘计算包括内绝缘计算和外绝缘计算两部分。套管内绝缘计算即为电容芯子的计算，套管外绝缘计算即为外套的计算。

1)套管内绝缘计算

电容式套管内绝缘计算的主要目的为计算电容芯子的尺寸，其计算尺寸的主要内容为：绝缘层个数 n、绝缘层最小厚度 $d_{\min}$，上下台阶长度 λ_1 和 λ_2，接地极板、中间各层极板和零层极板长度 l_n、l_x和 l_0，接地极板、中间各层极板和零层极板半径 r_n、r_x和 r_0。

根据电容式高压套管的绝缘要求，可以确定以下设计原则：

①工作电压下，电容芯子沿径向的最大电场强度 E_{rm}不高于有害局部放电电压。

②闪络电压下，电容芯子的上下部沿轴向的电场强度 E_1、E_2 不高于闪络电压。

按上述原则计算时，必须保留足够的裕度。

根据上述设计原则和尺寸参数，可得内绝缘计算流程图如图 2.4 所示。

其详细计算流程如下：

①选取最小绝缘厚度$d_{\min}$

电容式套管的最小绝缘厚度$d_{\min}$一般选取为 1 ~ 1.2 mm，有利于提高局部放电性能。

②计算绝缘层数 n

为缩小尺寸，充分利用绝缘材料，提高套管场强均匀度，套管电容芯子通常采用“等电容，等台阶”的设计方法。该方案下，电容芯子各极板间的台阶长度相同，为实现各绝缘层的电容量也相同，绝缘层的厚度则不等，因而各绝缘层所承受电压和最大场强 E_{rm}也不同，其值由最小绝缘厚度$d_{\min}$决定。

根据原则①，工作电压下，最大电场强度 E_{rm}不高于有害局部放电电压，最大电场强度 E_{rm}可通过式(2.1)计算

$$E_{\mathrm{K}} = \frac{U_{\mathrm{K}}}{d} = \frac{k_1}{\varepsilon_{\mathrm{r}}^{0.45} d^{0.55}} \tag{2.1}$$

式中，d 为绝缘层厚度，mm；ε_{r} 为绝缘材料相对介电常数；k_1 为极板边缘局部放电系数。对于胶纸电容芯子，极板与绝缘纸总会在极板的边缘留有空隙，因此胶纸绝缘的极板边缘局部放电应按照空气中的情况计算。

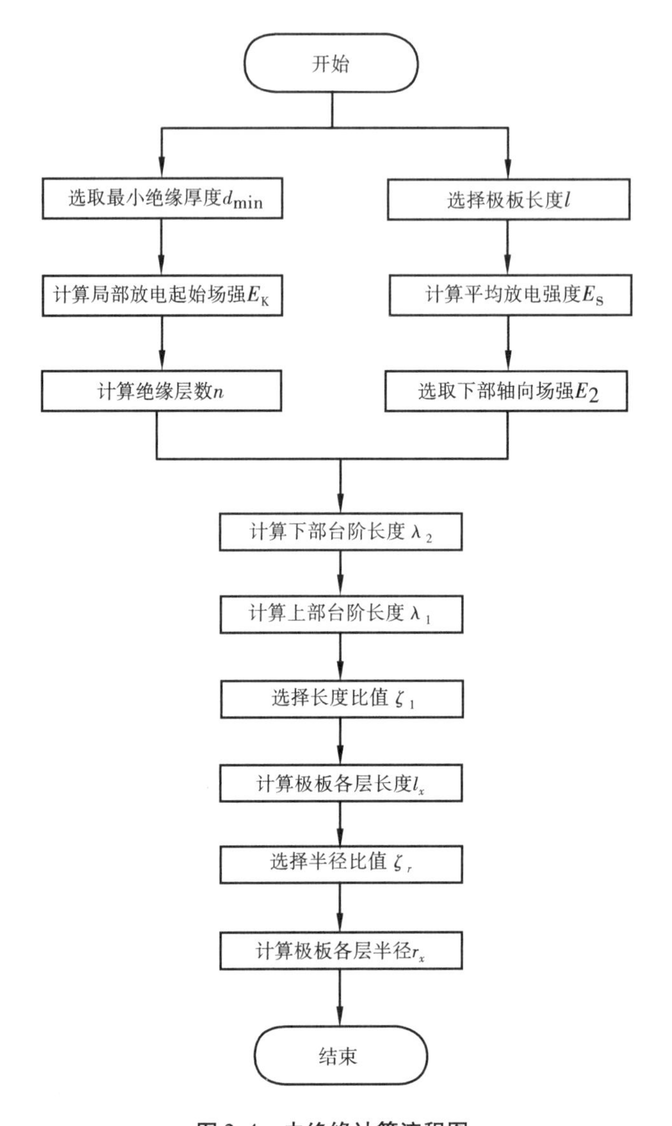

图 2.4　内绝缘计算流程图

对于胶纸套管而言，E_{rm}可取E_K值，一般为 2 MV/m。对于油纸套管，还需取 1.5～2 倍的裕度，一般为 2.5～3.5 MV/m。

之后，可根据上述结果，计算绝缘层数 n

$$n = \frac{U}{\Delta U} = \frac{U}{E_{rm}\,d_{min}} \tag{2.2}$$

式中，U 为工作电压；ΔU 为每层电压。

③上下极板台阶 λ_1、λ_2

干闪络电压下，电容芯子的上部和下部沿轴向的电场强度 E_1、E_2 不得高于闪络电压。电容式套管一般上部绝缘层较长,其轴向场强 E_1 较低,不容易发生闪络,因此主要通过计算下部绝缘层的轴向场强 E_2 来防止闪络,并依此确定下极板长度 λ_2。

电容芯子的轴向闪络场强 E_s 和轴向场强 E_2 一般通过实测数据选择,其相关数据见表2.4。

表 2.4　电容芯子闪络场强

电容芯子	设计和工艺	轴向闪络场强 $E_s/(MV \cdot m^{-1})$	许用轴向场强 $E_2/(MV \cdot m^{-1})$
油纸	$\lambda_2 > 15$ mm,尾部屏蔽小于 20%	1.1	0.8 ~ 0.9
	$\lambda_2 < 15$ mm,尾部屏蔽大于 20%	1.5	1.2
胶纸	$\lambda_2 = 5 \sim 10$ mm,极板端部车出	1.9 ~ 2.0	1.4 ~ 1.5
	极板包封,电极离芯子表面较远	—	0.8 ~ 0.9

根据上述选择结果,可以计算电容芯子下部台阶长度 λ_2

$$\lambda_2 = \frac{U}{n E_2} \tag{2.3}$$

电容芯子上部台阶长度 λ_1 的值一般为下部台阶长度 λ_2 的 1.5 ~ 2 倍。

④各层极板长度 l_n、l_x 和 l_0

设两层相邻极板的长度差为 λ,则有 $\lambda = \lambda_1 + \lambda_2$,可得各层极板的长度计算公式为

$$\begin{cases} l_n = \dfrac{1}{\xi_1 - 1} n\lambda \\ l_0 = \dfrac{\xi}{\xi_1 - 1} n\lambda \\ l_x = l_n + (n - x)\lambda \end{cases} \qquad \begin{cases} l_n = \dfrac{1}{\xi_1 - 1} n\lambda \\ l_0 = \dfrac{\xi}{\xi_1 - 1} n\lambda \\ l_x = l_\pi + (n - x)\lambda \end{cases} \tag{2.4}$$

式中,ξ_1 为长度比值($\xi_1 = l_0/l_n$),一般取值为 3.6 ~ 4.1;ξ 为均匀比值 $\left(\xi = \dfrac{l_0}{l_n} = \dfrac{r_n}{r_0}\right)$,此时,内绝缘零极板和接地极板的径向场强相同,都等于最大工作场强 E_{rm},套管径向场强最均匀。

当法兰长度 L_f 较长需要先行给定时,各层极板的长度计算公式为

$$\begin{cases} l_n = L_f + L_M + L_N \\ l_0 = L_n + n\lambda \\ l_x = L_n + (n - x)\lambda \\ \xi_1 = l_0/l_n \end{cases} \qquad \begin{cases} l_n = L_f + L_M + L_N \\ l_0 = L_n + n\lambda \\ l_x = L_n + (n - x)\lambda \\ \xi_1 = l_0/l_\pi \end{cases} \tag{2.5}$$

式中,L_M、L_N分别为极板上下部的屏蔽长度。

⑤各层极板半径 r_n、r_x和 r_0

“等电容,等台阶”的电容芯子各绝缘层的电容量相同,因此可以通过该原理计算各层极板半径,计算方法为

$$\begin{cases} r_0 = \dfrac{U}{E_{rm}} \dfrac{A}{n\, l_1} \\ r_n = \xi r_0 \end{cases} \tag{2.6}$$

假设常数 A、B、C 分别为

$$\begin{cases} A = \dfrac{(l_1 + l_n)n}{2 \ln \xi_r} \\ B = \dfrac{l_1}{A} \\ C = \dfrac{\lambda}{A} \end{cases} \tag{2.7}$$

则有

$$\begin{cases} \ln r_1 = \ln r_0 + B \\ \ln r_2 = \ln r_1 + B - C \\ \vdots \\ \ln r_x = \ln r_{x-1} + B - (x-1)C \\ \vdots \\ \ln r_n = \ln r_{n-1} + B - (n-1)C \end{cases} \tag{2.8}$$

根据上式,即可逐层求出电容芯子各层半径。

2)套管外绝缘计算

套管外绝缘的主要设计参数——最小高度、爬电距离、伞形及伞裙数的计算方法如下:

①外绝缘最小高度 L_g 和爬电距离

根据套管在工频电压及冲击电压下的绝缘性能要求,可以确定套管外绝缘的基本尺寸。因不同波形的电压下,套管外绝缘的闪络电压存在偏差,因此必须考虑该偏差所带来的影响,并取相应的设计裕度,根据试验经验,工频电压下闪络电压计算值的设计裕度可选为 18%,雷电冲击电压下闪络电压计算值的设计裕度可选为 10%。

根据国家标准 GB/T 4109—2008《交流电压高于 1 000 V 的绝缘套管》的相关规定,可查询相应电压等级下的工频干试耐受电压和雷电冲击耐受电压,并通过下式计算套管外绝缘长度

$$\begin{cases} U_g = (2.9L_g + 25)/(1+\alpha) \\ U_s = (3L_k + E_s L_s)/(1+\alpha) \\ U_{50} = (5.7L_g + 20)/(1+\alpha) \end{cases} \tag{2.9}$$

式中，U_g为工频干试耐受电压；α 为设计裕度；U_s为工频湿试耐受电压；L_k 为伞裙空气间隙距离；L_s 为伞裙湿润部分距离；U_{50}为雷电冲击耐受电压。

伞裙空气间隙为伞裙在经受雨水45°的喷淋后干燥部分边界的最短距离，如图2.5所示伞裙结构中$L_k = n \cdot AB$。伞裙湿润部分距离是经受雨水45°的喷淋后，湿润部分的距离之和，如图2.5所示伞裙结构中$L_s = (BC + \overset{\frown}{CD} + \overset{\frown}{DE}) + l_a + l_b$其中，$l_a$为伞裙上边缘到导线的距离，$l_b$为伞裙下边缘到法兰的距离。

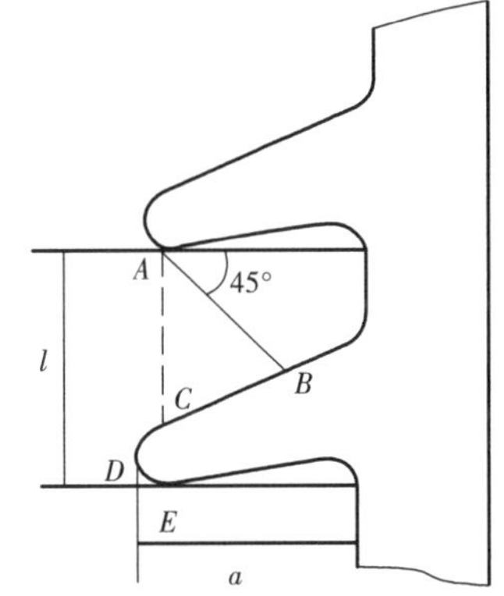

图2.5　伞裙闪络距离示意图

在套管外绝缘的计算中，爬电距离与套管闪络事故发生率相关。一般而言，爬电距离的增加可以有效降低湿闪及污闪发生的概率。在套管爬电距离计算时，引入了爬电比距作为选择参数。根据国家标准GB/T 26218.2—2010的规定，电力设备污秽等级与爬电比值的对应表，见表2.5。

②伞形及伞裙数

伞形和伞裙数对提高穿墙套管外绝缘的防污闪能力及耐受电压有重要联系，因此伞形的选择和伞裙数的计算也应通过套管的工作环境和耐受电压进行计算。

高温固体电制热储热装置穿墙套管主要用于热电厂的大容量调峰储热装置，热电厂内污秽等级较高，容易发生污闪，因此选用双伞形结构。

表2.5　电力设备污秽等级与爬电比值对应表

污秽等级	爬电比距/($mm \cdot kV^{-1}$)
Ⅰ	16
Ⅱ	20
Ⅲ	25
Ⅳ	31

一般情况下，为有效增加套管的爬电距离，可以减少伞裙数量，增加伞裙的直径和宽度。如图2.6所示，套管伞裙的设计参数包括伞宽 a、伞间距 b、倾角 c 及小伞径 d，其中，伞宽 a 的取值可以根据经验确定，伞宽与伞间距之间的比值 a/b 可以

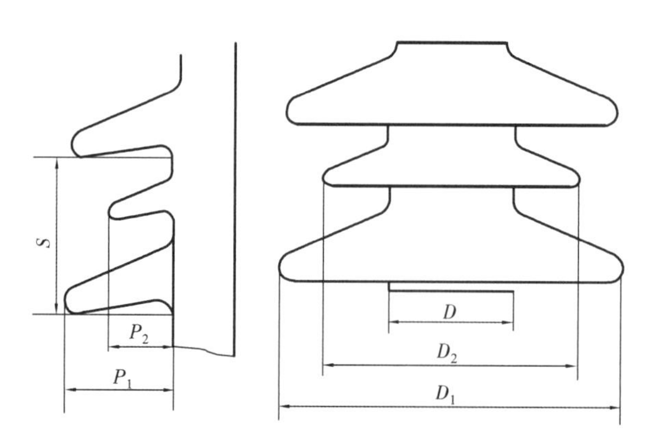

图 2.6　双伞形结构示意图

取 1 ~1.2,倾角 c 的取值通常为 10° ~15°。小伞径 d 的取值由直径系数 k_D 和平均直径 D_m 确定,当 $D_m < 300$ mm 时,$k_D = 1$;当 $300 \leqslant D_m < 500$ mm 时,$k_D = 1.1$;当 $D_m > 500$ mm 时,$k_D = 1.2$,其中 $D_m = (D_1 + D_2 + 2D)/4$,S/P 应不小于 0.8,$P_1 - P_2$ 应不小于 15。

(3)算例分析

根据上文所述设计原则和计算方法,本节将对额定电压为 66 kV 的高温固体电制热储热装置穿墙套管进行案例分析,这种套管的主要技术指标见表 2.6。

表 2.6　高温固体电制热储热装置穿墙套管主要技术指标

项目	数值	单位
额定电压	66	kV
额定电流	1 000	A
额定耐温	800	℃
最高耐温	900	℃
SF_6气体最低运行气压	0.35	MPa
SF_6气体额定运行气压	0.4 ~0.6	MPa
SF_6气体最高运行气压	0.8	MPa
工频耐压试验电压	160	kV
雷电冲击耐压试验电压	380	kV
污秽等级	1	kV

表2.7　电容芯子尺寸表

第 x 层	基板长度 l_x	极板半径 r_x	单位
0	1 570	2.45	mm
1	1 510	2.67	mm
2	1 450	2.89	mm
3	1 390	3.12	mm
4	1 330	3.36	mm
5	1 270	3.61	mm
6	1 210	3.86	mm
7	1 150	4.12	mm
8	1 090	4.38	mm
9	1 030	4.63	mm
10	970	4.89	mm
11	910	5.15	mm
12	850	5.40	mm
13	790	5.64	mm
14	730	5.87	mm
15	670	6.10	mm
16	610	6.31	mm

根据经验和相关外绝缘计算规定，确定套管的最小高度 L_g 为 70 cm，根据外绝缘计算方法，可以计算得套管爬电距离为 1 056mm。选择外瓷套伞宽 a 值为 18 mm，伞距 b 为 18 mm，倾角为 12 mm，总间距 S 为 22.5 mm，小伞径 d 为 10 mm，伞数 n 为 24 mm。

这里套管的最小绝缘厚度d_{min}选择为 1.2 mm。选择电容芯子的局部放电起始场强等于工作场强，取 k_1 值为 4.3，取最大电场强度 E_{rm}值等于 E_K，则计算可得 E_{rm} 为 2 MV/m，并由此计算得套管的绝缘层数 n 为 16 层。

内绝缘炉内部分对瓷套的屏蔽长度为 20%L_B（L_B 为上瓷套长度），炉外部分对瓷套的屏蔽长度为 10%L_B，由此计算可得电容芯子的上极板长度为 3 cm，由于套管的两端均在空气中,可得下极板长度与上极板长度相等。经计算可得套管的中间参数值:$\lambda=60$ mm,$\xi_1=2.57$,$\xi=2.57$,$A=17\ 940.3$,$B=0.084\ 2$,$C=0.003\ 34$。

由此计算各层极板长度和各层极板半径的结果如表2.7所示。

2.2.2 出线套管

(1)结构设计

本节以800 kV双断口罐式断路器出线套管为例,如图2.7所示。套管采用的是瓷材料,主要结构有瓷件、安装法兰和导体,内部充有气体。当电场强度小于气体分子电离所需要的值时,气体介质中的损耗极小。因此,套管内部充有SF_6气体作为绝缘介质,该气体具有良好的热稳定性和绝缘特性。

影响SF_6沿面放电的因素有很多种,比如电场的分布情况、表面的清洁度以及水分等因素,而对其影响最大的是电场分布情况。若电场分布不均匀,则随着距离的增加,沿面电压很快就会达到饱和状态,造成套管内部闪络,再继续发展将造成击穿,导致套管损坏。所以,在进行套管设计时,应尽量使其内部电场分布均匀,其中的固体绝缘结构应该尽量避免尖角,设计成圆角形状。

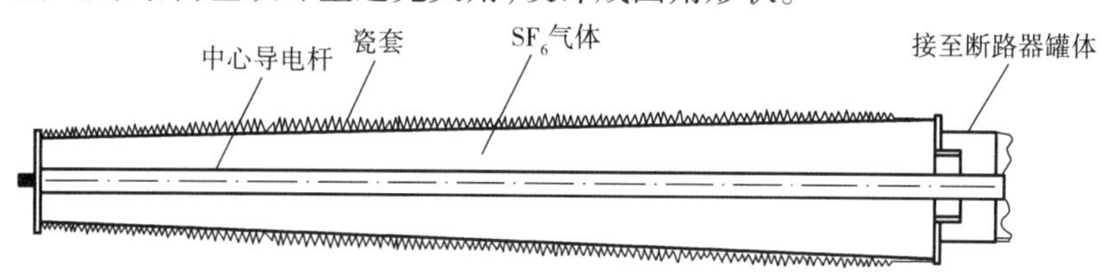

图2.7 800 kV SF_6断路器出线绝缘套管

SF_6断路器的出线套管关系着端口的外绝缘以及对地绝缘,断路器的出线套管对其能够安全稳定地运行起着至关重要的作用,其中,套管的绝缘性能最为重要。影响套管绝缘性能的因素有很多,诸如绝缘子表面的污秽、淋雨、雷电及气压等自然因素,还有电气性能、机械性能、抗震性能及鸟害等不明因素。在上述因素当中,影响最大的是电气性能。

1)高压套管的电场分布特点为套管具有一种典型的强垂直介质表面分量的绝缘结构,表面电压分布很不均匀,法兰处电场集中,法兰和导电杆间的电场也很强。套管的这一电场分布形式很容易引起绝缘介质的击穿,所以应该采取相应的措施改善其全场域电场分布。

由于绝缘套管整体呈轴对称结构形状,则其电场分布同样也呈轴对称性质。因此,套管电场的求解可归结为二维轴称静电场边值问题,满足拉普拉斯方程

$$\nabla^2=\frac{\left(\frac{1}{r}\right)\partial\left(\frac{r\partial\varphi}{\partial r}\right)}{\partial r}+\frac{\partial^2\varphi}{\partial z^2}=0 \tag{2.10}$$

狄里克莱及诺依曼边界条件分别为

$$\varphi = \frac{f_1(p) \cdot \partial\varphi}{\partial n} = f_2(p) \tag{2.11}$$

场域中各点电场强度为

$$E = -\nabla\varphi \tag{2.12}$$

2)高压套管结构大多都为细长形,长径比一般都大于 10。因此,在电场等值分析时,称其计算区域为高长径比场域。

3)电场区域为无界场域空间。在采用法进行场域求解时,通常要利用远场单元或边界来近似等效无限远空间,所求得电场值的精确度一定程度上取决于等效远场的选取是否合理。

(2)内绝缘计算

一般情况下,高压套管的绝缘可以分为内部绝缘和外部绝缘两个部分。其中内部绝缘是主绝缘,其主要目的是降低套管内部最大电场强度,使套管内部与外部的电场分布尽可能均匀,使其绝缘破坏概率降到最低。

由于换流变压器套管的尾部浸在变压器油中,此处经常发生局部放电,复杂的工作环境加大了设计的难度。套管设计的核心部分是其内绝缘中的电容芯子,各层极板的长度和半径决定了套管的整体尺寸,本小节通过计算了电容芯子采用等电容方案时的关键尺寸从而确定了套管最佳尺寸。

出线套管内绝缘电容芯子设计需计算的主要尺寸包括:缘层厚度 d,绝缘层数 n,极板的上下台阶$\boldsymbol{\lambda}_1$ 和$\boldsymbol{\lambda}_2$ 最外层极板的长度和半径 l_n、r_n,最内层极板的长度和半径 l_0、r_0,中间各层极板的长度和半径l_i、r_i。结构示意图如图 2.8 所示。

一般情况下,各层极板的电容量相等,但各绝缘层的厚度不相等,靠近最内层和最外层极板附近径向场强最大为E_{rm},绝缘层最小值为$d_{\min}$。

内绝缘电容芯子的结构尺寸由以下几个参数共同决定:径向场强最大值E_{rm},电容芯子上、下两部分的轴向场强E_{l_1}和E_{l_2}。这三个参数值定义了电容芯子的基本尺寸,此外设计的安全裕度必须要满足一定的电气性能要求。

1)E_{rm}的确定

E_{rm}是按照最大工作电压下不会发生有害的局部放电的原则下决定的。对于油纸绝缘,更须考虑有足够的裕度,以免局部放化的发展。

电容极板边缘的局部放电电压U_{p} 为

$$U_{\mathrm{P}} = k_1\left(\frac{k_1}{\varepsilon_{\mathrm{r}}}\right)^{0.45} \tag{2.13}$$

局部放电起始场强E_{p} 为

$$E_{\mathrm{p}} = \frac{U_{\mathrm{p}}}{d} = \frac{k_1}{\varepsilon_{\mathrm{r}}^{0.45}\ d^{0.55}} = 6.032\ \mathrm{MV/m} \tag{2.14}$$

式中,d 为绝缘层厚度;$d_{\min}$一般在 1 ~ 1.2 mm,取$d_{\min}$为 1 mm;ε_{r} 为材料相对介电常

数，值为3.5；k_1 为系数，一般取 10.6。

为防止油纸电容式套管的局部放电引发沿面闪络，一般$E_p \geqslant (1.5 \sim 2) E_{rm}$，此处取$E_p = 2\ E_{rm}$，即$E_{rm}$为 3.016 MV/m。

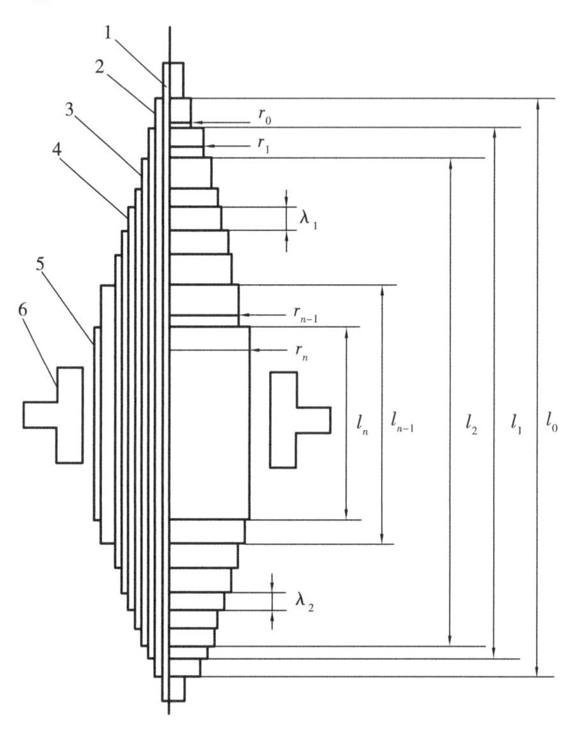

图 2.8 阀侧套管结构图

1—导杆；2—最内层极板，长度 l_0，半径 r_0；3—各个极板；4—各绝缘层；

5—最外层极板，长度 l_n，半径 r_n；6—法兰；λ_1、λ_2—极板的上下台阶长

2）绝缘层数 n 的确定

当d_{min}和E_{rm}知道后，绝缘层数 n 便能求出

$$n = \frac{U}{\Delta u_i} = \frac{U}{E_{rm}\ d_{min}} = \frac{816/\sqrt{3}}{3.016 \times 1} \approx 157 \text{ 层} \tag{2.15}$$

式中，U 为工作电压，kV；Δu_i为每层电压，kV。

此时厚度最小绝缘层的滑闪电压为

$$U_{cr} = 1.36 \times \frac{10^{-4}}{C_0^{0.44}} = 15.76 \text{ kV} \tag{2.16}$$

式中，d 为介质厚度；C_0为比电容，其中$C_0 = \frac{\varepsilon_r}{4\pi} \times 9 \times 10^{11} \times d(\text{F/cm}^2)$。

式(2.16)设计结果的安全裕度为

$$\frac{15.76}{1\ 000/157} = 2.47$$

3）均压极板和瓷套长度计算

根据经验确定上瓷套长度L_B，取L_B =6 300 mm；参照过去经验，瓷套在空气中的平均干闪络场强为2.4～3 kV/cm，干放电平均场强约为3 kV/cm，则干闪络电压：U_f =630×3 =1 890 kV，与干试电压相比较，安全裕度为：U_f/U_{dry} =1 890/1 000 =1.89

对于1.5/40 μs全波，冲击电压由式（2.17）来校核：

$$U_s = (40 + 5.06\ L_B)\text{kV} = 3\ 227.8\ \text{kV} > 2\ 250\ \text{kV} \tag{2.17}$$

2 μs截波以1.44倍计：U_s =1.44 ×322 7.8 kV =464 8.032 kV >2 587 kV

一般最内层极板的顶点比上端盖低40% L_B，最外层极板比法兰高出10% L_B，上部台阶长为

$$\lambda_1 = L_B - 0.4\ L_B - 0.1\ L_B/n = 20.06\ \text{mm} \tag{2.18}$$

式中，λ_1为芯子上部台阶。

当采用等台阶设计时，最外层极扳的长度l_n，要根据结构及屏蔽的要求来确定，如中间法兰长度200 mm、安装化流互感器的长度为400 mm、卡装长度为100 mm，另外最外层极板突出法兰以上（8～10）%，L_B以作为上屏蔽（取630 mm），不考虑下屏蔽时，有

$$l_n = (200 + 400 + 100 + 630)\text{mm} = 1\ 330\ \text{mm} \tag{2.19}$$

其中，最内层极板长度为

$$l_0 = l_n + n\lambda \tag{2.20}$$

选取最有利条件ξ =4.1：

$$\xi = l_0/l_n = l_n + n\lambda/l_n \tag{2.21}$$

即台阶总长度λ =26.26 mm，因为

$$\lambda = \lambda_1 + \lambda_2 \tag{2.22}$$

所以下台阶长度λ_2 =6.2 mm

第i层极板长度：

$$l_i = l_n + (n - i)\lambda \tag{2.23}$$

其中，零层极板长度$l_0 = l_n + n\lambda$ =5 452.82 mm

第l层极板长度$l_n = l_n + (n - 1)\lambda$ =5 426.56 mm

在设计过程中必须保证电容芯子上部或下部不发生轴向闪络，由于上部绝缘长度较长，E_{l_1}较低，此处发生闪络的可能性较小，因此下部轴向场强E_{l_2}是考核的重点，如表2.8所示为各种结构的轴向闪络场强和轴向许用场强。

根据所设计的λ_1和λ_2计算所得E_{l_1}和E_{l_2}分别为

$$E_{l_1} = U_{dry}/n\ \lambda_1 = 0.318\ \text{MV/m} \tag{2.24}$$

$$E_{l_2} = U_{dry}/n\lambda_2 = 1.027 \text{ MV/m} \tag{2.25}$$

对照表 2.8 可知，$E_{l_2} < 1.2$ MV/m，λ_2 符合要求。

下瓷套长度：

$$L_H = n\lambda_2 + 0.3L_H \tag{2.26}$$

表 2.8　电容芯子油中轴向闪络场强和许用轴向场强

电容芯子	设计方法	轴向闪络场强 $E_s/(\text{MV}\cdot\text{m}^{-1})$	许用轴向场强 $E_2/(\text{MV}\cdot\text{m}^{-1})$
油纸	$\lambda_2 > 15$ mm，尾部屏蔽小于 20%	约等于 1.1	0.8 ~ 0.9
	$\lambda_2 < 10$ mm，尾部屏蔽大于 25%，无过早局部放电	约等于 1.5	≈1.2

经计算，$L_H = 1\ 390.57$ mm，取 $L_H = 1\ 400$ mm。

下台阶闪络电压可以按轴向闪络场强 19 ~ 20 kV/cm 来校核，则其工频闪络电压为 $U_s = 1\ 849.46$ kV，大于 1 000 kV。

4）均压极板半径的计算

在实际生产中，通常采用相邻极板间电容相等的原则来计算，由于各层极板间的台阶长度相等，则各层绝缘厚度将不再相等。在等电容设计时：

$$C_k = \frac{2\pi\varepsilon_r\varepsilon_0 l_1}{\ln\dfrac{r_1}{r_0}} = \frac{2\pi\varepsilon_r\varepsilon_0 l_2}{\ln\dfrac{r_2}{r_1}} = \cdots = \frac{2\pi\varepsilon_r\varepsilon_0 l_i}{\ln\dfrac{r_i}{r_{i-1}}} = \cdots = \frac{2\pi\varepsilon_r\varepsilon_0 l_n}{\ln\dfrac{r_n}{r_{n-1}}} \tag{2.27}$$

式中，r_0、l_0 为最靠近导杆（最内层）极板的半径与长度；r_n、l_n 为最靠近法兰（最外层）极板的半径与长度；ε_r 为相对介电常数，纸为 3.5；ε_0 为真空的电容率，取 8.854×10^{-12}F/m。

$$\frac{l_1}{\ln\dfrac{r_1}{r_0}} = \frac{l_2}{\ln\dfrac{r_2}{r_1}} = \cdots = \frac{l_i}{\ln\dfrac{r_i}{r_{i-1}}} = \cdots = \frac{l_n}{\ln\dfrac{r_n}{r_{n-1}}}$$

$$= \frac{\sum\limits_{i=1}^{i} l_i}{\ln\dfrac{r_i}{r_0}} = \frac{\sum\limits_{i=1}^{n} l_i}{\ln\dfrac{r_n}{r_0}} = \frac{(l_1 + l_i)i}{2\ln\dfrac{r_i}{r_0}}$$

$$= \frac{(l_1 + l_n)i}{2\ln\dfrac{r_n}{r_0}} = \frac{(l_1 + l_n)n}{2\ln\xi_r} = A \tag{2.28}$$

经计算，如 $A = 375\ 900$，由于 $\xi_r = \xi_l$，所以 $r_0 l_0 = r_n l_n$，在工作电压 U 下，最内层和最外层绝缘的工作场强均为 E_{rm}，所以最内层极板半径为

$$r_0 = \frac{U}{2E_{\mathrm{rm}}} \frac{(l_1 + l_n)}{l_1 \ln \xi_r} = \frac{U}{E_{\mathrm{rm}}} \frac{A}{n l_1} = 68.92 \text{ mm} \quad (2.29)$$

最外层极板半径为

$$r_n = \xi_r r_0 = \frac{U}{2E_{\mathrm{rm}}} \frac{\xi_r (l_1 + l_n)}{l_1 \ln \xi_r} = \frac{U}{E_{\mathrm{rm}}} \frac{\xi_r A}{l_1 n} = 282.5726 \text{ mm} \quad (2.30)$$

第 i 层极板半径为

$$r_i = r_0 e^{\frac{(l_1+l_n)i}{(l_1+l_n)n}\ln \xi_r} = r_0 e^{\frac{(l_1+l_i)i}{2A}} \quad (2.31)$$

2.3　油式套管的结构

本节主要介绍油式套管的结构，绝缘套管作为变压器的外部连接装置起着支撑和连接绝缘的作用，实现与外部电气网络的连接，其绝缘状态关系到变电设备的稳定和安全运行。早期的绝缘套管采用的均为充油套管。由于套管内部采用的绝缘介质是绝缘油，所以这种套管命名为油式套管。一般情况下会采用使用胶纸把导电杆包住的方法来增加油道的击穿电压。在电压等级升高的时候，需要在套管的内部加一定数量的胶纸筒使套管内部的最大电场强度降低。由于随着电压等级的增加，需要的胶纸筒数量也会随之增加很多，所以这种套管结构式不适合于高电压等级的情况，会使加工工艺更为复杂。

2.3.1　结构设计

油浸式套管的结构为全密封式，通过强力弹簧将电容芯子，连接套筒上、下瓷件，油枕等连接在一起，在所有的连接处都采用了优质耐油密封圈还有合理的密封结构，油浸式套管的结构如图 2.9 所示。油浸式套管内部有弹性板，与弹簧共同对

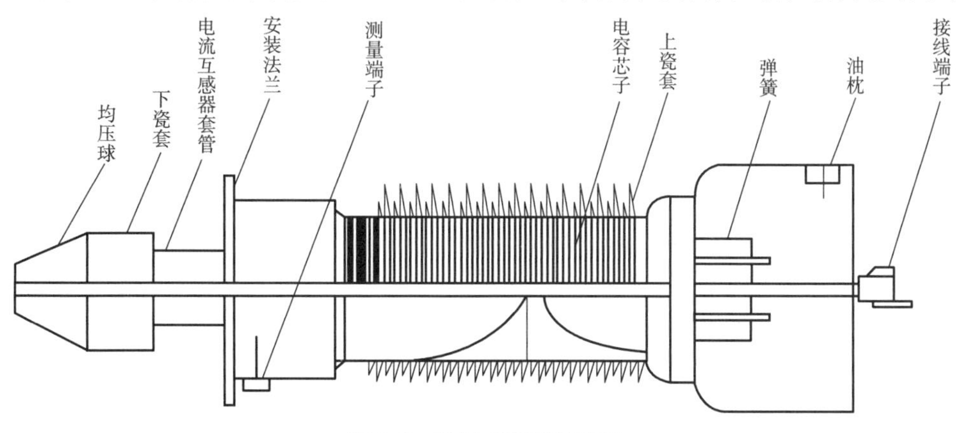

图 2.9　油浸式套管结构图

温度变化所引起的长度变化起调节作用,以防密封的破坏,图 2. 10 所示为油浸式套管头部结构图。此装置为全密封结构,使套筒内部与大气完全隔绝,可以防止电容芯子与油的受潮与电容芯子的早期老化。

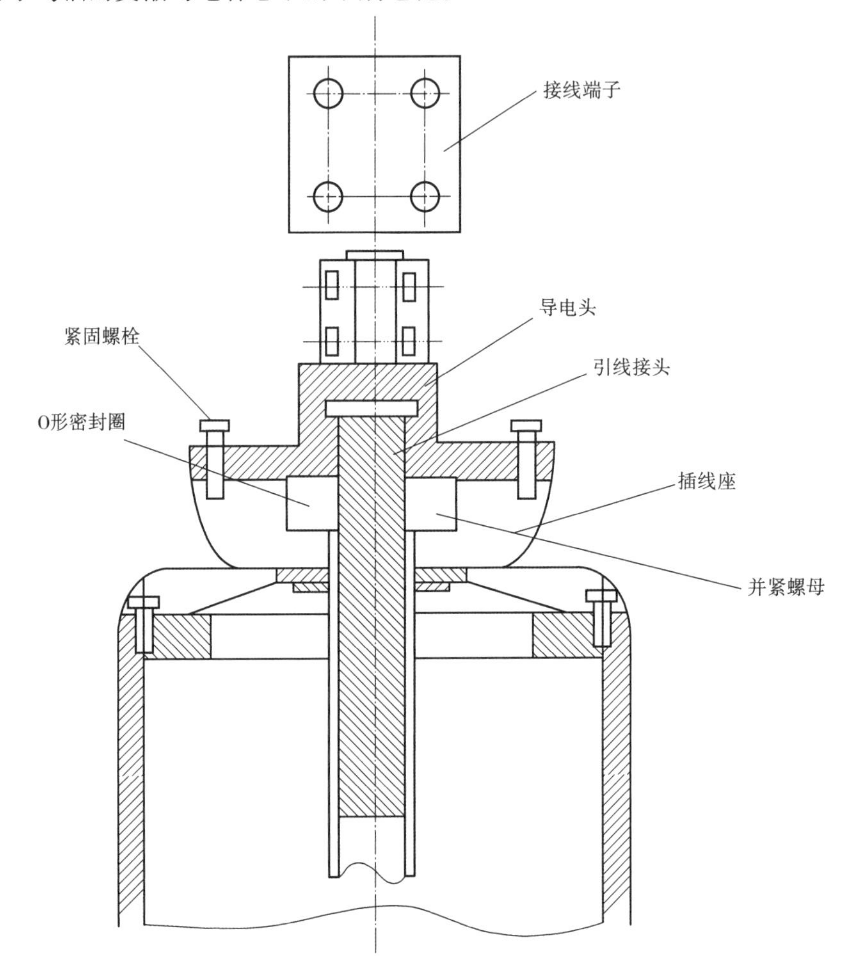

图 2. 10　油浸式套管头部结构图

油浸式套管主绝缘为高压(或超高压)电缆纸和铝箔均压极板组成的油纸电容芯子,芯子的最外层电极与接地法兰上的测量引线端子连接,供测量套管的介质损耗角因数、电容量及局部放电量用(运行时,装上护盖,自动接地)。油浸式套管各部件及其作用如下:

①接线端子:连接架空线、母线等外部接线端子。

②油枕:用来调节因温度变化而引起的油体积变化,当外界环境温度高时,使套管内部压力控制在最大设计压力之内。当温度低时,保证套管电容芯子不会由于油收缩而暴露在绝缘油外。在油枕上设有油表,供运行时监视油面。当观察到

套管油位过低时,可通过油枕上的油塞,对套管进行补油操作。

③弹簧:通过强力弹簧预压力的释放,提供一个轴向的压紧力,压紧套管各处密封圈,实现套管的密封。另外可以补偿导管由于温度引起的长度变化。

④外绝缘:瓷套作为外绝缘及绝缘油的容器,如图 2. 11(a)所示,其高度根据不同电压等级套管的绝缘水平进行设计。上瓷件长度较大时,其下部辅以胶装结构以增加该部分的连接、密封和抗弯性能。上瓷套与下瓷套一起构成油浸式套管的外绝缘,如图 2. 11(b)所示,油浸式套管上瓷套表面有伞裙,以提高外绝缘抵抗大气条件如雨、雾、露、潮湿、脏污等能力,此外,套管瓷套需要有一定的高度,以保证其表面不发生闪络放电。

(a)上瓷套

(b)油浸式陶瓷外绝缘

图 2. 11　油浸式套管外绝缘结构

⑤电容芯子:如图 2. 12 所示,电容芯子由铝箔极板、中心导电管和电缆纸组成,是在导电管上按一定厚度交替缠绕铝箔和电缆纸后组成的圆柱结构,如图2. 13所示,油浸式套管电容芯子的中心导体常采用铜杆或者铜管,在铝箔极板的作用下,使套管的径向和轴向电场分布均匀。电容芯子绕制完成后还要放在真空干燥箱中进行干燥处理,以除去电容芯子中残余的水分,最后用处理合格、电气性能优异的绝缘油进行真空浸渍,使套管具有良好的电气性能。

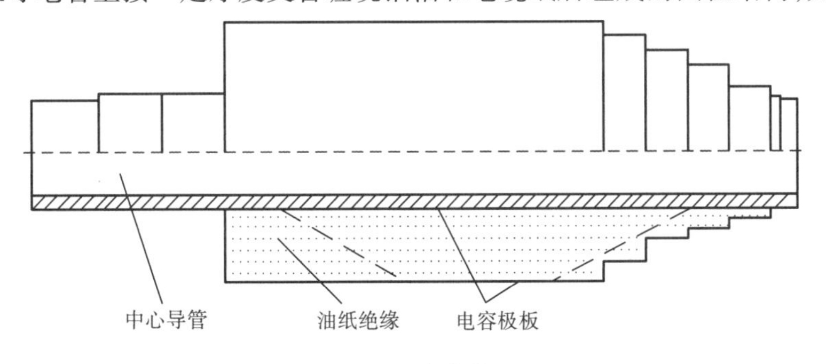

图 2. 12　电容芯子

⑥末屏测量端子:在套管安装法兰处,并与安装法兰绝缘,可供套管介质损耗

和局放测量之用。运行时通过安装测量端子的抽头护盖,可实现测量端子和安装法兰的可靠接地。

⑦安装法兰:其材料为不易腐蚀的铸铝合金。精细的加工和合理的结构使套管的本体密封且与变压器之间的密封更加可靠。法兰上设有取油阀,以供进行套管内部油样分析时取样使用。

图 2.13　电容芯子卷制

⑧电流互感器套筒:与安装法兰短接,电流互感器安装不应超过该部位。

⑨下瓷套:作为套管的油中绝缘及绝缘油的容器,与上瓷套一起构成油浸式套管的外绝缘。

⑩均压球:起到改善套管尾部电场分布的作用。关于油浸式套管的尺寸,其直径在很大程度上取决于绝缘材料的耐电强度,但其长度并不由绝缘材料的性能决定,而由套管表面的放电电压决定,这主要取决于周围介质(空气或绝缘油)以及改善电场的方法。

2.3.2　等效电路计算模型

对高压套管进行仿真研究的关键在于套管电路模型的建立,而其模型建立的准确性更是直接影响到了整个仿真研究的准确性。本节选用的高压套管为电容式套管,它的电路模型由电阻、电容、电感组成的混合电路模型来表示,因为套管的体积尺寸比较大,不能简单地用集中参数电路来进行等效建模,本节采用一种分布参数的套管电路模型,用于对变压器套管的仿真分析和研究。

这里选取 110 kV 变压器的电容式套管为例,用其具体参数建立计算模型,套管模型的具体参数如表 2.9 所示。

表2.9　110 kV 套管芯子极板参数

参数	n											
	0	1	2	3	4	5	6	7	8	9	10	11
r_n	2.2	2.4	2.5	2.7	2.9	3.1	3.2	3.4	3.6	3.8	4.1	4.3
l_n	139.6	136.4	133.2	130.0	126.8	123.6	120.4	117.2	114.0	110.8	107.6	104.4
参数	n											
	12	13	14	15	16	17	18	19	20	21	22	23
r_n	4.5	4.7	5.0	5.2	5.4	5.7	5.9	6.1	6.4	6.6	6.8	7.1
l_n	101.2	98.0	94.8	91.6	88.4	85.2	82.0	78.8	75.6	72.4	69.2	66.0
参数	n											
	24	25	26	27	28	29	30	31	32	33		
r_n	7.3	7.5	7.7	8.0	8.2	8.3	8.5	8.7	8.9	9.0		
l_n	62.8	59.6	56.4	53.2	50.0	46.8	43.6	40.4	37.2	34.0		

表2.9中，极板序号用 n 表示，极板半径用 r_n 表示，极板长度用 l_n 表示。电容芯子极板数为34，L_B 为套管上瓷套的长度，数值为92 cm；L_H 为套管下瓷套的长度，数值为54 cm。采用上述参数建立变压器套管的分布参数内部等效电路模型，如图2.14所示。

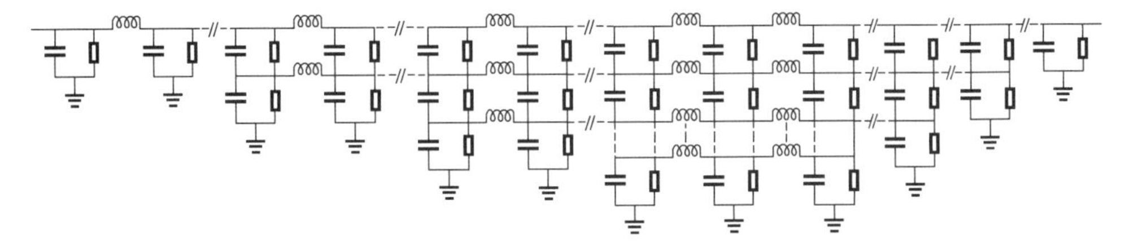

图2.14　变压器套管分布参数内部等效电路计算模型

建立变压器套管分布参数内部等效电路计算模型时，已知变压器套管内部结构可由一系列电感，电容和电阻所组成的分布参数电路来进行等效仿真，因此每层极板被划分为若干个小电路单元，单元数量与极板长度成正比。每个小电路单元由纵向并联的极板间电容和绝缘电阻以及横向串联的极板自感组成。套管模型的计算精确度与单位长度所划分的单元数量息息相关，单元划分越多，计算精度也越高，但同时占用计算机内存越大，计算速度也会降低，因此必须综合考虑。

电容式套管的电容极板形状结构为同心同轴的圆柱形，因此极板间电容数值的计算可采用了同轴圆柱面电容的计算方法。同轴圆柱电容模型如图2.15所示。

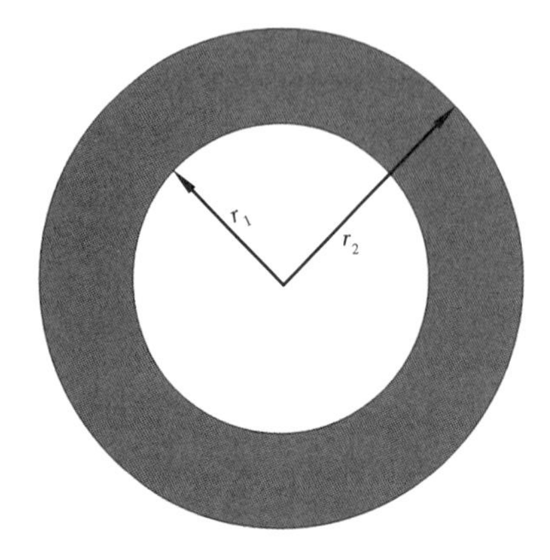

图 2.15　同轴圆柱电容模型

其中 r_1、r_2 分别为圆柱内、外半径。绝缘纸的介电常数为 ε，则同轴圆柱结构的极板间的电容 C 为

$$C = \frac{2\pi\varepsilon l}{\ln\frac{r_2}{r_1}} \tag{2.32}$$

通过静电比拟法可以得出纵向之路上的绝缘电阻的数值，根据关系 $\frac{C}{G} = \frac{\varepsilon}{\gamma}$，则极板间的绝缘电阻 R 为

$$R = \frac{1}{2\pi\gamma l}\ln\frac{r_2}{r_1} \tag{2.33}$$

外自感L_0为

$$L_0 = \frac{\psi_0}{I} = \frac{\mu_0 l}{2\pi}\ln\frac{r_2}{r_1} \tag{2.34}$$

横向电感值 L 为

$$L = L_0 + L_i \tag{2.35}$$

通常情况下，当电力系统中出现瞬时变化的过电压时，由于电容极板厚度很薄，过电压信号中的高频分量频率可能高达数兆赫兹。在这种情况下，导体内磁通基本可以忽略不计，因此内自感等于零。故极板导体自感为

$$L = L_0 = \frac{\psi_0}{I} = \frac{\mu_0 l}{2\pi}\ln\frac{r_2}{r_1} \tag{2.36}$$

变压器套管内部同轴排列的电容极板，由于其分布电感很小，屏间互感效应的影响可以忽略不计，同时为了简化计算，所用的电路计算模型中认为互感为零，忽略互感的影响。

2.3.3　电场计算

高压套管的电场计算能够归结为轴对称的静电场问题，利用有限元法进行全场与电场的分析，通过智能优化的方法来对其内部屏蔽罩进行优化设计来改善套管绝缘结构，来保证套管内部的场强能够降到最小而且均匀分布。

有限元法(Finite Element Method，FEM)是目前工程数值分析中应用最为广泛的场域分割方法，它是以变分原理和剖分插值原理为基础的数值计算方法。是将求解区域划分成许多小的互连子域，其中每个子域被视为一个独立的单元进行求解运算。这就将整体的大场域问题分成若干个易求解的小区域。求解过程中首先假定每个单元一个合适的近似解，最终求出整个场域的解，理论推导采用矩阵方法。FEM 所求解均为近似值而非准确的解析值。但是，FEM 可以使复杂的工程问

题简化,并且能够起到一定的工程辅助设计作用。

FEM 可应用于力、热、电、流体动力、电磁、电子、耦合场及结构优化等工程问题的求解,并且可以进行瞬态、稳态、相变、谐响应分析等。基于的高压套管场域分析可分为3个阶段,如图2.16所示。

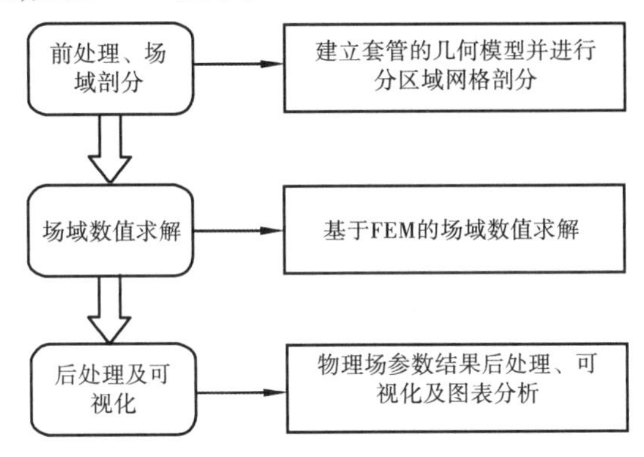

图2.16　基于 FEM 的高压套管场域分析进程

基于的高压套管场域分析具体步骤为:

①根据实际产品结构,确定其求解场域,建立几何模型。建模时,避免区域尖角。施加结构部件材料属性及单元属性等。

②有限元网络剖分。将求解场域划分为有限个单元组成的离散域。单元性状一定程度上决定了场域计算精度,剖分单元越大,网格越粗糙,近似度就越低,计算结果也就越不精确,但计算量相对较小;相反,若剖分单元越小,计算越精确,计算量也随之增大。这一过程非常重要,它决定了能否高精度高效率实现场域极值计算。划分网格时要注意,在场域中任意一个单元的顶点同时也必须是另外一个单元的顶点,任意一个单元的直线边须同时也是另一单元的一边,场域的边界曲线则由一些单元边组成的折线形成。

③施加边界条件与约束条件,确定状态变量。

④进行单元推导,对单元构造一个适合的近似解。将所求单元总装,得出一个离散域的总矩阵方程,总装的过程在相邻的节点进行。

⑤联立方程组求解,并进行场域求解结果后处理。

在进行高压绝缘套管的设计与分析时,采用 FEM 进行套管电场数值计算和绝缘性能分析,可为绝缘优化提供场域分析基础。在进行套管结构设计时,掌握其电场分布情况尤为关键,有针对性地进行绝缘结构设计也可为套管的整机运行性能分析提供仿真基础。

2.3.4　实例分析

本小节选用的油式套管的型号为 SETF 2090/844-4100 spez 的套管。其中参数分别代表的是雷电冲击电压为 2 090 kV，额定电压为 844 kV，额定电流为 4 100A。其主绝缘是真空下卷制的 RIP 电容芯子，其间插入铝箔均衡电场。主绝缘和复合绝缘之间充以 320 kPa 的 SF_6气体。绝缘外套由复合硅橡胶材料的特殊伞群结构构成。套管的结构如图 2.16 所示。套管结构十分复杂，有多种复合介质。电场的分布不但与介电常数、电阻率、温度等因素有关，而且套管的绝缘结构对电场的分布也有很大的影响，特别是在极性反转的情况下。

套管结构具有轴对称性，因此可以将其三维电场简化为二维轴对称场。采用的模型在 CAD 里面建立的，在 CAD 中生成各个面域后导出 sat 文件，再导入软件 ANSYS 中。其中的主要介质的参数如表 2.10 所示，结构图如图 2.17 所示，为了简便运算，本章不考虑温度对电导率的影响，不考虑各向异性和非线性，着重研究介质电场随时间的变化趋势，以及主要介质的时间常数。

表 2.10　介质参数

材料	SF_6	环氧树脂	硅橡胶	空气
电阻率/(Ω · m^{-1})	5×10^{17}	1×10^{14}	3.9×10^{14}	1×10^{14}
介电常数	1	4	3	1

阀侧套管主绝缘承受的电压波形是由直流电压分量、交流电压分量、谐波电压分量以及换相脉冲构成的复合电压。纵绝缘承受的电压波形是工频交流分量与谐波分量的叠加。在直流输电系统中，阀侧会产生极性反转（$+U\rightarrow-U$）。在这些工况中，由于直流电场作用，极性反转或是电压突变很容易对设备的绝缘造成损害。对于极性反转中的复合绝缘承受的为交直流耦合电场，在交流电场下，电场在各介质中为容性分布，属于线性和各向同性场，但是在直流电场下，电场在各介质中为阻性分布，属于非线性和各向异性场。因此极性反转也是绝缘故障最容易发生的时刻。

根据 GB/T 22674—2008《直流系统用套管》，极性反转试验是指加载如下电压过程：负极性电压 90 min，正极性电压 90 min，负极性电压 45 min，电压降至零，在整个过程中监测局部放电量。其中极性反转的时间应该尽可能短，绝不能超过 2。反转试验时，施加的电压如图2.18(a)所示。不同时刻，电场分布也不同。交流的情况下，电场为容性分布，场强主要取决于套管的几何形状和绝缘介质的介电常数。直流的情况下，电场为阻性分布，场强主要取决于材料的电阻率。因此在极性反转试验中，电场先由容性向阻性的转变，同时由于各分界面空间电荷的存在，使得电场更加复杂。图 2.18(b) 中表示电场不同阶段和空间电荷变化，虚线代表空间电荷的变化。电场在第一个阶段，随着电压的升高为容性分布。第二阶段，电压到达稳定，电场由容性向阻性转变。第三阶段变为阻性分布的电场。第四个阶段，

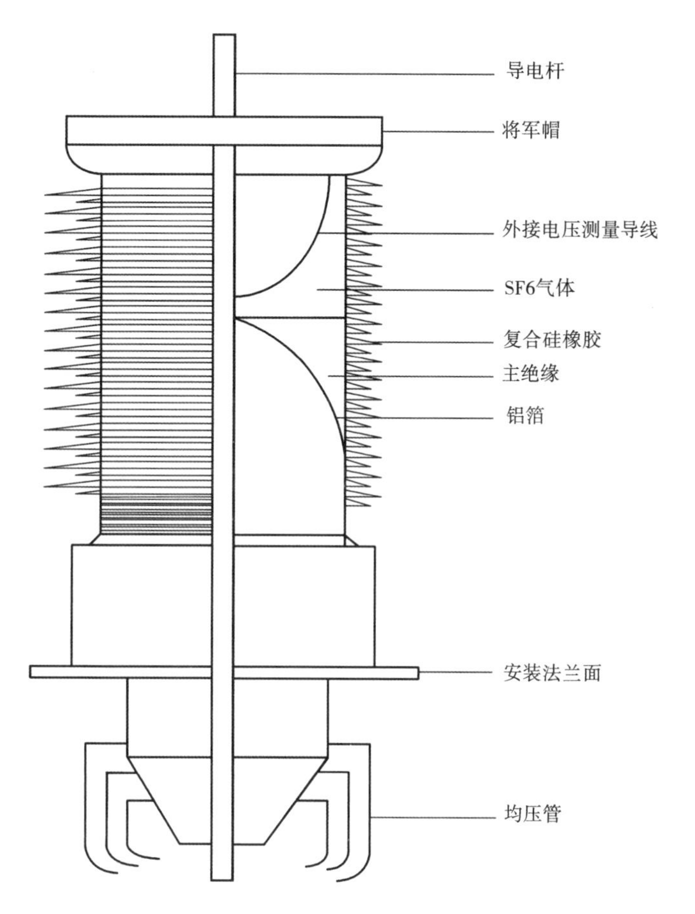

图 2.17　阀侧套管结构

与第一次电场相反的容性分布的电场产生。第五阶段,原始的表面电荷消失,新的电荷形成,容性分布又开始阻性分布转变。第六阶段,新的阻性分布形成。

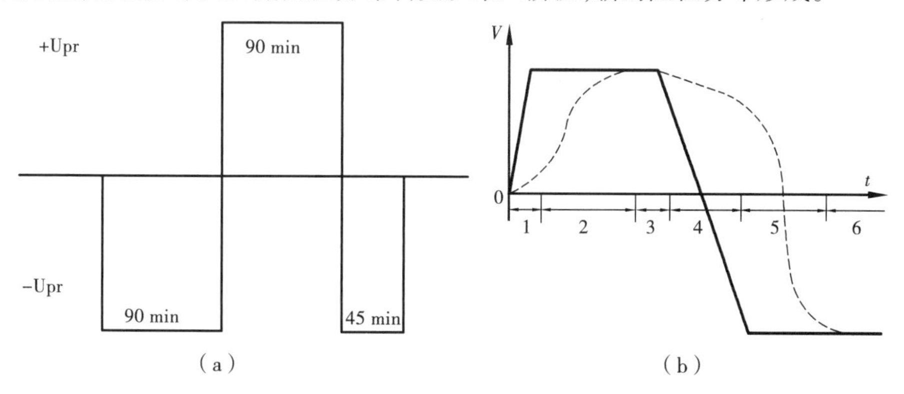

图 2.18　不同时间段电压和空间电荷

极性反转发生在以下几种情况下:①潮流反转;②出厂试验;③线路故障。对于两次成功潮流反转时间一般大于 12 h,此时直流稳态可以达到。而在 IEC 62199—2004《直流系统用套管》4 或 GB/T 22674—2008《直流系统用套管》中提出的测试电压时间只有 90 min,由于绝缘材料时间常数很大,此时直流稳态没有达到。因此很有必要研究分析,直流稳态下和非稳态情况下的电场分布情况,对比分析电场变化。

2.3.5 油式套管取油作业

(1)作业规范

1)套管取油触发条件

存在以下几种情况时,建议取套管油样,开展油色谱分析,为套管缺陷及故障诊断提供支持。

①怀疑套管末屏存在局部放电。

②套管红外测温过热(端部接线柱过热除外)。

③220 kV 及以上电压等级套管出现渗漏油、末屏积水等情况。

④必要时(怀疑套管存在批次缺陷或介质损耗明显增长)。

2)套管可取油原则

当环境温度最低时,套管油位指示在最低点以上,方可取油。

3)取油作业环境要求

选择晴天,气温:5 ~35 ℃,湿度:小于 80%。

4)取油前准备工作

①工具:工具箱(套筒)、取油嘴、针管(取油瓶)、皮管、胶帽及各套管厂家专用取油工具等。

②备品:提前联系厂家,准备好需更换的密封垫、密封圈等备品。

③检查:A. 检查取油工具是否清洁,如有污垢应擦拭干净;B. 检查取油器皿有无破损、是否清洁,是否烘干过,如有破损需更换,如有污垢需清理干净。针管、取油瓶取油之前是否烘干过(需烘 3 ~4 h,温度 105 ℃);C. 检查皮管和取油嘴是否连接好,保证在取油时取油嘴和皮管连接处不会漏油漏气,避免影响油色谱分析结果。

5)取油操作步骤

①安装法兰处设置有取样口的套管

A. 拆卸护盖:拆卸取样阀保护盖,用干净抹布清除管口所有可见污秽。

B. 安装取油软管:将取样软管直接连接到取样点。

C. 清洗:打开阀开关,油从取样口流出,待针管油达到 40 mL 时旋紧阀开关,将针管取下并倒掉里面的油,反复此步骤 3 ~4 次,达到清洗软管和针筒效果。

D. 取油:打开阀开关,油从取样口流出,待油达到 60 mL 时关闭阀开关,抽出针管,排出针管内气泡,将油挤压到 40 mL 时迅速盖上胶帽。

E. 复位:取样后,关闭阀开关。取样口如有密封要求需做密封处理,并将取样阀保护盖拧紧复位。

②在套管的安装法兰处没有设置取样口的情况下,一般情况下是从套管的顶部进行取样。应参照制造厂说明书确定适宜的取样位置。需拆下螺栓弹垫、接线头(顶套)和螺塞,取出密封垫,将取样管的一端从套管顶部插入套管,另一端连接针筒。后续步骤与上述有取样口套管类似,但在复位时增加更换密封垫这一环节。

6)取油操作注意事项

①取油样或调节油位前,应仔细将取样孔及周围表面擦拭干净并保持干燥。

②取样孔及周围应防雨淋。

③套管取样孔打开的时间应越短越好。

④取样或油位调节结束后,确保按原状态对套管取样口进行密封。

⑤取样或油位调节结束后,再次确认取油阀是否复位,外部端盖是否拧紧到位。

⑥取样工作结束后,套管应放置 12 h 后再带电。

7)取油后密封要求

取/补油后,密封垫在拆卸时均会受到不同程度的破坏,故需全部更换。

(2)案例分析

1)结构简介

油纸电容式套管结构由接线端子、导电头、油枕、上瓷件、法兰、下瓷件、均压球等主要零部件组成。具体产品结构见图 2.19。

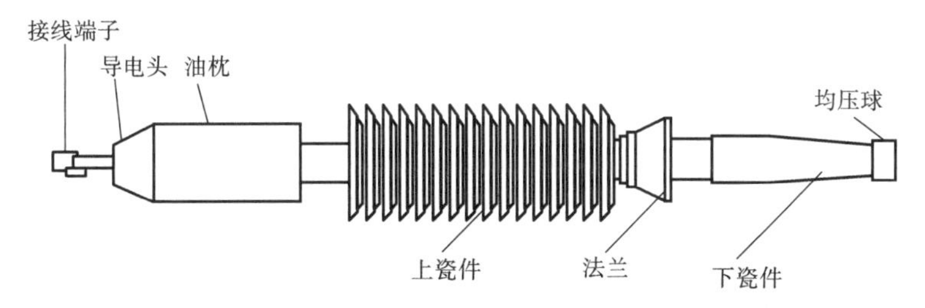

图 2.19　油纸电容式套管结构图

在套管的安装法兰处都设有取油装置还有测量端子,取油装置是用来提取套管内的油样、测量端子和与安装法兰绝缘,起着测量套管介损和局部放电的作用。运行时通过在测量端子上旋紧一接地帽,可与安装法兰连接并接地。变压器套管与变压器高压引线的连接有穿缆式和导电管载流式两种。

2)套管安装

①开箱检查

A. 开箱前应先核对包装箱标签与订货单一致。

B. 用专用开箱工具轻轻撬松包装箱上盖板,然后开启箱盖取下盖板,取下盖板时应避免其损坏。

C. 取出包装箱内文件资料,检查文件及附件数量与装箱单一致。

D. 检查套管在运输过程是否损坏及套管是否漏油。

E. 检查套管上紧固件有无松动。

②取出套管

在地面上放置一块橡皮 1 000 mm×1 000 mm(防止套管尾部不慎碰地);用起吊设备按图 2.20 的形式将产品从包装箱内吊出;该过程应严格保持套管头部高于尾部。

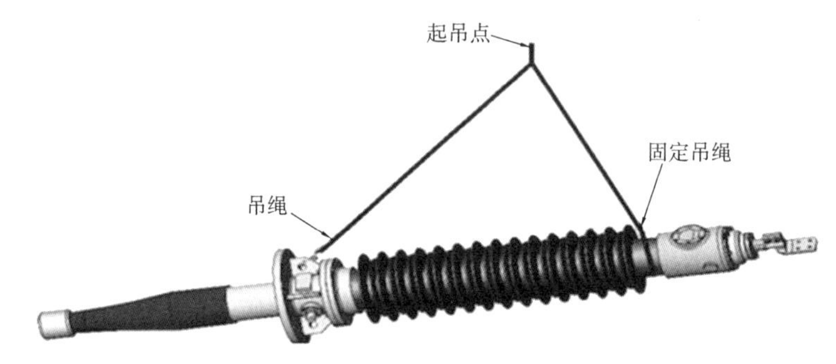

图 2.20　套管取出形式

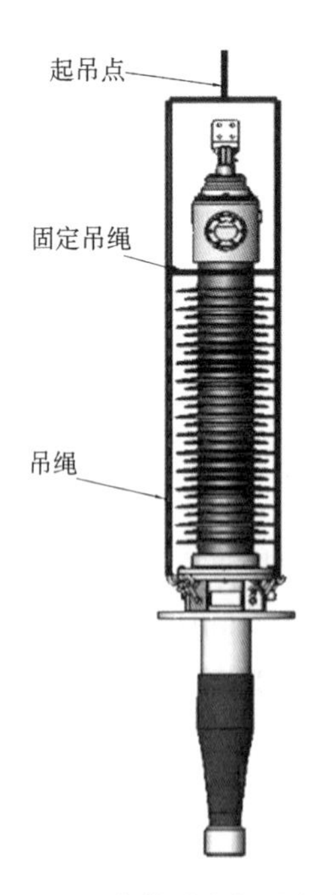

图 2.21　套管垂直起吊方式

③安装前的准备

在以上工作全部完成后,通过垂直起吊的方式把套管安置在支架上面,如图 2.21 所示,清洁套管外表面,按图 2.22 中的油位规定检查套管油位,并进行调整,油表指针处于油表的 20 ℃位置左右,油位过高时,可从安装法兰的取油塞处(或油枕侧面注油孔)取出一部分油,油位过低时,可从油枕的注油孔注入合格的和铭牌规定的标号相同的变压器油。

④套管安装

穿缆式变压器套管在出厂时,引线接头、导电头、接线端子等零部件单独包装放在包装箱内,没有装在产品上,产品的头部用盖板密封防尘(图 2.23)。产品使用时,松开六角螺栓,将变压器的高压引线焊入引线接头孔内,再将定位螺母旋到

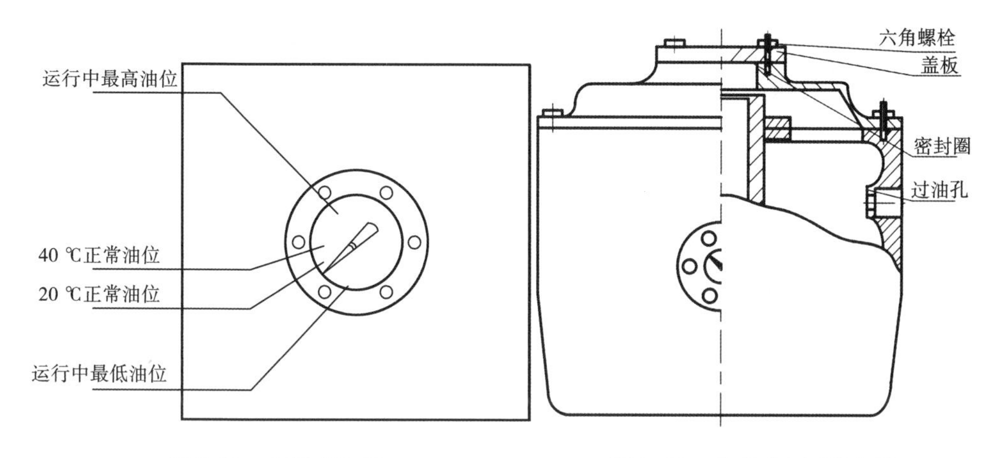

图 2.22　**指针式油表**　　　　图 2.23　**穿缆式变压器套管**

引线接头固定位置,然后将导电头旋紧在引线接头上,应用特制扳手旋紧导电头与定位螺母,使其保持一定的接触力(保证接触载流)。旋紧六角螺栓,保持头部良好的密封性能,头部拆装结构如图 2.24 所示。套管头部配均压环时,应先装均压环,再安装接线端子。导电管直接载流式套管,该类型套管的下端安置有一个接线

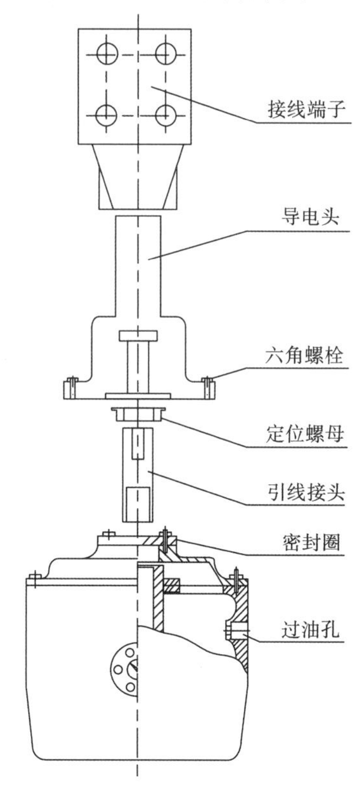

图 2.24　**头部拆装结构图**

板，供变压器引出线的连接之用。穿墙套管和油断路器套管的安装参照上述程序执行（导电管载流式变压器套管和穿墙套管，不穿电缆，无须拆头部结构）。

3）取油操作

①操作方法

现在套管的取油阀一般情况下是采用新型的结构形式，取油时必须要按照以下操作步骤进行：

首先把法兰取油阀处的污秽清除干净，用开口 18 ~ 19 mm 的扳手将油阀盖打开，如图 2.25（a）所示，然后采用专用的取油嘴（图 2.26），沿着取油阀的中心螺孔用扳手慢慢地旋入，如图 2.25（b）所示，顶住里面的堵头后，再旋紧几圈，这时变压器油就会沿着取油嘴的内孔流出，如图 2.25（c）所示。待取好油后，再按原来的程序反顺序操作退出。

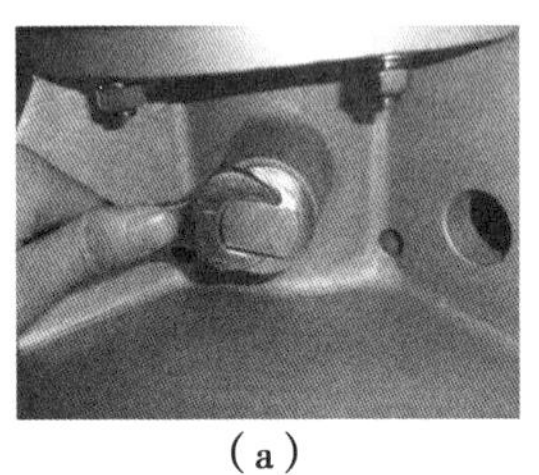
（a）

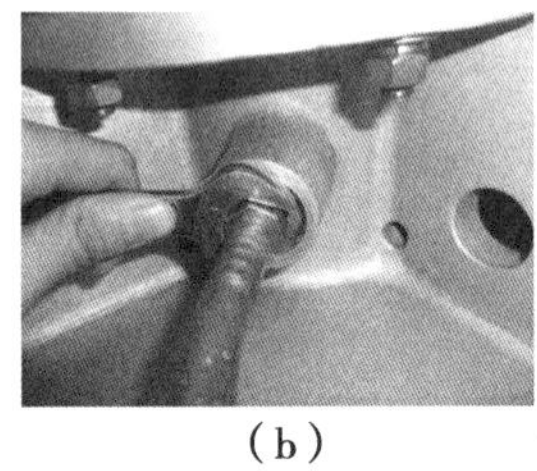
（b）

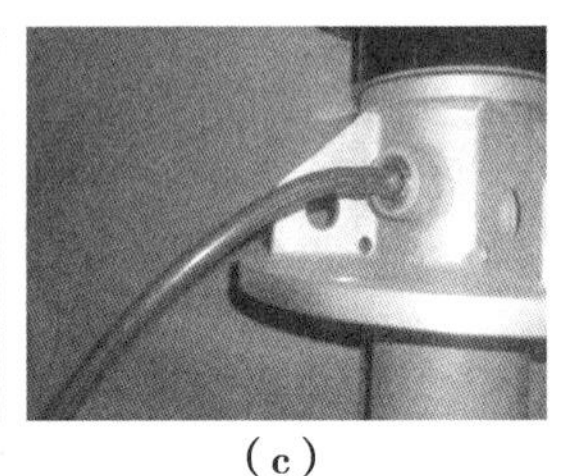
（c）

图 2.25　取油操作步骤

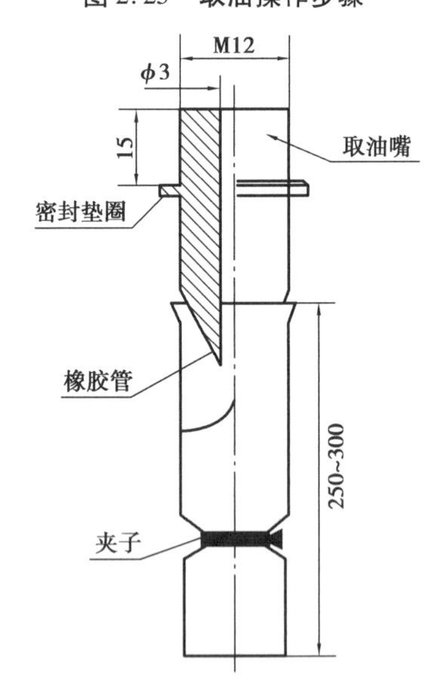

图 2.26　套管专用取油嘴

②维护

套管连接筒上设有供测量套管介质损耗因数 tan δ 及电容量 C 的测量引线装

置，如图2.27所示。

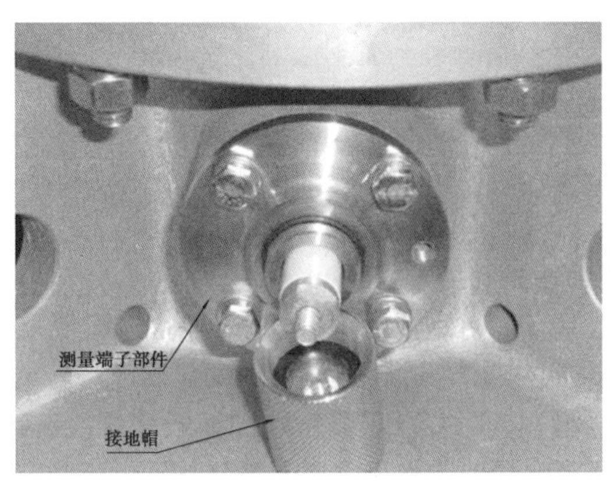

图2.27　套管引线装置图

A. 套管安装法兰处设有测量端子，试验时旋出测量端子上的接地帽（不能松动图2.27中测量端子部件上的4个螺钉），即可与安装法兰绝缘，此时可进行套管介损 tan δ 和局部放电量测量。测试完成或运行时用手稍带压力将接地帽旋紧在测量端子上，即可与安装法兰连接并接地。

B. 套管外绝缘应根据运行条件定期清扫。

C. 套管需进行电气性能试验时（耐压、局部放电量、介损等），应提前24 h将套管立放在支架上。

D. 在抽取套管油进行油色谱分析或其他试验造成套管油位下降的情况下，应当及时进行补油。

2.4　直流套管的结构

特高压直流输电作为我国电力建设发展的主要方向，在远距离、大容量输电方面具有独特的优势。而特高压直流穿墙套管作为特高压直流输电系统中的核心设备，具备载流、绝缘和支撑的功能，对输电系统的经济传送、灵活分配和安全运行起着至关重要的作用。然而，特高压直流穿墙套管并非没有弊端，它的电气绝缘结构非常独特，电场分布也十分复杂，一旦发生故障，不仅失去了对输电系统的保护功能，甚至会造成其他电气设备的损毁，给电力系统造成巨大损失。

高压直流套管主要包括3种类型：油浸式平波电抗器套管、换流变压器套管还有穿墙套管。目前所有的高压直流套管的主绝缘结构都采用电容式绝缘结构，和交流套管的绝缘结构差不多。而关于高压直流套管的绝缘设计也可以根据交流套管的设计经验，但是因为高压直流套管尤其是特高压直流穿墙套管的运行工况非常特殊,所以还要考虑其自身的一些特点,以及其他一些绝缘设计方面需要特别注意的问题。

2.4.1 结构类型

现阶段,特高压直流套管结构形式包括 3 种类型,分别是环氧树脂浸渍干式结构、油浸纸结构以及纯 SF_6气体绝缘结构。

(1)环氧树脂浸渍干式直流套管

干式套管的核心是环氧树脂浸渍电容芯子,即将绝缘纸及铝箔电极卷成芯子后,在真空条件下用环氧树脂浸渍,并通过加热固化制成。环氧树脂浸渍电容芯子的设计主要是依据电阻、电容的分压原理,这和油纸套管的设计相类似,其中最关键的问题是合理选择径向最大工作场强以及设计均压电极。套管外绝缘采用复合绝缘套管,复合绝缘外套与电容芯体之间充一定压力的 SF_6气体。这种结构的套管优点是电气性能优良,特别是套管内外场强分布合理,耐局部放电性能好,具有很好的憎水性,耐污秽性能优良,抗机械应力强,同时还具备质量轻、体积小、不容易发生破碎的特性,这使其运输与包装更可靠安全,可维护性好。但是由于电容芯子较长,电容芯子的绕制及真空环氧浸渍、固化工艺难度大,对生产条件、生产设备及制造工艺等要求较高。

(2)油浸纸式直流套管

油浸电容式套管通常情况下是将瓷套作为外绝缘,以油浸纸式电容芯子作为内绝缘,套管内部填充的是变压器绝缘油。这种结构套管的优点是工艺成熟,产品合格率高,已经广泛应用于国内外各个电压等级的交流输电系统中。油浸纸绝缘套管的内绝缘电气性能优越,场强分布合理、介质损耗小、局放起始电压高,材料性能控制严格、生产设备和工艺易于掌握;其外绝缘材料使用的是高压电瓷材料,因为高压电瓷的绝缘性能优异而且化学稳定性很好。但是油纸套管由于内部充油、外部采用瓷质护套,使得其质量较大,不利于运输、安装,特别在电压等级更高时,瓷外套总长度更长,其机械强度和平衡问题难以满足要求;而且油纸套管在使用过程中易发生油渗漏、油色谱超标、爆炸等事故,存在一定的安全隐患。另外,瓷质外套的直流穿墙套管外绝缘直流电场的分布,对污秽和潮湿所引起的表面电导率变化是很敏感的,尤其是非均匀淋雨下经常导致电场的畸变和外绝缘闪络事故。

(3)纯 SF_6式直流套管

纯 SF_6气体结构直流套管,结构最为简单,主要由复合空心绝缘子、导杆组件、套管内屏蔽、套管外均压环等部分组成。套管外绝缘采用空心复合绝缘子,内绝缘采用 SF_6气体,套管内部采用数个金属屏蔽筒来控制内部电场和外部接地处电场,但这种方式对电场的调节能力较弱,内、外电场分布的相互影响也较大,而且套管直径需要做得很大。纯 SF_6气体结构套管具备优良的抗机械应力及耐污性能,同时其质量较轻,方便运输。但是,长直径、薄壁的屏蔽电极,对结构设计、生产工艺、安装固定技术等要求较高。

2.4.2　特性分析

特高压直流套管外绝缘的电场分布为直流电场,对污秽和潮湿所引起的表面电导率变化很敏感。阀厅的内外绝缘需要合理匹配,相应的电容芯子长度受到工厂制造能力的制约,设计时需确保套管内部径向、轴向场强分布合理。

(1)电场分布

套管的一个主要问题,在于引导载流导体穿过墙壁时,设备应能耐受试验和运行电压,而又尽可能少地使用材料。为达到这个目的,需要以尽可能好的方式来影响绝缘材料内部和外部的电场分布:内部,在尽量限制材料厚度的同时避免击穿;外部,在保持闪络距离尽可能短的情况下,避免周围介质中的闪络。对于交流电压,控制电场的最可靠方法是通过电容器实现,因此必须考虑的麻烦因素是杂散电容的作用和容抗产生的温度影响,而它们是很小的,对普通形式的套管的影响足以忽略。但直流电压的情况就完全不同,直流电压的分布不再受电容作用,而是全部靠介质电阻的作用,不能像容抗那样通过对导电层的适当安排或嵌入电容器的方法调整介质电阻来控制电场。对于直流电,存在两个严重干扰电场分布的因素,第一个是温度的重大影响,第二个同等重要的是加在介质电阻上的电压的影响。但就电场分布和介电强度来说,温度和电压的影响最终都进入一种自我恢复过程中。绝缘芯子较热的部分介质电阻较小,因而介质电应力和介质损耗都降低。而较高的局部介质电应力降低了介质电阻,并导致介质电场的电应力降低和较好的电场分布。这种自我恢复的过程,部分地解释了为什么在直流电压下某些带有控制电场的介质材料中测量到特别高的介电强度。

对于SF_6高压套管而言,这种套管一种典型的电场具有强垂直介质表面分量的绝缘结构,其绝缘结构设计包含套管内部的SF_6气体间隙放电、套管内表面沿面放电、套管外表面沿面放电和空气间隙放电等四种情况。优化设计高压套管内外屏蔽结构,较好地控制高压套管内外的最大场强在合适的范围内,有效改善高压套管外表面电位分布的均匀性,是1 100 kV特高压套管设计中的难点问题。

(2)介电常数

绝大部分计划用于套管的介质材料在直流电压下比在交流电压下具有高得多的介电强度,因而工作的绝缘零件在运行和试验时都能承受较大的电应力。这就意味着有可能节省绝缘材料并且因此在便宜的价格下设计直流套管。遗憾的是,这个优点被需要很长的爬电距离所抵消,因此,必须选用很长的带复伞裙的瓷套。结果,瓷套的造价显著上升,并由于种种原因,变压器套管和穿墙套管能允许的长度有所限制,因而容易导致工作零件的电气强度不能得到充分利用。

(3)大气沉积

交流套管的大气沉积问题是在海岸地区发现的,在那里,高盐度的海上空气不断地飘入陆地,而在空气高度污染的工业地区这一问题也必须考虑。但对于直流电压,在其他因素相同的情况下,大气电沉积是交流电压下的好几倍,特别是正极性证明更容易受损。在直流电下,不仅电沉积更严重,而且电沉积对套管的电位控制和电场分布更具有害影响。在直流情况下,电容控制的主要影响消失,电沉积降低了绝缘子表面的电阻,造成纵向控制。为消除这些困难,正在尝试用特别长的爬电距离,即采用有许多伞裙和凹槽的绝缘子。在选择最优绝缘子形状之前,需要通过超长周期的户外试验确定污染程度和污秽对两种极性电性能的影响。由于不可避免地要一次又一次地扫除电沉积物,必须考虑到所选用的伞形能方便清扫工作。

(4)介质损耗

在纯直流或带有小脉冲的直流情况下,绝缘材料的介质损耗并不是完全不发生,也不是可以忽略的。这适用于所有连接换流器和架空输电线路的滤波电抗器上的套管,但对于在交流侧供电给换流器的变压器来说情况就不同了。大而复杂的脉冲,以及波前明显的陡度引起的电压跳动,由于其较高的频率,介质损耗可能比工频交流电压下遭受的多得多。因此,在进行这种套管的温度计算时,对这些损耗要特别注意。但这方面的一个缺点是,要通过试验确定这些损耗事实上几乎是不可能的,即使在实验室里以较合适的代价也不能产生所需的电压。剩下来的可能性只有通过计算来确定这些损耗,这可借助傅里叶分析来充分精确地做到。但在这样做时,对于所使用的绝缘材料,其功率因数和频率的关系必须被考虑在内,这种关系通过实验室的测量即可。

(5)阻抗损耗

对于纯直流电,确定直流套管中的阻抗损耗较简单,对于大导体截面,由于没有任何集肤效应,这些损耗要比交流情况下小。作为一个准则,较小的脉动是不必考虑的,就滤波电抗器套管而论,脉动可因此而忽略。但是,对于供电换流器的变压器,交流的方波会产生一种特殊的集肤效应。借助傅里叶分析,研究表明,集肤效应因素的大小是频率的函数,它也可以确定为非正弦波电流。其程序如下:集肤效应因素被确定为许多较高的谐波,并代入一个求和公式,从这个公式中可以计算出阻抗损耗。阻抗损耗施加全电流时,集肤效应因素被赋予相应的非正弦波电流,这样计算出来的集肤效应因素或多或少地取决于电流曲线,这比在同一有效值的正弦交流电下高一些。用这种办法可以确定所有的损耗,就不需要进行每种直流套管的温度计算。

(6)高压直流穿墙套管外绝缘闪络

运行经验表明,系统电压为 ±400 kV 及以上的穿墙套管闪络事故是个普遍存在的问题。虽然套管的爬电比距已从 ±400 kV 的 25 mm/kV 增至 ±500 kV 的

40 mm/kV,但随着系统电压的升高,闪络次数有增长的趋势。相对于交流套管,直流套管外绝缘更容易发生闪络,主要原因如下:

①直流套管的内绝缘对外绝缘的电场分布调节作用不明显,使得套管外表面的电场分布均匀性不如交流电下的套管好。

②直流套管的瓷套表面与淋湿的污秽层之间,瓷套沿面的电场畸变大,场强值高。因此,比起交流状况下瓷套沿面的闪络和击穿电压要低得多。

③由于直流电压相对于交流来说更易吸污,并且直流放电电流在瓷套外表面易于形成飘弧、桥接现象,使得闪络容易发展。

④直流套管在线路上的运行时对地电压即为额定电压,而交流套管的实际运行对地电压为工作相电压,因而直流套管比起交流套管的实际运行电压高大约1.7倍,这样就造成了相同额定电压套管长期耐受的电压实际上相差1.7倍,从而使直流情况下的套管比交流情况下的套管更易闪络。

为避免直流套管的不均匀潮湿闪络,目前普遍可采取的措施:

①提高户外瓷套高度及提高爬电距离,以减少瓷套表面单位长度上的场强值。

②瓷套伞盘上增设若干辅助伞裙,对闪络电压起屏障作用,并可减弱瓷套表面不均匀潮湿的影响程度。

③瓷套表面喷涂 RTV 硅橡胶(常温固化硅橡胶)等憎水性涂料,改善瓷套表面不均匀潮湿现象,并使其表面电压分布趋于均匀。

④还可以在瓷套外表面喷涂半导体釉,用此办法降低瓷套表面与污秽层之间的电阻率差,进而改善其表面的电场分布。

第 3 章 高压套管主要故障及性能检测

3.1 引言

套管作为变压器出线装置，是变压器内绕组与外部设备出线连接的桥梁，对于变压器的安全稳定运行至关重要。套管所处位置导致其长期受到污染或风雨等外部环境的影响和损伤，由于瓷釉极易老化，所以它也是变压器故障的多发部位，在运行中需要有足够的电气强度和机械强度。变压器套管有纯瓷套管、充油套管和电容式套管等结构。末屏放电、进水受潮、接头发热是套管中常见的故障，虽短时间内不影响变压器运行，但如果不能及时消缺，将会演变为严重的事故，尤其是高压套管的电容芯子出现放电等故障，可能会造成套管爆炸甚至变压器起火。变压器套管的常见故障包括过热、放电、渗漏油及绝缘受损。过热故障可分为电流制热和电磁制热，电流制热引起的过热故障大多位于将军盖、接线排等中，其主要是由于引线和穿缆焊接不良或导电杆接触不良所致。电磁致热可能是由于渗漏油致使套管缺油或套管绝缘受潮等因素所导致的。套管中的故障类型很多，包括由绝缘油缺陷引起的局部放电、由瓷套外表面上沉积的灰尘油污引起的外绝缘闪络以及由套管与绕组引线之间的固定销分离所引起的悬浮放电等。放电故障会严重影响主变压器的安全运行。套管渗漏是变压器运行中的常见故障，渗漏的原因可能是油封未正确密封、密封圈损坏或老化、套管中的油位过高。而当渗漏发生时，空气中的水分被吸收，绝缘劣化，在严重的情况下，套管可能会破裂，因此必须尽快排查泄漏点并进行处理。变压器套管可靠的绝缘性能是确保变压器安全稳定运行的基本条件，绝缘材料的寿命决定了套管的性能与使用寿命。变压器套管在极不均匀的电场中运行时。套管法兰附近存在强垂直分量，其绝缘性能差，并且套管的过热、受潮及经受过电压均具有累积效应,若不尽早排查处理,会严重影响变压器的安全运行。

当今世界经济和社会的发展以及国民的日常生活已经与电力系统建立起密切的关联,电力系统的安全和稳定对于保证经济发展和社会有序具有重要的现实意义。现代化的变电站管理对于设备绝缘老化问题极为重视,一旦因为老化失修而导致电力设备的绝缘性能下降,就极有可能产生巨大的火灾,随之而来的安全隐患以及经济损失将不可估量。因此变压器的良好运行有助于保障整个电力系统的安全和稳定。变压器套管可以把高压线引到油箱之外,是变压器中一个非常重要的出线装置,同时也是关键的输变电设备。但是关于变压器套管的绝缘性能差而影响正常供电的现象时有发生,不仅带来巨大的经济损失,对相关工作人员的人身健康也造成巨大的威胁。所以加强变压器套管的监测,尽力消除一切故障隐患是保障变压器正常工作、电力系统稳定运行的关键。

从20世纪50年代开始,我国就出台了关于电气设备预防性试验的相关规定,定期开展高压设备检测和维修,可以在很大程度上排除设备绝缘老化而产生的故障,从而消除安全隐患。当时电气设备进行绝缘检测多采用离线检测方法,即进行断电检测,暂停电力系统的正常作业,以完成对变电站绝缘性能的全面检查,虽然这样有效排除了各类故障,规避了绝缘老化可能给电力系统带来的不利影响,但是断电也给生产和生活带来很大的麻烦。因此预防性试验的局限性日益凸显,设备检修的发展开始倾向于在线监测。

国家电网也一直提倡电网设备的智能化管理,随着科学技术的不断进步,电力设备状态检修的技术也越来越现代化和智能化,在线监测技术慢慢兴起,电网设备的智能监测和管控逐渐成为现实。在线监测需要利用传感装置采集信号,然后传输到相关软件进行信号的加工处理。该技术可以在很短的时间内完成电力设备的检查,而且可以保证检查结果具有较高的准确度,为电力工作人员进行设备故障排查提供了极大的便利,也在很大程度上保障了电力系统的稳定性,所以关于电力设备在线监测技术的研究成为众多学者关注的重点。

由此可见变压器套管在线监测对于保证变压器正常工作具有重要的意义,通过及时、准确的参数分析,评估变压器的实际运行状态,可以有效诊断出设备故障并及时处理,从而使变压器得以安全可靠地运行。通常情况下变电站设备较多、环境相对复杂,所以想要在不干扰变压器正常运行的条件下完成状态检测,就不能破坏变电站原本的系统结构,因此在线监测系统借助于传感技术来完成相关电压信号和电流信号的采集和获取。实际应用中常选择穿心式电流互感器进行电气值的获取,因为该装置不会改变电力设备原本的接线结构。传感装置收集到指定信号之后再经过滤波、放大、稳压等一系列操作,将信号传送到A/D模数采集器件,再进行信号的数字化转化,经运算获得被测设备的电气值数据。通过一定的分析,评估设备的绝缘特性，并根据最终结果发出报警或者控制等处理信号。构建变压器套管在线监测数据库有助于电力系统的工作人员更好地处理相关问题。有了变压器套管在线监测技术，工作人员能够随时随地地掌握变电站电力设备的工作状况，节省了大量的人力资源和物力资源。相对于传统的离线检测方法，在线监测避免了断电造成的经济损失和不便，变压器检修和诊断的成本大大降低。工作人员在监视器前就能够及时而准确地获取设备故障，减少了变压器故障所带来的经济损失，同时保障了工作人员的人身安全和电力系统的稳定运行。

3.2 高压套管主要故障

3.2.1 末屏故障

(1)常见故障原因

1)末屏固定方式设计存在缺陷

常见的末屏固定方式主要有内置式、外置式接地 2 种。内置式接地结构又分为弹簧装置常接地结构和非弹簧装置常接地结构。弹簧装置常接地结构如图 3.1(a)所示，通过弹簧片和引线柱相连接，接地盖内弹簧卡正好可以固定引线柱，接地盖旋紧后通过本体连接接地。这种接线方式的优点是结构简单、接地可靠，缺点是当弹簧片弹性减小或变形时，容易造成卡涩或者弹性失效等现象，进而引起与末屏引线柱接触不良，影响套管的安全运行。非弹簧装置常接地结构如图 3.1(b)所示，这种结构的特点是简单、可靠，其外部不仅有双层护罩，而且加装螺母，使内部能够更好地与外部隔绝，避免受潮、受冲击等。外置式(无护罩)接地分为硬连接接地和软连接接地方式，如图 3.2(a)和图 3.2(b)所示。这种接地方法的特点是可以直观地看到套管末屏接地情况。缺点是若接地外螺纹尺寸与外连硬接触引线柱伸出长度不匹配，则会导致套管末屏接地不良。在变压器高压套管 $\tan\delta$ 的例行测试中，由于铝制接地盖(以下称为“护套盖”)的安装过程不充分，在接地盖旋转时容易卡涩或“沾粘”，从而导致接地盖旋转有时会出现旋转受阻甚至无法旋转的现象，有时甚至因此而放弃本相套管末屏的 $\tan\delta$ 的测试。这不仅会影响常规测试工作的顺利进行，还会影响变压器高压套管 $\tan\delta$ 测试数据的连续性和完整性。由于缺乏数据支持来确定设备状况的维护周期，无法分析和判断设备的绝缘状况将会进一步影响专业人员对设备绝缘状况的整体分析和判断。

2)密封不严导致雨雪侵蚀

套管末屏的密封性能直接关系到整个变压器的安全生产，影响密封性能的因素主要有以下几个方面：

(a)弹簧装置常接地结构

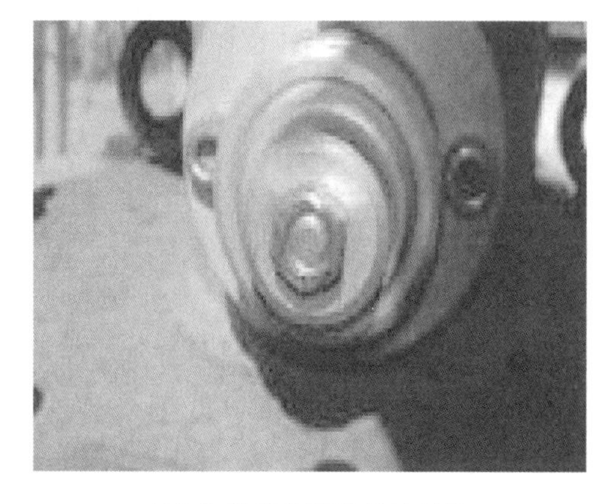

(b)非弹簧装置常接地结构

图 3.1　内置式高压套管末屏

(a)硬连接接地式末屏

(b)软连接接地式末屏

图 3.2　外置式高压套管末屏

①设备结构:采用外置式的套管末屏极易引起雨雪入侵,由于设备长期处于外露状态,风雨雪霜的侵蚀异常严重,导致末屏受损。

②试验人员:试验后由于螺纹或者螺丝锈蚀拧不紧导致套管不能可靠接地。

③自然环境:由于某些地区特殊的地理位置和气候原因,恶劣天气致使套管末屏受风雪侵蚀(外置式)。

3)长期满负荷运行产生高温劣化

对于建在工业园区的变电站,由于变压器长时间在满负荷状态下运行,油温经常居高不下,一旦末屏内部接点有断股或者虚焊现象,高温会引起末屏引线的进一步劣化,致使末屏引线在内部断裂,造成悬浮电位,甚至对壁体放电;严重时,产生的高温将导致套管出现裂纹。

4)运行中经常受到冲击影响使用寿命

运行中的变压器难免会受到线路或者近区的短路冲击,多数变电站供电目标多为高耗能企业,这些企业经常会因人为或环境原因使供电变压器受到短路电流冲击,这种冲击产生的电动力对主变压器冲击很大,严重时可使主变压器喷油。诸如此类的机械振动严重影响了套管末屏的使用寿命,容易使末屏内部接线断裂。

(2)常见末屏故障类型

变压器油纸电容器套管的电容芯棒是按照等电容、等台阶方式设计的,因此各电容层沿径向的绝缘厚度不完全一致,场强也不一致,大体上是首末层(屏)附近的电容层的场强较高,通常约为中间各电容层的1.4倍,且中间电容层的场强较低。正是由于套管的特性和结构,电容芯子外层的末屏必须良好接地,否则电容层将发生开路并出现高电压从而引起事故。如图3.3所示,变压器套管末屏接地采用弹簧片式结构,末屏端子引出线穿过一个小的瓷套,并通过引线柱引出,引线轴对地绝缘。引线柱外加罩金属接地盖,弹簧片位于接地盖内部,用于卡住并固定引线柱,然后接地到变压器本体上。

图3.3　正常末屏实物图

图3.3中变压器低压套管末屏盖内弹片缺失,末屏引出杆和地之间产生悬浮放电,造成局放量超标。对于该种类型的套管末屏,其末屏接地的良好程度主要由末屏盖上的弹片弹力和末屏引出杆之间接触的紧密程度决定。某些特殊原因造成末屏引出杆与末屏盖内的弹片之间接触出现故障时,就会造成套管末屏接地不良。从而导致运行和试验过程中末屏引出杆和地之间产生悬浮放电,造成局放量超标,严重者甚至会破坏变压器套管绝缘,造成重大事故。由套管末屏接地不良缺陷对局放量造成的影响具有以下特点:

①局放特征和悬浮放电类似,局放量非常大,一旦起始,局放图谱表现为满屏放电信号。

②局部放电起始电压低。由于末屏引出杆和末屏盖之间的间隙距离小,因此两者之间的空气击穿电压低,在施加电压远低于1.5 U_m 时即发生放电。

(3)套管末屏故障实例

1)实例1

某变压器型号为BRLW-252/630-3型,额定电压为252 kV,额定电流为630A,电容量为435 pF,油击穿电压不低于70 kV/2.5 mm,具有极高的电气绝缘强度和机械强度。2004年4月投入生产运营至2008年春检以前,运行、试验正常。2009年5月春检预试中,对该变压器试验时,发现试验数据异常:高压侧B相套管末屏对地绝缘为0 MΩ,介损 tan δ 为1.389,由此表明变压器末屏存在故障。近年试验数据对比见表3.1。

表3.1　01启备变B相高压套管末屏处理前历年春检试验数据表

试验日期	环境温度/℃	主电容绝缘电阻/MΩ	末屏对地绝缘电阻/GΩ	介质损失角正切值 tan δ	电容量/pF
2007-03-28	-3	13 000	420	0.378	431.8
2008-04-26	11	18 000	30	0.367	432.8
2009-03-25	3	30 000	0	1.389	429.4

根据2007—2008年试验数据正常而2009年试验数据异常情况,可以判断异常现象出现在2008年春检后。技术人员在一次对末屏装置进行仔细检查时,发现末屏引出线杆根部处有轻微渗油现象;末屏装置端盖内有少量绝缘油,油颜色发黑,有碳化物,可判定末屏处有过放电现象。检查引出线端头,发现末屏引出线杆端头销孔边缘不光滑,推拔接地铜套有轻微卡涩感,末屏引出线杆端头上的销孔处有轻微毛边,应该是在以前多次的试验过程中用螺丝刀插入销孔所致。由此分析,可能是试验操作人员在试验操作过程中操作不当而造成销孔出现硬伤毛边,导致推拔接地铜套与接地端头间有轻微卡涩,试验后推拔铜套未完全复位,致使末屏铜套与接地帽接触不良,造成接地悬浮,最终发生运行中高电场在绝缘薄弱环节放电现象。针对此情况,立即联系厂家来处理。拆开末屏接地装置,检查末屏装置基座发现其内部有一处放电,导致放电通道处绝缘垫严重碳化,放电烧伤部位如图3.4和图3.5所示。

因为放电部位位于末屏装置引出线的末端,所以它没有波及变压器主套管的内部绝缘层,在拆卸过程中,由于脏油位于末屏装置的基座中(末屏装置倾斜向下),因此不会有脏油进入主套管内部。套管制造商的专家建议,无须进一步检查,只需更换密封垫圈并处理末屏引出线杆端头即可。维修后的测试数据若符合标准要求,则可以投入运行使用。更换新的末屏装置后,用细砂布将末屏引出线杆销孔处毛边处理光滑，推拉推拨铜套，检查推拨铜套和末屏引出线杆是否完全匹配、动作灵活。测试完成的末屏套管，参数见表3.2，符合标准要求。末屏接地端盖安装完毕后再用万用表检查，末屏接地良好。投入运行后定期用红外测温仪检查套管，无异常。

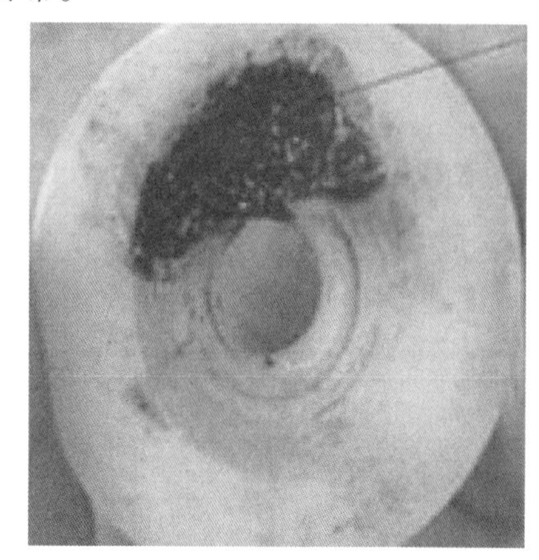

图3.4　末屏接地装置密封垫放电烧伤情况

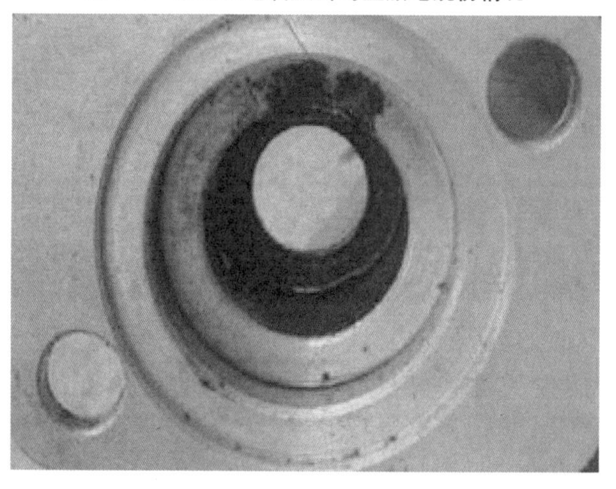

图3.5　末屏接地装置密封垫放电烧伤情况

表3.2　01启备变B相高压套管末屏处理后试验数据表

试验日期	环境温度/℃	主电容绝缘电阻/MΩ	末屏对地绝缘电阻/GΩ	介质损失角正切值 tan δ	电容量/pF
2009-03-25	3	60 000	5 000	0.343	435.3

2)实例2

2009年5月，某变电站停电进行投运一年后首次预防性试验。在对C相变压器中压侧套管做介质损耗试验时,试验人员打开 C 相中压侧套管末屏外护套后发现末屏漏油,且油有碳化痕迹。将接地套管从接地位置推至试验位置测试末屏对地绝缘电阻,其绝缘电阻值为零。为判断故障性质,又及时对该套管进行绝缘油色谱分析,发现总烃、乙炔含量严重超标。由于变压器中压侧套管末屏渗漏的油有碳化痕迹,因此对该套管绝缘油进行了气相色谱分析,其测试结果如表 3.3 所示。

表 3.3　该套管绝缘油气相色谱数据(μL/L)

相别	C 相套管上部	C 相套管下部
CH_4	492.69	554.21
C_2H_6	945.77	1 066.74
C_2H_4	132.07	145.28
C_2H_2	617.74	885.78
H_2	1 635.1	1 769.72
CO	401.42	407.86
CO_2	434.16	454.3
总烃	2 188.27	2 651.01

进行套管绝缘油取样时,在套管上部和下部分别进行,由表 3.3 可知套管下部气体浓度明显高于套管上部,初步判断产气点应该在套管下部。根据套管下部测试数据进行改良三比值法计算,按照 GB/T 7252—2001《变压器油中溶解气体分析和判断导则》中的故障类型判断方法可知,其故障类型为电弧放电。

结合套管电气试验、油气相色谱数据以及套管末屏漏油,且油有碳化痕迹的现场情况进行综合分析。初步认定,C 相变压器中压套管末屏接地不良,导致运行中末屏放电,因此该相变压器暂时不能投运,需要进一步分析后再做处理。

经过试验分析,初步认定是套管末屏接地不良,运行中放电所致,为了验证试验分析结论,进行了现场套管末屏解体检查。打开末屏两个紧固六角螺丝,把末屏护套座取下,检查末屏出线与引线柱末端焊接良好。随后分解末屏,发现末屏内尼龙绝缘垫出现一个大洞,末屏内部全是油泥碳化物和油泥,检查护套底座内部与接地铜套接触处发现有电击伤的痕迹。套管末屏外部结构如图 3.6(a)、图 3.6(b)和图 3.6(c)所示。经过解体可知:末屏对其护套放电造成套管出现大量乙炔,同时尼龙绝缘垫放电击穿出现孔洞,引起套管末屏漏油。分析其故障原因应是:在交接试验完成后,接地铜套未随弹簧完全弹出,造成末屏和护套间出现微小间隙,由于其未能有效接触,末屏接地不良,导致末屏放电烧损。

3)实例3

①缺陷发现情况

2017年12月开展阀侧套管末屏对地绝缘电阻测试过程中发现021B换流变A相2.1套管末屏对地绝缘电阻为1.7 GΩ,按照规程判断合格(不低于1 000 MΩ),横向比较比其他相及历史值(2016年12月预试值6.72 GΩ)都明显偏低。打开油气分离室时发现盖子上残留水分,用注射器对套管法兰处抽水检查,抽出大约80 mL水。随后进行了末屏介损及电容量测试,电容为1.674 nF,末屏对地 $\tan\delta$ 为5.915%,介损值不满足《电力设备检修试验规程》要求。

按公司反措要求,对油气分离室进行抽真空、充干燥氮气处理,之后再次进行绝缘电阻测试,结果为1.41 GΩ,绝缘电阻值未增大。

(a)故障套管末屏

(b)正常套管末屏

(c)试验状态

图3.6　套管末屏外部结构图

②采取措施

A.缺陷排查:发现缺陷后,某局及时采取了一系列应急措施。一是立即对套管末屏进行检查。二是对该支套管的 SF_6 气压告警和跳闸回路进行检查及测试,结果全部回路正常。三是对套管末屏绝缘进行多次复测,复测结果无较大变化,四是开展 SF_6 气体试验,试验结果合格。

B.备件核查:虽然贵阳局库房内无同类型套管备件储备,但有一台Y型备用换流变,现已着手开展备用换流变消缺及交接试验工作,以确认换流变具备投运条件。

C.核实相关文件要求执行情况:经沟通发现2013年高坡站直流对端某站极2 Y/Y换流变压器B、C相2.1套管出现类似缺陷,之后将套管返厂分析及大修。按照《HSP阀侧套管密封检查孔结构不合理导致末屏受潮情况通报》要求,对油气分离室进行抽真空、充干燥氮气清洗处理,之后再次进行绝缘电阻测试,结果为1.41 GΩ,绝缘电阻值未增大;已完成所有换流变、平抗同结构套管密封检查孔塞更换,并张贴防止人员误打开标识。

③技术分析

A. 原因分析：组织技术人员进行缺陷原因分析，根据目前各项试验及检查的结果，并结合有类似缺陷的高坡站直流对比肇庆站同型号套管返厂分析相关纪要、结论，判断原因为 011B A 相 2.1 套管密封检查孔（图 3.7）密封不严，水汽从密封检查孔进入套管底座法兰盘油气密封面之间的槽内，导致套管底座法兰盘油气密封面之间的槽内积水，由于长期浸泡环氧树脂绝缘体，导致末屏与法兰间的绝缘体受潮（图 3.8），绝缘性能降低，最终形成末屏对地绝缘低。

B. 缺陷后期发展分析：后期由于受潮程度进一步深化，将会造成末屏对地绝缘进一步降低。此外，区域扩散，可能造成以下两种发展情况：

一是受潮区域往套管根部（油中）扩散，可能引起：a. 受潮区表面水分被干燥的变压器油吸收；b. 受潮区继续往套管油中根部发展，因套管根部为高电压电位，造成高电压根部与地电位间绝缘裕度不足。

二是受潮区往套管顶部（气室）扩散，可能引起 SF_6气体吸收受潮区水分。

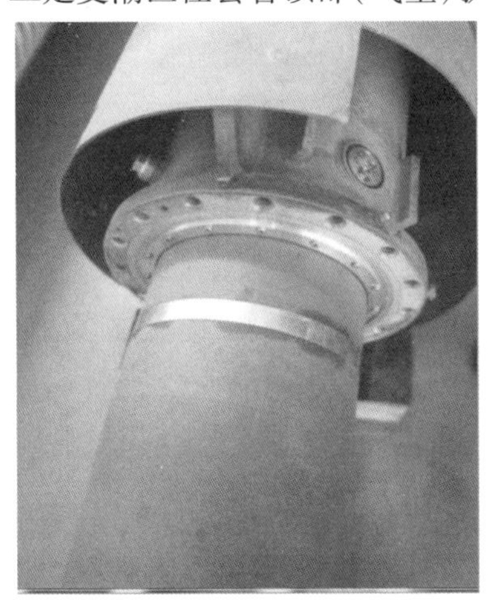

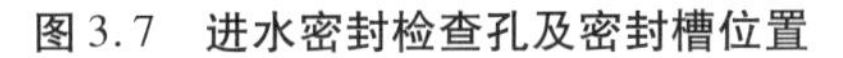

图 3.7　进水密封检查孔及密封槽位置

图 3.8　槽内绝缘体受潮变黑

4）实例 4

①缺陷现象

A. 某站极二换流变 Y/Y B 相、Y/Y C 相 2.1 套管

2013 年 11 月某换流站年度预试工作中发现极二换流变 Y/Y B 相、Y/Y C 相 2.1 套管末屏绝缘电阻偏低，其实测值分别为 64 MΩ、170 MΩ（规程要求不小于 1 000 MΩ）；随后测量套管末屏介损值，Y/Y B 相、Y/Y C 相 2.1 套管末屏介损值分别为 9.8%，9.7%（规程要求不大于 2%）。现场对上述两台换流变 2.1 套管末屏进行小瓷套更换和干燥后复测，绝缘电阻略有好转但仍未达到标准要求。2013—2016 年，每半年对末屏绝缘及介损进行测试，绝缘电阻及介损无恶化趋势，见表 3.4。

表 3.4 该套管测试数据

测试部位		试验电压/kV	2013 年 12 月	2014 年 5 月	2014 年 9 月	2015 年 1 月	2015 年 5 月	2015 年 12 月
B 相	主绝缘	2 500	—	—	—	—	260 GΩ	—
	末屏-地	500	198 MΩ	49.8 MΩ	46.5 MΩ	52.6 MΩ	44.1 MΩ	106 MΩ
	末屏对地 tan/%	10	6.715	11.62	11.28	11.47	12.27	8.46
C 相	主绝缘	2 500	—	—	—	—	305 GΩ	—
	末屏-地	500	523 MΩ	353 MΩ	124 MΩ	110 MΩ	104 MΩ	215 MΩ
	末屏对地 tan/%	10	6.15	10.27	10.64	10.70	11.2	8.41

2016 年 12 月,直流年度检修期间对两根 2.1 套管进行更换,对套管解体检查发现:

a. 套管末屏绝缘电阻分别为 155 MΩ、345 MΩ。

b. 套管底座法兰盘油气密封面之间的槽内存在积水痕迹。

c. 底座法兰盘的油气密封面部分对应的电容芯表面有黑色受潮痕迹,如图 3.9 所示。

图 3.9 套管解体表面

B. 某站极 1 平波电抗器 1.1 套管

2015 年 12 月,停电检修期间发现某换流站极 1 平波电抗器 1.1 套管末屏对地绝缘电阻 412 M(规程要求不小于 1 000 MΩ),末屏对地介损 5.848%(规程要求不大于 2%),不满足预试规程要求。2016 年 2 月、2017 年 4 月复测,末屏对地绝缘电阻分别为 600 MΩ、102 MΩ,末屏对地介损分别为 5.7%、9.25%。

②缺陷原因

HSP 阀侧套管底座法兰盘的密封检查孔堵头为非密封设计(图 3.10),其内部开孔,套管油、气密封面之间可与外界连通,一旦油、气间所有密封面均失效(有3 ~

4道),气体不至于进入油中;密封检查孔塞有两道密封,同时采用轮胎“气门芯”式结构设计,保证正常情况下水汽无法直接进入油气密封面与套管直接接触。

图3.10　HSP阀侧套管底座法兰盘的密封检查孔堵头

该检查孔位于套管户外法兰两点钟方向,一旦密封失效,水分将可能直接进入套管油气密封面,直接与套管电容芯子接触。

因此,末屏绝缘、介损超标原因为套管底座法兰盘的密封检查孔处密封失效,水分经由该检查孔进入油气密封面之间的槽,直接与电容芯接触,导致末屏绝缘下降。由于该密封检查孔无明显标识,现场存在误打开可能,尤其是在变压器安装排气过程中,容易误开启此密封检查孔并遗忘恢复。

5)实例5

①问题概述

2017年2月1对某站500 kV来梧Ⅰ线5013DK高抗A相进行试验时,发现高压套管末屏处有放电痕迹。2017年11月对某站500 kV黎桂甲线5061DK高抗B相进行试验时,发现该套管末屏抽头处有明显的漏油现象,渗漏出的绝缘油中有黑色积碳。某站2018年度预试也发现两支220 kV交流穿墙套管末屏绝缘不良、存在放电痕迹的现象,如图3.11和图3.12所示。

②原因分析

根据该套管末屏故障现象、试验诊断数据及解体检查结果,判断套管末屏故障原因为套管末屏在运行中出现接地不良,发生悬浮放电。导致套管末屏接地不良的原因有:

A.套管末屏试验抽头的弹簧卡涩,接地套复弹不到位,造成末屏接地不良。

图 3.11　渗漏出的绝缘油中黑色积碳

图 3.12　套管末屏抽头处明显漏油

B. 套管末屏试验抽头中进入杂质,如图 3.13 所示,杂质夹杂在接地套和引线柱之间,造成末屏接地不良。

图 3.13　套管末屏试验抽头中进入杂质

③后续措施

2008 年 1 月前出厂的某变压器油纸电容式套管末屏均为上述结构,公司所辖各站共计该类型末屏的套管 290 支。

A. 规范该类型套管末屏试验方法、采用专用工具,确保试验后末屏可靠接地。

B. 该类型套管末屏结构设计存在缺陷,末屏抽头接地不可靠,在运行中存在接地不良,发生悬浮放电的风险,该风险可能引起套管末屏密封失效,末屏放电污染套管油导致主绝缘击穿的故障。应尽快对该类型套管末屏进行整改。

C. 对于 220 kV 及以下套管,厂家具备较为丰富的现场不拆套管更换新结构末屏的经验。对于 500 kV 套管,由于末屏位置油压较高,更换新结构末屏过程存在一定风险。建议综合采用改造末屏盖确保原结构末屏抽头可靠接地和更换新结构末屏两种方案对该类型末屏的套管进行整改。

3.2.2　色谱异常

变压器油色谱分析是通过分析变压器油中溶解气体成分,来判断变压器存在的潜伏性故障,特别是过热性、电弧性和绝缘破坏性故障等,不管故障发生在变压器的什么部位,都能很好地反映出来。所以定期分析溶解于变压器油中的气体就能及早发现变压器内部的潜伏性故障,并随时掌握故障的发展情况。

1)实例1

2007年5月,在对某电厂使用一年的2号主变压器的预防性测试中发现,220 kV B相套管变压器油中的乙炔含量为1 300 μL/L,严重超标,如表3.6所示。该套管于2005年制造,出厂序号OT606-01146。在拆卸和分析之前,对B相套管的介电损耗、电容量、局部放电和油样进行了测试。218 kV时的局部放电容量已达到30 pC(工厂的局部放电测试电压应为29 kV),并且额定电压下的介损和局部放电测试均不合格。通过初步分析,可以认为套管存在内部电容屏击穿。将其送回工厂后,发现在套管芯子距导管下端面400 mm处有一烧孔,从导电铜管开始一直向外延伸到大约22层铝箔(共53层铝箔),绝缘纸烧黑碳化最大处直径为15 mm,面积约2.0 cm^2。其他部分未见异常,如图3.14所示。

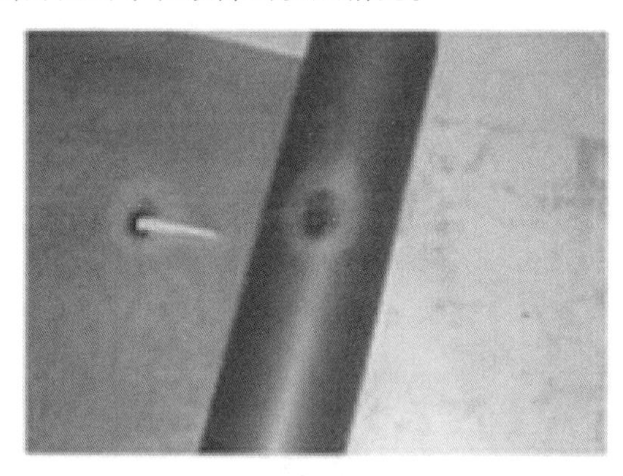

图3.14　2号主变套管解体现场照片

表3.5　2号主变套管预防性色谱试验数据(μL/L)

设备	H_2	CO	CO_2	CH_4	C_2H_6	C_2H_4	C_2H_2	总烃
A相	68	805	1 987	33	9.3	5.4	0.5	48
B相	5100	8 000	1 400	600	62	510	1 300	2 472
C相	59	693	2104	29	8.6	5.1	0.3	43
中性点	40	257	1 308	16	5.7	3.6	0.2	26

结合表3.5数据,根据DL/T 722—2014《变压器油中溶解气体分析和判断导则》规定,变压器套管变压器油中乙炔含量应小于2 μL/L,氢气含量应小于500 μL/L,总烃应小于150 μL/L。而该套管油色谱分析数据均超过该注意值,特征气体比值为$C_2H_2/C_2H_4=2.55$、$CH_4/H_2=0.12$、$C_2H_4/C_2H_6=8.23$,初步判断故障

性质为电弧放电。通过解体检查分析,由于该套管电容芯子在卷绕过程中带进异物,带电后该部位电场畸变,在运行电压的长期作用下,产生局部放电导致绝缘逐渐劣化,并将绝缘纸逐层击穿,同时故障逐渐由异物处径向扩展,向内到达导电铜管处。若此次预防性试验未能及时进行,故障点将继续扩展,到达一定程度后将会发生贯穿性放电,引起套管爆炸与主变事故。针对上述分析排查结果采取相应措施:对于乙炔严重超标的 B 相套管,现场进行更换;对于其余 4 支油中含有 0.2 ~ 0.5 μL/L 乙炔的套管,通过分析判断认为这 4 支套管的乙炔含量为痕量级,不影响套管的使用。通过对这些套管加强跟踪,每半年应取油样进行色谱分析,如乙炔含量有增长的趋势,必须进行更换;其次,为防止同批套管发生故障损坏,系统内套管应进行一次油色谱检测,若气体含量异常,应及时与制造厂联系,确认故障原因,并及时更换。

图 3.15　2 号主变器身解体现场照片

2)实例 2

某厂 220 kV 2 号主变(型号为 SF-PSZ10-180000/220) 2010 年 8 月投入运行。2014 年 7 月发现变压器油中总烃超标,并有少量乙炔,且总烃含量随负荷的增长而增加,色谱数据详见表 3.6。实施限负荷运行,于 2014 年 11 月返厂检修。吊罩后进行变比、直流电阻、绝缘电阻测量均试验正常,经引线、铁芯以及相关表面部分检查没有发现能够引起色谱异常的原因,器身解体发现 C 相低压绕组内侧有 2 个 S 弯换位处绝缘炭化、导线表面烧损。此外,C 相低压铁芯纸筒下沿附有碳化物。A、B 相低压绕组及其他绕组未发现异常,如图 3.15 所示。

表 3.6　2 号主变色谱试验数据(μL/L)

试验时间	H_2	CO	CO_2	CH_4	C_2H_6	C_2H_4	C_2H_2	总烃
2017-01	45	265	1 038	53	47	16	0	116
2017-07	87	323	1 168	180	15	4	0.8	381
2017-11	96	344	1 216	195	166	56	1.0	418

从表 3.6 数据可知,该变压器油中总烃含有少量乙炔,按照三比值编码为 120,初步判断故障性质为电弧放电兼过热,疑似设备内部相圈匝间、层间放电故障。通过解体检查并结合色谱分析推断 C 相低压绕组在制造过程中,个别 S 弯换位处导

线绝缘存在不易被发现的轻微破损，此缺陷在运行中逐渐恶化，最终导致并联导线线间短路。由此提出更换三相低压绕组，且导线采用半硬铜材料（$\sigma_{0.2}$ > 120 N/mm^2），在 S 弯换位处加强绝缘保护措施，并采用新型绝缘材料，增加垫条，减小 S 弯换位“刀口”使其过渡平缓等有效措施。

3）实例 3

2018 年 9 月，南方某厂出现强雷雨天气，13:481 号主变差动保护动作引起三侧开关跳闸，该主变型号为 SFSZ8-31500/110，2005 年 12 月 30 日投入运行。事故发生后，对主变外观检查无异常，本体瓦斯继电器未见有明显的气体聚集。取主变油样进行色谱分析，发现油中含有乙炔（98.59×10^{-6}），氢气、总烃等气体含量明显上升，初步判断为本体内部有电弧放电，色谱数据如表 3.8 所示。高压试验发现 A 相变比试验数据异常，绕组变形试验因无历史数据，仅从相间进行横向比较，发现高压绕组正常，中、低压曲线一致性较差，从而判断中、低绕组发生了变形，而其他的试验项目测试结果正常。近 5 年来该主变因长期处于重、满载运行，而该厂地处小山头，且为雷区，截至 2008 年，35 kV、10 kV 馈线近区短路事故时有发生，如图 3.16所示。

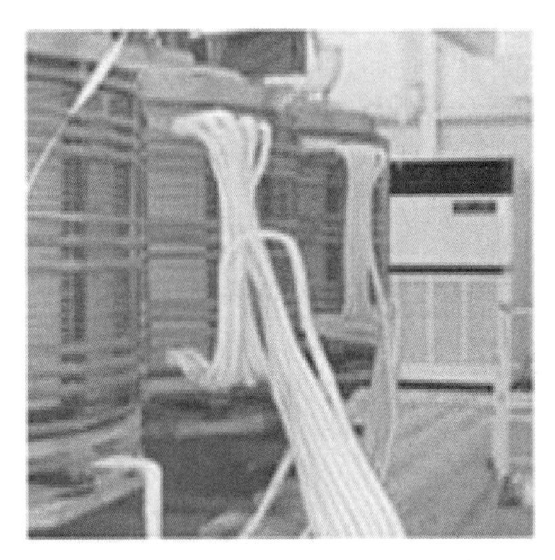

图 3.16　1 号主变器身解体现场照片

表 3.7　1 号主变色谱试验数据（μL/L）

试验时间	H_2	CO	CO_2	CH_4	C_2H_6	C_2H_4	C_2H_2	总烃
2007-12-12	13	1 339	10 152	22	8.1	7.9	0	38
2008-06-12	16	1 300	8 400	21	6.8	6.9	0	35
2008-09-06	190	1 288	8 212	48	9.1	53	99	209

从表3.7数据可知,该变压器油中总烃超标,且乙炔含量较高,按照三比值编码为102,初步判断故障性质为电弧放电,疑似设备内部相圈匝间、层间放电故障。通过设计图纸发现该三绕组变压器中压绕组设有调压开关时,其调压绕组不是独立的,而是与中压绕组放置在一起,调压开关引出线在中、低压绕组之间穿出后引到无载分接开关。该结构容易引起中压绕组在受到雷电冲击时电压分布不均衡,从而导致变压器雷击损坏。此外,该结构也容易引起安匝不平衡,导致抗短路能力不足。在投运后的13年期间,发生了多次中、低压侧的短路冲击,绕组不断发生变形,由于累积效应,中压绕组变形越来越严重,其后果是绕组匝间中部凸轮状变形,垫块脱落,导线松垮下垂,局部区域匝间的绝缘距离越来越小,甚至紧挨在一起,最后在雷击引起外部短路的冲击下,绝缘破损,匝间绝缘击穿放电,绕组进行保护动作。因此,该事故的根本原因是变压器抗短路能力差,在频繁的短路冲击下发生了绕组变形,诱发因素是雷击引起的外部短路。

4)实例4

①问题概述

按照某公司设备74号文《关于开展A公司生产500 kV套管油色谱普查工作的通知》要求,鉴于B公司产GOE型套管设计、工艺与该公司相同,可能存在同类隐患,对此超高压公司开展了所辖站点该套管的油色谱普测,某分局9支B套管还未取油样。排查情况如下:该套管均未发现问题;B套管发现有3支存在异常:一支为某站1号主变A相套管甲烷、氢气含量超标;另一支为某站1号站用变A相乙炔含量异常,更换新套管运行9个月后油色谱甲烷、氢气含量超标,相关数据见表3.8。

表3.8　套管油色谱异常缺陷情况

厂家	总数	已完成	未完成	异常数量	发现问题
瑞典ABB	20	20	0	0	无
合肥ABB	24	15	9	3	某站1号站用变A相乙炔0.8 μL/L(已用备品更换,更换后套管运行9个月,氢气、甲烷、总烃超标) 某站1号主变A相甲烷3 742.79μL/L、氢气33 638 μL/L

②原因分析

对两支氢气、总烃异常GOE套管进行了诊断试验:局放超标、高电压介损异常、介电谱异常。对某站异常GOE套管进行了解体检查:靠近导杆第3屏发现绝缘纸上黏性逐渐增大,到第1屏时出现黏稠蜡状物,黏稠蜡状物呈规律性条形分布，如图 3.17 所示。

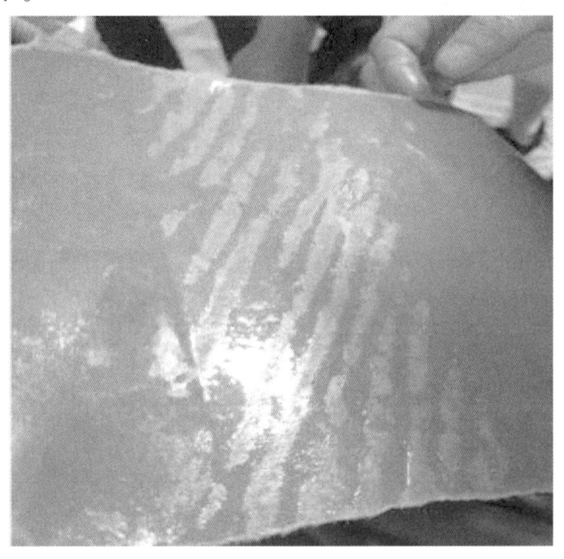

图 3.17　第 1 屏时出现黏稠蜡状物

分析某站 1 号主变 A 相高压套管故障与此前 A 公司产品产生 X 蜡的现象基本一致。另外，解体发现电容芯表面产生 3 条线状局部突起，更容易造成电场畸变，而这些部位油隙中可能存在小气泡而引起局部放电，放电产生的蜡状物进一步加剧了套管内部局放，并导致套管介损增大。

对某站异常 GOE 套管进行了解体检查：套管电容芯子共 115 屏，逐层拆解电容芯子检查，拆除约第 85 屏（从内层往外层数）时发现 1 条长 1.7 m 的凸起如图 3.18 所示，继续拆解至第 30 屏时凸起消失。解体到内侧第 8 屏时电容芯子上开始出现斑状印记，斑状印记一直延续至最里层且逐渐增加，如图 3.19 所示。

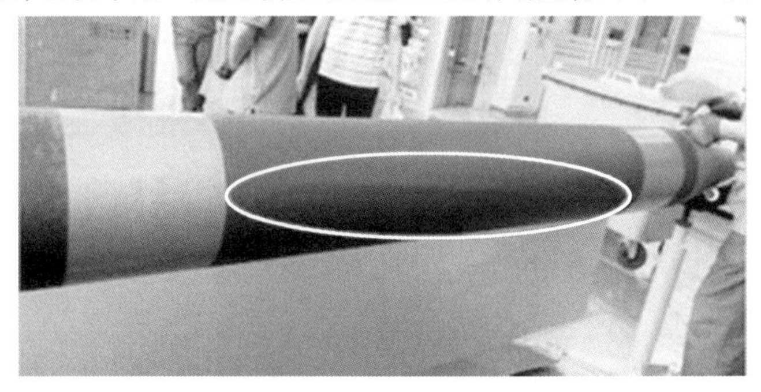

图 3.18　第 85 屏 1 条长 1.7 m 的凸起

解体到内侧第 3 屏时，发现绝缘纸表面黏性逐渐增大，如图 3.20 所示。拆解至内侧第 1 屏的第 3 层绝缘纸时出现黏稠蜡状物，如图 3.21 所示，初步判断为 X 蜡，呈条形规律性分布，靠近导电管层处最密集。

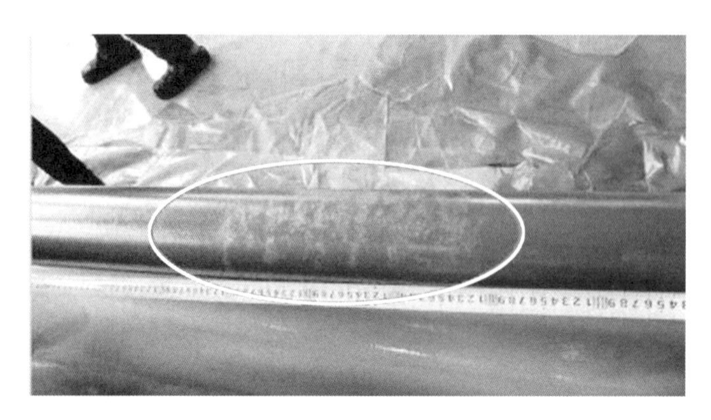

图 3.19　内侧第 8 屏时电容芯子上开始出现斑状印记

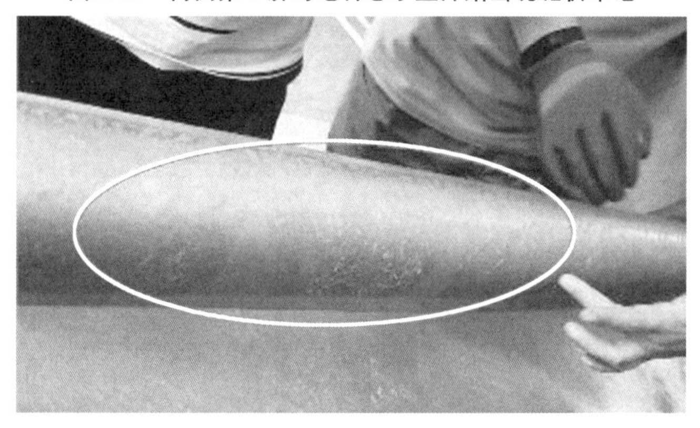

图 3.20　内侧第 3 屏绝缘纸表面黏性逐渐增大

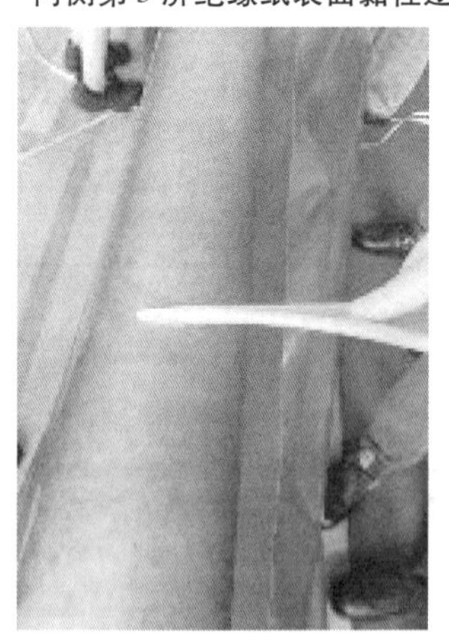

图 3.21　内侧第 1 屏的第 3 层
绝缘纸黏稠蜡状物

③后续措施

按照某公司对于A公司测试的要求对在运同类套管进行普查，后续开展试验跟踪。

A. 缩短套管介损测试周期：0.8% > tan δ > 0.3%，每年复测套管的电容及介损，分析介损变化趋势，与出厂值对比增量超过30%时，取套管油样分析，存在异常时更换套管。

B. 套管电容量测试：电容量变化未超过3%，一个预防性试验周期内不少于2次，间隔不大于18个月；电容量变化超过3%更换套管处理。

C. 套管取油过程应由厂家指导进行，在运同类套管的安装法兰部位均带有取样阀，不宜通过顶部取油。如需在套管顶部取油样，应更换密封圈，避免顶部密封螺钉出现泄漏。

变压器套管尾端采用双环结构，如图3.22所示。该结构出线的换流变套管安装由于操作空间限制，需使用拉杆系统，因此仅能采用拉杆式套管替代。

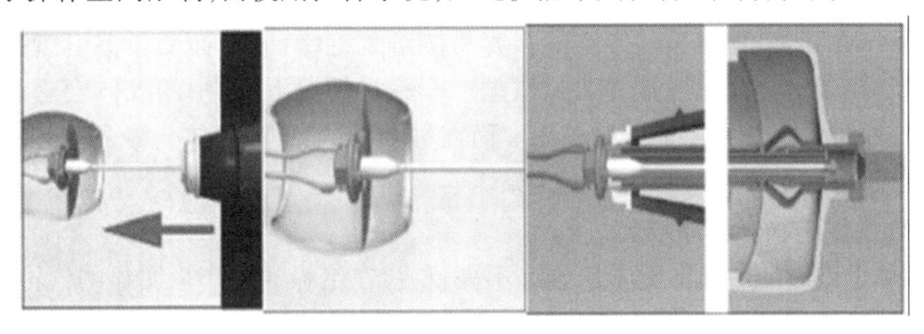

图3.22　双环结构

非交流主变、连接变、高抗500 kV侧出线结构，套管尾端安装均压球，如图3.23所示。出现该结构的变压器套管安装可采用整体安装或拉杆安装两种方式，可采用导杆式或拉杆式套管进行替代。

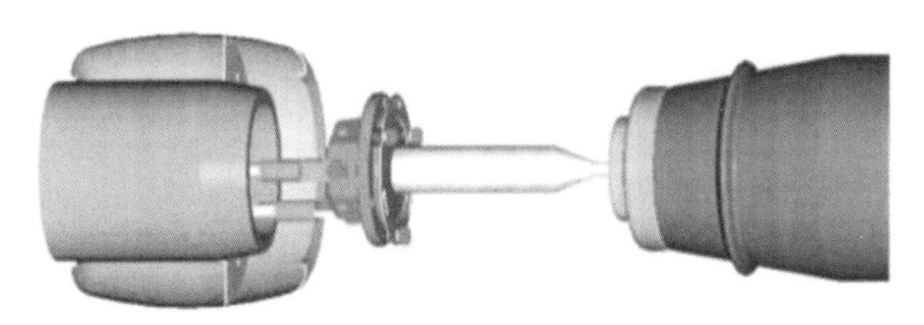

图3.23　套管尾端安装均压球

为了保证替换后套管的可靠性，确保套管电气裕度充足，新套管原则上应采用南网标准尺寸，需改造原变压器升高座并开展套管尾部的电场校核。

经过调研，干式套管在防火方面安全性较好、电气性能优良，在确保选型、设计、制造工艺可靠的前提下,可采用技术成熟、有运行业绩的干式套管替换 GOE 套管。

为了核实尾端双环式 GOE 套管的安装替换方式,检查底部拉杆的接触可靠性,安排广州局对侨乡站备用高端换流变网侧 550 kV GOE 套管进行拆除检查,并更换备用套管。

3.2.3 介损异常

(1)介损异常原因

变压器电容式套管的电容芯子是同心柱形串联电容器,其通过将层状绝缘材料和箔状电极在导杆或导电杆上卷绕而成。导体杆上的电压通过这些绝缘层以串联电容的形式分布,最外一层末屏是地电位。变压器套管中的绝缘油未完全充满,根据气体热胀冷缩的原理,套管顶部的气压将因外部温度或变压器本体中油位压力而改变。空气在变压器油的溶解度为 12%,远大于在水中的溶解度。由此可见,由于压力变化,套管顶部的空气很容易溶解到绝缘油中,而变压器套管由于油中的高气体含量会产生异常的测试数据。在一种情况下,油中的气体会悬浮在绝缘油中,并与电容芯子形成并联关系。而在另一种情况下,气体会渗入电容芯子绝缘层中,并与油纸绝缘层形成串联关系。

(2)气体绝缘与介质损值

溶解于绝缘油中气体由于压强并不高,不会在绝缘油中产生明显的气泡,由于气体溶解度的积肤效应,正常变压器油的介电系数比溶解了气体的绝缘油要高一些,而电场强度与介电常数成反比,因此溶解气体的绝缘油电场强度要升高,绝缘油中气体在电场的作用下发生游离,但未发生击穿放电,气体分子电离产生臭氧,而臭氧分子极不稳定,容易分解,又会分解成氧气分子和臭氧原子,形成一个臭氧和氧气的循环过程,因此,在进行介质损耗因数试验时,所加的电压一部分用于氧分子的电离,将导致有功损耗增大,因此介质损耗值会增加。对于该种情况只需对套管顶部进行放气,减少绝缘油中的气体溶度,介质损耗值即可恢复正常。

(3)套管介损测试原理

1)套管介质损耗测量的基本原理

110 kV 及以上套管的绝缘结构一般采用电容型,即在导电棒上包裹多层绝缘层,再在各绝缘层之间包裹铝箔,形成一系列同心圆柱电容器,并通过电容分压原理来均匀电场。最外层铝箔通过小套管引出,即套管的末屏。套管末屏的主要功能是测量套管介损和电容量接线,并且末屏在正常操作下应可靠接地。除了长期承受工作电压和负荷电流外,套管还需要能够承受短期故障过电压和工作期间的大电流,因此,套管需要具有良好的绝缘性能和一定的绝缘裕度。测量介电损耗和电容量是判断套管绝缘状况的一个重要手段。变压器套管相当于一个小电容器。

套管顶部的引线是电容的首端，末屏是电容的尾端。在测试过程中，为确保测试数据的准确性并结合变压器的结构特性，应将介损测试用正接法接线，接线方法如图3.24所示。

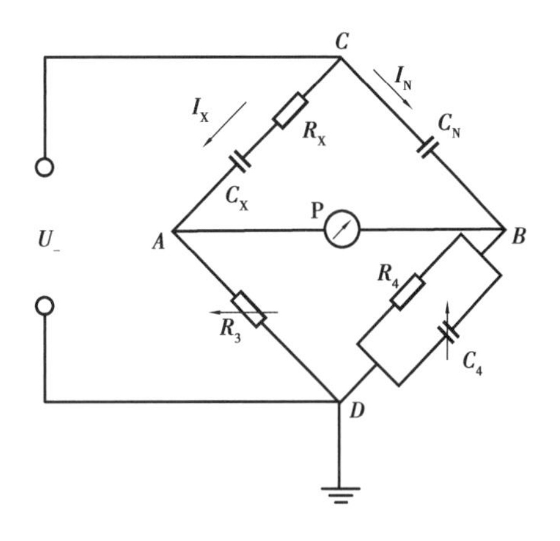

图3.24　变压器套管介损测量基本电路

通过调节 R_3 和 C_4 使电桥达到平衡时，介质损耗因数及电容量计算公式为

$$\tan\delta = \omega C_4 R_4 \qquad (3.1)$$

$$C_X = (R_4/R_3)C_N \qquad (3.2)$$

式中，C_N 为高压标准电容器，R_4 为无感固定电阻，ω 为角频率，以上3个量均为定量；R_3 为无感可调电阻，C_4 为可调电容器，以上两个量为变量。

2）常用测量方法

依据套管结构和安装特点，套管介损常用的测量方法为西林电桥正接法，正接法能排除外界干扰，抗干扰能力较强，测量时应将变压器A、B、C、O相套管短接加压，避免相间杂散电容影响测试结果，非测量侧应短接接地。

3）介质损耗异常影响因素

在对试验结果是否合格的判断中，首先要排除人为原因造成的试验结果不准确，然后才可进一步对变压器进行测试，并根据测量结果进行判断。常见的外部因素造成的测试结果不准确有以下几个方面：

①测量仪器选择不正确，仪器本身精度不够，抗干扰能力不足。

运行中套管介损测试一般要在变电站内进行，站内设备在运行状态，经常会有来自其他运行设备的工频干扰，因此，介损测试时应采用类工频电源，排除工频干扰信号。目前市场上的相关测试设备大多能做到这一点。

②接地不良。

首先是仪器接地不良问题，在进行介损测试时，仪器接地不良常会产生较大误差，因此，在测试过程中应将介损仪可靠接地；如附近接地引下线表面有油漆等，应用锉刀将表面油漆清除后再接地，保证接地良好；另测试结果有异常时，也可在仪器上多接一个接地点，排除地网引下线接地不良干扰。其次，在套管介损测量时，要保证被测绕组两端短接，而非测量绕组则必须进行短路接地。这种接地方式可防止因绕组电感与电容串联后引起的电压与电流相角差改变，减小试验造成的误差。

③套管表面脏污、潮湿。

现场经验表明，套管表面脏污、潮湿会导致介损明显偏大，甚至超出管理值，影响试验人员的判断。一般情况下进行清洁后介损值会明显下降。

④套管本身存在问题。

A. 套管绝缘渗水、受潮电容型套管电容芯子是由多层电容串联而成,最外层即套管末屏,通常情况下,末屏运行中应可靠接地,并防止受潮。若套管密封性不好就很容易引起渗水、受潮,水分侵蚀电容芯子将破坏原有的绝缘性能,造成变压器介损超标,久而久之恶性循环,就会导致套管绝缘性能越来越低,甚至逐层击穿电容屏。

B. 套管一次导电杆接触不良。针对这种缺陷,测试中应重点关注,通常导电杆与套管将军帽之间接触不良,造成接触电阻过大,会导致介损测试时阻性分量过大,从而介损超标。测量中应排除因接触不良引起的介损过大影响。

(4)介损异常实例

2012 年 7 月,某电力检修公司变电检修中心对所属某 500 kV 主变 220 kV 中压侧油纸电容式套管进行首检例行试验时,出现了套管介损测量值为负值的异常现象。该 500 kV 主变 220 kV 中压侧油纸电容式套管用正接法及 10 kV 测量电压测得的三相介损例行试验结果见表 3.9。

表 3.9　220 kV 中压侧套管介损测试结果

相别	tan δ 实测值/%	tan δ 交接值/%	电容量实测值/pF	电容量出厂检测值/pF
A	0.18	0.18	407.2	412
B	0.06	0.19	408.6	409
C	-0.22	0.20	431.6	430

从表 3.9 可以看出,中压侧三相套管的实测电容值全部合格。然而,C 相套管的介电损耗的测量值为负,这显然是异常的。尽管 B 相套管的介电损耗的测量值不是负的,但仅为 0.06%,远小于交接测试值的 0.19%,这表明 B 相套管的介损测量值与介损实际值之间也有可能出现了极大的误差。介损测量结果为负值的原因可能是:电桥标准电容器 C_N 损耗;电场干扰;空间构架(杂物、墙壁、梯子等)形成空间干扰网络;套管法兰与地面之间接触不良;瓷套的表面潮湿且污秽严重。测试仪器为 AI-6000F 自动介损测试仪。由于标准桥式电容器可以排除 C_N 的损耗导致介损测量值为负的可能性,仪器的变频法也可以排除电场的干扰,从而消除电场干扰的原因。在测试现场没有杂物、墙壁、梯子等,没有形成空间网络,这个原因也被消除了。在变压器上安装了中压套管,法兰良好接地,消除了法兰与地面接触不良的原因。由此可以推断,由于瓷套表面的湿润和污秽严重所导致介电损耗测量值为负的可能性很大。

为消除可能的瓷套表面潮湿、污秽严重对介损测量值的影响,用乙醇对中压侧三相套管表面进行擦拭,并用电吹风吹干3个以上的伞裙,然后立即进行介损测试,测试结果见表3.10。

表3.10 220 kV 中压侧套管处理后的介损测试结果

相别	tan δ 实测值/%	电容量实测值/pF
A	0.21	407.0
B	0.25	403.7
C	0.26	428.5

从表3.10可以看出,三相的介损测量值均为合格,C相套管的介损负值现象消失,从-0.22%变成了0.26%,略大于交接值;B相套管的介损测量值也从0.06%上升成了0.25%,略大于交接值。图3.25为测量介损的西林电桥正接线原理图。

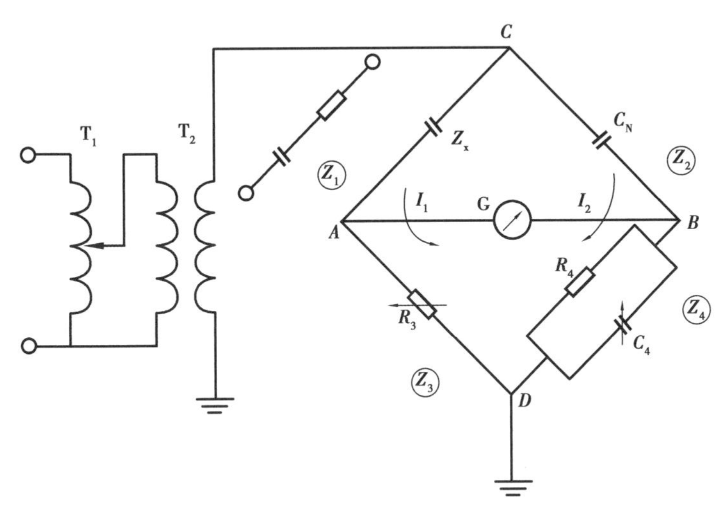

图3.25 西林电桥正接线原理图

如图3.25所示,C_N为高压标准电容器,其介质损耗角非常小,趋于零;电桥可调部分由电阻R_3和无损电容器C_4组成;Z_x为被试设备,其等值电路可采用串联或并联型电路。测量时,调整R_3和C_4使得电桥平衡即可,所谓平衡是指检流计G指示为零。这时电桥的顶点A、B两点的电位相等,因而有$U_{CA}=U_{CB}$,$U_{DA}=U_{DB}$,即

$$I_1Z_1 = I_2Z_2 \tag{3.3}$$

$$I_1Z_3 = I_2Z_4 \tag{3.4}$$

将式(3.3)和式(3.4)两式相除可得

$$Z_1 = Z_2Z_3/Z_4 \tag{3.5}$$

将桥臂中的各桥臂阻抗$Z_1=r_x+(1/j\omega C_x)$,$Z_2=j\omega C_N$,$Z_3=R_3$,$Z_4=1/(R_4+$

$j\omega C_4$)代入式(3.5),整理等式两端,使其实部和实部相等,虚部和虚部相等,可得

$$r_x = C_4 R_3 / C_N \tag{3.6}$$

$$C_x = R_4 C_N / R_3 \tag{3.7}$$

因而有

$$\tan\delta = \omega r_x C_x = \omega R_4 C_4 \tag{3.8}$$

由于被试中压侧220 kV套管瓷套表面潮湿,污秽严重,泄漏严重,高压引线与主电容屏之间存在杂散电容,相当于引入了T型网络干扰,此干扰简化后的等值电路图如图3.26所示。这种干扰改变了图3.25中电桥原有的平衡关系,必须把C_4调节得比没有杂散电容干扰的情况下小得多时,才能使检流计G指示为零,从而使测得的介损值远小于套管主电容真实的介损值,B相中压侧套管就属于这种情况。而对于C相中压侧套管,在将C_4调节至零时检流计G仍然不平衡,因此出现了套管主电容介损测量值为负值的现象。用乙醇对中压侧三相套管表面进行擦拭,并用电吹风吹干3个以上的伞裙后,T型网络干扰消失,B相和C相套管介损值与交接值变为正常,偏小或为负值的异常现象消失,证实了上述推断和分析。

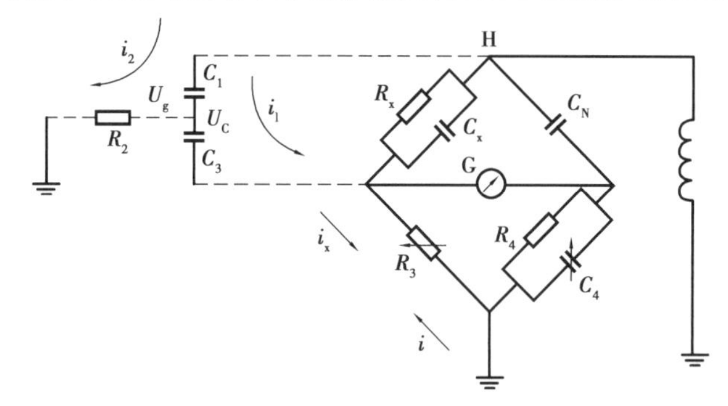

图3.26 瓷套表面潮湿污秽带来干扰后的简化等值电路

3.2.4 发热与爆炸

(1)故障成因及危害

套管接头的发热通常可分为外接头故障和内接头故障:有两种外部接头发热的情况:一种是由于接线板与外部引线接头之间的接触不良所致,原因是在变压器的保护性测试过程中该导体会经常拆接;另一种是导电头(即将军帽)与接线板之间的接触不良。这种不良的接触会增加接触电阻,还会增加消耗功耗,因此接头处的温度会升高。高温导致接触表面更快地氧化,逐渐形成氧化膜,接触电阻增加且温度也越来越高,最终形成恶性循环,如果不能及时排查发现,最终结果会造成引线烧断,从而导致事故。内部接头故障通常是由于内部接头的松动引起的,内接头是指导电头的内螺纹与变压器绕组的引线接头之间的螺纹连接。如果螺纹连接的公差不匹配,则接触电阻会增加,从而导致高温故障。内部故障较为隐蔽,在电力

部门引入红外热成像技术作为测试方法之前,判断运行过程中的热故障的方法只能是依靠示温片检测或监视接头的变化。但由于示温片只能反映所贴位置附近的温度情况,具有局限性,往往不易及时发现部分热故障。导致设备的热故障容易长期存在并不断恶化。

(2)发热与爆炸实例

1)实例1

高压试验班在进行红外热成像监测时,发现某主变压器220 kV侧B相套管头部发热,温度达到87.4 ℃。其参数和分析结果见表3.11和表3.12。

表3.11　主变参数表

目标参数	数值
辐射系数	0.96
目标距离/m	24.5
环境温度/℃	28.0
大气温度/℃	20.0
相对湿度/%	50

表3.12　主变分析结果表

标签	数值
SP01/℃	28.7
AR02/℃	87.4
AR01/℃	34.9

经查看主变套管说明书,发现该套管设计上存在缺陷。在主变220 kV引线装入套管导电密封头后,引线上应有一个定位螺母将引线与套管导电密封头压紧,以保证引线与套管导电密封头可靠接触。而该型套管没有定位螺母,导致主变引线和套管导电密封头之间缺少压紧的力量,只靠螺牙之间自然的力量,无法保证可靠接触。在主变负载较大的情况下,就会造成接触面过热。

检修人员对该主变的套管进行了消缺处理。在拆下该套管导电密封头后,发现主变引线和套管导电密封头相互接触的螺牙处已有放电和过热烧损的痕迹。而套管的结构确实如分析的一样在设计上存在缺陷,缺少一个定位螺母。将主变引线和套管导电密封头过热损伤处进行打磨处理,再在接触面涂上导电膏,然后恢复安装。这样处理后套管过热情况会得到改善,但该缺陷无法彻底处理,在主变负载较大时仍有出现过热的可能。将该型套管进行更换或由厂家针对该设计缺陷进行改造才能彻底解决该问题。

2)实例 2

高压试验班在进行红外热成像监测时,发现另一主变压器 220 kV 侧 A 相和 B 相套管头部发热,温度分别达到 89 ℃和 102 ℃,其参数和分析结果见表 3.13 和表 3.14。

表 3.13 主变参数表

目标参数	数值
辐射系数	0.95
目标距离/m	24.9
环境温度/℃	20.0
大气温度/℃	20.0
相对湿度/%	50

表 3.14 主变分析结果表

标签	数值
AR01/℃	89.0
AR02/℃	102.5

经查看主变套管说明书,该套管设计上不存在前述缺陷。根据经验应该是套管安装时定位螺母没有拧紧,导致引线与套管导电密封头没有可靠接触,引起过热。定位螺母及定位销在套管载流回路中起着很重要的作用,它使绕组引线接头定位后与导电头拧紧,保证螺纹接触面有足够的压力使载流可靠。在导电头与引线接头拧紧以及导电头安装过程中,绕组引线产生了一定的扭矩,这个扭矩与螺纹之间的静摩擦力矩形成暂态平衡。这次故障的原因是在变压器运行过程中,变压器的振动使螺纹之间的静摩擦力减小,由于没有定位螺母和定位销的固定,绕组引线接头的扭矩逐渐释放,即引线产生自转,于是螺纹连接的压力减小,接触电阻增大,恰好此时绕组引线与套管中心铜管内壁接触,于是又通过引线—铜管—密封螺栓形成另一个载流回路。两个载流回路电阻都很大,因此必然产生热故障。

3)实例 3

①问题概述

自 2015 年以来,某 BRLW-550/1600-3 型某 500 kV 套管发生了多起将军帽处过热缺陷,2016 年按某公司要求对将军帽进行了整改,运行一段时间后停电检查发现,将军帽内部存在锈蚀和受潮缺陷,部分将军帽难以拆下。

A.某站2018年1月14日16:00时,该站红外巡视发现极Ⅱ低端023B换流变B相1.1套管接头发热至88 ℃,正常温度约为24 ℃,随后逐渐降低。2018年3月,对套管将军帽进行检查,发现将军帽螺栓、垫片、导电杆螺纹有烧蚀,将军帽只能拧出两圈。现场对该套管进行了更换。随后对极Ⅱ低端024B换流变A、B相和极Ⅰ低端014B换流变A相南瓷套管进行了检查,并对将军帽进行了更换。其中极Ⅱ低端024B换流变A相检查发现导电杆顶部有一层水,将军帽内部有明显水珠,导电杆丝牙和将军帽内部有氧化现象,如图3.27—图3.29所示。

图3.27　导电杆顶部

图3.28　将军帽内部氧化现象

图3.29　导电杆丝牙氧化现象

B.2018年4月在开展±500 kV某换流站对称直流极1211B换流变B相网侧1.1套管发热缺陷检查处理过程中发现将军帽内腔积水、过渡板下部油枕盖板与弹性板密封面内腔积水(积水体积大于3 L),积水腔外围有密封垫密封,如图3.30

和图 3.31 所示。在积水部位均发现有金属结垢,且套管导电铜螺杆表面存在大面积发黑现象,如图 3.32 所示。该套管近期红外测温满负荷下将军帽处温度为 60 ℃。

图 3.30　将军帽内腔

图 3.31　过渡板下部油枕盖板与弹性板密封面

图 3.32　套管导电铜螺杆表面

对某站共计对 8 支 1.1 套管进行将军帽检查,发现 4 支套管弹性板上部内腔存在积水,1 支将军帽在现场无法打开,已对套管进行了更换。

②原因分析

2016 年,公司对某 500 kV 头部将军帽进行了整改,原将军帽无定位措施,载流螺纹预紧力不足,将军帽底部无有效密封措施,如图 3.33 所示。

分析套管上部空腔进水、螺纹锈蚀的原因为:

A.套管整改前,由于老式将军帽在导杆受热膨胀的作用下密封垫圈失去密封作用,导致雨水进入主密封弹性板上部空腔并长时间积存。

B.整改后软木橡胶垫与将军帽弹性边缘安装配合不当,软木橡胶垫压缩不均

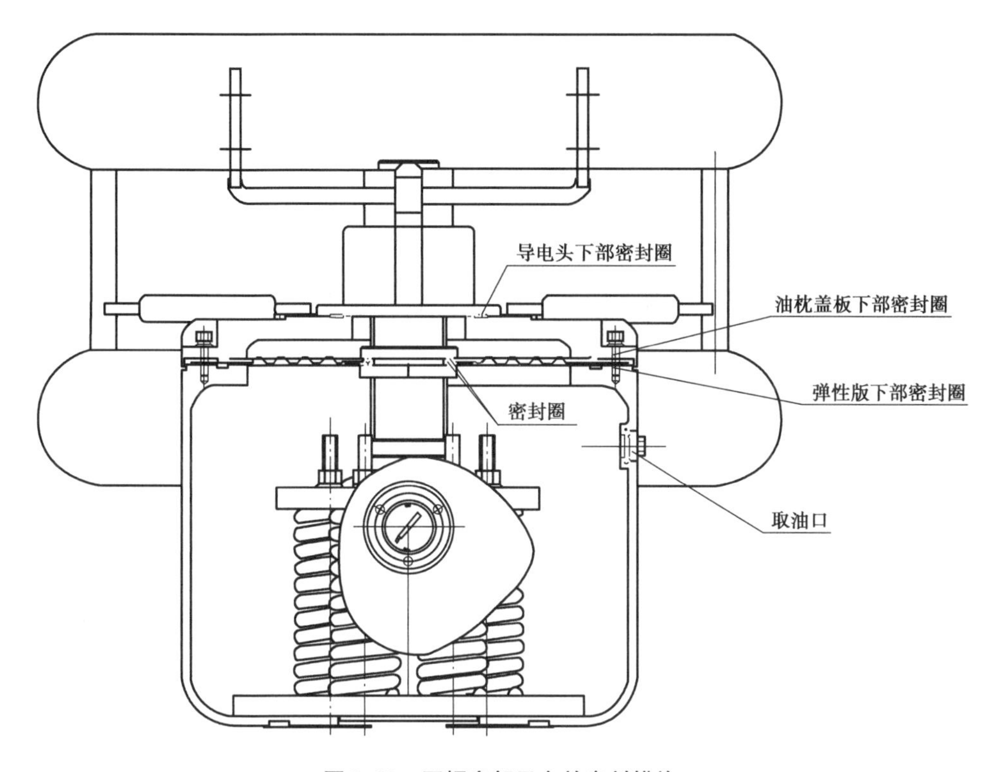

图 3.33　军帽底部无有效密封措施

匀导致密封不良,并导致雨水进入主密封弹性板上部空腔并长时间积存。

③后续措施

A. 鉴于套管将军帽仍存在过热风险,将该型套管红外测温周期缩短为 2 d/次;当套管温升超过 30 K 或测温高于 60 ℃时,应缩短测温周期为 1 d/次;当套管温升超过 50 K 或测温高于 80 ℃时,应作为紧急缺陷,尽快停电进行处理。

B. 鉴于整改前将军帽无法起到套管头部主密封弹性板上部空腔密封的作用,套管头部可能已经积水,建议检查在户外整改的同类型套管头部积水情况,并及时对积水进行清理。

目前某公司提出了新的将军帽整改方案,正在进行试制和验证试验。该将军帽采用哈弗结构通过螺纹与导电杆锁紧,并采用密封罩对载流结构进行了密封,图 3.34 所示。

4)实例 4

①问题概述

2016 年 10 月,巡视发现对称直流极 1111B 换流变 A 相阀侧 2.1 套管阀厅侧本体表面不均匀发热,最高温度为 36.1 ℃ 29.8 ℃,表面温差 6.3 ℃,对称直流极 1 功率为 1 575 MW,阀厅温度为 22 ℃。通过排查,对称极 1 和对称极 2 的换流变

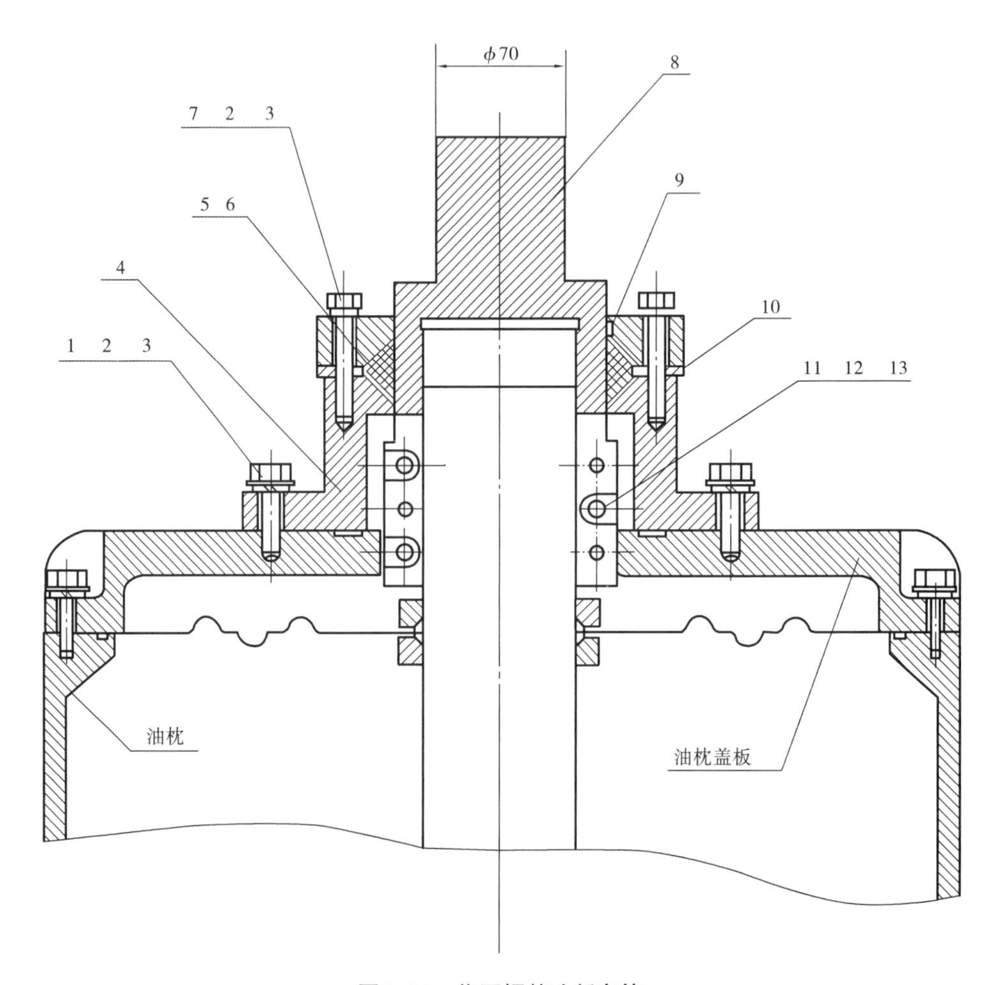

图 3.34 将军帽整改新套管

2.1/2.2 套管表面温度存在 7 ~ 13 K 的温差,对称极 2 和对称极 1 换流变 2.1/2.2 套管表面温差较小。

②原因分析

某站换流变阀侧 2.1/2.2 套管型号为 GSETF 1950/536-3400AC spez。套管内部载流结构为载流铝导电管和载流铜导杆插接而成,载流铝导电管内壁有三道表带触指载流,载流铜导杆顶部安装尼龙导向锥用于铜铝导管对接安装。

某站对称极 1 YY 换流变 A 相 2.1 套管解体发现铜铝对接位置表带触指有黑色烧蚀痕迹,如图 3.35 所示。分析认为某站 YY 换流变套管不均匀发热的原因是套管铜铝对接位置表带触指受力不均,载流接触面未镀银,内部摩擦磕碰产生金属粉末等因素导致该处接触电阻增大。

③后续措施

2018 年 4 月,该站对称极 1 和对称极 2 的 YY 换流变 2.1、2.2 套管进行了现场机械臂更换铝导管的作业。新铝导管载流接触表面镀银，触指槽由3道增加为4道，如图3.36所示。原尼龙导向锥更换为聚四氟乙烯导向锥，并改为铜螺栓，如图3.37、图3.38所示。

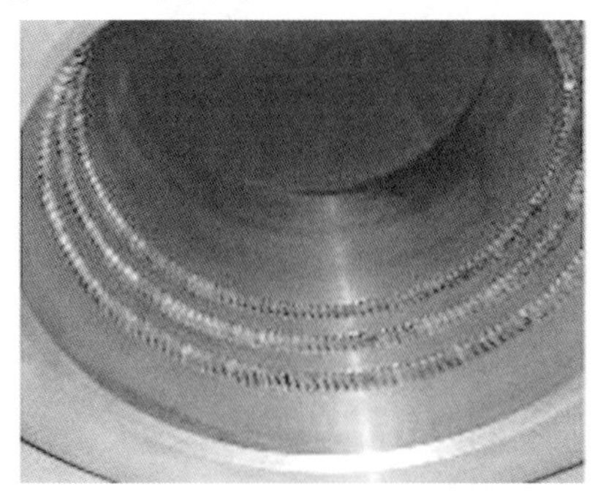

图3.35　表带触指有黑色烧蚀痕迹

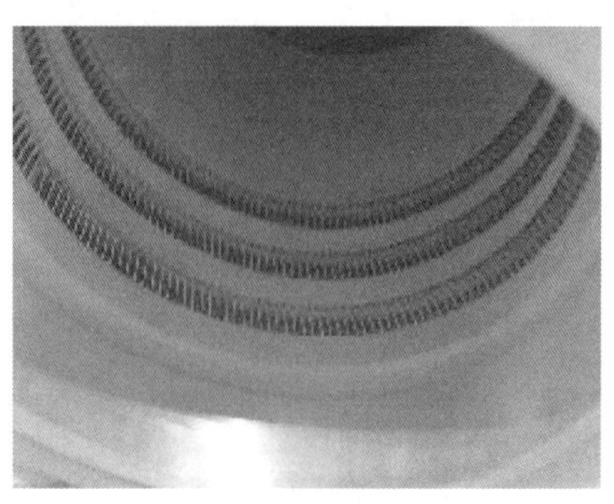

图3.36　4道触指槽

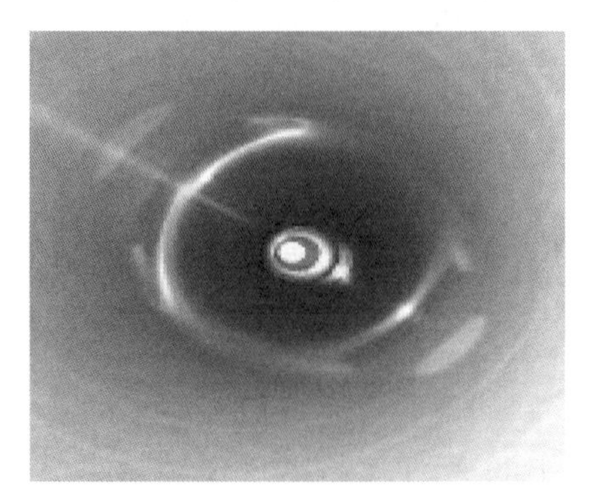

图3.37　铜螺栓

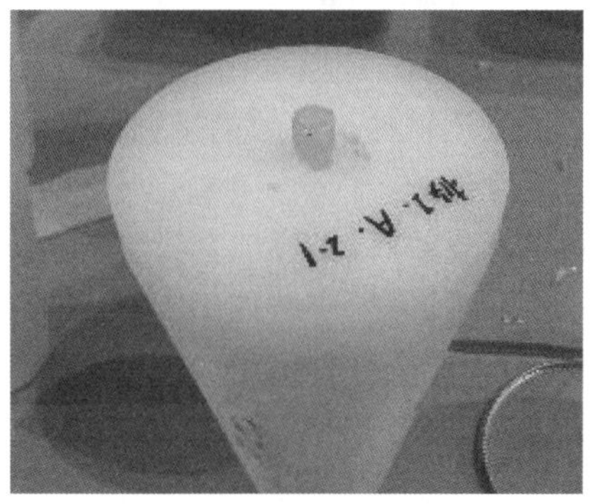

图3.38　聚四氟乙烯导向锥

5）实例5

①问题概述

2016年9月初某站巡视人员发现极2高端阀厅400 kV直流穿墙套管户外侧接头异常发热，发热温度达91 ℃，正常设备温度为40 ℃左右。停电期间对套管进行了更换，对缺陷套管解体检查发现，套管端部触指烧蚀严重，如图3.39、图3.40所示。

②原因分析

HSP触指结构穿墙套管运行中发生过热缺陷的原因主要有：

A.载流导体与表带触指配合结构设计不当，表带触指载流结构既承受接触应力作用下的弹性形变，又长期载流发热，导致应力与载流密度不均，整体接触电阻增大。

B.环境温度变化及负荷变化引起套管导杆轴向及径向位移导致镀铜触指与铜（铝）导体刮擦产生摩擦粉末导致接触电阻增大。表带触指连接导体接触表面处理不当,与表带触指电接触的铜导电头外侧、铜(铝)导电管内侧未进行镀银处理,导致接触面(粉末与表面发生氧化或电化学作用)接触电阻增大。

图 3.39　直流穿墙套管户外侧接头异常发热

图 3.40　套管端部触指烧蚀严重

C. 载流导体与表带触指安装不当、运输冲击导致接触不良。表带触指安装工艺不良或受运输冲击导致电接触位置受力不均或间隙较大,接触电阻增大。

③后续措施

该站两支 400 kV 穿墙套管进行了修复,对端部触指载流接触面镀银。后续套管在运输和装卸时,应按照 DL/T 1071—2014《电力大件运输规范》要求进行。套管运输过程,应全过程使用加速度记录仪记录运输情况。

A. 加强套管红外监测

重点关注穿墙套管端部及换流变套管靠近端部 1/3 位置。由于红外测温导则并无针对套管内部触指的条款,故测试人员应熟悉套管内部结构,测试点尽量靠近触指位置,并与之前及其他极的套管测试结果对比分析。

由于穿墙套管端部有均压环遮挡,可利用均压环开孔,站在套管下方对套管端盖板进行红外测温,使观测位置更靠近端部触指结构。

B. 套管回路电阻测试

利用预试机会对套管进行回路电阻测试,不应与出厂值有明显差异。

3.2.5　穿缆式套管密封结构缺陷

(1)故障简况

2018 年 9 月,220 kV 某站 2 号主变差动保护动作,跳开三侧开关,轻瓦斯发信,重瓦斯动作;10 kV 备自投动作,2 号主变负荷转由 1 号主变供电,无负荷损失。

①历史运维情况

该站 2 号主变于 2007 年 12 月 25 日投运,运行至今状态良好。预试、定检、检修及日常巡视等均按期进行,在线监测装置运行正常,未发现试验不合格情况,未发生过设备故障,故障前主变没有未消缺记录。2 号主变管控级别为Ⅲ级,各专业严格按设备运维策略要求进行运维。各专业严格按设备运维策略要求进行运维。2018 年日常巡视、夜巡、红外测温、专业巡视均未发现异常。2 号主变已加装油色谱在线监测装置,数据采集点为每天一次。故障当天油色谱数据发生突变,故障后油中氢气、乙炔及其他烃类气体均有增长,油色谱在线监测数据与离线数据基本一致,如表 3.15 和表 3.16 所示,装置运行可靠。

②保护动作情况

2018 年 9 月保护启动,此后 21 ms 工频变化量差动动作,22 ms 比率差动动作,64 ms 跳开主变三侧开关。主变故障时刻比例差动动作电流最大值 $1.33I_e$,超过拐点制动电流 $0.5I_e$,差动保护动作正确。

③现场试验情况

对 2 号主变本体进行绕组变形试验、绝缘电阻测量、直流电阻测量、电压比测量、绕组连同套管的介损及电容量测量、油色谱分析和电容型套管的介损及电容量测量。试验结果表明:

A. 本体绝缘电阻低于最近一次预试值的 70%。

B. 主变本体油中溶解乙炔(C_2H_2)含量超注意值。

C. 主变直流电阻、电压比、电容量及介损试验结果均正常。套管电容量及介损试验结果正常。

表 3.15　主变绕组连同套管的绝缘电阻(顶层油温:35 ℃)

	R15(35 ℃)	R60(35 ℃)	R15(20 ℃)	R60(20 ℃)	吸收比
高-中低地	2 430 MΩ	3 260 MΩ	4 464 MΩ	5 989 MΩ	1.34
中-高低地	1 910 MΩ	2 520 MΩ	3 509 MΩ	4 630 MΩ	1.32
低-高中地	1 480 MΩ	3 220 MΩ	2 719 MΩ	5 916 MΩ	2.18

表 3.16　2 号主变体油色谱试验结果(μL/L)

H_2	CH_4	C_2H_6	C_2H_4	C_2H_2	CO	CO_2	总烃
38.61	20.42	2.76	10.30	14.70	553	2 548	48.59

④现场检查情况

A. 主变本体油箱完好,未见明显变形。油箱壁及油箱底部未见漏油。主变散热器、油枕、有载调压开关、套管、压力释放阀等部件未见异常。本体瓦斯继电器存在气体。打开油箱上部检修孔发现:高压 B 相调压线圈上端部出头包裹的瓦楞纸崩开,在靠近铁轭一侧的出线绝缘纸发黑如图 3.41 所示。调压线圈出线及器身上压板上部存在已碳化的绝缘纸碎片。在靠近 B 箱线圈的油箱底部同时可见散落的绝缘纸碎片,部分绝缘纸已碳化。A、C 相调压线圈出线位置绝缘完好,未发现明显异常,如图 3.42 所示。

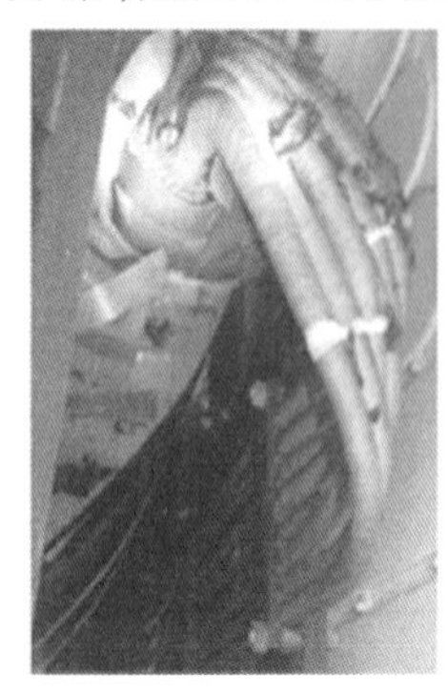
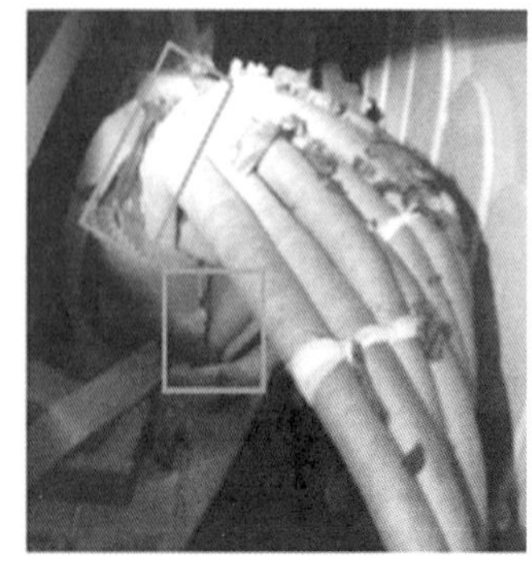

图 3.41　高压 B 相调压线圈出线

图 3.42　A、C 相调压线圈出线

B. 套管检查情况

套管采用穿缆式顶套结构,如图 3.43 所示,其顶部密封结构通过顶套盖、顶套

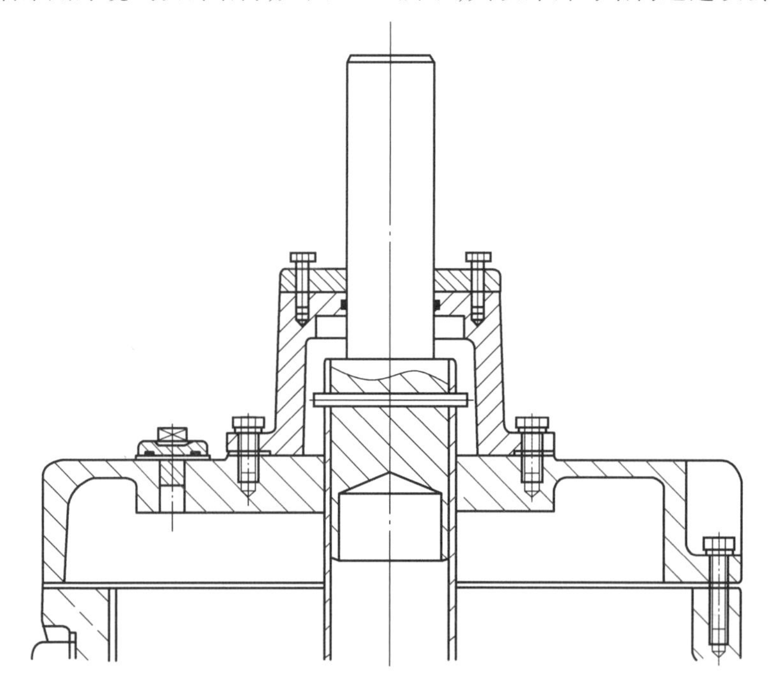

图 3.43　套管顶部密封结构

与引线接头之间的两道 O 形密封胶圈实现轴向密封。A 相套管电缆头导杆上有大量水珠,顶套内壁发黑,存在明显锈蚀情况,如图 3.44 所示。B 相套管拆除过程中可见大量油水混合物流出,顶套内部存在明显锈蚀及水痕,如图 3.45 所示。AB 相

套管密封圈与顶套开孔基本平齐,密封圈已变形,且没有弹性,如图3.46所示。

图3.44　A相套管电缆

图3.45　B相套管

图3.46　套管密封圈

⑤返厂解体情况

拆除调压线圈引出线两侧绝缘隔板,可见调压线圈引出线第4和第6分接间发生绝缘击穿,并裸出铜导线。与击穿点对应的绝缘隔板位置可见明显灼烧碳化痕迹。调压线圈与外部中压线圈之间的连续两层围屏上均存在疑似水痕,其位置靠近调压线圈引出线,如图3.47所示。与其对应的主变下部压板上存在被碳粉污染痕迹。检查A、C相线圈,线圈完整、表面光洁、无损伤。

图3.47　调压线圈与中压线圈之间的围屏

⑥原因分析

A. 高压B相调压线圈出头引线间绝缘击穿是220 kV该站2号主变故障跳闸的直接原因。高压套管头部密封不良、水分进入主变内部,引起调压线圈出头引线绝缘裕度下降,是导致主变故障跳闸的根本原因。

B. 2号主变故障发生和发展过程为:高压套管为穿缆式结构,套管头部存在密封不良,进水受潮,水分沿着引线进入主变内部,由于高压引线与调压线圈出头引线间距离较近,且高压引线向调压线圈出头引线位置呈一定倾斜角度,水分落至调压线圈出头引线,致使调压线圈出头引线绝缘受潮,引发第4、第6分接间绝缘击穿,并最终导致2号主变差动保护动作跳闸。

C. 套管在长期运行中,轴向密封胶圈受高温、电磁作用发生老化变形,引起轴向密封不良,潮气入侵套管头部,套管引线受台风作用发生摆动,导致水分沿着套管电缆头进入套管顶套乃至主变内部。

D. 根据现场录波图,故障时刻高压侧A、B相电流同时增大,C相减小,而主变返厂检查未发现A、C绕组异常。分析认为:高压B相调压线圈出头引线发生匝间短路时,相当于在B柱中增加了一个单相短路负荷,由于高压、中压侧中性点未直接接地,高压和中压系统在B相注入短路电流,并经A、C相反向流出变压器,根据基尔霍夫电流定律,注入B相的短路电流与A、C相感应电流之和大小相等、方向相反。B 相调压线圈触头引线发生匝间短路时，短路匝及高压、中压、低压绕组在 B 柱上保持安匝平衡，同时 A、C 两相的高压、中压短路电流与低压绕组环流安匝平衡，并且各绕组故障电流大小受各绕组间阻抗影响，进一步结合理论和仿真计算 B 相调压线圈出头引线发生匝间短路时各侧故障电流的变化。仿真结果与故障录波图基本一致，从而证实了高压 B 相调压线圈出头引线匝间短路是该主变合理且唯一的故障点。

E. 根据油色谱在线监测结果，主变故障当天油色谱异常，故障前一直正常，主变历史运维记录未见明显异常，因此，本次故障具备突发性，未见人为运维不当记录。

(2) 同类型套管密封结构检查情况

1) A 站

2018 年 11 月，根据《某局 220 kV A 站 2 号主变套管缺陷分析会议纪要》的要求，对同一批次、同期投运的 1 号主变进行停电检查，检查套管头部是否存在类似进水现象。检查发现:220 kV 侧三相套管及主变内部存在明显进水现象。

①套管检查情况

B 相套管顶套内存在明显积水，且顶套内已局部锈蚀。A、C 相顶套内可见明显水珠，如图 3.48 所示。

(a) A 相

(b) B 相

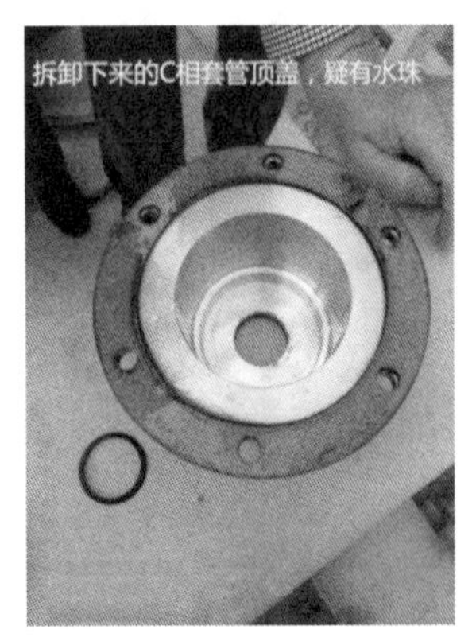

(c) C 相

图 3.48　套管 A、B、C 相

拆除 B 相套管顶套过程中，有大量积水从顶套内流出。电缆头导杆、油枕上方等位置可见大面积水迹。导管表面存在大量白色粉末，怀疑为进水受潮导致，如图 3.49 所示。

A、C 相套管电缆头导杆、油枕上方等位置，同样可见明显进水痕迹。三相套管密封胶圈均已硬化变形，无弹性，如图 3.50 所示。

图 3.49　B 相套管

(a)A 相　　(b)C 相

图 3.50　A、C 相套管

②主变检查情况

试验检查发现,绝缘电阻偏低,低于最近一次预试值的 70%。排油检查发现,高压 B 相上夹件拉带螺母生锈,如图 3.51 所示。靠近高压 B 相出线头的上压板可见明显水珠,如图 3.52 所示。在靠近 B 相的主变箱底可见大面积水迹,如图 3.53 所示。

2)B 站

为确认某穿缆式顶套结构套管是否存在结构性缺陷,根据某省公司通知要求,

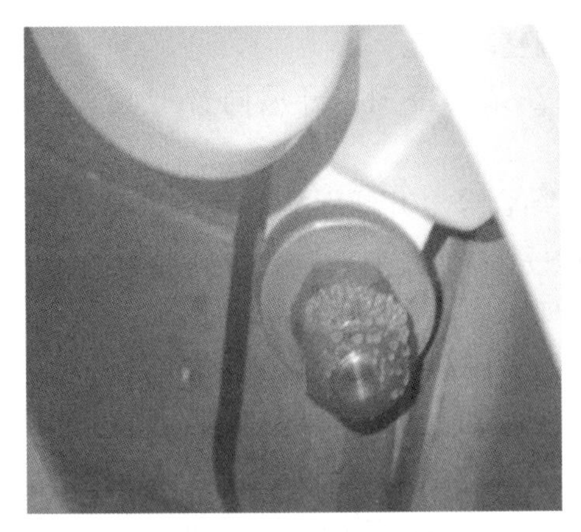

图3.51　B相上夹件拉带螺母

图3.52　靠近B相出线头上压板

结合停电开展某套管密封结构检查。2018年11月对220 kV某站1号主变停电检查时,发现B相套管头部存在明显进水现象,C相套管轻微进水。

①套管检查情况

排油检查发现,高压B相套管导电管附近有大量水珠,顶套内已锈蚀,并存有水珠,如图3.54所示。

高压C相顶套内锈蚀不明显,但存有少量水珠。电缆头上存在明显擦伤痕迹,怀疑为电缆头与顶套间摩擦导致,如图3.55所示。

②主变检查情况

主变取油检查发现,油中微水4.3 μL/L,总烃18.33 μL/L,介损0.33%,符合检修试验标准要求。对主变三侧绝缘电阻测量,绝缘电阻值均大于10 GΩ,说明主变整体绝缘良好。打开油箱顶部检修孔,发现套管B相下方附近主变上压板及调压线圈引线绝缘存在局部霉变现象,不排除为受潮导致。

图3.53　B相主变箱底

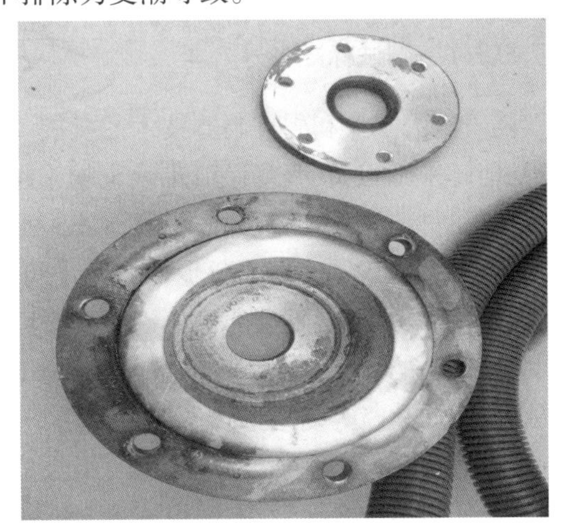

图3.54　B相套管导电管

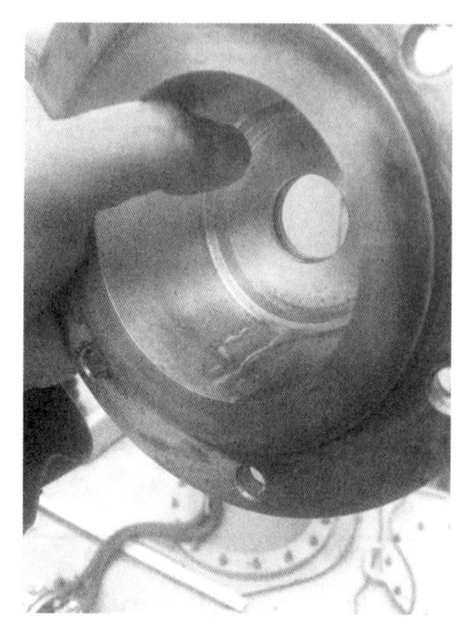

图 3.55 C 相顶套内锈蚀

(3)整改措施

1)在某网范围内开展同类型套管台账核查。

2)结合停电开展同类型套管头部密封情况检查与整改:

①如套管头部未发现明显进水,套管原有密封结构更换为触指载流将军帽结构;

②如套管头部存在明显进水,应开展主变进水情况检查,必要时开展现场或返厂干燥处理,套管原有密封结构更换为触指载流将军帽结构。

3)套管头部密封结构优先改造对象为:220 kV 主变 220 kV 侧套管和 110 kV 主变 110 kV侧套管。

4)考虑到在运同类型套管数量较多,建议优先开展易遭受台风侵袭的沿海地区(一二级风区)或关键重要变电站的套管改造。

5)首次开展传奇套管头部结构现场改造的,应在套管厂家指导下进行。待培训熟练后,可结合套管厂家提供的作业指导书自行开展。

3.3 性能测试

3.3.1 测试标准

随着电力工业和先进制造技术的发展。设备的组件越来越多、结构越来越复杂、功能越来越强大、维修保障难度也越来越高。在各个应用领域中,故障诊断策略优化的目标是寻求以最低的代价和最少的时间恢复设备的正常工作状态的诊断与维修方案,其实质就是诊断步骤的优化问题。在故障诊断领域中不确定性问题占多数。尤其是大型复杂的机电设备、构件之间及构件内部一般存在很多错综复杂、关联耦合的相互关系。不确定因素及不确定信息充斥其中,其故障可能表现为多故障、关联故障等复杂形式。

变压器套管是变压器箱外的主要绝缘装置,变压器绕组的引出线必须穿过绝缘套管,使引出线之间及引出线与变压器外壳之间绝缘,同时起固定引出线的作用。因电压等级不同,绝缘套管有纯瓷套管、充油套管和电容套管等种类。纯瓷套管多用于10 kV及以下变压器,它是在瓷套管中穿一根导电铜杆,瓷套内为空气绝缘。充油套管多用在35 kV级变压器,它是在瓷套管充油,并在瓷套管内穿一根导电铜杆,铜杆外包绝缘纸。电容式套管由主绝缘电容芯子、外绝缘上下瓷件、连接套筒、油枕、弹簧装配、底座、均压球、测量端子、接线端子、橡皮垫圈、绝缘油等组成,它用于100 kV以上的高电压变压器中。

①瓷套管是一种广泛应用在电力系统中的绝缘组件。瓷套管的技术性能要求包括:外观无开裂、缺损、斑点等缺陷;外壁和内壁的同心度不大于0.3 mm、壁厚差不大于0.3 mm、直线度不大于0.5 mm;产品材料体积密度不小于5.9 g/cm^3,热稳定性:20～1 400 ℃(自然冷却10次不裂)。

②充油套管是主要由瓷套、导杆、绝缘管、卡件、密封垫和油箱盖等组成的套管。结构简单、制造方便,但因直径很大、性能较差,已被电容式套管所取代。

③以油纸、胶纸为主要绝缘,并以电容均压极板来均匀径向和轴向电场分布的复合绝缘材料套管。

因此,优化复杂诊断设备故障的主要问题是如何从不确定、多源异类信息中获得最终的故障原因。为了有效地分类故障诊断步骤,提高诊断故障的效率,国内外的科学家们进行了彻底的研究,提出了许多可能有效的理论和方法。这些方法部分符合诊断错误策略的优化要求,并广泛应用于诊断和设备维修。然而,总的来说,这些模型和方法存在或多或少的局限,主要表现在不确定性处理能力有待提高、多源信息表达与融合能力相对较弱,在判别多故障以及关联故障方法精确度很低。

①新产品订货时,套管外绝缘应满足安装位置的防行等级要求,不但应提出爬电比距的要求,而且应按有关标准规定,充分考虑伞裙形状等对外绝缘的影响。例如,瓷套平均直径等于或大于300 m,选用时还应考虑有效爬电距高的校正;验算实际爬电距离对最小公称爬电距离的负偏差不超过$(0.025L+6)$mm[L为最小公称爬电距离(m)];要充分保证带电部分对地的有效距离一弧内距离的要求等。对防污型瓷套管,选用大小伞裙结构形式为宜。现已运行的高压套管,可采用加装增爬裙涂防污内涂料等措施防止污闪、雨闪发生,在加装增爬裙时应注意粘接面的粘接质量,停电时应检查粘接面的腐蚀情况。垂直高差大的长引线上应采取分水措施,防止大量雨水顺引线流下时在套管瓷裙表面形成“水溜”,导致闪络。

②套管安装应严格执行有关的安装工艺导则,特别是对倾斜安装的穿缆式高压套管要注意这一点。套管安装是现场安装工作的一个主要环节,应加强监督,每一施工步骤均应认真到位。特别要避免发生套管落到底的施工方式,应调整倾斜角度逐次落入,避免穿缆线扭结,保证引线应力锥部分正确进入套管均压罩区域。穿缆线应有足够的长度,严格禁止发生对穿缆引线头强拉硬拽的野蛮施工现象,如

发生类似情况，应放油打开手孔，仔细检查引线状况和周围屏蔽绝缘情况。在此基础上，处理好套管顶端的导电连接和密封面，检查端子受力情况及引线支承情况等。该部位是整个变压器中电场处理的关键，变压器安装质量的好坏在很大程度上取决于套管的安装质量，这一点要引起特别注意。

③引进、消化和吸收发达国家的先进制造技术，结合我国实际情况提高套管的制造质量是从根本上解决套管问题的关键。制造厂要从事故教训中总结出改进结构、提高制造质量的具体措施。例如，套管末屏引出线断线问题就需要从根本上加以解决。对某些国外厂商供货的套管，应有针对性地提出相应技术要求，如针对乌克兰和俄罗斯套管因黏结面过多、黏结质量有问题，曾多次出现过瓷件开裂漏油的现象，还应有防雨闪考虑。

④在采用 IEC 60137《交流电压高于 1 000 V 的绝缘套管》和 GB/T 4109—2008《交流高压高于 1 000 V 的绝缘套管》时，应注意其前言中的“没有考虑变压器套管安装开关或其他装置使用所必需的特殊要求，为使这些套管不致毁坏或不致使变压器在试验时发生内部闪络，要有高水平的可靠性。变压器套管的工频干耐受试验电压水平。”在变压器配套选用高压套管时，应充分考虑该套管在出厂时的试验条件和装在变压器上实际运行状况间存在的差异，弥补这一不足，套管的工频耐受和雷电冲击耐受电压水平选取比变压器线圈相应的绝缘水平高级有时是十分必要的。

⑤加强对存在同类缺陷的套管运行中的检测，必要时可采用更换措施。认真执行预试规程的规定，定期测量套管的介损和电容量，必要时取油样做色谱分析，并注意检查末屏对地的绝缘状况和连接情况。积极提倡和推广应用红外热成像技术检查运行中变压器外部接头的过热情况。运行人员巡视时一定要检查并记录套管油面情况，发现渗漏油现象应及时处理。对装有套管间不平衡电流监测装置等在线监测设备的应及时总结经验，加强交流。

⑥各地应注意总结采用新型干式套管的运行经验，开展试点工作，积极稳妥地推广应用该项新技术、新设备。

3.3.2 设备检修

设备修理方法是对服务对象在使用中的可靠性和预防性维修工作的时机和类型加以控制的不同形式和方法的统称，并确保实现一定程度的可靠性。可靠的服务对象应控制在两个方面，一方面固定时间进行维修，另一方面确定维修的一部分，从而确定维修的内容包括范围和深度、定期维修设备或元部件的老化与故障的关系。故障率随运行使用的时间增加明显上升是开始工作时，随运行时间增加故障率逐步上升。

(1)套管损坏类型

受损变压器故障部位大部分在变压器套管。套管损坏主要有 3 种类型:

①高压套管根部断裂。变压器所处位置在地震较严重的安县,变压器整体已移出基础,分析认为是在巨大地震力作用下变压器整体震离基础,但套管被高压引线拉住撕裂了套管与油箱升高座之间的法兰根部导致油箱本体绝缘油漏出。

②变压器套管法兰出现裂纹。此变压器高压套管由抚顺传奇套管有限公司生产,在地震作用下,变压器本体发生运动,而套管引线为固定端,并未随之而动套管法兰受力出现较长裂纹,导致变压器油箱内油漏出。

③变压器套管与自身法兰间产生移位损坏,原因同套管与自身法兰密封用胶垫由于外力作用移位失去密封导致套管内绝缘油外漏。

(2)定期维修

通常情况下,当简单的设备或复杂设备有一两个故障模式时,它工作的故障水平必须与故障模型相匹配。而在直接发生功能磨损或疲劳、腐蚀、氧化等与之有关的设备或部件与工龄相关的故障可适用于故障模式,当然故障模式也往往是损耗期出现在设备、部件的易损件或疲劳、腐蚀等引发老化劣化的结果,在使用上认为设备寿命末期。对于上述故障模式,需要定期维修,即定期措施,以使设备或部件恢复原来的性能,这对于恢复设备最初的故障能力具有实际意义。定期更换按预定的工作时间间隔用新的设备或元部件去更换旧的设备或元部件,此项工作要求按规定的工龄极限或此之前报废设备或元部件,而不管其当时工作状况更换之后新设备或元部件将恢复原有的抗故障能力。定期改变的修理工作的想法是基于设备故障和使用周期之间的直接联系。

如果一个技术问题与服务年限无关,那么它也不能定期修复。因为此时进行维修工作不能改善设备的可靠性,对于这种非工龄相关的故障,我们无法确定设备或元部件的故障概率受工龄影响而增加的那个时刻的工龄。如果设备换成正常工作时间,这类故障率就与运行工龄无关。

因此,由于在某个时间会出现较高的故障率,所以没有理由认为在某个工作时间进行更换设备会更好地改善设备的可靠性。在工程中,我们也常遇到无法找到更合适的定期维修或定期更换的预防性维修方法,或许说在确定周期性的检修或更换的方法在技术可行性的理论上不充分,这往往无法确定设备的故障模型,不能确切知道设备潜在故障何时发生较大变化,以致难以确定其维修或更换应间隔多长时间,此时常常采用定期检验测试的方法。能够采用定期检测的思想是基于设备的可靠性是时间的函数,当设备的各项性能、技术指标正常时,设备一般能够继续运行下去,而不会很快就发生故障或损坏设备的这样一个事实:在可靠性函数曲线中,可靠性函数早期对时间变化是很缓慢的,因此人们认为当设备检测出其性能和技术参数正常时，在一定时间里，设备会较可靠地运行。同时表明：当检测出设备的性能和参数异常时，设备运行下去其性能和参数会继续恶化以致很快地发生设备故障。而设备做检查测试所花费的费用远比拆卸修理所花费的费用低，因为人为差错、修理工作不到位、工艺质量达不到要求、过于频繁的拆修还会导致设备可靠性下降。

设备定期检测，实际上是对设备潜在故障的检测，电力设备经常采用这种方法进行设备故障的预防，在设备大修期内对设备、装置进行若干次通常每一年一次的预防性试验，检查其技术性能和参数是否达到规定要求。明显的故障已提醒人们要想方设法排除它，但隐蔽功能故障是不为运行和操作的人员所知道的，因为这种故障没有直接的后果，但隐蔽功能故障却使设备运行使用部门承担了多重故障的风险。因此许多设备是采用定期检测的方法以检查其隐蔽功能是否失效，希望隐蔽功能故障得到有效及时地处理，从而避免多重故障的发生。

(3)状态检修

状态检修即为密切观测设备的状态，视其与临界故障的时间间隔实施最佳的检修方式。实现状态监视的维修工作应满足如下几个条件，这种维修工作方式才是技术上可行的。

①设备或元部件能够有一个明确的可定义的功能退化的潜在故障状态。

②从潜在故障到功能故障的发生，此间隔期是较为稳定的。

③能够在小于上述间隔期内将潜在故障状态检测出来。

缺少上述任何一技术条件，实行状态监视的维修都是不可能的。状态监视技术是利用某种仪器装置来探测设备的潜在故障的方法。在电力系统中广为研究和使用的绝缘在线监测技术就是这种技术的典型应用。设备主要参数监测技术。设备运行的主要参数直接反应设备的功能与运行工况，是反应设备运行状况正常与否的一种重要的信息源。

这些运行参数信息主要有电流、电压、功率、波形、谐波、温度、压力、流速、速度等。利用这些参数的数据与厂商提供的数据和规范、规定的要求以及设备历史数据进行比较分析，寻找判断设备发生故障的痕迹、现象判断潜在故障的起点和发展情况。

3.3.3 稳定性试验

加热油箱中的油至 90 ℃，用浸在低于油面约 3 cm，距套管约 30 cm 处的温度计测量油温。在油与套管之间达到热平衡后开始施加电压，并定时测量 $\tan\delta$，每次测量的同时记录周围空气温度，如图 3.56 所示。

这次试验，我们采用的试验设备是额定电压为 2 250 kV 的工频试验变压器。

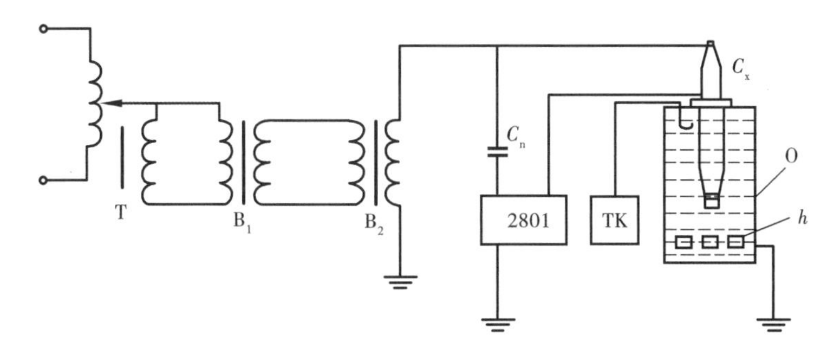

图 3.56　套管热稳定性试验原理图

它由三台相同结构容量、额定电压为 750 kV 的试验变压器串联而成。试验时我们采用该设备的第Ⅰ、Ⅱ级串联运行。由于第Ⅰ、Ⅱ级串联运行的额定电压为 1 500 kV,试验时高压回路中未采用串接水电阻保护的方式。介质损耗测量用的标准电容器是进口的 1 000 kV 标准电容器。试验电源由 3 kV 系统交流电通过大容量调压器来实现和试验变压器的低压侧所需电压的配合。调节调压器输出电压就可控制试验变压器的输出电压。介损测量仪器采用进口的 2801 型西林电桥。

由于套管的热稳定性能试验条件比较苛刻,实现起来比较困难。标准又规定:若能以比较试验的结果来论证套管的热稳定性能是可靠的,则该套管的热稳定性能试验可以免试。

本次试验时,Φ3 m 油箱中的变压器油的加热采用的是电加热器直接加热法。试验时,在试验油箱中放入功率为 60 ~ 80 kW 的电加热器直接对变压器油加热,其热利用率较高。对油箱中油的加热功率的控制可以采用部分投切加热器或控制加热器功率,以实现对油温的控制。

控制加热器功率的方法是将加热器接在一大型调压器的输出上,通过控制调压器的输出电压来控制加热器的加热功率。本次试验采用这种加热控制方法,取得了良好的加热及控制效果,油温变化范围在 ±1 ℃以内。此外,油箱内油的加热方法还有涡流及蒸汽加热方法,这些方法实现起来均特别复杂,且对油温控制调节很不方便。

试验可以采用绝缘材料制成的绝缘筒式油箱,或在金属油箱内衬绝缘筒或绝缘材料,也可用绝缘筒在油箱内划分不同的温度区域,以达到减少油箱热量散失,节省加热功率,缩短试验时间的目的。油温可以采用温度计测量,也可采用其他测量方法。因测量点处在高电压、高电场范围内,一般可采用热电偶测量法,或用巡回温度测量仪类的远程测量控制仪器。本次试验采用的是温度测试仪,按标准规定安装好以后,可以连续测量油箱油温。根据测量显示结果调节加热器的功率,从而保持了油箱油温在标准规定的范围内。

3.3.4 电流互感器试验

电流互感器极性测试时,其接线正确与否直接影响到变压器保护能否正确动作。常规TA的极性测试用9 V电池加在电流互感器一次侧的两端,用直流毫安表接在电流互感器的二次绕组的两端,根据直流毫安表指针转动的方向来判别二次绕组的极性。但是当高压侧套管TA安装在变压器上后,TA的非极性端在变压器内部无法用直流电池在变压器套管TA一次侧两端施加电压,其极性的测试方法不同于常规TA的极性测试方法。极性测试原理如图3.57所示。当变压器高压侧套管TA安装在变压器上后,高压侧套管TA的非极性端和中性点TA的非极性端在变压器内部相连,L_1 和 L_2 之间的阻值较大,若在 L_1 和 L_2 间施加9 V的电压,其二次绕组无感应电流输出。因此试验时在变压器套管TA的极性端 L_1 和中性点TA的非极性端 L_2 上施加220 V的直流电源,同时将变压器低压侧三相短路,试验时变压器中性点地刀在断开位置,短时按下按钮后松开,电流 I_1 从 L_1 端流入 L_2 端流出,同时在套管TA和中性点TA二次绕组中感应的二次电流 I_2 从 K_2 端流入 K_1 端流出。直流毫安表指针正转,此时就认为 L_1 和 K_1 的极性正确,也称这样的电流互感器极性标志为减极性;反之则为加极性。除特殊要求外,电流互感器均为减极性。正常情况下加极性则认为极性错误。在整个试验过程中变压器中性点地刀在断开位置,否则将造成直流电源接地现象,如图3.57所示。

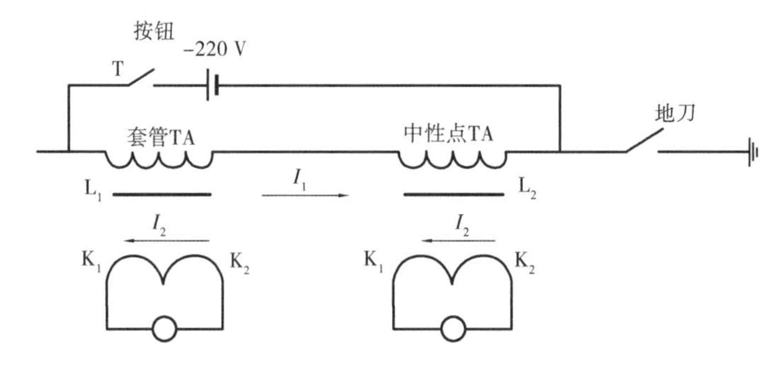

图3.57 变压器套管TA极性测试原理图

3.3.5 高压套管末屏测试

(1)对地介质损耗测量方法

高压套管是将变压器内部的高压线引到油箱外部的出线装置,是变压器的重要附件。110 kV及以上变压器套管,通常为油纸电容型。它由瓷套、电容芯子、中心铜管、头部的储油柜、中部的安装法兰和尾部的均压球等组成。套管整体用头部的强力弹簧通过中心铜管串压而成,其中的电容芯子是由厚0.08 ~0.12 mm的绝缘纸和厚0.01 mm的铝箔加压力交替卷在中心铜管上成型的。铝箔形成与中心铜管并列的同心圆柱体电容屏，屏数可为10～60。中心铜管既是电容芯子的骨架，又是高压引线的通道。油纸电容型套管是根据电容分压原理卷制而成的，电容芯子作为主绝缘，外部为瓷绝缘，里面注入变压器油，如图3.58所示。

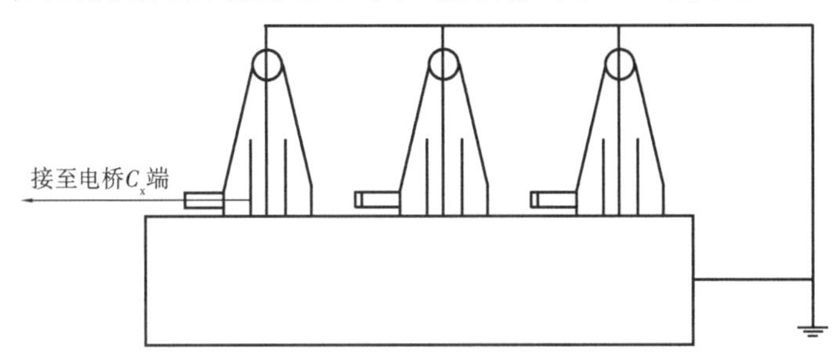

图3.58 高压套管末屏对地介损测量常用接线

(2)高压套管末屏对现场局部放电测量影响

局部放电脉冲是一个快速的放电过程，较之其他电气试验中的测量来说，它又是一种弱电现象。因此，如果各种干扰信号进入试验回路，将给测量带来许多困难，特别是在现场进行局部放电测量，有些干扰幅值和密度都远大于变压器局部放电信号，因此，为保证现场试验的顺利完成，必须找出并排除干扰源。笔者总结了现场局部放电测量中的主要干扰因素和处理措施，结合2次现场局部放电试验实例，介绍了变压器套管末屏接地不良对局部放电测量的影响，详细说明了干扰现象及查找过程，总结了此类影响的特点和处理方法，如图3.59所示。

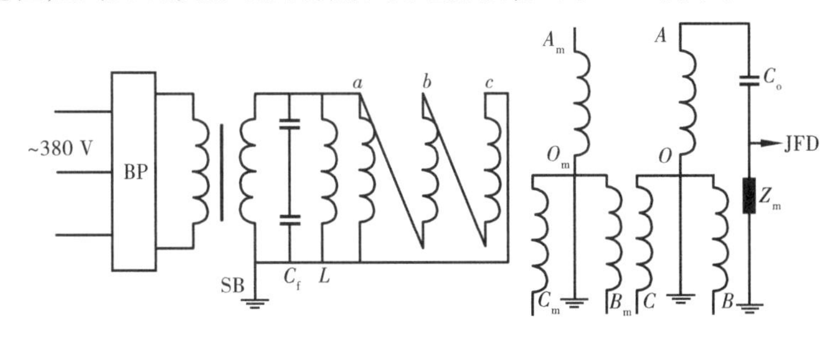

图3.59 现场局部放电试验接线图

末屏在运行中应保证良好接地，若由于某些原因使弹簧卡涩或铜套与法兰接触不良，将导致套管末屏未良好接地，运行和试验中将在末屏和地之间产生悬浮放电，情况严重的将破坏套管绝缘，造成变压器事故。末屏接地不良对局部放电测量造成的影响具有以下特点：

①局部放电起始电压低。这主要是因为放电发生在末屏与地之间，两者之间狭小的空气间隙击穿场强较低，一般电压至几千伏即可产生放电。

②局部放电波形与悬浮放电接近，脉冲密集平整，放电一旦发生，局部放电测

试仪即显示为满屏信号。

③与变压器未完全排气等情况不同,此类故障一般不具备整体特征,具有明显的针对性和独立性,尤其对三相一体式变压器,出现故障时三相试验情况不尽相同。

(3)高压套管末屏对地介质损耗测量方法

110 kV 及以上的电容型套管,在其法兰(或称连接套筒)上有一只接地小套管,它与电容芯子的最末屏(接地屏)相连,运行时接地,检修时供试验用,如测量介损、绝缘电阻等。变压器套管往往会由于各种原因而导致事故,如密封不良进水受潮、局部高温过热、局部放电等。据统计 110 kV 及以上套管事故在事故总数中占有一定的比例。套管损坏不仅会造成变压器停电,而且往往引起套管爆炸,波及周围电力设备,增大酿成火灾的可能性。防止套管运行中爆炸事故的有效手段之一,是定期进行主绝缘和末屏对地介损测量。该试验能灵敏地反映出套管绝缘进水、进气受潮和电容屏放电、烧伤等现象,而套管末屏对地介损测试,对于发现套管绝缘进水受潮尤为有效。由于电容型套管的主绝缘由若干串联的电容链组成,在电容芯外部充有绝缘油,当套管因密封不良等原因受潮时,水分往往通过外层绝缘逐渐侵入电容芯,也就是说受潮是先从外层绝缘开始的,这时测量外层绝缘即末屏对地的绝缘电阻和 $\tan\delta$ 能灵敏地发现绝缘是否受潮。

(4)高压套管发生故障的影响

在变压器的现场局部放电试验中,经常遇到来自电源、试验回路或者空间的干扰。其中,有些干扰的幅值与密度并不大,通过测试方法的改变,可以将其与实际局部放电量区分开,就不影响对局部放电的测试。对于一些要求高辐射浓度(远远大于测试条件)的扰动,将实际局部放电量完全掩盖就无法进行真实的局部放电量的测试,并且这些扰动隔离不掉,在这种情况下,必须找到来源再进行隔离以便分析。

(5)高压套管电流互感器极性测量

电气试验中,经常需要对已组装的变压器复测,其套管式电流互感器的极性常规的方法是在变压器出线与中性点之间加 3 V 直流电,加电瞬间,在电流互感器二次侧用指针万用表毫伏挡测量的“直流感应法”。但容量较大的变压器在套管安装完毕以后,由于变压器线圈具有很大的电感,利用“直流感应法”无法测量套管式电流互感器的极性(对于容量 240 MV · A 以上的变压器,即使用 24 V 直流电压也测不出来,若继续升高电压,则变压器规程不允许)。我们在工作中,利用将变压器高压侧 A、B、C 三相短路起来消除变压器线圈合成磁通的方法,对其中性点加 1.5 V的直流电压来测定电流互感器的极性。这种“消除电感作用测量法”,如图 3.60和图 3.61 所示。

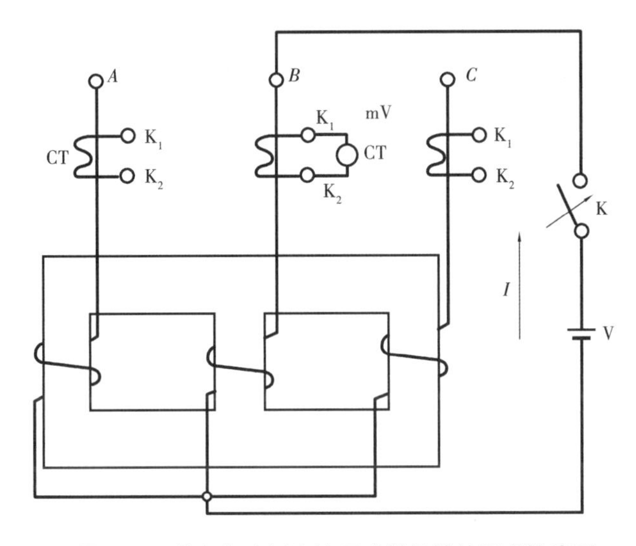

图 3.60　单相加电测电流互感器极性的原理接线图

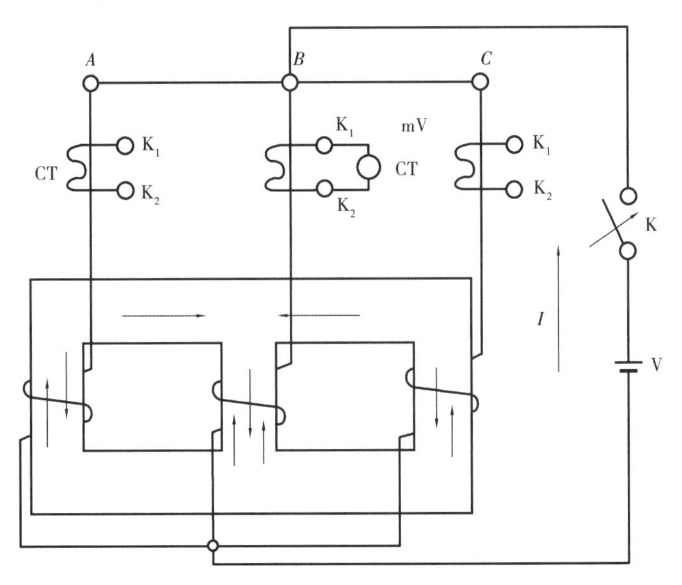

图 3.61　三相短路加电测量电流互感器极性的原理接线图

3.3.6　电容式套管

(1) 并联电容对正接法测量高压电气设备介质损耗值的影响

试验采用正接法，试验仪器为济南泛华仪器设备有限公司生产的 AI-6000D 型自动抗干扰介质损耗测量仪，电压取 10 kV。从表 3.17 可以看出，各相套管电容量交接值与预试值基本没有变化，A 相和 C 相 tan δ 值的变化量也在正常的波动范围之内,而B相第二次预试 $\tan\delta$ 值与交接值相比增大了将近4倍,且已超过标准规定。试验测得主绝缘和末屏绝缘电阻均正常,绕组直流电阻交接与预试数据相比变化较小,且相间平衡系数正常,因此可排除接线端子和导电杆之间接触不良对 $\tan\delta$ 值测量带来的误差。检查发现固定套管均压帽的螺母有松动现象,处理后测量结果显示 $\tan\delta$ 测量值变小,测量的结果见表3.18和表3.19。由表3.18可知,处理后B相套管 $\tan\delta$ 值变化量处于正常的波动范围之内,符合相关标准。

计算方式:

$$\tan\delta = U_R/U_C = \omega C_S R = \omega C_S(R_S + r) \tag{3.9}$$

正常情况下,套管的等效电路为等效电容 C_x 和电阻 R_x 的串联,如图3.62所示,$C_x = 485.0$ pF,$\tan\delta = 0.258\%$,ω 取314。电压 U 对回路的阻抗没有影响,便于计算取 $U=1$。

$$I_1 = 1/[R_x + (1/j\omega C_x)] = (\omega^2 C_x^2 R_x + j\omega C_x)/(1 + \omega^2 C_x^2 R_x^2) \tag{3.10}$$

$$R_x = \tan\delta(\omega C_x) \approx 16.9(\mathrm{k\Omega}),\arctan\theta =$$

$$\arctan(\omega C_x/\omega^2 C_x^2 R_x) \approx 89.8525°,\tan\delta \approx 0.2574\% \tag{3.11}$$

表3.17　某2号主变110 kV侧套管介损试验数据

相别	交接值		预试值(2007.02.27)		预试值(2008.11.19)	
	C_x/pF	$\tan\delta$/%	C_x/pF	$\tan\delta$/%	C_x/pF	$\tan\delta$/%
A相	311.7	0.288	314.1	0.291	311.5	0.267
B相	306.0	0.279	306.0	0.297	305.4	1.036
C相	301.2	0.277	302.3	0.287	300.8	0.261

表3.18　某变2号主变B相套管处理后的介损值

相别	处理前介损值	第一次处理后	第二次处理后
B相	305.4 pF/1.036%	305.3 pF/0.763%	305.8 pF/0.276%

表3.19　某变1号主变B相套管介损试验数据

相别	处理前介损值	螺母紧后倒退半圈	第二次处理后
B相	309.5 pF	310.1 pF/0.873%	310.0 pF/0.282%

(2)电容式变压器套管介质损耗角测量试验与分析

由于电容式变压器套管介质的电导,极性介质中偶极子转动时的摩擦以及包含在介质中空气间隙的放电,处在高电压下的介质是有损耗的。介质损耗是绝缘材料和绝缘设备的重要性能指标。损耗的绝缘材料和绝缘设备等值回路,通常可用串联或并联的电阻、电容[图3.62(a)和图3.62(b)]来简单代替。电阻电容等

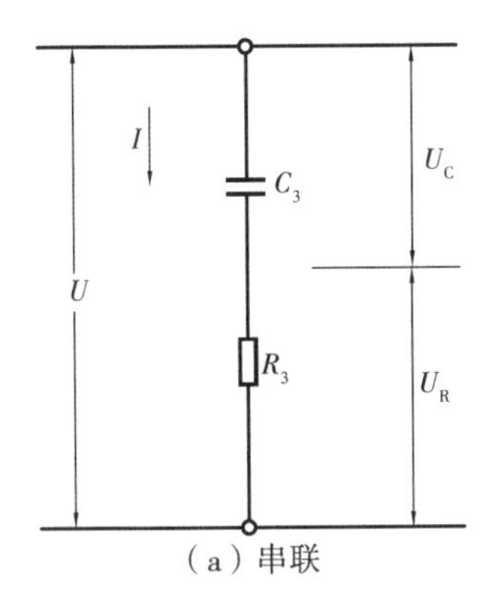

（a）串联

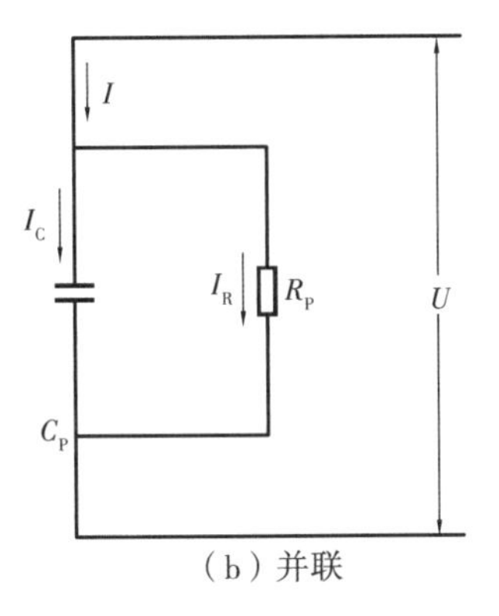

（b）并联

图3.62　等值回路图

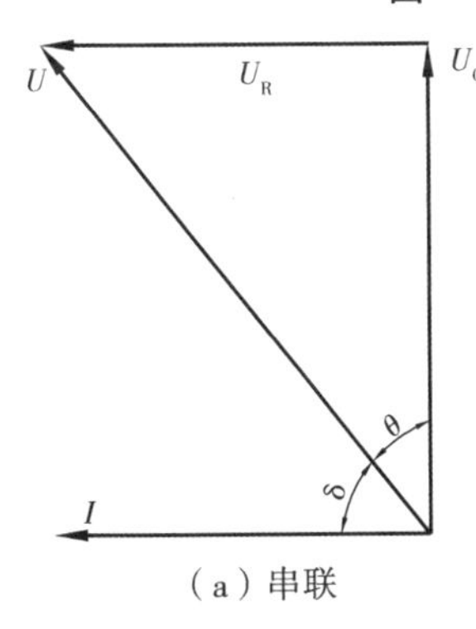

（a）串联

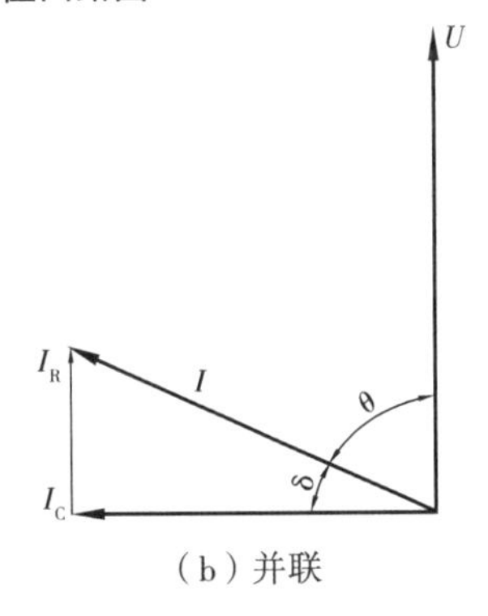

（b）并联

图3.63　电压电流矢量图

值回路的矢量图如图3.63(a)和图3.63(b)所示。

$$P = UI\cos\theta = \frac{U^2\cos\theta}{\sqrt{R_S^2 + 1/(\omega C_S)^2}}$$

$$= \frac{U^2\omega C_S\cos\theta}{\sqrt{1 + (\omega R_S C_S)^2}} = \frac{U^2\omega\sin\delta}{\sqrt{1 + (\omega R_S C_S)^2}}$$

$$\approx \frac{U^2\omega C_S\tan\delta}{\sqrt{1 + (\omega_S)^2}}(\text{当}\delta\text{很小时}) \tag{3.12}$$

因为

$$\tan\delta = \frac{U_R}{U_C} = \frac{IR_S}{I/\omega C_S} = \omega R_S C_S \tag{3.13}$$

所以

$$P = \frac{U^2\omega C_P\tan\delta}{\sqrt{1 + \tan^2\delta}} \tag{3.14}$$

由图3.62(a)、图3.62(b)和图3.63(b)可得损耗公式：

$$P = UI\cos\theta = UI_R = UI_C\tan\delta$$

$$= U^2 \omega C_P \tan \delta \tag{3.15}$$

$$\tan \delta = \frac{I_R}{I_C} = \frac{U/R_P}{U\omega C_P} = \frac{1}{\omega R_P C_P} \tag{3.16}$$

一种介质或一个设备，无论是由串联回路来代表还是用并联回路来代表，在同一电压作用下流过的电流应相同，即用串联回路所代表的总阻抗和用并联回路所代表的总阻抗应相等，由此可得

$$C_P = \frac{C_S}{1 + (\omega R_S C_S)^2} = \frac{C_S}{1 + \tan^2 \delta} \tag{3.17}$$

$$R_P = R_S\left[\frac{1}{1 + (\omega R_S C_S)^2}\right] = R_S \frac{1}{1 + \tan^2 \delta} \tag{3.18}$$

两种等值回路的电阻值和电容值是不同的 R_P应该很大，R_S应该很小，$\tan \delta$ 也应该很小，所以 C_P和 C_S的差别是不大的。良好材料和正常设备的介质损失都是很小的。处于高电压下，即使无功分量可能很大，有功分量也是很小的。

(3)对电容型试品末电屏绝缘试验

1)测量末电屏对地绝缘发现电容型试品的绝缘进水受潮是有效的。实测表明，只要测量末电屏对地绝缘，电阻就能灵敏地监测进水受潮。所以“规程”规定，仅进行绝缘电阻试验即可。仅当末屏绝缘电阻小于 1 000 MΩ 时，才测量其介损(不超过20%)。

2)末电屏对地绝缘试验不合格，可能是进水受潮，也可能是二次端子板或末电屏引线绝缘不良。

3)当末电屏对地绝缘不合格时，应进行绝缘油微水测定，以进一步验证是否进水受潮。当微水试验不合格时应更换或检修；合格时可继续运行。

4)对末电屏对地绝缘试验合格的试品可不进行绝缘油微量水的测定。

(4)环境因素对油纸电容式套管介损试验的影响

目前广泛使用的油纸电容式套管其结构为全密封，导电杆与法兰盘(地)之间采用电场分布较均匀的串联圆柱形电容，该电容极间的绝缘由很薄的油纸做成。正接法试验时，导电杆对末屏的电容 C_x 一般为 130～450 pF，属于小电容试品。平放地上试验时，通常都是用绝缘垫垫起瓷裙，与地面及周围物体保持一定距离，但往往很难完全排除其他物体对试品套管形成的杂散阻抗影响(包括杂散电阻和杂散电容)，即通常所说的“T 形等效网络”影响，如图 3.64 所示。

对于变压器套管这类小电容试品，杂散阻抗影响往往很大。将图 3.64 作 Y-△变换，杂散阻抗的影响相当于试品套管 C_x并联了一个杂散电阻 R_z和杂散电容 C_z。I_2 为正接法电流，I_1 为反接法电流，正接与反接两种测试方法所受的阻抗干扰程度是不同的。所以，现场试验时可以正接法与反接法均做，再综合分析判断。

如果套管介损测试值大幅下降或为负时，那么就会首先考虑其周围是否存在

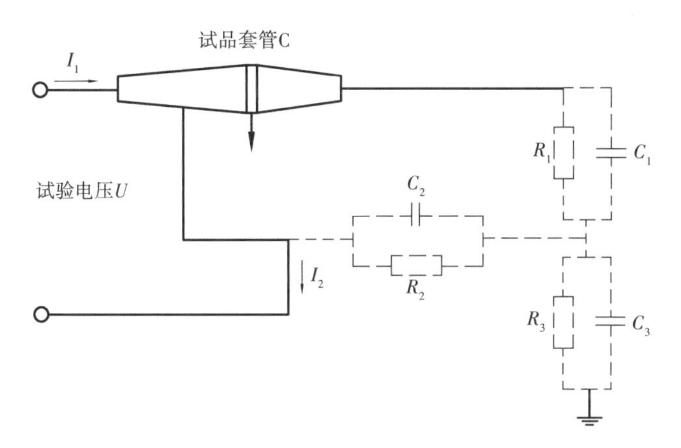

图3.64　T形等效网络

其他杂物,形成杂散阻抗干扰,并且各种干扰会引起介损测试值比实际值偏小。特别是测试值虽较小,但并非小于0.01%时,往往容易被忽略,而一旦该套管介损的实际值已经显著增大甚至超标,却因杂散阻抗干扰被掩盖,就会直接威胁到电网安全运行。因此,在测试过程中必须尽可能使试品套管附近无杂物,安装前的备品试验应采用套管架垂直放置,并远离其他杂物。

(5)电容式套管电容量及介损测量

如图3.65、图3.66和图3.67所示,电容式套管由中心导管、电容芯子、外绝缘及安装法兰等组成,其末屏测量端子将套管的总电容量划分为电容 C_1 和 C_2 两部分,其中 C_1 为套管中心导管与测量端子间的电容量,是套管的主绝缘电容;R_1 为主电容绝缘电阻(导电杆与末屏之间的绝缘电阻);C_2 为测量端子(末屏)与连接套筒(法兰)间的电容量;R_2 为末屏与法兰间的绝缘电阻。

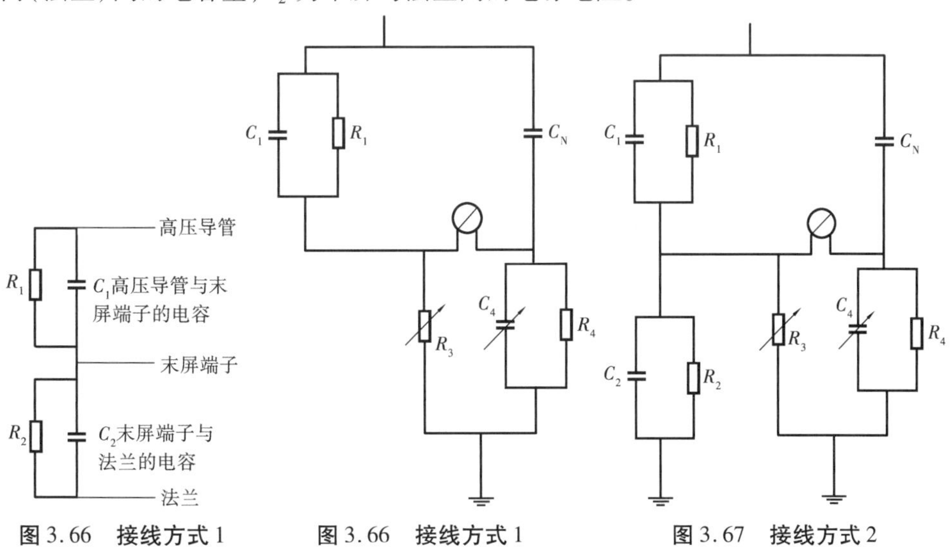

图3.66　接线方式1　　图3.66　接线方式1　　图3.67　接线方式2

3.3.7 介质损耗误差分析

C_3g_3 相当于空间架构本身对地阻抗。由星型阻抗 ABC 可等值变换为三角形阻抗。与被试品(C_x、R_x)并联的阻抗就是由于空间干扰经杂散阻抗所带来的影响,使被试品电容量和介质损耗因数发生变化。

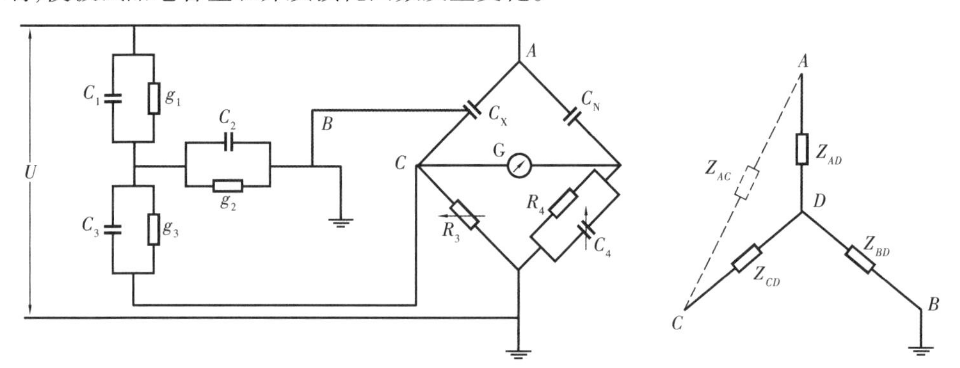

图 3.68 空间干扰影响示意图

由图 3.68 求得的杂散阻抗与试品并联的等效导纳为

$$Y_{AC}=\frac{1}{Z_{AC}}=\frac{(g_1g_3-\omega^2C_1C_3)+j\omega(C_1g_3+C_3g_1)}{(g_1+g_2+g_3)+j\omega(C_1+C_2+C_3)}$$

$$=\frac{(g_1g_3-\omega^2C_1C_3)(g_1+g_2+g_3)+\omega^2(C_1g_3+C_3g_1)(C_1+C_2+C_3)}{(g_1+g_2+g_3)^2+\omega^2(C_1+C_2+C_3)}+$$

$$j\omega\frac{(C_1g_3+C_3g_1)(g_1+g_2+g_3)-(g_1g_3-\omega^2C_1C_3)(C_1+C_2+C_3)}{(g_1+g_2+g_3)^2+\omega^2(C_1+C_2+C_3)}$$

$$=g_{AC}+jb_{AC}=\frac{1}{R_{AC}}+j\omega C_{AC} \tag{3.19}$$

式中,虚部等效电纳 b_{AC}代表测址时因空间干扰网络的影响,使试品电容发生的变化;实部等效电导 Y_{AC}代表空间干扰网络所引起的介质损耗因数的变化。现场测量时,空间干扰一般为电容耦合,即 $g_1\approx g_3\approx 0$ 而 $g_2>0$,则电容的增量为

$$\Delta C_x=C_{AC}=\frac{\omega^2C_1C_2(C_1+C_2+C_3)}{g_2^2+\omega^2(C_1+C_2+C_3)^2}=\frac{C'\,\omega^2C_1C_3(C_1+C_2+C_3)R_2^2}{1+\omega^2(C_1+C_2+C_3)^2R_2^2}$$

$$=\frac{C'\,\omega^2C_1C_3(C_1+C_2+C_3)R_2^2}{1+\omega^2(C_1+C_2+C_3)^2R_2^2} \tag{3.20}$$

电容 $C'=\dfrac{C_1C_3}{C_1+C_2+C_3}$,当 g_1、g_3 值增大时,$\Delta\tan\delta$ 为正值,此即为现场测量中产生误差的情况,如果在电容耦合的情况下,$\tan\delta=\dfrac{g_1}{\omega C_1}\ll 1$,$\tan\delta_3=\dfrac{g_3}{\omega C_3}\ll 1$,则

$g_1g_3 \ll \omega^2 C_1 C_3$，$\Delta\tan\delta$ 出现负值。当 $g_1 \approx g_3 \approx 0, g_2 > 0$ 时，有

$$\Delta\tan\delta = \frac{g_{AC}}{\omega(C_x + \Delta C_x)} = \frac{-\omega C_1 C_2 C_3}{(C_x + \Delta C_x)[g_2^2 + \omega^2(C_1 + C_2 + C_3)^2]}$$

$$= \frac{-\omega C_1 C_2 R_2}{(C_x + \Delta C_x)[1 + \omega^2(C_1 + C_2 + C_3)^2 R_2^2]} \tag{3.21}$$

一般情况下，$\Delta C_x \ll C_x$，则有

$$\Delta\tan\delta \approx \frac{-\omega C_1 C_2 R_2}{C_x[1 + \omega^2(C_1 + C_2 + C_3)^2 R_2^2]} \tag{3.22}$$

进一步推导可得

$$|-\Delta\tan\delta|_{\max} = \frac{C_1 C_3}{2C_x(C_1 + C_2 + C_3)} = \frac{C''}{2C_x} \tag{3.23}$$

在出现 $|-\tan\delta|_{\max}$ 时的电容增量为

$$\Delta C_x = \frac{C_1 C_3}{2(C_1 + C_2 + C_3)} = \frac{C''}{2} \tag{3.24}$$

在现场测量时，典型化的空间干扰网络除了认为 $g_1 \approx g_3 \approx 0$ 外，还认为 $C_2 = 0$，仅有 $g_2 > 0$，则此时对测量介质损耗因数的影响如图3.69所示。

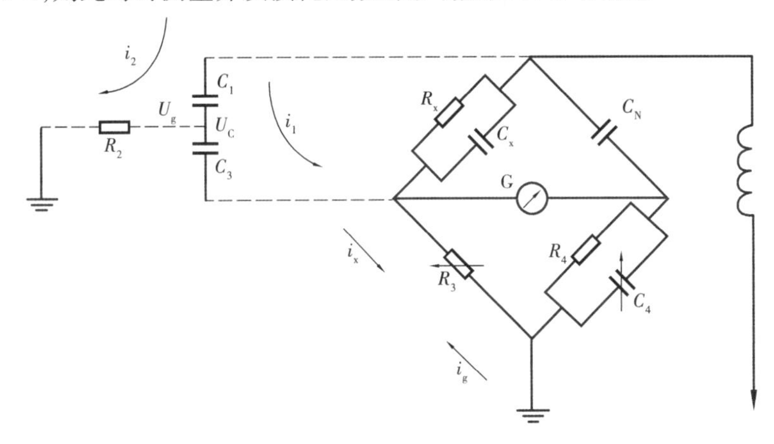

图3.69　空间干扰引起负损耗的等值电路图

3.3.8　测试应用实例

(1)测试原理

选择1台与被试设备(C_x)同相的电容型设备作为参考设备(C_N)，通过串接在被试设备末屏接地线上的信号取样单元分别测量参考电流信号 l。和被测电流信号 L 测试接线图如图3.70所示，两路电流信号经过滤波、放大、采样等数字处理过程，利用谐波分析法分别提取其基波分量，计算基波相位差和信号幅值比，从而获得被试设备和参考设备的相对介损差值和相对电容量比值，通过它们的变化趋势，

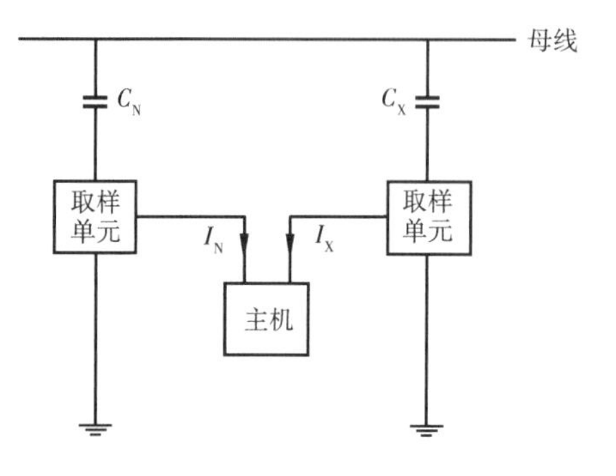

图 3.70　相对测试法原理图

发现设备的劣化情况。由于使用了相对测量法，可以克服绝对测量法易受环境影响、误差大的缺点，现场测试中应优先采用。

(2)电容型设备带电测试参数

对于具有电容式绝缘的设备，通过其介电特性的检测可以发现尚处于早期发展阶段的缺陷。研究表明，在缺陷发展的起始阶段，测量设备电流增加率和介质损耗正切值变化所得结果一致，对判断缺陷具有很高的灵敏度；在缺陷发展的后期阶段，测量设备的电流增加和电容变化的情况一致，更容易发现缺陷的发展情况。图 3.71 为一个具有 70 层电容层相串联电容式套管的介损变化曲线图，如其中 1 层出现缺陷，介质损耗正切值会逐渐增大，此时整个套管介质损耗变化、电容值变化率 $\Delta C/C$、电流增加率 $\Delta I/I$ 会产生变化。所以，通过带电测试电容型设备介损值和电容量值能够有效地检测设备绝缘的真实状况，保证设备的安全运行。

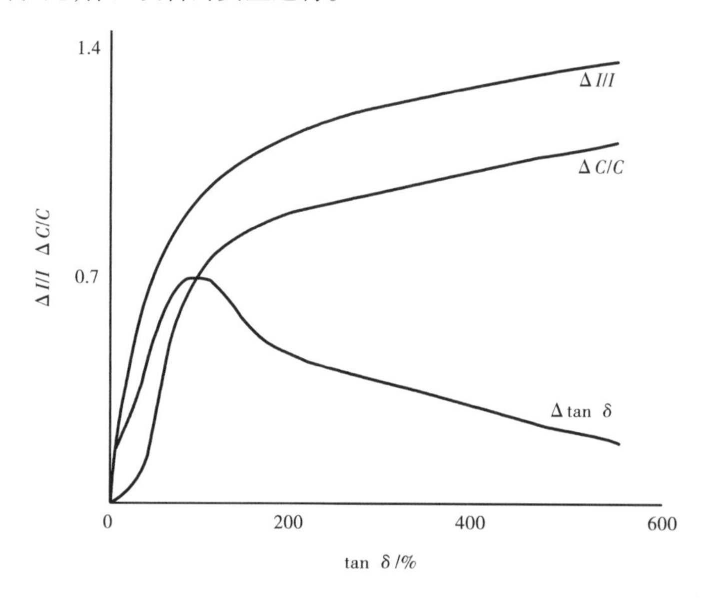

图 3.71　多层绝缘中某层介质损耗增大时 $\Delta\tan\delta$、$\Delta C/C$、$\Delta I/I$ 曲线

①带电测量电容型主变套管在运行状态下的泄漏电流，通过同相比较，测试同相设备介质损耗差值和电容量比值数据稳定、重现性好。

②对同一设备组合多次的带电测量结果表明介损差值历次测试数据绝对偏差不到 0.060%，电容量比值历次测试数据相对偏差最大不到 0.15%。具有很好的

灵敏度和稳定性,基本不受测量时间、外部环境等因素的影响。

③带电测试设备需在同一条件下进行比对,特别是被试设备应运行在同一母线上或母联开关合上,否则介质损耗可能出现较大的误差(因为介质损耗与相位直接相关)。

④电容型设备带电测试时,电容量测量结果较稳定,同预试测试数据比较接近;而介质损耗与停电预试数据的可比性不强,具体表现为有些测量结果和预试值比较接近,有些则存在较大的差别。原因是:带电测试与预防性试验相比,影响因素更多,设备本身绝缘特性在不同的测试条件下会发生一定的变化。良好油纸电容型设备的介损值一般对温度、湿度的变化不敏感,但会随着试验电压的升高而有所增加;随着绝缘的逐步老化,介损测量值将随电压、温度、湿度等影响因素的不同而变化。例如绝缘内部存在离子导电现象或局部放电时,介损测量值对电压变化就比较敏感,10 kV 预试值就可能与带电测量值有很大差异;而当绝缘老化对温度变化比较敏感时,负载状况、环境温度等影响试品温度变化的因素都可能对介损测量值带来较大影响。

3.4　直流套管测试

3.4.1　外绝缘闪络测试

国外对套管的研究起步较早,制造技术相对成熟,由于专有技术保密,报道资料很少。我国对于交流套管从设计、生产、试验到运行维护等方面都比较成熟,可靠性也较高。然而从目前形势来看,我国对于直流套管的研究仍处于探索的初期阶段。虽然我国目前对这方面的研究取得了一定的进展,例如某厂正在试制 250 kV 直流穿墙套管,另外该厂与某高校合作进行的 500 kV 换流变压器及平波电抗器用直流套管的电场计算及绝缘结构设计也已经初见成效,但其与国外的先进水平相比目前仍具有不小的差距。由此可见,加速开发研制我国自己的直流套管势在必行。

套管主绝缘电容芯子的设计原则就是在最大工作场强下不发生局部放电,根据这个原则,采用了以下设计方法。直流套管的内绝缘设计可采用类似于交流套管中油纸绝缘电容芯子那样的绝缘结构形式,以铝箔为极板和油浸纸的级间介质,其简化等效电路模型如图 3.72 所示。

在直流电压下,电容芯子就相当于一个多级串联的圆柱形电阻器组,通过调节每个电阻器的电阻来进行电场分布的控制。同时在极性反转时,电阻率和介电常数都将影响其电场分布。因此复合结构中各种材料的介电特性都需要考虑,并应

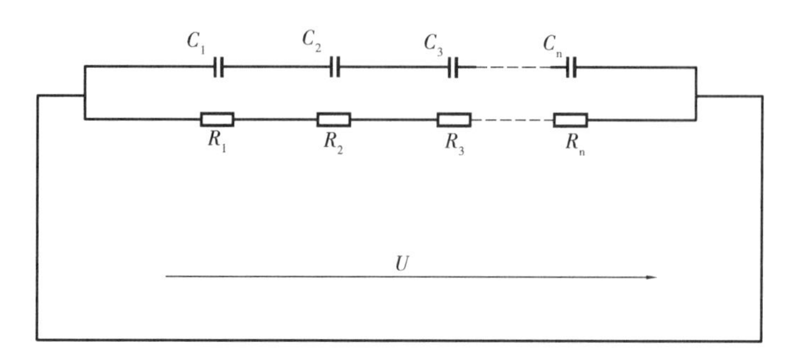

图 3.72 简化等效电路模型

使轴向、径向电场尽量均匀。

电力设备外绝缘运行过程中除了会遭受到通常的电气负荷即持续电压、暂态过电压和瞬时过电压等电压负荷作用外,还有污秽地区出现的污秽层问题,它对外绝缘的电气强度来说是值得重视的一种影响因素。尤其对于超高压直流系统,因其有着整流装置故障排除特性好、排除故障所花费的时间短等优点,固可减小绝缘子被电弧烧坏的危险,同时因其对雷电过电压允许有较高的闪络概率,因此雷电冲击绝缘水平可以较低,所以其直流运行电压下的污秽问题就成了外绝缘选取的决定因素,而其雷电过电压数值可以选取得较低。

近年来,大气污染日趋严重,导致电气设备的污闪事故也不断增加,特别是遇到大雾、雷雨、毛毛雨、粘雪等天气,致使污秽严重的地区电力设备不能正常运行,往往会发生闪络放电事故,严重时将造成大面积停电,影响较大。污秽闪络放电是电、热、化学现象的复杂变化过程,简单来说可以分为四个过程:绝缘表面的积污、绝缘表面的湿润、局部放电的产生、局部放电的发展并导致闪络,最终导致事故。对于绝缘子污闪放电其最显著的特点是闪络电压低。除此之外,电气设备还会受到环境的影响,大气中的各种污秽物例如烟尘、煤灰、酸雨等都不可避免地会落在电气设备上。其中大气污染越严重的地区,其绝缘子表面的积灰程度越严重,绝缘水平也就越低,固极易发生污闪放电的现象。电气设备的表面污染过程不是静态的,而是一个动态且缓慢的过程,除此之外因为大雨对其绝缘子表面污秽的清洗与冲刷等作用与影响,绝缘子表面的积污明显减少,尤其在多雨的季节里,这些现象将会更加明显,特别是绝缘子上表面的积污明显少于下表面的积污。如果遇到干旱少雨天气,绝缘子表面会加速积灰,并不断积累灰尘,如不及时清理灰尘,将会导致污闪放电现象。

绝缘子表面的积灰程度与绝缘瓷质部分的形状有较大关系,形状不同,积灰量是不同的。绝缘瓷质部分应光滑。另外,积灰量与气流的变化率有一定关系:如果气流畅通且不发生明显的变化,灰尘就不容易落到绝缘子表面,甚至绝缘子表面的灰尘被吹走,积灰程度就轻。如果气流受到阻碍不畅通时,便会在障碍处形成涡流,容易聚积污秽物,使绝缘子表面积灰严重,从而降低绝缘表面的绝缘水平。而绝缘水平的降低则是造成污闪的重要因素,例如春季下粘雪,由于粘雪潮湿,污秽物多,当其落在绝缘表面上时将使绝缘表面的绝缘水平严重降低,进而造成污闪。除此之外,静电效应对绝缘表面的积灰也有较大影响,例如不带电运行的设备将比带电运行的设备积污要显著降低。而在干燥的气候条件下,绝缘子表面的污秽物则不能明显降低绝缘子的闪络电压。脏污和潮湿是构成污闪的两个重要条件。即大雾、小雨、粘雪等天气可能导致电气设备的污闪。

在潮湿、污秽的条件下,绝缘表面积有水及污物,污秽物中的可溶物质慢慢溶于水中,在绝缘表面形成一层导电膜。污秽物中的可溶物质决定了这层导电膜的导电率,不溶物质粘在绝缘表面并吸附着水分,这层导电膜沿绝缘表面提供了导电的通路。接着绝缘表面将会有泄漏电流的产生,而此泄漏电流的大小则取决于绝缘表面脏污的程度及污秽物的成分两方面,同时在一定程度上与污秽物的潮湿程度也有着很大的关系。

在潮湿、污秽的条件下,绝缘表面污物比较严重,而且又比较潮湿,加之绝缘表面的泄漏距离又比较小,这些因素决定了绝缘表面的导电电阻较小,由此可发生强烈的放电现象。

由于直流套管的充油间隙和电瓷的影响,套管外绝缘直流电场的分布,对污秽和潮湿所引起的表面电导率变化是很敏感的,尤其是不均匀潮湿经常导致电场畸变和闪络。除此之外套管在低电压下甚至还会导致轴向闪络和径向击穿,而这都归咎于套管表面的不均匀潮湿,以致产生了一个具有很高的轴向和径向过应力的直流电压分布。

根据直流输电线路上的直流套管的运行经验,250 kV 及以上直流输电线路上的闪络现象,有65%发生在穿墙套管上,而且穿墙套管的闪络大部分都是发生在长时间后的第一场雨水初期,并且负极性状态下的闪络比正极性的闪络更易发生。

根据上述的电场计算及有关部门对这种闪络现象进行的认真分析和试验研究,表明直流套管外绝缘瓷套在下雨时形成的不均匀潮湿现象,对直流套管的外绝缘危害性最大。同时由于房顶和墙壁对法兰侧瓷套的遮挡作用,淋雨潮湿由顶部逐渐向法兰侧发展将会发生在户外瓷套上,并使得法兰侧瓷套轴向伸出的干区长度逐渐缩小,进而将导致出现小距离的表面干区的电阻值,而这些电阻值相较瓷套表面潮湿区的要大得多,因此小距离的表面干区将承受大部分的电压。当此干区表面轴向长度上的电位梯度增大到一定值时,就会出现强烈的电弧,并从干区部分向潮湿部分发展形成闪络。

1)同时相应的防污措施可以减少外绝缘闪络现象

①常温固化:RTV 涂料涂敷在电瓷表面形成涂层,在常温下 RTV 的交联体系在空气中水解,并在催化剂作用下,使得端轻基聚二甲基硅氧烷缩聚固化形成硅橡胶涂膜,为适应现场施工条件,硅橡胶硫化过程应满足室温下表干时间不大于45

min,实干时间不大于 72 h 的要求。

②外观及理化特性:RTV 涂料固化后涂膜外观应平整、光滑、无气泡、不起皮、不龟裂。涂膜应有一定机械强度要求,涂层与瓷表面的附着力按 GB/T 1720—2020《漆膜划圈试验》用划圈法检测,应不低于 2 级。其耐磨性依据 GB/T 1689—2014《硫化橡胶 耐磨性能的测定(用阿克隆磨耗试验机)》,检测应不大于 0.05 g。因为涂膜在运行条件和所处自然污秽环境中有较好的耐腐蚀性,在使用过程中涂膜不应产生起皱、起泡、起皮脱落等现象。并且其应能经受化工、冶金及沿海盐雾的污染源中各种酸、碱、盐等化学物质的影响以及油浸绝缘的电气设备所渗漏出的变压器油的作用,因此能保持其性能稳定。

③憎水性与憎水迁移性:电瓷表面被水沾湿后,瓷质分子与水分子之间的吸引力大于水分子间的内聚力,其接触角 $\theta<90°$,水分在瓷表面形成连续水膜。当电瓷表面涂敷 RTV 后,硅橡胶分子与在其表面的水分子之间的吸引力小于水分子间的内聚力,其接触角 $\theta>90°$,水分在涂膜表面形成孤立的水珠,而不是连续的水膜,RTV 表现出了良好的憎水性。众所周知,发生污闪的主要原因是电瓷表面积污受潮,以致形成导电性水膜。而当 RTV 涂层表面积污后,RTV 内处于自由状态的链硅氧烷因分子热运动,将会迅速不断地向污层扩散,即 RTV 的憎水性迁移到污层表面,使附在 RTV 涂膜上的污层也具有憎水性,这就是所谓的憎水迁移性,这种已具有憎水性的污层受潮后,不再形成导电水膜,从而有效提高了其污闪电压。运行经验表明,随着环境污染日益严重,仅有 RTV 自带的可迁移性链硅氧烷是不够的,还应采用催化酶技术,通过设定连续生成微量链硅氧烷,在有效期内赋予涂料持续均衡的憎水迁移性。一旦憎水迁移性消失并不再恢复,则认为 RTV 涂料失效。

④绝缘性能:RTV 涂料的绝缘性能:体积电阻率不小于 100;相对介电常数不大于 3.0,介质损耗角正切 $\tan\delta$ 不大于 0.3;介电强度 E 不小于 18 kV,耐漏电起痕和电蚀损性不小于 TMA2.5 级。

⑤耐污闪特性:由于 RTV 涂层具有憎水性及污染后的憎水迁移性,因而当绝缘子表面涂敷 RTV 后,其污闪电压将会显著增加。同时现有的一些人工污秽试验的研究表明,在 20 kg/m^3 及以上盐度下,相同试验条件的有涂层绝缘子的污闪电压相对无涂层绝缘子的盐雾法污闪电压之比不小于 1.5。

⑥其他特性:A. 耐老化性:在使用寿命期内涂层在自然条件下应不龟裂、粉化、起皮和脱落,能长期可靠工作。RTV 户外使用寿命一般不少于 5 年;B. 涂料应无毒性或轻级毒性。

2)实例 1

直流穿墙套管固定于阀厅墙体上且水平安装,雨天由于换流站阀厅墙壁的遮挡或者墙壁附近局部风场的作用,使远离墙壁的部分被雨淋湿,而靠近墙壁的一端将保持干燥,因此将导致穿墙套管阀厅外的表面受潮状况不均匀。同时高压直流穿墙套管外绝缘直流电场的分布对外套表面电导率的变化很敏感,而这是由于潮湿的环境所引起的,尤其是非均匀淋雨所导致的电场的畸变套管表面的干燥和潮湿区域的电导率相差将会很大,引起电场分布不均匀,干区由于承受了大部分运行电压,导致套管发生不均匀淋雨闪络。穿墙套管在不均匀淋雨条件下的闪络电压比干燥或均匀淋雨条件下的闪络电压低很多,严重影响了穿墙套管的安全可靠运行。

早期的换流站内广泛采用瓷外套的穿墙套管,因其表面憎水性差,使得不均匀淋雨闪络事故时有发生。20 世纪 80 年代以来,越来越多的 400 kV 及以上电压等级的换流站相继投入运行,穿墙套管闪络事故明显上升,闪络频率急剧增加。我国葛洲坝—上海直流工程运行两年内,仅穿墙套管就闪络 7 次,中国电力科学研究院早期统计的换流站内 100 多次闪络事故中,因不均匀淋雨导致的穿墙套管闪络事故占 70% 左右。而在这些闪络事故中,不均匀淋雨闪络是最主要的原因。最近几年,硅橡胶复合外套被国内外的直流穿墙套管普遍采用,因其具有良好的耐污性能和憎水性,使得直流穿墙套管的不均匀淋雨闪络事故大幅度降低。但直流穿墙套管发生的不均匀淋雨闪络事故仍然存在,并且威胁着电网的安全运行,不容忽视。

研究不均匀淋雨闪络特性对于直流穿墙套管的外绝缘设计具有非常重要的指导意义,但国内外学者研究较少,仅 20 世纪 90 年代中国电力科学研究院的孙昭英获得了瓷外套油纸绝缘套管的一些简单的不均匀淋雨闪络试验结果,但是对于 SF_6 气体绝缘直流穿墙套管的一些特性研究例如其在不均匀淋雨条件下的直流闪络电压特性尚属空白。这里的研究结果可为直流穿墙套管的绝缘设计提供参考,还将为直流输电工程中直流穿墙套管避免不均匀淋雨闪络提供理论支撑。

3)不均匀淋雨闪络试验布置和试验方法

直流穿墙套管的不均匀淋雨闪络试验在国家电网公司的特高压交流试验基地开展,两种在工程中应用的直流穿墙套管产品作为试品,包括 ±100 kV 和 ±400 kV SF_6气体绝缘直流穿墙套管各 1 支,使用行车通过复合绝缘子在中部法兰处将直流穿墙套管试品吊起并固定在试验场地内的变电构架上,套管端部均压环最低点离地高度为 6 m 以保证对地绝缘,使套管试品与水平面倾角为 150°左右来模拟穿墙套管的运行布置条件。调节好倾角后,应使套管户内侧端部通过绝缘拉杆并固定于地面,以保证每次试验过程中套管试品的倾角不变。同时套管的户外侧接线端子应通过高压引线与直流发生器连接。同时起着模拟淋雨系统作用的淋雨排应通过另一辆行车吊起,并与套管平行且位于套管户外侧的斜上方。最后依据事先开展的淋雨系统喷淋距离与雨量验证结果从而调整淋雨排的位置和角度,使淋雨排喷出的雨水均匀覆盖套管试品的淋雨区,模拟雨水在套管处 45°斜向下喷淋,雨量在 1.020 mm/min 之间。每次试验前根据该次试验既定的干湿区长度在套管外套上用尺测量并做好干区与湿区分界标线,沿水平方向移动淋雨排或关闭若干组喷头阀门，试验人员利用高空作业车在套管外套处观测确认淋雨范围边界在标线处。淋雨排与套管试品之间保持5 m左右的间隙距离，淋雨排调整完成后，利用绝缘绳固定，保证试验期间淋雨排和套管试品的相对位置不变。

4）不同干区长度时套管直流闪络电压变化规律

开展了±100 kV和±400 kV SF_6气体绝缘直流穿墙套管在不同干区长度条件下的不均匀淋雨闪络试验，试验时保持模拟雨水电导率为1 500 μs/cm。定义L_d为干区长度、L_w为湿区长度，Q为L_d与L_w的比值，L为穿墙套管户外侧干弧距离。

±100 kV SF_6气体绝缘穿墙套管户外侧的干区长度分别约为0 mm、533 mm、800 mm、1 067 mm和1 600 mm时，Q相应为0∶1、1∶2、1∶1、2∶1和1∶0，套管在不同干区长度下的不均匀淋雨直流闪络电压值曲线如图3.73所示。需要注意的是，当Q为1∶0时，即当套管户外侧复合绝缘子没有淋雨时，此时即使当试验电压升至300 kV套管外绝缘仍未闪络，为了避免套管内绝缘的破坏没有继续升压，故图3.73的曲线没有该点试验数据。试验结果显示，随着套管户外侧复合绝缘子外套干区长度的增加，±100 kV直流穿墙套管的不均匀淋雨直流闪络电压先下降至最小值，然后逐渐增加。当套管干区长度为533 mm（Q为1∶2）时，不均匀淋雨直流闪络电压达到最小值205 kV，较外套全湿条件下的闪络电压值低11.6%。

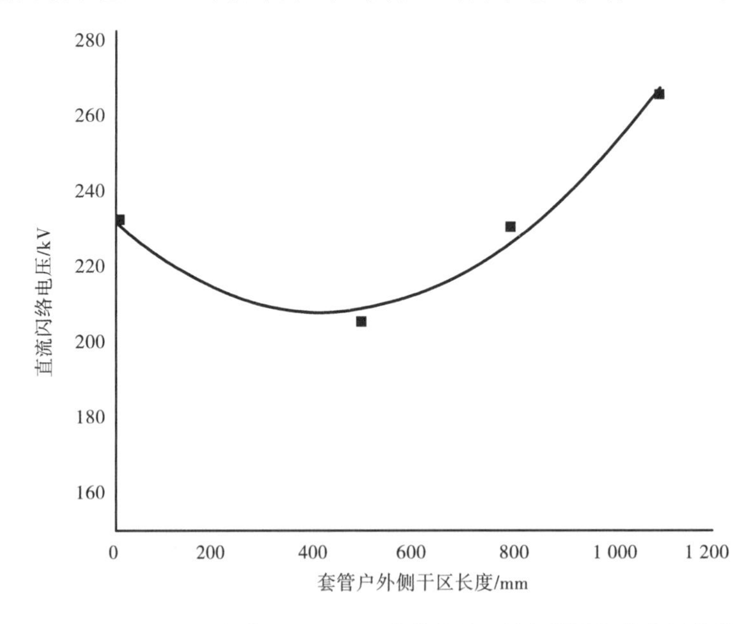

图3.73　不同干区长度下±100 kV穿墙套管不均匀淋雨闪络电压曲线

±400 kV SF_6气体绝缘穿墙套管户外侧的干区长度分别约为0 mm、1 016 mm、2 540 mm、4 064 mm和5 080 mm时，Q相应为0∶1、1∶4、1∶1、2∶1和1∶0，套管在不同干区长度下的不均匀淋雨直流闪络电压值曲线如图3.74所示。除此以外需要说明的是，当Q为1∶0，即当套管户外侧复合绝缘子没有淋雨时，即使试验电压升

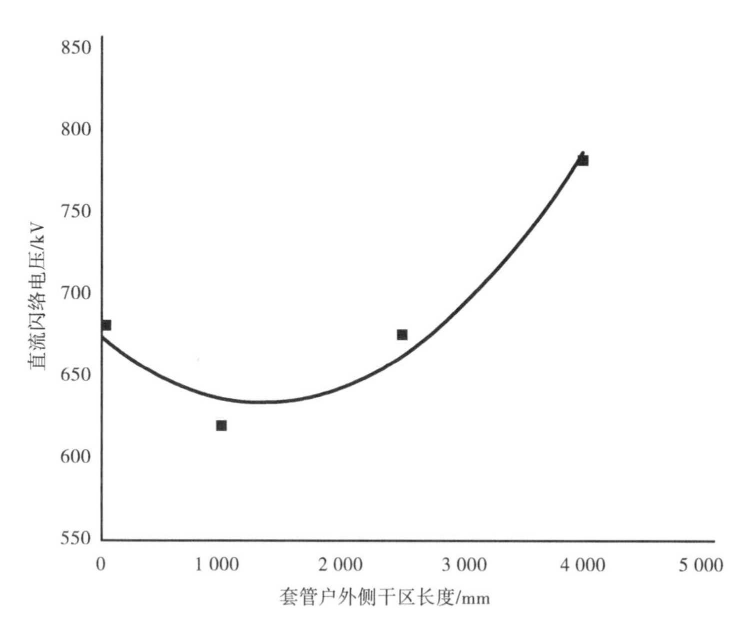

图 3.74　不同干区长度下 ±400 kV 穿墙套管不均匀淋雨闪络电压曲线

至 850 kV 时套管外绝缘仍未闪络，为了避免套管内绝缘被破坏而没有继续升压，因此图 3.74 的曲线没有该点试验数据。与 ±100 kV 直流穿墙套管试验结果类似，随着套管户外侧复合绝缘子外套干区长度的增加，±400 kV 直流穿墙套管的不均匀淋雨直流闪络电压先下降至最小值，然后逐渐增加。当套管干区长度为 1 016 mm（Q 为 1∶4）时，不均匀淋雨直流闪络电压达到最小值 623 kV，较外套全湿条件下的闪络电压值低 9.0%。

根据套管表面电阻分压原理可以定性分析图 3.74 中直流穿墙套管不均匀淋雨闪络电压曲线趋势。套管表面承受的直流电压按电阻分布，当干区长度为 0 时，套管户外侧表面均匀淋雨，电压分布比较均匀，此时闪络电压数值很高。然而当干区长度大于 0 时，此时干区的电导率比湿区小，因此干区将承受大部分试验电压，将使得干区很快被电弧贯通，而湿区则承受全部试验电压导致湿区贯通，使得套管淋雨不均以至闪络发生，从而闪络电压值明显低于均匀淋雨的闪络电压值。同时随着干区长度的不断增加，湿区长度相应不断的减小，导致湿区贯通的电压逐渐降低，套管不均匀淋雨闪络电压值逐渐降低。但当干区达到一定长度后，干区虽然承受着大部分试验电压，但干区长度的增加使得干区不再容易被电弧贯通，套管的不均匀淋雨闪络电压值又开始升高，因而出现了不均匀淋雨闪络电压的拐点。

5）不同雨水电导率时的直流穿墙套管不均匀淋雨直流电压闪络特性

本节研究了 ±100 kV 和 ±400 kV SF_6 气体绝缘直流穿墙套管在不同雨水电导率时的不均匀淋雨直流电压闪络特性。每支直流套管试品确定一个固定的干湿区长度比例，每次试验调整喷淋至套管上的模拟雨水电导率，获得穿墙套管在不同雨水电导率时的直流闪络电压值。±100 kV 直流穿墙套管选取干、湿区比例为 1∶2，±400 kV 直流穿墙套管选取干、湿区比例为 1∶4，分别开展雨水电导率约为 200 μs/cm，800 μs/cm 和 1 500 μs/cm 时穿墙套管的非均匀淋雨闪络特性试验。±100 kV 和 ±400 kV SF_6气体绝缘直流穿墙套管在不同雨水电导率时的不均匀淋雨直流电压闪络特性试验结果如图 3.75 所示。

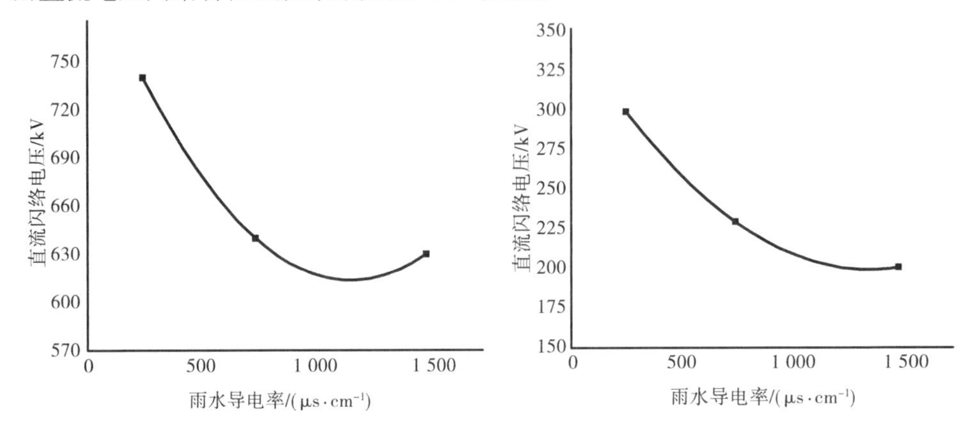

图 3.75　直流穿墙套管在不同雨水电导率时的不均匀淋雨直流电压闪络特性

保持套管干区和湿区比例不变时，套管直流闪络电压值随着湿区雨水电导率的增加而下降，±400 kV SF_6气体绝缘直流穿墙套管干区和湿区比例保持为 1∶4 时，此时在雨水电导率为 1 500 μs/cm 的条件下，直流闪络电压数值较雨水电导率为 200 μs/cm 时的条件下的直流闪络电压数值将低 16.2%；而当 ±100 kV SF_6 气体绝缘直流穿墙套管干区和湿区比例保持为 1∶2时，在雨水电导率为 1 500 μs/cm 条件下的直流闪络电压较雨水电导率为 200 μs/cm 时的直流闪络电压低 31.7%。

3.4.2　绝缘电阻和吸收比测试

电容式环氧玻璃钢套管作为一种新型的套管，投入电网的运行时间较短，对环氧玻璃钢套管电气特征量测试研究的资料较少，但是作为固体绝缘材料，在绝缘老化电气特征参量测试方面与其他干式套管是相通的，因此可以借鉴一些其他干式套管的测量方式，例如胶浸纸套管的测量方法。目前对套管内绝缘的电气特征参量测试主要有末屏电流、绝缘电阻和吸收比、介质损耗和电容量、局部放电等 N 个方面，但检测方式较为单一。对于套管的电气特征参量测试大多在出厂试验、交接试验和定期预防性试验时进行。电力行业标准 DL/T 596—2005《电力设备预防性试验规程》中对 66 kV 及以上电容型套管预试规定：每 1 ~ 3 年或大修后测量主绝缘及末屏对地绝缘电阻、介质损耗和电容量；大修后进行交流耐压测试和局部放电测量；由于预试周期长，不能及时发现故障，导致套管故障增多。

绝缘电阻和吸收比是套管最简单常用的电气特征参量。当直流电压加在电介质上时,通过它的电流包括三个部分:纯电容电流、泄漏电流和吸收电流。其中对于纯电容电流其衰减相对较快,而吸收电流的衰减则相对较慢,由于电介质的有损极化与之相关,然而泄漏电流与时间无关,因此和泄漏电流相对应的电介质电阻就是所谓的绝缘电阻。多层电介质的吸收现象比较明显,电流随加压时间的延长而逐渐减低,最后趋于一个稳定值。当介质的绝缘状况良好时,吸收过程进行缓慢,泄漏电流比较小;当绝缘受潮严重或有集中性的导电通道时,吸收过程快,泄漏电流大;因此可以用绝缘电阻的变化情况来判断绝缘是否良好。同时为了反映电流的变化,可以采用吸收比来反映吸收过程,而加压 60 s 时的绝缘电阻与 1 ~5 s 绝缘电阻的比值则是吸收比 K,它是一个与设备尺寸无关的量,但其有利于反映绝缘状态。同时由于缘电阻测得的是体积绝缘电阻,此时绝缘内部的一些集中性缺陷的发展已经很严重了,但反而测得的绝缘电阻和吸收比还是很高,因此只凭绝缘电阻的测量来判断绝缘状况是不可靠的;在大电容量设备中,测量吸收比更能反映绝缘的优劣,往往以加压 10 min 和 1 min 的绝缘电阻之比来衡量绝缘状况是否良好,其比值也称极化指数。

绝缘电阻的绝对值与吸收比和极化指数有着必然的联系。当绝缘电阻过高时,在短时间内很难完成吸收过程甚至绝缘材料的极化过程。这台变压器是否真的存在绝缘缺陷。如果存在,绝缘电阻值这么高又如何理解。

我们以 180 MVA/220 kV 设备为例,在绝缘材料方面,全部使用了进口高密度绝缘纸板、绝缘成形件及层压纸板,变压器油为兰炼 25 号油。在制造工艺方面,变压器身干燥在 MACFIL 煤油气相干燥中进行,真空度为 6 ~10 Pa。此时出水率为 10 mL/h。为了降低绝缘件表面在空气中的吸潮,干燥后的变压器身应立即真空浸油,然后对含油的变压器身进行紧固。紧固后变压器身下箱全真空注油(真空度维持在 5 ~8 Pa)。

接着,我们对绝缘试块做了固体材料微水分析。分析结果为:试块表面含水率 =0.32%,芯部(钻入深度 30 mm 后取样)含水率 =0.54%。试验前变压器油取样化验:微水 $=8.6\times10^{-6}$、耐压 =87 kV、介损(90 ℃) =0.06%。

由此可以发现,此台设备所达到的指标已远超过相关标准中的规范。这主要取决于当今的材料品质和设备能力及工艺条件也远非昔日可比。

众所周知,随着煤油气相干燥和高性能真空设备的普及,使得设备制造厂的干燥能力有了大幅度的提升。例如在材料方面,一些绝缘生产厂家为了生产出高密度、高电气性能的绝缘纸板和成型件,便通过对各种设备、工艺及原料等方面的引进。同时这些材料本身就意味着有较高的体积电阻和表面电阻。反映在等效电路中,如图 3.76 所示,意味着 R_aC_a 支路的 R_a 增大和 R_c 支路的 R_c 增大。如果再加上充分的干燥(我们知道,水分有增塑作用,介质受潮后,极化时间将大为缩短),界面极化必然更为困难。

由于 R_a 电阻数量级的增加，R_aC_a 支路充电时间的增大是合理的。此时，吸收比、极化指数则难已保证满足标准要求（即 $R_{60\ s}/R_{15\ s} \geqslant 1.3$ 或 $R_{10\ min}/R_{60\ s} \geqslant 1.5$）。对此产品，从理论上说只有降低其 R_a 阻值，才能使其吸收比、极化指数合格。而降低 R_a 的办法只有更换绝缘材料、改变结构设计或是增加当前绝缘件中的水分含量这几种方式。

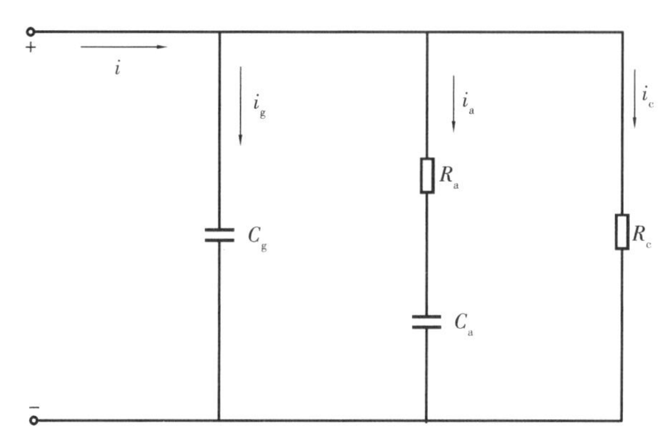

图 3.76　绝缘材料性能等值图

对上述产品做了一次这样的试验：将试验完成后的设备吊芯，使带油的设备暴露在室内（室内温度 8～15 ℃，相对湿度 30%～45%）8 h 后，重新装配并真空注油。复试绝缘电阻及介损数据见表 3.20。

表 3.20　绝缘电阻、介损数据测试值

类型	$R_{15\ s}$ /MΩ	$R_{60\ s}$ /MΩ	$R_{10\ min}$ /MΩ	$R_{15\ min}$ /MΩ	吸收比	极化指数	$R_{60\ s}$(20 ℃) /MΩ	tan δ(20 ℃) /%
HV-∑	2 600	3 600	9 600	12 000	1.38	2.67	3 000	0.25
MV-∑	2 300	3 200	8 500	9 800	1.39	2.66	2 666.7	0.30
LV-∑	2 200	2 890	7 800	9 100	1.31	2.70	2 408.3	0.30

3.4.3　局部放电测试

局部放电与电介质的绝缘老化之间有着密切的联系，当电场强度超过某个临界值时，在绝缘介质内部不发生贯穿性击穿的时断时续的放电现象称为局部放电现象，对于局部放电的开始一般都发生在电介质内部的介电常数比周围介质的介电常数低的区域，比如在固体电介质内部的气泡、裂缝处，液体介质中的气泡、杂质处等。同时目前的一些国内外研究表明，当绝缘介质发生局部放电时会产生超声波信号、特高频信号、脉冲电流信号、光信号等一系列物理和化学现象。根据局部放电所产生的各种特征信号和特征物，科研人员目前研究出了不同的检测方法，主要包括:IEC 60270 脉冲电流法、宽频带脉冲电流法、紫外成像法、超声波检测法、UHF 检测法等。随着高性能传感器的开发和应用,对局部放电特征参量的获取有了很大的提高。基于局部放电 PRPS 图谱及 PRPD 谱图和单次放电脉冲的智能分析技术越来越多应用到局部放电检测和识别中,常用的有神经网络分析、指纹分析、模糊聚类分析等。通常用于表征局部放电发展状态的特征量包括基本特征量、统计特征量、分形特征量和矩阵特征量等;基本特征量如起始放电电压(PDIV)、熄灭电压(PDEV),视在放电量 q、局部放电重复次数 n 等。基于 PRPD 谱图的统计特征量提取被广泛应用于局部放电特征提取研究中,在获取 PRPD 放电谱图后,利用陡度、偏斜度、不对称度、分布相关系数和翘度等统计特征量来表征局部放电特性。此外,研究表明 Weibull 分布尺寸参数和形状参数也能在一定程度上区分放电的剧烈程度。统计特征参量虽然能较为全面地反映放电特性,但统计参量数量太大,且有些参量的信息有交叉重叠现象,因此优化特征参量也是研究的重要方面。

目前套管的局部放电测量都还是在定期检修时进行测试,检修周期长短不一,很难通过局部放电测量及时发现套管的缺陷。在线局部放电监测系统,多数情况是对变压器内部局部放电进行监测,若采用 IEC 60270 脉冲电流法或高频 C_T 从套管末屏取脉冲电流信号,此时测得的局部放电信号是套管和变压器本体的信号,难以区分局放信号的归属。另外,变电站内设备复杂多样,电磁干扰信号强,容易使变压器套管在线局部放电信号淹没在背景噪声中。

(1)实例 1

本书采用 IEC 60270 标准中推荐的脉冲电流法测试典型缺陷真型玻璃钢套管的离线局部放电量和在线局部放电量;脉冲电流法的检测阻抗结构简单、灵敏度高,因此是工程实践中较常采用的局部放电测试方法。脉冲电流法测试局部放电的原理如图 3.77 所示。

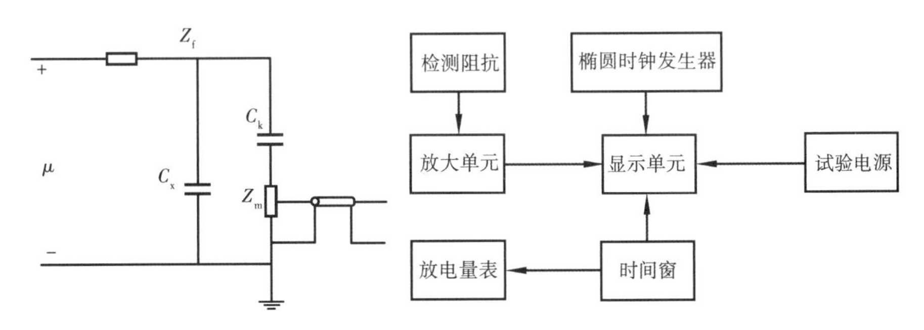

图 3.77　脉冲电流法测局部放电

检测阻抗的首端接到耦合电容的低压信号端。若环氧玻璃钢内部存在气泡或微裂纹等缺陷时,在外施电压作用下,缺陷部位的电压超过起始放电电压就会产生局部放电现象,在环氧玻璃钢电容芯子两侧出现电压变化,相应的放电脉冲电流受

低通滤波器 Z_f的阻塞作用,只能经过检测阻抗 Z_m和耦合电容 C_k组成的支路,用放大器将阻抗 Z_m上的脉冲电压信号放大,再由数字式局部放电综合分析仪进行测量。最后的视在放电量为数字式局部放电综合分析仪直接读出,其数值放如图3.78所示。脉冲电流法测试套管局部放电时,首先要对放电量进行标定,套管在运行电压下的局部放电量一般不会很大,因此放电量校正设置为 50 pC 如图 3.79 所示。

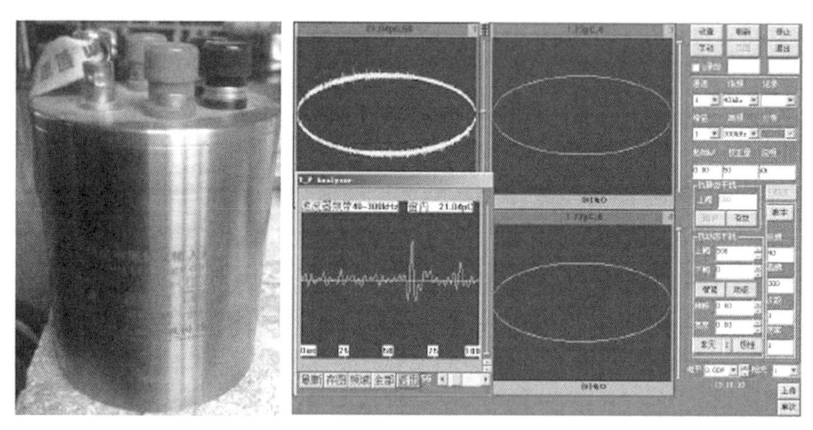

图 3.78　局部放电测试系统

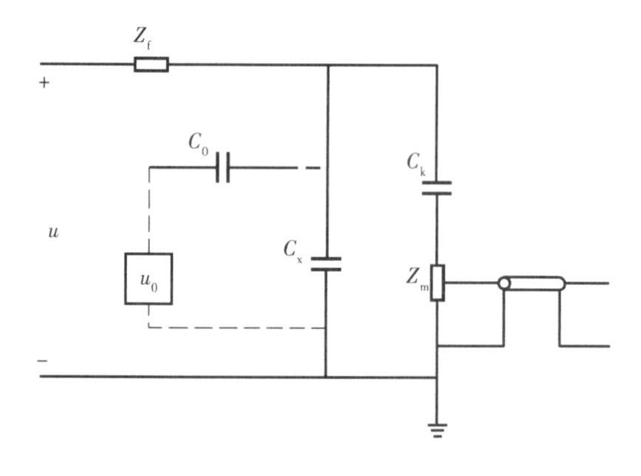

图 3.79　并联法校正放电量

(2)实例 2

当干式 SF_6气体绝缘直流套管中存在绝缘缺陷时,会有局部放电产生。通过对局部放电量的测量,可以及时发现直流套管中存在的缺陷,而通过对放电信号的处理,则可以对缺陷的模型进行识别。局部放电的测量是在直流电压下进行的。保证试验设备和人员的安全性,测试回路采用并联法。直流局放电源采用 HVZN-800/巧型直流电压发生器,额定电压 ±400 kV,电压极性采用负极性,配有局部放电检测所需要的滤波电容、耦合电容和限流电阻。

测量系统的 R 采用无感电阻,其带宽大于 100 MHz,为了防止试品击穿在该电阻上产生一个较高的电压,危及测量系统和人身安全,因此在该电阻两端并联了一个TVS管作为保护。测量中数据采集卡采用USB-5133型双通道数据采集卡,最高模拟带宽为300 MHz,最高采样频率为2.5 GHz,其数字转换器为9位分辨率,设备数据满足试验要求。数采卡可以通过USB传输线,把数据传向计算机中。

试验罐体中充入SF_6气体,为3个大气压强。试验所加电压为直流电压,按照阶梯法升压,步长为5 kV,升至35 kV,并在此电压下保持2 h。利用局部放电测量系统对回路中的放电量进行了测量,由于放电的重复率时高时低,且放电时不稳定,同时放电幅值差异很大。为了保证数据测量的准确性便对放电量进行了统计分析。图3.80至图3.82反映了不同缺陷在30 s内的放电次数与放电量的关系。金属微粒缺陷下放电次数与放电量的关系如图3.80所示,可以看出,随着放电量的增大,放电次数先增多后减少,并在35 pC附近达到最大值。在放电量达到60 pC的时候放电次数已经很少了。

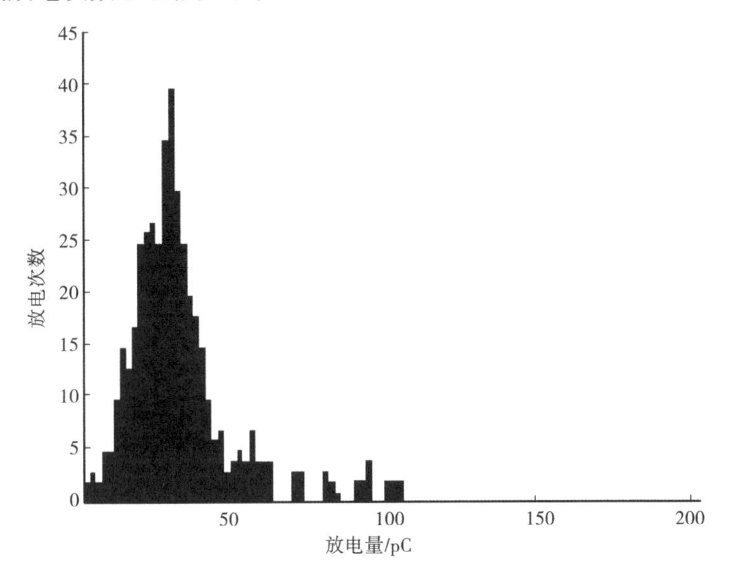

图3.80 金属微粒缺陷下放电次数与放电量的关系

电容屏豁口缺陷下放电次数与放电量的关系如图3.81所示,放电集中在30 pC以下,且分布较为均匀,在放电量超过30 pC时,放电次数明显降低,在该缺陷下几乎检测不到放电量大于100 pC的放电脉冲。

受潮缺陷下放电次数与放电量的关系如图3.82所示,放电集中在25 pC以下,且放电次数较多。检测到的放电次数比较多,但放电量普遍很小,几乎检测不到大于30 pC的放电脉冲,因此受潮缺陷套管模型的局部放电强度没有金属微粒缺陷和电容屏豁口缺陷的局部放电强烈。

在试验中,对正常套管电容芯子施加直流电压,未检测到较大放电量。因此基本可以确定上述几种缺陷的局部放电是由设置的缺陷引起的。以上为直流局部放

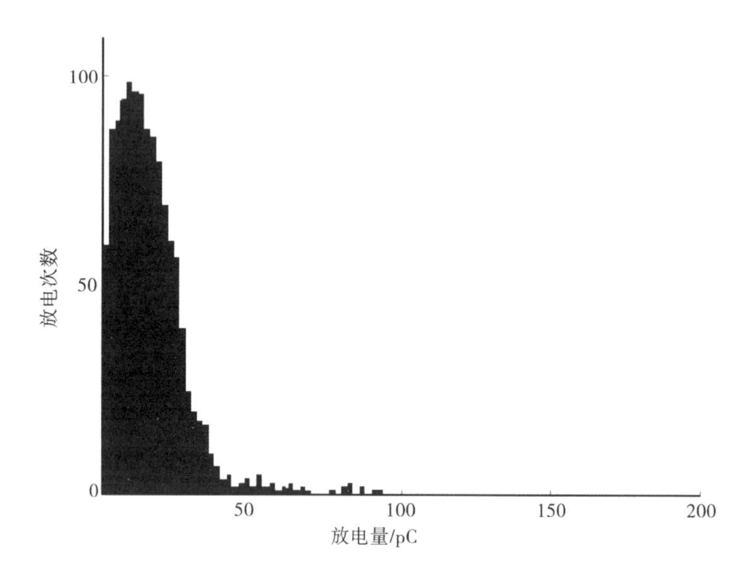

图 3.81 电容屏豁口缺陷下放电次数与放电量的关系

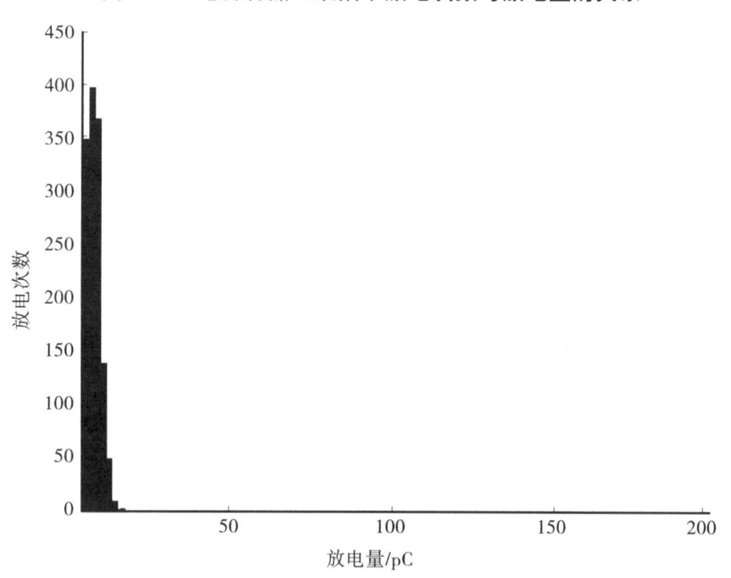

图 3.82 受潮缺陷下放电次数与放电量的关系

电测试结果,可见不同的缺陷套管局部放电的放电量和次数由较大差别,找出其中的差别进行缺陷辨识具有可行性。

通过对每种缺陷下的局部放电样本进行多次试验采集,并对其放电图谱进行统计于分析,最后得到在不同的缺陷下所统计的特征参数的范围,可见能作为套管缺陷类型识别的特征量是在不同缺陷下其放电概率与放电量关系图的偏斜度、陡峭度以及局部峰值个数的不同范围等。

3.4.4　介质损耗和电容量测试

介质损耗和电容量测试是电容型设备常用的测试项目,对判断电气设备的绝缘状况比较灵敏,因而在工程上得到了广泛的应用。介质损耗角正切值是指电介质在交流电压作用下,电介质中的有功电流分量和无功电流分量的比值;在绝缘状况良好的时候,有功分量是比较小的。在一定电压和频率下,对均匀介质来说,介质损耗角正切值反映了介质内部单位体积内有功功率的大小,它与绝缘介质的尺寸、体积大小无关,对整体受潮、劣化等分布性缺陷比较灵敏。实际中由于电气设备绝缘结构不同,材料成分不同造成绝缘介质分布不均匀,往往出现测得的总体介质损耗很小,但其中局部缺陷可能已经很大了而反映不出来,尤其是大体积的绝缘介质,其中含有集中性缺陷时,这种情况尤为显著。

近年来,随着电子信息技术尤其是通信技术成果的广泛应用,电力设备在线监测技术进入快速发展阶段,多种类型的在线监测装置及带电测试设备在电力系统内得到了不同程度的推广应用,因此为变压器设备的安全运行与其状态的检修都提供了强有力的技术支持。现阶段研究比较广泛的有局部放电监测以及套管介损、电容量和末屏电流监测等方面。由于目前在线监测技术还未全面推广应用,有些套管健康状况的检测,还只是通过离线介损测试结果分析来完成。而离线介损测试,由于无法模拟实际运行环境,如电压、温度等,无法真实反映套管绝缘状况。套管介损及电容量在线监测数据与离线数据之间存在一定偏差,可比对性较差。因此有必要开展玻璃钢套管在线监测与离线监测数据有效性对比分析研究,探索两者之间产生差异的原因。

(1)实例 1

电气设备的绝缘结构均由各种绝缘电介质所组成,由于电介质在外电压的作用下会产生电导,或者极性电介质中的偶极子转向产生摩擦作用,又或者其中发生局部放电等现象,这些都会使电介质发热并产生相应的损耗,而这种损耗却是表征电气设备绝缘性能优劣的重要指标,因此被定义为电介质的有功损耗。另外常采用并联或串联的电阻、电容组成的等效电路和相应的向量图来进行对固体电介质绝缘材料的损耗分析。无论采用串联等效电路模型还是采用并联等效电路模型,最后分析电介质的有功损耗是一样的。采用并联电路分析时,可计算得到有功损耗为:

$$P = UI\cos\varphi = U_2\omega C_p \tan\delta \tag{3.25}$$

式中,C_p 为并联等效电路中的电容;U 为施加在电介质上的电压;δ 为电介质阻抗角的余角。从图 3.84 中可以看出,δ 可以反映介质损耗的大小,称为介质损耗角,其正切值 tan 是衡量电介质损耗的重要参数,又由于介质损耗和电气设备的绝缘性能相关,因此介质损耗常常被作为判断电气设备绝缘状态的重要特征参量。由

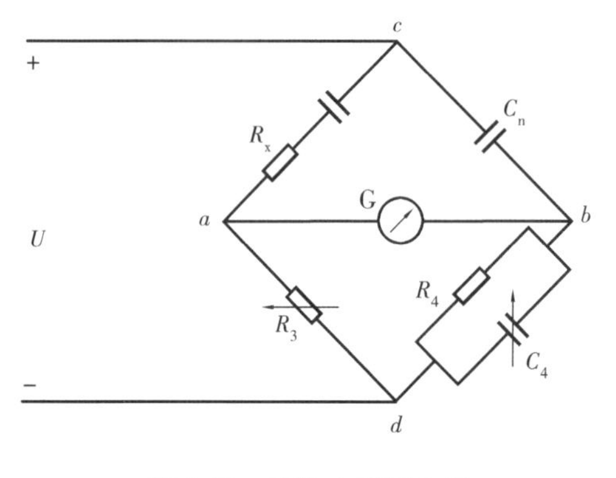

图 3.83　西林电桥测介损

于介质损耗和电容量测试是电容型设备常用的测试项目，这些测试项目在电气绝缘状况时的判断比较灵敏，因此在工程上得到了广泛的应用。对于介质损耗角的正切值是指电介质在交流电压作用下，电介质中的有功电流分量和无功电流分量的比值，当绝缘状况良好时，有功分量的数值很小。测试原理如图 3.83 所示。

当外施电压后，可以调节 C_4 和 R_3 使电桥达到平衡，平衡后检流计 G 指零，从可以得到电桥平衡时各桥臂的阻抗有下列关系：

$$Z_1Z_4 = Z_2Z_3 \tag{3.26}$$

若将电介质用串联等效电路，可得 $\tan\delta = C_4R_3$，$C_x = C_nR_4/R_3$。对环氧玻璃钢套管常规离线 10 kV 介损和电容，高压介损和电容，运行电压下的介损和电容进行了测试。

1）离线 10 kV 介损

离线介损和电容测试采用西林电桥法进行测试，如图 3.83 所示。采用正接法，介损仪内部电源产生 10 kV 测试电压，其中 C_n = 50 pF 为介损仪内部标准电容。

2）离线高压介损

离线高压介损测试原理和 10 kV 介损测试一样，不同之处是内部标准电容改为外部标准电容，外部标准电容值也为 50 pF，标准电容的最高试验电压为 600 kV，试验电压由串联谐振电路提供。

3）在线介损和电容测试

在线介损和电容测试采用全数字测量法（谐波分析法），全数字法的基本原理是通过电压互感器和电流传感器获得套管上的电压和套管末屏的电流，两路信号如图 3.84 所示，通过 A/D 转换成数字信号后用后台软件进行运算和处理，最终得到在线介损和电容量的值。

可以看出，通过对电压信号和电流信号的采集，计算电压和电流的基波相位角就可以得到套管的介质损耗角正切值，通过计算电压和电流的基波幅值就可以得到套管的电容值。

（2）实例 2

介损测量装置，普遍采用串谐调频方式升压，整套装置主要由干式谐振电抗器、励磁变压器、高压标准电容器、补偿电容器、变频电源等组成，通过电抗器组、补偿电容的不同组合方式，可以测量不同电容量设备的介损值。惠州供电局试验研

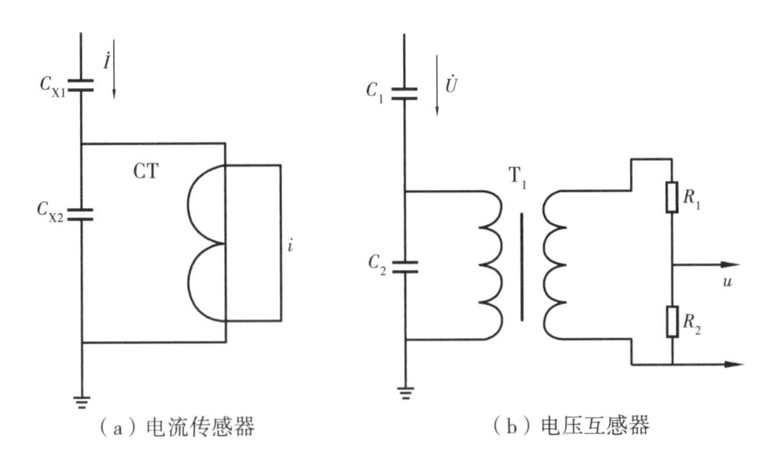

图3.84　传感器类型

究所购置的高压介损测试仪,最高输出电压160 kV,电压输出频率在45 ~55 Hz,根据生产厂家测试经验,只要超过运行设备50%的额定电压,测试结果便可代表设备额定电压下的实际值。现场测试的难点起始电压由于很难升压至500 kV的某线路A相并联高压电抗器的套管高压介质测试现场,因此高压介损测试的起始电压在0 ~10 kV无法自动调频和升压,仪器显示有干扰,然而20 kV以上电压则可以自动调频和升压。同一间隔的B-C相电抗器套管测试时则没有此问题。现场分析后发现,A相电抗器与相邻运行的某500 kV线路C相相邻,感应电压强,导致无法自动调频和升压。经试验,通过采用20 kV及以上电压的调频频率,采取手动升压,成功避开了感应电压的影响。

2014年1月,某变电站500 kV 2号主变由于本体绝缘油存在含气量超标,在进行脱气、滤油及热油循环处理后,由于停电时间等因素的限制,静置不到8 h即开始进行高压套管的高压介损试验。其中试验的测试条件为:17 ℃环境温度、60%湿度、15 ℃上层油温。经过测试最后的结果发现B相变高套管介损值在130 kV下介损值达0.592%,该结果与10 kV电压下的介损值相比较,增量达0.207个百分点,且介损曲线呈上升趋势,在此种情形下,运行电压的介损增量有可能会超过规程规定的0.3%。

为掌握2号主变套管绝缘情况,防范设备事故。对该主变停电进行了套管高压介损复测。试验仪器、接线方法、解压方式均与当年年初一致,唯一不同点是将升压步由20 kV改为10 kV。温度:27 ℃、湿度:75%、三相油温:约45 ℃作为当时的测试环境,B相变高套管120 kV电压下介损值与10 kV电压下的介损值相比增幅为0.022个百分点,且升降压曲线较为吻合,电容量与出厂和交接试验值偏差均在规程规定范围内。

第一次高压介损测试与第二次高压介损测试最大的不同点在于第一次测试是在主变本体脱气、滤油后,没有足够静置时间就进行测试。此时本体油中还残存着大量未析出的气泡，主变本体油中这些气泡在一定程度上增大了套管的介损值，分析如下：在交流或直流电场中，电介质都要消耗电能，统称电介质的损耗。由电介质知识可知，介质的损耗由电导损耗、游离损耗和极化损耗组成，一般情况下，电介质的电导损耗和游离损耗是很小的，而且游离损耗只在外加电压超过一定值时才会出现。当介质的工作场强低于游离场强时，可以不必考虑介质的电导损耗和游离损耗，然而，在电介质中局部电场集中处，当电场强度高于某一值时，就产生游离放电，又称局部放电，局部放电伴随着很大的能量损耗，即电导损耗和游离损耗。

在主变滤油后，由于静置时间远未达到规程要求，变压器油中还残存着大量气泡。在交流电压场强的作用下，气泡与油形成串联介质。

根据计算，在同样电压下，气隙上的电压较大，场强是绝缘油的 2.2 倍，所以气泡将首先产生局部放电，这又使气泡温度升高，气泡体积膨胀，局部放电将进一步加剧。一方面局部放电的电子电流加热使油分解产生气体，另一方面局部放电过程中电子的碰撞使油的分子电离产生气体。除此之外，因为油中的一些水分或微小杂志的相对介电常数都很大，固在电场的作用下，很容易沿电场方向极化定向，因此有利于与气泡形成“小桥”型的放电通道。随着气泡在电场方向被拉长、定向，其还将受到拉向的力与相反的力，最后逐渐沿电力线排列成气体的“小桥”。若“小桥”贯穿于电极之间，将造成此“小桥”气泡的电导增大，紧接着泄漏电流也将增大。

即使气泡“小桥”尚未贯穿全部电极间隙，在各段气泡端部处液体杂质中的场强也将增大很多，而气泡的介电常数和电导率比临近的液体介质小得多，电离过程必然首先在气泡中发展，“小桥”中的气泡也将增多，导致局部放电也增强，严重时“小桥”通道会被击穿从而使得电导损耗、局部损耗增大，具体表现为介损值的增大。同时在套管进行相应的高压介损测试时，当第一次测试时的电压不断升高至 130 kV 时，其主变本体气泡的小幅值局放逐步加剧，从而加大了套管测试的介损值（现场试验有时发现电压为 70 ~ 80 kV，套管介损值会明显增大）。而当第二次测试时，其油中的气泡早已析出，气体的电导损耗和游离损耗可以不予考虑，此时测得介损值才为变压器套管介损的可信值。

当油中存在气体时，会增加一个附加电容 C_0，气泡悬浮在油里，在设备运行及试验时气泡与油是并联关系，高压套管总的等效电容值为：

$$C_e = C + C_0 \tag{3.27}$$

式中，C_0为套管的并联等效电容。

由于油浸纸的介电常数比空气高几倍，由介质理论可知电容量与介电常数成正比，那么在相同条件下，油浸纸的电容量是气泡的几倍，即 $C \geqslant C_0$。由式(3.27)可以看出，气泡的附加电容量对套管的总电容量影响很微小，几乎可以忽略。故气泡的电容量影响套管的总电容量很微小可以忽略。只有在缺油或是大量气体以气层的形式而不是以气泡形式存在于变压器油上层时,套管电容值才有较大的影响(一般是减少),由于该2号主变已经进行了脱气处理,脱气后含气量是合格的,故以气泡形式存在于变压器油中的微量气体对电容量的影响极小,可以忽略。

变压器高压套管介损测试前,应先安排变压器油中含气量检测,若含气量超标,甚至大幅值超标,且气体以气泡或气层形式大量存在时,则套管高电压介损值可能会明显增大,甚至超过规程上限值;而含气量越大,套管电容值也会有明显变化,一般是减少。

当变压器套管介损值增大是由于油中含气量引起时,可采取适当措施消除油中含气量,如套管油中气体则打开套管将军帽,松开固定导电杆的螺母,放出气体,直至有变压器油渗出,本体油中气体通过套管升高座和散热片上的放气孔进行放气,或必要时进行变压器油脱气和真空滤油。

变压器油进行脱气和真空滤油后,宜安排静置72 h及以上时间,再安排套管高压介损测试,测得套管介损值才较为可信。考虑到变压器油温对高压介损测试结果的影响,主变高压套管高压介损测试的理想条件应为含气量合格的主变,在停下1 h内立即进行高压介损测试,所以得结果方是较为真实的。为规范作业步骤,排除外部干扰,变压器套管高压介损测试作业表单要根据现场检测经验,要进一步修编完善,使之能更好地指导现场检测。

3.4.5　频域介电谱测试

介质响应的测量过去主要被用来进行试验室样品的绝缘特性研究,近年来,随着计算机及测量技术的迅速发展,基于时域介质响应技术的回复电压法(RVM)、极化去极化电流法(PDC)和频域介电谱分析(FDS)在变压器绝缘系统现场诊断中得应用,同时在变压器绝缘老化及剩余寿命预测的研究中经常使用,因为回复电压法极化谱线的中心时间常数对反映油纸绝缘的水分含量有着很高的灵敏度,而且其与绝缘系统的老化程度密切相关,固常被用来表征电介质绝缘的微量水分变化和老化状态。目前我国在应用介质响应技术进行变压器绝缘老化状态诊断的研究还停留在回复电压和极化指数等传统的参数上面,更为深入的研究尚未展开。介质响应的三种测量方法对老化的反映侧重点各不相同,目前国内外对试验现象和测量结果仅进行了定性的分析,还需要进一步深入开展定量的研究工作。

频域介电响应法是根据电介质在交流电压作用下的极化特性,对绝缘被试品施加不同频率的正弦激励,再通过测量激励产生的电流进行相应计算,最终得到试品在各个频率下的介电常数、介电损耗因数、电容量,再用这些特征参数来表征绝缘性能。频域介电响应法测量频率范围广,从而可以根据所测得的绝缘参量在整个频域的数值大小和变化量来评估电介质的绝缘状态,其测量原理如图3.85所示。

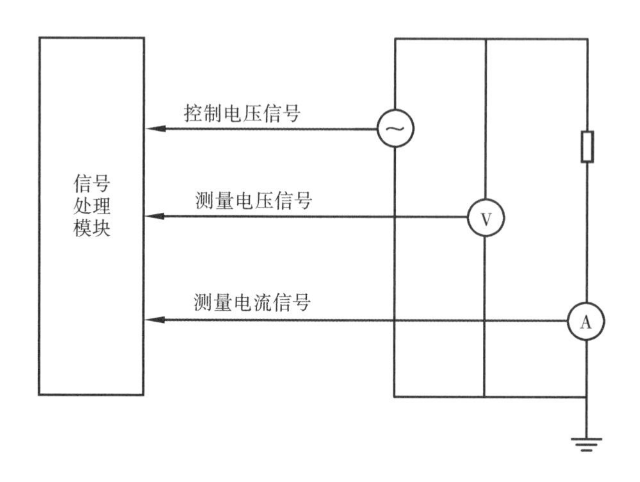

图 3.85 FDS 测量原理图

通过一系列公式所描述的关系,可以计算出每个测量频率下绝缘介质响应,由不同频率的绝缘介电响应形成频域介质响应曲线,进而应用该曲线来评估介质的绝缘状态。

频域介电谱是基于介质极化理论的。而频域介电谱测试则是指通过对试品施加不同频率的交流电压,从而获得流过试品的电流幅值和相位,进而计算得到试品与频率相关的介电参数,例如相对复介电常数实部以及相对复介电常数虚部与介质损耗角正切值 $\tan\delta$ 等。

假设对电容试品施加正弦电压 $U = U < 0$,通过试品的电流为 $l = l < \theta$,电容试品阻抗的模 $Z = U/I$,介质损耗角 $\delta = \pi/2 - \theta$,角频率 $\omega = 2\pi f$,测试品阻抗和复电容可表示为

$$Z' = \frac{U}{I} = Z\angle -\theta = Z\cos\theta - jZ\sin\theta \tag{3.28}$$

$$C = \frac{1}{j\omega Z'} = \frac{1}{\omega Z}(\sin\theta - j\cos\theta) \tag{3.29}$$

复电容的实部和虚部分别为

$$C'(\omega) = R_e(C') = \frac{\sin\theta}{\omega Z} \tag{3.30}$$

$$C''(\omega) = -1\, I_m(C') = \frac{\cos\theta}{\omega Z} \tag{3.31}$$

通过以上公式可计算得到频域下介质损耗正切值 $\tan\delta$ 和复电容等参数值。

典型的油纸绝缘套管的频域介电谱如图,频域介电谱不同频段内的极化现象代表油纸绝缘套管内部的不同信息。绝缘油的影响主要体现在频域介电谱的中频段,油电导率越高,则中频段曲线整体向右平移,反之向左。绝缘纸受潮越严重,低频段和高频段曲线越向上移,反之则向下移动,固绝缘纸状态的影响主要体现在频

域介电谱的低频段和高频段。根据不同频段下介电谱曲线的特点,对比同一制造厂在同一时期制造的同型号套管、对同一套管不同时期的频域介电谱曲线进行比较,可定性分析套管内部的受潮、老化等状况,并定量分析套管绝缘纸含水量。

主要开展单相换流变、单相柔直变、单相自耦变、单相并联电抗器的同类型套管频域介电谱的现场测试,测试接线。由于受现场条件以及表面污秽状态的影响,安装于变压器等设备的套管会产生寄生电流,频域介电谱测试结果往往会出现虚假的升高或降低。换流站、变电站现场的感应电对套管频域介电谱测试产生较大的电磁干扰,严重时在某些测试频率下甚至出现负值介损的现象。

套管频域介电谱的现场测试可采取以下抗干扰措施:

1)停电措施

在不影响供输电的情况下,可将距离待测设备10 m范围内的其他带电设备同时停电,减少临近设备的感应电干扰。

2)试验接线措施

测试前,将待测套管的一次引线以及同一绕组的其他套管的一次引线拆除,将同一设备的其他绕组短接后接地。同时,将拆除后的一次引线接地,减少换流站、变电站内其他带电设备的感应电通过一次引线对待测套管产生电磁干扰。

3)屏蔽线措施

频域介电谱测试仪加压线和信号线均采用同轴电缆,同时加压线夹和信号线夹通过专用屏蔽线接地以减小寄生电流的影响。此外,通过在套管外瓷套的中间位置设置金属屏蔽带,与高电位或地电位相连,可有效减小表面泄漏电流的影响。

4)仪器软硬件的噪声抑制措施

频域介电谱测试仪自带硬件和软件噪声抑制措施,可通过调节仪器内部滤波器的电容来增强抗干扰能力。同时,仪器对测试现场的超高频电磁干扰进行识别和抑制,为了小周围环境的电磁干扰,可以对低频下50 Hz的感应电进行识别和抑制。在现场测试之前,可根据需要在测试系统中选择硬件噪声抑制与软件噪声抑制的选项。

5)提高测试电压

提高测试电压可有效减小感应电的影响,可考虑增加外置放大器,外置电压放大器输出电压可达2 kV。

3.5　高抗套管

随着社会用电量增加,变压器的安装量也随之剧增,电压等级也越来越高,特高压高抗套管的使用量也相应增多。套管是变压器及高抗的重要组成部件,起着高压引线引出的绝缘和支撑作用。油浸式电容套管因适用电压等级高、检修方便等优点得到广泛应用。但是套管缺陷或故障引发的变压器停电事故越来越多,导致套管的更换成为一个重要问题。

3.5.1 套管结构

(1)干式套管

1)主绝缘设计

运用《高压套管内绝缘优化设计软件包》根据套管外绝缘距离及连接套筒的尺寸,合理选择屏蔽,进行等裕度套管芯子的优化设计。在绝缘结构设计中,调整极板数量、尺寸,最大限度地使轴向、径向电场分布均匀化。

所有干式套管设计均执行以下标准:

①IEC 60137—2017《Insulated bushings for alternating voltages above 1 000 V》。

②IEC 62199—2004《Bushing for d. c. application》。

③GB/T 4109—2008《交流电压高于 1 000 V 的绝缘套管》。

④GB/T 22674—2008《直流系统用套管》。

2)头部结构

①拉杆式头部结构

导电杆伸出盖板,通过 MC 表带与导电密封头实现接触载流。载流管上部与导电密封头留有足够空间,供载流导管热胀冷缩后自由伸长。弹簧装置为拉杆提供拉力补偿。

②弹簧补偿结构

拉杆的拉紧力由弹簧装置内的碟形弹簧压缩后提供,多组碟形弹簧可以保证足够的拉力补偿行程,在拉杆热胀冷缩、变压器运行振动时,始终提供足够的拉紧力,防止拉杆松动。

③拉杆结构

拉杆采用不锈钢材质,拉杆结构杆之间通过金属连接套连接,在连接套外部装有聚四氟乙烯绝缘隔离套,实现此部位径向定位和电气隔离。

④拉杆式头部密封结构

头部密封主要由 2 道平面密封和 2 道轴密封组成,该密封结构为成熟结构,密封可靠性高,已有多年运行经验。密封圈材质选用耐油、耐温性能好、压变性能好的氢化丁腈橡胶。控制密封圈压缩率在 30%,填充率保持在 90%。

⑤导管直接载流式头部结构

头部接线端子插入载流导管,通过 MC 表带与导电管实现接触载流。套管安装时,头部零部件不需要进行拆卸,可靠性高。载流杆上部固定,下部可自由伸长。

⑥导管直接载流式头部密封结构

头部密封主要由3道平面密封组成，密封结构简单、可靠性高，已有多年运行经验。密封圈材质选用氢化丁腈橡胶。

3）拉杆式尾部结构

①结构说明

尾部接线端子通过MC表带与内导管弹性接触载流。端子为六面体结构，与变压器连接。拉杆通过足够长的螺纹与底部端子可靠固定，由弹簧装置提供拉力，向上拉紧载流端子。螺纹处设有钢丝螺套，可有效防止拉杆与底座松动。载流管和卷制管之间设计有绝缘径向限位卡圈，实现载流管和卷制管之间的径向定位和电气隔离。

②拉杆式尾部密封结构

密封主要由2道平面密封、1道角密封、1道轴密封组成，密封结构简单、可靠性高，已有多年运行经验。密封圈材质选用氢化丁腈橡胶。

4）直接载流式尾部结构

①结构说明

尾部接线端子通过MC表带与内导管弹性接触载流。端子为圆柱形结构，与变压器连接。载流管上部固定，下部可自由伸长。接线端子用螺钉固定在底座上。安装时，尾部零部件不需要拆卸，可靠性高。载流管和卷制管之间设计有绝缘径向限位卡圈，实现载流管和卷制管之间的径向定位和电气隔离。

②直接载流式尾部密封结构

密封主要由2道平面密封、1道角密封组成，密封结构简单、可靠性高，已有运行多年。密封圈材质选用氢化丁腈橡胶。

5）中部结构

连接套筒与电容芯子采用卡装结构，连接成一个整体，机械强度高。上部设有2道平面密封，用于密封绝缘膏。下部设有1道平面密封、1道角密封、1道轴密封，用于密封变压器油。密封圈材质选用氢化丁腈橡胶。芯子卷制时，导管和铝箔表面都涂抹耦联剂，保证界面粘接良好。

（2）油纸套管

1）套管头部结构

采用插拔式载流，载流接触面镀银，选用的是ML-CUX/53N AG型号表带触指，整圈53对页片，载流6360A，整圈短路电流95 kA/2 s，满足载流2 500 A、短路电流63 kA/2 s的要求，裕度分别为2.54、1.5。

2）中部结构

套管瓷件两端连接结构瓷件两端均采用胶装法兰，机械连接强度高，抗震性能好。采用瓷端面密封，密封性能可靠。

3)套管尾部结构

①采用死底座,导管内腔不与变压器本体变压器油相通。均压球采用螺栓及蝶形垫圈直接压死固定导管内腔不与电抗器本体油相通死底座。

②底座与导电管螺纹连接,载流密度为0.203 A/mm^2(按2 500 A)油中载流密度控制值:不大于0.5 A/mm^2。

4)套管芯子固定结构

芯子固定结构(与百万伏结构相同)。①芯子中部与连接套筒通过夹紧套固定。②芯子两端通过定位套限位,定位套与芯子卷制管顶丝接触连接。③芯子卷制管与载流管通过斜圈弹簧接触连接。

(3)套管变换

针对替换GOE套管,现有两种方案:方案一,按照A型GOE套管尺寸替换,根据GOE套管尺寸,设计用于替换的套管。方案二,常规套管替换GOE套管油中绝缘长度较短,考虑增大套管轴向绝缘裕度,用套管进行更换。

1)更换方案一

①该套管油中长度和法兰安装尺寸与A型套管相同,油中最大直径较A型套管小,可实现油中尺寸的完全替换。

②套管外绝缘距离大,空气端长度较A型套管长650 mm。

③套管额定电流按5 000 A设计,套管可通过更换油中端子用于2 500 A使用。

2)更换方案二

①套管油中直径和法兰安装尺寸与A型相同,油中长度较A型套管长475 mm,通过增高变压器升高座可实现更换。

②套管外绝缘距离大,空气端长度较A型套管长1 400 mm。

③套管绝缘裕度大,可靠性更高。

3.5.2 套管更换案例

(1)换流变A相2.2套管更换项目

1)工作要求

应要求,需对某站011B换流变A相2.2套管进行更换,主要工作为:拆除换流站011B换流变A相一次引流线及二次连接线、套管穿墙封堵,将011B换流变A相牵引至适合位置,更换2.2套管,并开展一系列套管安装后的换流变抽真空、滤油、真空泄漏试验、真空注油、热油循环、排气等施工工序,对换流变进行试验合格,将换流变牵引至运行位置,恢复一次及二次连接线、套管穿墙封堵,对换流变进行功能校验等,直至具备投运条件。为保证工作的顺利进行,特制订本工作方案。

①工作要求

15日内进行011B换流变A相2.2套管更换;换流站011B换流变A相、极1换流变前广场区域处。

②技术措施

A.在起吊套管时,为不损坏瓷套,要在瓷套上包保护材料后在固定吊绳,按一定角度收紧葫芦后方可起吊套管。

B.在推出套管时应听从指挥人员的指挥,慢升慢降。

C.套管只能通过法兰上的吊孔和盖板上的螺栓吊装,绝对不能在套管的复合绝缘子上吊装。

D.按照拆除步骤逆向对套管进行回装,回装过程中注意套管根部防磕防碰。

E.套管拆除前做好照片及二次措施单双重记录,换流变安装就位后严格按照方案进行二次回路检查和换流变功能校验。

F.换流变投运前应进行高压试验,检验换流变具备投运条件。工作结束后仔细检查工作现场,保证无遗留物。

G.换流变油枕油必须单独排放,不可流经本体油箱排放,避免油枕长期积累油污污染换流变本体。干燥空气发生器使用前,测量出气露点低于-45 ℃。

H.涉及换流变器身暴露在环境中的工作,在环境相对湿度低于75%条件下进行。

高空作业车、吊车须由具有相关资质的人员操作,并设定专人指挥,并做好安全接地。

I.高空作业系好全身式安全带。

J.严禁使用麦氏真空表,应使用电子真空计。

③安全措施

A.将011B换流变A相转为检修状态。

B.在高坡换流站011B换流变A相、极1换流变前广场区域处周围装设向内带有“止步,高压危险”警示语的安全围栏,并在围栏入口处悬挂“从此进出”“在此工作”标示牌。

C.工作前应检查工作中所使用的工器具是否合格,检查个人防护用品是否合格并按要求穿戴。

D.每天工作结束后要清理工具数量,以防将工具遗留在设备上。

E.工作负责人在工作前向工作班成员交代安全和技术注意事项。

F.工作负责人一定要坚守工作岗位,不得离开现场。需要短暂离开现场时,必需指定有资质的人员负责工作。长时间离开现场时,必须重新办理工作票。

G.每日工作前应组织班前会,交代安全注意事项和工作内容,每日工作结束及时召开班后会,总结当日工作中的不足。

H. 作业过程中,作业人员需正确佩戴好安全防护用品。

I. 高空作业人员应按要求穿戴合格全身式安全带,攀爬高于 2.0 m 以上设备必须系好全身式安全带。

J. 施工期间严禁喝酒,作业现场严禁使用火种,严禁吸烟。

K. 施工现场配置足够数量的消防器材,如:滤油机、油罐处应设置重点防火区域。

L. 工作开始前,核对已做的安全措施是否符合要求,看清设备名称,严防走错位置;注意观察工作班成员精神状况是否满足检修工作要求,并做好安全技术交底。

M. 工作过程中,严格执行工作票制度,按照工作票上所列的内容做好相应的安全措施,在规定的时间和工作范围内进行工作,加压工程中做好安全监护。

N. 工作结束后,应认真清理现场,清点人数,确认设备上无遗留物,做到人走物清。

O. 执行工作许可制度,经过当值运行人员许可后方能开始工作。

P. 执行工作监护制度,工作负责人(监护人)必须始终在工作现场,对工作班人员的安全认真监护。

Q. 执行工作间断、转移和终结制度。

R. 现场工作过程中,凡遇到任何异常情况时,不论与本身工作是否有关,应立即停止工作,保持现状,待查明原因,确定与本工作无关时方可继续工作;若异常情况是本身工作所引起,应保留现场并立即通知值班人员,以便及时处理。

S. 工作现场需使用检修电源时,必须在值班员指定地点进行搭接,并遵照变电站的有关规定,使用完毕后,应将其恢复至原样。

T. 工作完毕后,认真清理现场,待值班人员检查完毕,办理工作票结束之后方可离开现场。

④施工流程(图 3.86)

⑤施工步骤

A. 换流变一次引流线及二次接线、套管穿墙封堵拆除。所有二次拆接线采用照片及二次措施双重记录。搭脚手架,拆除穿墙封堵,对每块封板标号记录原安装位置。

B. 换流变牵引。拆除 011B 换流变 A 相前阻挡换流变牵引的消防管道,提前加工制作轨道工字钢,填充轨道衔接处间隙,换流变牵引速度不得大于 2 m/min。牵引过程应平稳,牵引前在换流变本体预留的规定位置对变压器安装三维冲击记录仪,保持冲击记录在各个方向振动强度在 3 G 以内。

C. 换流变排油。关闭油枕至换流变本体油箱油管阀门,先把油枕油从油枕排油管排至干净储油罐中,避免油枕长期积累油污流经换流变本体污染器身,再打开

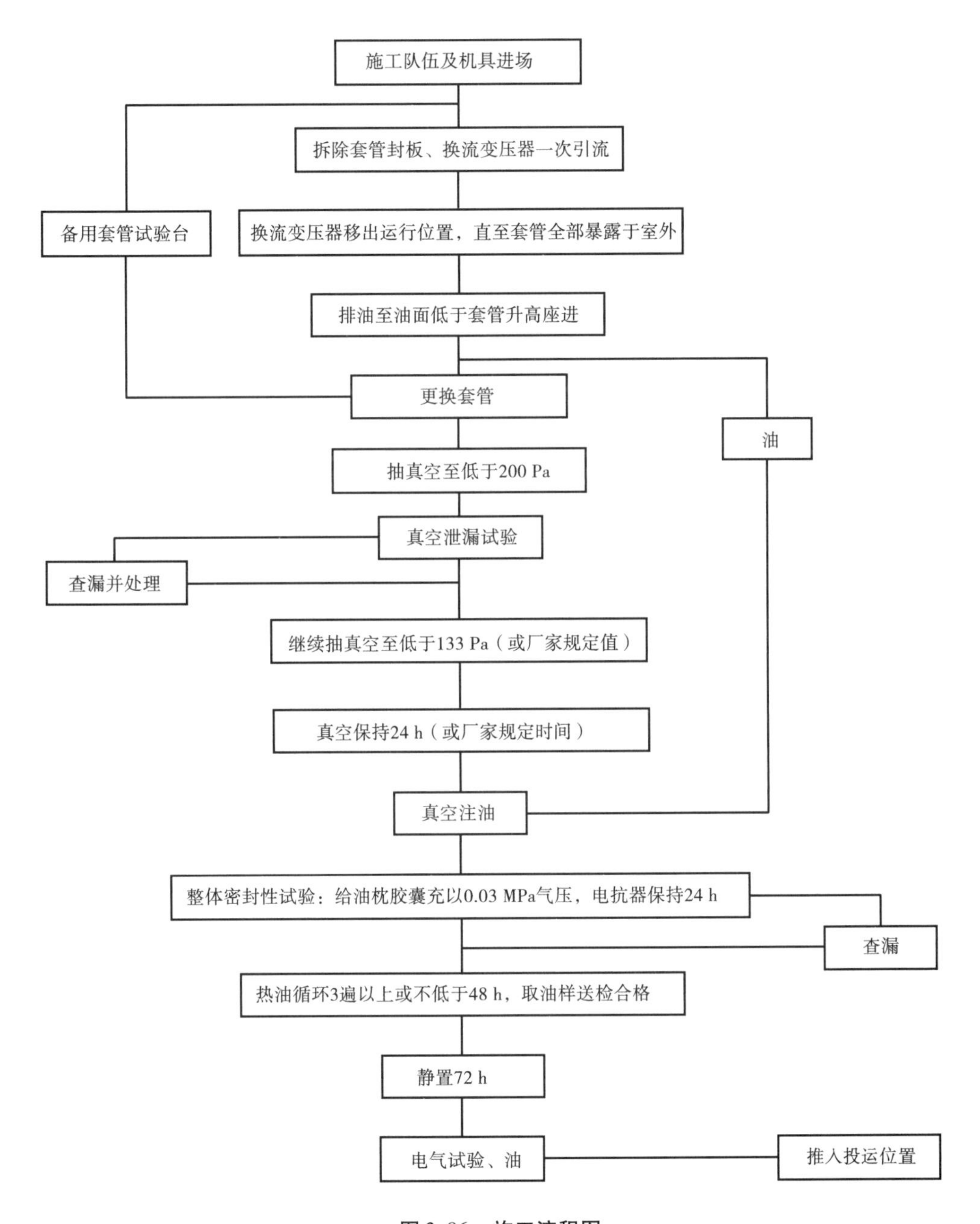

图3.86　施工流程图

油枕至换流变本体油箱油管阀门，换流变排油至干净储油罐中，使油面低于2.2套管升高座底部。排油约75 t。

D. 变压器油滤油备用。

a. 滤油机从11NJ01交流分屏油处理系统交流分屏处接取电源。

b. 补充约5 t油至储油罐中，然后进行油务处理，滤油量约为85 t。

c. 油过滤油温控制在 55 ~65 ℃范围内。

d. 滤油工作与真空注油工作应连续,即滤油工作持续至真空注油工序。注油前取油样送检合格。

e. 拆除套管。先拆除 2.1 套管,后拆除 2.2 套管。将干燥空气发生器连接至主油枕呼吸器连管(加工各通口带有阀门的多连通阀,与呼吸器连管,满足能同时接入真空机组、真空表计、干燥空气发生器的要求)。打开油枕与换流变本体连通阀,打开换流变阀侧套管安装进入孔,同时,持续向换流变充入干燥空气。套管根部与换流变引线连接点拆除由厂家技术指导人员实施,套管拆除过程应缓慢移动,并有尾绳牵引套管,有专人进行指挥作业。

f. 套管安装。先安装 2.2 套管,再安装 2.1 套管。套管安装措施:干燥空气发生器持续对本体进行充气,打开人孔盖,安装换流套管,套管根部与换流变引线连接由厂家技术指导人员实施。在回装过程中,锈蚀螺栓用全新不锈钢螺栓更换,所有螺栓必须按照设备图纸规定的力矩紧固、校核。所有密封面密封时必须涂有厂家提供的原厂密封胶。套管安装过程应缓慢移动,并有尾绳牵引套管,有专人进行指挥作业。每天工作结束时,必须保持换流变处于密封状态,并抽真空后充0.01 ~0.03 MPa 干燥空气。

g. 抽真空及真空密封性试验。抽真空前,检查各阀门状态正确,抽真空时,必须打开油枕与本体连通阀,打开主油枕与副油枕连通阀,使切换开关芯室、油枕(主油枕与副油枕)、本体一起抽真空。开动真空泵进行抽真空,当真空度低于 200 Pa 以下,停止抽真空,静放 5 min,记录残压 P_1,继续保持 30 min,记录残压 P_2,按照 $\eta = \frac{(P_2 - P_1) \times V}{1\ 800}$确定泄漏率,其中:$\eta$(Pa · L/s)为泄漏率,$V$(L)为邮箱容积,等于主体油重(kg)/0.9。当 η 小于 1 000 Pa · L/s 时,认为密封良好,否则检查渗漏并处理,才可以继续抽真空。确定密封良好后,变压器抽真空至低于 133 Pa,真空保持 24 h。

E. 换流变注油。所有可能渗漏油位置下铺设吸油毡;注油前油过滤完成,取油样送检合格,将主油枕至换流变本体主油管上的逆止阀锁定至打开位置。变压器必须真空注油,注油油温高于变压器器身温度,且油过滤与注油工作需连续;用滤油机从换流变注油阀(应从下部进油)将储油罐内部油回注至换流变内,换流变注油至油位到达本体瓦斯继电器时,停止注油,继续抽真空 2 h,停止抽真空,开启干燥空气发生器用干燥空气破除换流变本体、主油枕、副油枕破真空,然后继续注油至额定油位。本体油注满至额定油位后,关闭副油枕与主油枕连通阀,关闭主油枕与换流变本体连通阀。打开主油枕顶部排气塞,向主油枕胶囊泵气(使用氧气减压阀,缓慢充气,安装气压表实时监测,换流变侧气压不得高于 0.03 MPa),直至主油枕顶部排气塞溢出变压器油,关闭主油枕顶部排气塞。

F. 注油完成后应进行整体密封试验。往变压器胶囊内充入 0.02 MPa 干燥空气或氮气,保持 24 h,无渗漏油。

G. 热油循环:热油循环时,搭接冷却器工作临时交流动力电源,每隔 12 h 启动冷却器运行半个小时。用真空滤油机对合格绝缘油进行加热、脱气、油温加热至约 60 ℃,循环次数不小于 3 次,耗时不得低于 48 h,取油样送检合格后停止热油循环,然后对变压器进行排气。

H. 静置排气。完成以上工作后将换流变静置 72 h,对变压器排气,然后启动冷却器组,并多次排气,直至变压器内残留气体排出干净,取本体油样送检合格。

I. 配合完成换流变交接试验,取油样送检合格。

J. 换流变牵引至运行位置。补充更换损坏的轨道衔接处工字钢,换流变牵引速度不得大于 2 m/min。须在专用顶升位置对变压器进行顶升转向。牵引过程应平稳,对变压器安装三维冲击记录仪,保持冲击记录在各个方向振动强度在 3 G 以内。

2)技术措施

①施工方案编制完毕,并经审核、批准。

②作业前对参加该施工项目的相关人员进行安全技术交底,作业人员明确施工程序、施工方法,了解施工工艺要求及安全注意事项。

③作业区域已停电,线路断开,接线头固定。

④消防设置拆除完毕。

⑤施工使用的机械设备、工器具等运至现场,做全面检查、检修,合格后方可投入使用。

⑥地面行车轨道除锈,轨道间接口用同型号重轨填塞,要求轨面在同一水平面上牢固。

⑦施工现场配置照明设施,满足夜间施工要求。

⑧在牵引前,在换流变上加装冲击记录仪。

3)滑轮组拖移方案

根据施工现场条件,站内通道纵向与主变相对应位置设置有地锚,可利用此设施,配合六线滑轮组,用于从北向南的拖移作业。

①将六线滑轮组连接在地锚上,滑轮组一端与主变相接,另一端通过导向轮与 MANE2000 牵引车尾部相接。

②再次检查各工机具及钢丝绳的使用状态,一旦发现缺陷,立即更换。

③作业前,指挥人员指挥驾驶员先试运行,受力后检查各工机具及连接件的使用状态。

④确认无误后,指挥牵引车低速、缓慢朝通道东西方向移动,主变受力后由北向南缓慢移动。

⑤拖移过程中,变压器两对角位置派专人监护,密切关注变压器的运行状况,一旦发现振动超标,立即停止推移。

⑥拖移过程中,应随时观察变压器的推移路线,如发生偏移应立即进行纠偏。

4)液压顶升方案

主变纵向位置走足外,需调换90°沿横向拖移,此时需将主变顶起,调整底部小车车轮位置。其方案如下:

①在变压器四个顶升座下方搭建顶升平台,平台底部用道木并排搭建,平面不平处用薄木板进行调平。垫木平台第二层搭"#"字形交叉排列。

②在四个底脚板下方分别铺垫垫木(高密度杂料),搭建一个千斤顶底座,在垫木搭建的千斤顶底座的中间位置,放置一块600 mm×600 mm×25 mm的垫铁,将100 T千斤顶直接放置在垫铁上。

③用高压油管将千斤顶与高压油液工作站连接,将千斤顶进行空转运行,检查各油管快速接头对接情况,调整工作站进气孔,使同在一端的两个千斤顶顶升及回落速度一致。

④调整千斤顶位置,使千斤顶顶升的位置处于变压器顶升座平面中心位置。

⑤在进行变压器的顶升时,采取的是逐端顶升的方法。将变压器一端两侧的两个千斤顶同时顶升受力,通过油液工作站压力表的读值,将两个千斤顶的受力程度调整一致(1~2 MPa),等待顶升指令。

⑥将顶升力加大到10 MPa后停止受力,各受力部位经检查无误后,两个千斤顶同时开始顶升。将变压器一端顶升至高度50 mm时,千斤顶按指令同时停止顶升,在变压器托架底部并排铺垫10块1 000 mm×160 mm×50 mm的垫木。

⑦垫木铺垫完毕后,两个千斤顶按指令同时回落,匀速缓慢地将变压器降至垫木上。

⑧将千斤顶拆除放置在一旁,用同样的顶升方法将变压器的另一端顶升至100 mm高度,在变压器托架底部并排铺垫10块1 000 mm×160 mm×100 mm的垫木。将变压器匀速缓慢的降至垫木上。确认变压器安全地固定在垫木上后,此时小车车轮已脱离轨道面,四人进入主变底部小机位置,拆掉连接螺栓使小车与主变底板脱离,调整小车车轮行走面与轨道横向线相一致,再通过螺栓将小车连接在主变底板上。采用与顶升相反的工艺将变压器降在轨道上,撤除工机具。

5)牵引车拖移方案

此方案用于通道横向拖移,与滑轮组拖移方案类似,不做赘述。

6)液压推移方案

从南向北推移时由于没有地锚,且场地不足,应采用液压推移方案。

①在两根轨道上分别安装一台TYJ50-100大功率推移机,推移机的顶伸接头与双头滑靴相连接。用高压油管将2台高压液压工作站(BZ70-2.5)与推移机

连接。

②油管连接完毕后，启动液压工作站对推移机进行空载及受载的伸缩操作。经试操作无误后，将2个推移机同时顶伸受力，通过液压工作站压力表的读值，将2个推移机受力程度调整一致（1～2 MPa），等待推移指令。

③当所有的推移工作准备到位后，操作人员听从指挥人员的指令，同时启动液压工作站进行变压器的推移。

④推移过程中，为保证变压器重心不发生纵向偏移，应随时观察液压工作站的压力表，尽量保持各液压工作站压力一致。

⑤推移过程中，要派专人密切观察滑靴的位移情况，一旦位移超出范围（根据滑靴的限位判断），立即停止推移并进行调整。

⑥推移过程中，应随时观察变压器的推移路线，如发生偏移应立即进行纠偏。

⑦当推移机的活塞杆行程推移完毕后，同时将推移机活塞杆缩回，并同时受力。重复以上动作，直到把变压器推移至指定位置。

7）质量目标

①业主竣工一次验收合格率99.99%及以上。

②施工安全可靠不发生损害货物事故。

③业主满意度90%以上。

④业主反馈意见（含投诉）响应率100%，实现业主满意。

8）施工管理

①作业准备前，召集现场相关人员将作业技术方案进行传达，使其了解整个作业流程，并强调流程中的关键技术要点及影响到安全的注意事项，做到“人人心中有数，安全人人有责”。

②作业实施前，由安全员组织全体作业人员在现场进行安全技术措施交底，让各作业人员明确安全责任，清晰安全操作规程，做到无作业安全措施禁止作业。

③整个作业实施过程由安全员全程进行监控，一旦发生违规操作和安全隐患应立即停止作业，待处理完毕检查无误后，方可继续作业。明确现场指挥人员，统一指令，指挥人员的指令清晰明确，严禁出现多重指挥。

④作业人员严禁疲劳、带病进行作业工作。作业人员必须统一穿着工作服，佩戴安全帽及具有防滑、防砸功能的劳保鞋，不穿戴劳保用品的人员禁止入场作业。做好现场清理和保卫工作。

⑤指挥员应位于操作员视力能及的指挥位置指挥，并能清楚看到设备运行的全过程。

⑥操作人员、信号传递人员要集中思想，杜绝反操作的错误现象出现。作业中施工人员必须坚守岗位，做到思想集中听从调配，严禁吵闹和谈笑。

⑦带电区域内作业，应确保与带电线路间的安全间距：

500 kV:5 m,220 kV:3 m,110 kV:1.5 m,35 kV:1.0 m,10 kV:0.7 m。

(2)某 500 kV 甲线高抗 A 相高压套管更换案例

1)工作目的

某所对 500 kV 甲线 A 相高抗进行高压预试时,发现高压套管末屏及底座有明显油迹,末屏盖的橡胶密封圈鼓出,且挂有油滴,检修人员试图详细检查该设备,打开末屏盖后,套管内部油立即喷出,内部情况无法检查。为保障设备安全运行,决定更换该套管。

2)安全措施

①将黎桂甲线并联电抗器 A 相操作至接地状态。

②将吊车、高空作业车拴上接地软铜线。

③在黎桂甲线并联电抗器 A 相上悬挂“在此工作”标示牌、在线路刀闸上悬挂“禁止合闸、有人工作”的标示牌。

④高空作业必须系好安全带,安全带固定在牢固构件上,所有工作人员都必须佩戴安全帽。

⑤使用吊车、高空作业车时,必须保持车与设备之间的距离,不得碰到设备。

⑥工作过程中,不得上下抛递工具和物品。

⑦记录检修工具数量,以防将工具遗留在高抗本体内。

⑧施工负责人在工作前向工作班成员交代安全和技术注意事项。

⑨施工负责人一定要坚守工作岗位,不得离开现场。需要离开现场时,必需指定专人负责工作。

⑩工作终结后,工作负责人和工作许可人共同检查,确保工作现场无任何遗留物。

3)施工技术措施

①技术准备:按规程、厂家安装说明书、图纸、设计要求及施工措施对施工人员进行技术交底。

②机具的准备:按施工要求准备机具并对其性能及状态进行检查和维护。

③施工材料准备:克拉玛依 25 号变压器油。

4)设备拆除施工措施

因检修需要,需对 500 kV 黎桂甲线高抗 A 相高压套管一次接线进行拆除,需进行高空作业,高空作业必须戴好安全带防止高空坠落,起重工指挥吊车以免误碰设备特别是上方的绝缘子串及相邻间隔带电运行设备,设备拆除后不得随意摆放,需放在指定地点。

5)设备检修施工措施

①施工前先对变压器各处绝缘电阻、铁芯对地绝缘、引线的直流电阻进行测量、记录。

②取油样,对高抗绝缘油进行化验并记录。

③记录工器具数量及名称。

④进入高抗器身穿专用检修装,不得带入无关物品。

⑤拆、装套管时尽量放缓工作速度,器身内技术人员要注意套管运动角度,严防挂擦内部结构,破坏绝缘。

⑥器身工作人员及套管口工作人员每人配一条毛巾,防止汗液滴入器身。

⑦不能使用活动扳手。工作时用软绳的一端系住扳手,另一端系在操作者的手腕上或腰间以防扳手遗落在油箱内。

6)工作内容及步骤

①排油

A.关闭油枕及冷却器阀门。

B.通过高抗器身底部排油阀连接排油管道至备用空油罐,通过真空滤油机排出主体内的所有变压器油(排油应在相对湿度不大于75%时进行)。

②拆除套管

A.拆除高压套管一次引流线、将军帽等金具。利用套管卡具及吊带固定套管于吊车吊钩上,并设置牵引绳。

B.拆除套管升高座连接螺栓。由套管顶部用引导绳(尼龙绳)捆紧引流线。

C.安排工作人员打开检修孔,穿好变压器器身检修服,填写工具记录单,进入器身确认套管位置。缓慢起吊套管,器身内工作人员严格监视套管提升角度及速度,及时同外部牵引绳工作人员协调,调整角度及速度,防止碰撞器身内其他部件。待套管全部脱离器身后,用塑料薄膜封闭套管插入口。

③安装套管

A.利用套管卡具及吊带固定新套管于吊车吊钩上,并设置牵引绳。

B.将捆绑引流线的尼龙绳穿过套管。

C.将新套管吊至高抗套管升高座处。

D.收紧引流线引导绳。

E.拆除塑料薄膜。

F.缓慢将套管吊装入高抗器身,器身内工作人员同时监视及调整套管吊装角度。

G.待套管吊装到位,升高座处工作人员调整套管位置,装设固定螺栓。

④恢复接线

A.恢复高压套管一次引流线、将军帽等金具。

B.器身内工作人员撤离器身,核对工具记录单,确认无遗漏立即并封闭检修孔。

C.按照力矩标准校对各连接螺栓力矩。

⑤注油

A. 连接注油管路及滤油机，管路用热油冲洗干净，保证内部清洁；将主导气管端头的真空蝶阀接至真空泵并安装真空计。

B. 关闭油箱与气体继电器间的真空蝶阀，使储油柜不承受真空；打开其他所有组、部件（如冷却器、压力释放阀等）与变压器本体的连接阀门。

C. 对储油柜以外的整个变压器抽真空，真空度应为残压不大于 0.13 kPa，维持 24h 后，方可真空注油。将变压器油用油箱下部的闸阀注油，注油速度不超过 6 000 L/h，油温 45 ~60 ℃，直到注油至箱盖下 200 mm 左右结束为止。

D. 持续抽真空 2 h。维持油温（60 ~70 ℃）热油循环 72 h，热油循环完毕，静止 72 h，并定期打开套管升高座、联管等上部的放气塞进行放气，直至有油溢出方可关闭。

⑥试验

A. 套管的电容量和介损测量

测量时记录环境温度和设备的顶层油温。布置介损试验仪，设置现场试验围栏。拆除套管末屏接地，采用 2 500 V 绝缘电阻测试仪，测量并记录套管主绝缘及套管末屏对绝缘电阻。绝缘电阻测试完毕，关闭绝缘电阻测试仪，拆除仪器专用线。将试验仪器高压输出线接至高压绕组上，仪器 C_x 输入线接至套管末屏。选择内高压、内标准、正接线的方式，选择 10 kV 测试电压，测量并记录套管主绝缘电容量及 $\tan\delta$。恢复套管末屏接地，并检查确认套管末屏接地良好。

B. 主绝缘及套管末屏对地绝缘电阻

测量并记录环境温度和湿度；拆除套管末屏接地，检查套管末屏密封情况；绝缘电阻仪正极接线接套管导体，负极接套管末屏；选择 2 500 V 测试电压，测量并记录套管主绝缘的绝缘电阻值；绝缘电阻仪正极接线接套管末屏，负极接套管法兰；选择 2 500 V 测试电压，测量并记录套管末屏对地的绝缘电阻值；

C. 介损及电容量测量

介损仪高压输出线接套管导杆，C_x 测试线接套管末屏；选择内高压、内标准、正接线测量方式，设定试验电压 10 kV，测量并记录套管主绝缘的介损及电容量；关闭试验仪器，断开试验电源，在试验仪器高压输出端挂接地线；进行试验该接线，末屏接仪器高压输出线；选择内高压、内标准、反接线方式，试验电压设定 2 kV，测量并记录穿墙套管末屏对地电容量及 $\tan\delta$；核查试验结果，发现异常立即进行复测；测试结束，恢复穿墙套管末屏接地，并检查确认接地良好。

第4章 绝缘纸老化及其改性技术

4.1 引言

目前,我国投入使用变压器中运行比例最高、数量最多、容量最大的是油浸式变压器,并且几乎所有的超(特)高压输电系统中的电力变压器都是油浸式变压器。油浸式变压器的绝缘主要由外绝缘和内绝缘组成,外绝缘是指变压器依靠空气来绝缘,而内绝缘则是采用绝缘纸和绝缘油组成的油纸复合绝缘系统来实现绝缘,油纸绝缘系统的绝缘能力关系到变压器能否正常运行。变压器在长期的运行过程中,油纸绝缘系统除了要受到正常的电场作用,还要受到变压器发热、应力、空气等多种因素的影响。在这些因素的影响下,绝缘油和绝缘纸都有可能会劣化变质,从而导致整体绝缘性能的下降。

在油浸式变压器运行期间,因为绝缘油具有可流动性,当绝缘油老化后,可以通过换新油或者滤油的方式来降低因绝缘油老化带来的危害。然而绝缘纸缠绕在变压器的各绕组上,是固定的绝缘材料,其在变压器运行过程中是无法更换的,一旦有过电压产生,超过了油纸绝缘系统的耐受电压,就会发生绝缘击穿事故。因此人们通过提高绝缘纸自身的绝缘性能来增加它的绝缘可靠性,减小在各种情况下绝缘损坏事故发生的概率,具有十分重要的意义。

变压器的绝缘纸有很多种类,按纤维原料的不同可分为植物纤维纸、合成纤维纸以及矿物纤维纸。合成纤维纸是由合成纤维抄造而成的。根据纤维的不同种类可分为聚酯纤维纸、芳香族聚砜酰胺纤维纸、芳香族聚酰胺纤维纸和聚噁二唑纤维纸等。矿物纤维纸是由矿物纤维或者无机物经过热格后喷拉成丝后抄造而成,主要有云母纸、玻璃纤维纸等。

向前追溯,由木纤维制造而来的牛皮纸作为变压器固体绝缘已应用将近 100 年,因其来源广泛、价格低廉、兼备良好的力学与介电性能、耐热等级为 105 ℃等优势,经过多年广泛研究,于 20 世纪 40 年代成为电气设备中的主要固体绝缘材料。此外,最早在 19 世纪 90 年代,利用天然纤维素制成的绝缘纸就已经广泛应用在各种油浸式电力设备上。随着制造工艺的提升,纤维素绝缘纸呈现出价格低廉、机械强度大、尺寸容易控制、油浸后电气性能优良、环境友好等优点,至今其仍是油浸式变压器重要的绝缘材料。

随着电力设备电压等级与容量的持续上升,电力设备对绝缘纸的性能要求不断提高,传统的绝缘纸开始难以适应新的要求。传统的绝缘纸是用纤维素制成的,纤维素是天然高分子聚合物,在变压器长期运行过程中,其内部会发生复杂的化学与物理变化,导致性能逐渐劣化。绝缘纸的老化是电场、温度、氧气、水分等多种因素综合作用的结果,其中温度是最关键的因素,绝缘纸寿命主要是由其热老化决定的。传统纤维素绝缘纸耐热等级为 A 级,最高温度限值为 105 ℃,高温环境下,绝缘纸因高分子链发生裂变而变脆,聚合度降低,逐渐丧失原有的机械性能和绝缘性能。传统纤维素绝缘纸不耐高温的缺点使其不能满足变压器在高压、高温等恶劣环境下工作的要求。

为了适应发展,除了用物理、化学方法对绝缘纸改性,提升绝缘纸的绝缘性能和其他性能外,还可以通过研制其他新型绝缘纸,以满足恶劣工作条件的要求。

从 20 世 50 年代起,美国多家公司便已经研发出多种耐高温绝缘纸,应用广泛的有芳纶纸(Nomex)、聚酯层压纸(DMD)、热改性纸(TUK)。Nomex 绝缘纸的耐热等级为 C 级,在 220 ℃下性能稳定,具有很好的电气、力学和化学性能,将其替代传统纤维素绝缘纸用作变压器绝缘,可提高变压器可靠性和延长使用寿命。

Nomex 绝缘纸是以聚间苯二甲酰间苯二胺短纤维(芳纶)和沉析纤维(浆粕)为原料,采用斜网成型湿法抄纸技术,再经过干燥热轧得到。Nomex 绝缘纸由酰胺键间芳香环所构成的线性大分子组成,其分子结构如图 4.1 所示。

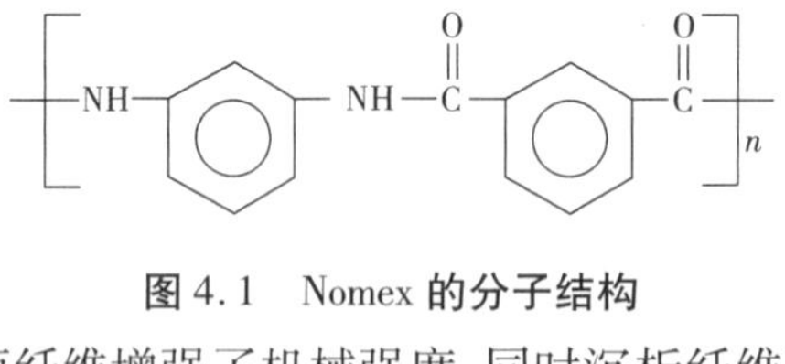

图 4.1　Nomex 的分子结构

Nomex 绝缘纸的短纤维增强了机械强度,同时沉析纤维不但提高了介电强度,还起到填充剂和胶黏制剂作用。

国外某公司于 1967 年实现了 Nomex 绝缘纸的工业化生产,于 1991 年取得了生产 Nomex 纸基材料的 ISO 9002 的质量保证书,2006 年该公司在上海举行了 Nomex 产品发布及应用研讨会,标志着 Nomex 品牌正式进入中国,2008 年 Nomex 纤维的总产能达 2 万 t/a。

我国于 1972 年开始芳纶纤维的研制工作,在单体制造、树脂合成、纺丝、制浆、造纸及热轧的系统研究基础上于 1975 年转入中间试验阶段,并建成具有年产数吨的小批量试验性生产基地,其产品在 1979 年投入市场。但与进口材料相比,我国自行研制的芳纶纸基材料的某些性能仍有较大差距。

在回顾了绝缘纸的发展历史后,回到具体的应用上,根据应用设备的电压等级,可以将绝缘纸分为应用在 35 kV 电压等级以下的电力电缆纸、应用在 110 ~ 330 kV电压等级之间的变压器、互感器等设备中的高压电缆纸,以及 500 kV 以上的变压器及互感器中的匝间绝缘纸。

应用在各类设备中的绝缘纸主要包括变压器匝间绝缘纸、绝缘纸板、电力电缆纸、高压电缆纸和套管绝缘纸,它们的性能要求标准分别参考 QB/T 4250—2011、QB/T 2688—2005、GB/T 7969—2003、QB/T 2692—2005 和 QB/T 3520—1999。绝缘纸作为电力设备中主要的固体绝缘,直接关系到设备的运行安全。针对不同的设备、不同的用途,对绝缘纸的性能要求也不一样。为了能够更好地对绝缘纸进行性能评判,一般从以下几个方面进行考虑。

4.1.1　电气性能

(1)电气强度

对于油浸式变压器而言,绝缘纸的耐电能力极为关键,而绝缘纸的电气强度又与纸的密度和透气度有关。若绝缘纸的密度越高,则可以承受的直流、脉冲和交流击穿电压数值都会提高。绝缘纸密度每提高 10.0%,对应的脉冲电压可提升 20.0% ~25.0%。长期击穿电压是衡量绝缘纸耐点强度的关键指标,但是长期击穿电压会下降,所以单靠提升绝缘纸密度来优化纸的性能是行不通的。随着绝缘纸密度的增加,其相对介电常数和介质损耗均会相应提高,由于介电常数以及双层电介质场强的分布所带来的影响,如果仅仅增加该纤维素密度,那么相应的绝缘油中的场强会显著提升,由此引发绝缘系统的击穿,从而影响变压器的运行可靠性。所以,当前绝缘纸的一个重要发展趋势就是不断降低其密度,这样不仅可以降低其生产成本、提升环境的保护效果,同时还能让绝缘油、纸进行科学的组成,使得场强的分布更为科学。

透气度是绝缘纸在指定气压和面积条件通过标准空气量所需要的时间,通常衡量绝缘纸的透气程度,透气度越大,那么绝缘纸的击穿电压也会随之而增高。透气度还和绝缘纸中内含的孔隙量多少有着显著的关联性。在生产过程中,往往需要对绝缘纸的透气度进行调整,在满足其他相关要求外,还需考虑击穿电压的调控。另外从生产的角度考虑,透气度的调整还涉及打浆时的解离转速以及转速和解离时间的改变。

(2)相对介电常数

介质在电场中的极化能力通常用相对介电常数ε_r来进行表征。在纤维素大分子环状结构中,因其存在着诸多的羟基,所以纤维素大分子具有显著的极性,在电场环境中,其会产生转向极化。绝缘纸要比绝缘油的 ε_r 高很多,前者的数值通常约为5.5,浸入至绝缘油中后下降至4.4左右,这种变化和绝缘纸所含有的大量的孔隙有着显著的关联性。绝缘纸浸油率越高,那么对应的ε_r 就会越低,反之则越高。由此可见,绝缘纸的ε_r 和绝缘纸诸多的电气性能具有关联性,其值会随纤维素的结构和构成的不同发生相应的改变。

(3)介质损耗

绝缘纸中杂质是引起绝缘纸介质耗损增大的关键原因,这些杂质的化学构成和含量都会影响介质耗损的大小。在绝缘纸的生产过程中,容易渗入氯离子和钠离子,此外,在打浆过程中,还可能会掺入铁离子等杂质。不仅绝缘纸内掺杂的离子能够提高绝缘纸的介质损耗,除此之外,温度也会对绝缘纸的介质损耗产生影响。当超过一定温度后,绝缘纸的介质损耗会显著上升。因此,绝缘纸中的杂质含量必须严格控制在极低水平。

4.1.2　机械性能

由于绝缘纸缠绕在变压器的各个绕组上,所以在使用时会受到机械力等多种应力的作用。变压器在正常运行时,绕组会因电磁场或者噪声的影响而产生微弱振动,这个过程同样也会作用到绝缘纸上并对绝缘纸产生一定的影响。当变压器发生故障时,大电流的产生会使变压器绕组承受巨大的电动力,同样绝缘纸也会受到影响,若情况特别严重,那么绝缘纸极有可能因形变而破损。因此将抗张强度和断裂伸长率作为反映绝缘纸机械性能的重要参数指标,GB/T 12914—2018 标准还对绝缘纸和绝缘纸板的抗张强度和断裂伸长率的测试方法进行了规定。另外,绝缘纸的紧度(或密度)也是绝缘纸非常重要的基本参数指标,其不仅对绝缘纸的机械性能有直接的影响,对绝缘纸的电气击穿强度、相对介电常数和介质损耗均有较大的影响,如绝缘纸紧度由0.7增加到1.15时,相对介电系数会增加30%左右,介质损耗角增加70%左右;但绝缘纸紧度增大,其电气击穿强度,包括交、直流电气强度和脉冲击穿电压在数值上均会有一定的提高。

4.1.3　抗热老化性能

电力变压器在运行过程中,因绕组发热导致其绝缘温度升高,使绝缘材料变质而老化的过程,称为热老化。绝缘纸在变压器运行过程中要长期承受热的作用,纤维会因为热的作用而逐渐老化,变得脆弱,进而导致原有结构发生改变。当出现纤维形态严重受损、聚合度下降和抗张强度下降等现象后,绝缘纸的电气性能和机械性能都会逐渐下降。研究表明,绝缘油在变压器的长期运行过程中,其击穿性能下降很小,大约为10%,不会对变压器的正常运行造成严重影响,因此在很大程度上，因热而发生击穿是因为绝缘纸的抗热老化能力弱。由此，抗热老化能力是绝缘纸一个非常重要的技术指标，其优劣直接影响到变压器的使用寿命。因此绝缘纸的抗热老化性能的高低对变压器运行的可靠性而言至关重要。

4.1.4　化学稳定性能

氧化降解和水解降解是变压器老化的主要形式，其中水解降解占主要。绝缘纸的主要成分为纤维素，纤维素链上的每一个吡喃葡萄单元都带有三个羟基，一个伯羟基（C_6位）和两个仲羟基（C_2，C_3 位），伯羟基的反应活性最高，它会率先与氧化剂发生反应，并根据不同的反应条件生成醛基、酮基或羧基，两个仲羟基也会跟氧化剂反应生成酮基。氧化剂与纤维素作用所形成的产物称为氧化纤维素，它与天然纤维素的结构和性质不同。在大多数情况下，随着羟基的氧化，纤维素聚合度的下降，氧化纤维素按所含的基团的不同可以分为还原型氧化纤维素（以醛基为主）和酸型氧化纤维素（以羧基为主），其共有性质是：氧的含量增加、碳基和羧基的含量增加、聚合度和强度降低。伯羟基、仲羟基能被氧化为6-醛基纤维素（6-aldehydecellulose）、6-羧基纤维素（6-carboxycellulose）、2-酮基纤维素（2-ketocellulose）、3-酮基纤维素（3-ketocellulose），它们的分子结构如图4.2所示。

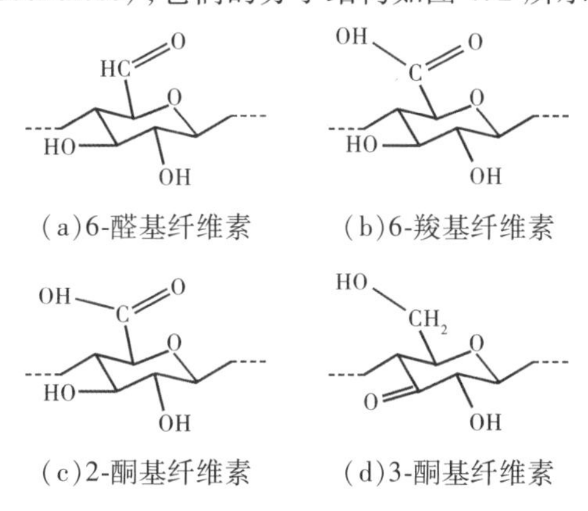

图4.2　各型纤维素分子结构图

在线运行的变压器油中的氧气含量约为 $20\ 000\times10^{-6}$，有研究表明当油中的氧气含量低于 $2\ 000\times10^{-6}$ 时，绝缘纸的老化速率要比自由呼吸变压器低5倍。同时还有研究表明有氧环境下的绝缘纸老化速率是真空环境下老化速率的3~4倍。

纤维素大分子结构中的β-1，4糖苷键是一种缩醛键，对酸特别敏感，在氢离子、温度和时间的作用下，糖苷键断裂，纤维素聚合度下降，部分水解后的纤维素产物称之为水解纤维素（hydro-cellulose），完全水解后的产物则是葡萄糖。有研究表明水解过程中的小分子酸主要是由纤维素绝缘纸老化产生的，大分子酸则是绝缘油老化产生的。小分子羧酸更容易被绝缘纸吸收，它和水分子共同作用促进绝缘纸降解，而高分子酸基本不参与，酸电离产生的 H^+ 离子对降解有催化作用，因此绝缘纸的化学稳定能力也需要充分考虑。

温度、水分、电场、氧气、酸性生成物和机械力等都是绝缘纸老化的常见因素,其中温度是对变压器绝缘纸老化影响最大的因素。因此,对绝缘纸老化的研究一般都在热应力下展开,对于其他因素通常则是控制或者简化,比如在绝缘纸加速老化实验中。水分对绝缘纸的影响也比较大,表现也比较明显。水分会加速变压器绝缘的老化,所以被称为变压器的"头号杀手"。在变压器运行时绝缘纸一直承受着电应力,这也会对绝缘纸的老化有加速作用,其中局部放电产生的电应力对此起到主要的作用。但是由于局部放电的情况比较稀少,具有随机性和间歇性,此外在设计绝缘纸之初就考虑到这种情况并预留了对应工况的电场耐受裕度,因此电场对绝缘纸老化的影响远小于温度与水分。结合以上分析,绝缘纸的老化过程和影响因素、改进方法都是复杂的问题,将在4.2节进行探讨。

4.2 绝缘纸的老化

4.2.1 绝缘纸老化的现象与危害

(1)绝缘纸老化现象

绝缘纸的主要成分为纤维素,变压器绝缘纸的老化是指其纤维素出现了降解现象。绝缘纸的老化方式主要有3种:

①水解老化:当绝缘纸接触到水分时,随着接触水分的增多,纤维素的水解速度就会加快,进而出现纤维素解体的现象,导致绝缘纸老化,最终使变压器的绝缘性能下降。②热老化:纤维素的糖键在高温下并不稳定,如果变压器的温度过高,则会导致纤维素分子中的糖键断裂,出现纤维素解体的现象,进而造成绝缘纸的老化。③氧化反应:绝缘纸接触到氧气时会发生氧化反应。氧化作用会使纤维素末端的游离羧基发生氧化还原反应,导致羧基状态不稳定,出现纤维素分子水解现象,最终造成绝缘纸的老化。然而变压器绝缘纸实际的降解过程非常复杂,涉及化学反应过程及其影响因素众多,因此在绝缘纸的老化过程中往往可能同时存在上述3种老化形式。

随着绝缘纸的老化,纤维素等原材料会随之而分解。各种分解产物会因原材料老化降解而产生,并随之溶解在绝缘油中。此外,由于绝缘纸老化和绝缘油中混有老化产生的杂质,所以整个油纸绝缘系统的理化参数和电气参数均会发生变化。由于在不同的老化阶段绝缘纸的老化程度不同,以及绝缘油中的杂质不同,所以会表现出不同的特征。因此,可以根据相关参数的变化,提取出能够表示变压器绝缘纸老化程度的理化特征量与电气特征量。

1)理化特征量

①抗张强度与聚合度

绝缘纸的机械性能可以通过抗张强度直接反映出来,随着抗张强度的减小绝缘纸的老化程度也在加快。当绝缘纸老化到寿命的末期时,绝缘纸的抗张强度值一般比初始值少一半,此时的绝缘纸机械强度已经很低,其对应的聚合度通常在 250 上下。在 20 世纪早期有大量学者研究了抗张强度和聚合度的关系,并且取得了不错的进展。在实际情况下并不会直接用抗张强度来衡量绝缘纸的老化程度,更不会把抗张强度作为其老化程度的特征量,而是通常采用聚合度作为绝缘纸老化程度的特征量。对比二者可以发现抗张强度的测量要求比较高,而且受到绝缘纸自身的各种因素影响较大,测量结果的分散性也较大。而聚合度的测量则没有抗张强度那么麻烦,而且受到的影响因素也更少。另外,绝缘纸的抗张强度与聚合度具有十分紧密的关联关系,因此通常用绝缘纸的聚合度作为直接反应绝缘纸老化程度的特征量。

绝缘纸的聚合度是目前被最普遍认可的老化特征量,被多个国家以及多个标准所采纳。因为聚合度和抗张强度关系密切,二者都能够反映出绝缘纸的机械强度。当聚合度的值在 100 ~250 时,则绝缘纸的寿命通常就达到了终点,已经不能够再使用。我国电力行业标准 DL/T 596—2005 将绝缘纸的聚合度数值设定为 250。目前从聚合度的角度研究绝缘纸中纤维素降解过程的相关研究已经较为成熟,建立了多个纤维素降解动力学方程,其中最为经典的是一阶动力学方程:

$$\ln\left(1-\frac{1}{DP_t}\right)-\ln\left(1-\frac{1}{DP_0}\right)=-kt \tag{4.1}$$

式中,t 为老化时间;DP_0 与 DP_t 分别为绝缘纸的初始聚合度与老化持续时间为 t 时的聚合度;k 为降解速度。

若 DP_0 与 DP_t 的值均较大,则可利用等价无穷小的原理将上式简化为零阶动力学方程:

$$\frac{1}{DP_t}-\frac{1}{DP_0}=kt \tag{4.2}$$

式(4.1)与式(4.2)很多时候并未做严格区分,而统称为一阶动力学方程。有学者发现一阶动力学方程在聚合度较低时不能很好地刻画聚合度的变化趋势,于是在假设降解速率不是常数的前提下,建立了二阶动力学方程,即

$$\frac{1}{DP_t}-\frac{1}{DP_0}=\frac{k_0}{k_2}(1-e^{-k_2t}) \tag{4.3}$$

式中,k_0 与 k_2 均为待定系数,其与一阶动力学方程中的 k 存在下列约束关系:

$$k=k_0e^{-k_2t} \tag{4.4}$$

关于绝缘纸聚合度降解规律的进一步研究大都基于上述动力学方程,由于能较好刻画绝缘纸聚合度的下降规律,因此常用于绝缘纸的老化评估。但是聚合度

作为绝缘纸老化的特征量也有不足之处,主要有:A.基于黏度的聚合度测量方法其准确度容易受到铜乙二胺溶液及绝缘纸样品处理流程的影响,需要多次测试以尽量消除误差及分散性;B.绝缘纸聚合度只能在变压器停电后进行吊罩取样测试而获得,并不能够做到带电检测,不具备现场检测的能力。综上,亟须研究其他能够用于表征绝缘纸老化程度的特征量,且该特征量应能最大限度地满足现场工作的实际需求。

②油中糠醛

糠醛是绝缘纸老化降解生成的一种呋喃类化合物。目前油中糠醛已经成为普遍认可的绝缘纸老化特征量并得到了广泛的应用,且已为多种标准所采用。由于糠醛仅来源于绝缘纸的老化降解,因此不会受到绝缘油老化产物的影响。与绝缘纸老化分解的其他化合物相比,糠醛比较稳定,不易挥发而且沸点高,易溶于绝缘油而且其含量比较充分,所以能够作为绝缘纸老化特征量来进行研究。目前已经公开的聚合度-糠醛方程显示,聚合度与糠醛存在着半对数、反比例函数及幂函数等数学关系。其中,以半对数形式的聚合度-糠醛方程最为普遍,被广泛用于绝缘纸的老化评估中。DL/T 596—2005 规定了运行变压器油中糠醛含量的注意值,并将 4 mg/L 作为预警值,若糠醛含量大于该水平,则预示着绝缘纸严重老化。

将糠醛作为绝缘纸的老化特征量,存在以下一些不足之处:①油中糠醛含量容易受到换油、热虹吸过滤器操作以及油中抗氧化添加剂与之反应等过程的影响,从而造成绝缘纸老化评估误差;②糠醛的产生及其在油纸中的分布比例受到多种因素的影响,而当前聚合度-糠醛方程并未充分考虑上述影响因素,加之糠醛还可通过绝缘纸中半纤维素的老化降解生成,因而给糠醛作为绝缘纸老化特征量的应用带来了一定的挑战;③老化早期的糠醛增长速率有限,糠醛含量也较低,无法灵敏地反映绝缘纸的早期老化。

③油中碳氧气体

目前油中 DGA(Dissolved Gas Analysis)已经实现了在线监测,为变压器的故障诊断提供了有效手段。与变压器绝缘纸老化密切相关的气体一般为碳氧气体(CO 与 CO_2),而且 CO 与 CO_2 都会溶解在绝缘油中。同时,经过相关研究发现碳氧气体还和绝缘纸的聚合度有一定的联系,可以通过 CO_2 与 CO 气体含量的比值 CO_2/CO(或 CO/CO_2)以及二者含量的总和(CO + CO_2)的变化来反映绝缘纸聚合度的变化。随着温度的升高,CO_2/CO 的值会减小,在正常情况下该比值会保持在一定的范围之内,但是当绝缘纸发生老化降解时,该比值则会出现偏小的情况。究其原因是绝缘纸的老化会产生更多的 CO,进而导致该比值减小。GB/T 7252—2001 指出:当怀疑故障涉及固体绝缘材料时(>200℃),可能 $CO_2/CO<3$。此外,还有研究表明,油中的碳氧气体含量总和与绝缘纸的聚合度、抗张强度及老化时间均存在一定的关联规律。但到目前为止,几乎没有表达式能表达出油中 CO_2 与 CO 气体

含量比值或总量与绝缘纸聚合度或抗张强度之间的定量关系。

将油中碳氧气体含量作为绝缘纸老化特征量的主要问题有：A.变压器的滤油与换油操作会影响油中气体含量，进而影响评估的结果；B. CO与CO_2的产生途径较多，而不仅仅与绝缘纸的老化降解有关，绝缘油也有可能产生CO与CO_2；C. CO与CO_2气体含量及其比值易受油纸比例、变压器型号及容量等多种因素的影响，由于影响的因素较多，难以统一进行考虑和定性分析。上述问题使得将油中碳氧气体用于绝缘纸的老化评估存在较大的局限性，因此目前通常将碳氧气体含量作为绝缘纸老化的辅助判断指标。

④油中醇类

国外有学者于2007年首次提出将油中甲醇作为绝缘纸老化指示剂，此后关于油中醇类的研究也越来越多，并且取得了一定的成果。油中醇类主要是指甲醇和乙醇，现在的研究以甲醇居多。有学者研究证明甲醇是绝缘纸分解过程中最适合表征绝缘纸老化降解的醇类物质，并且还对甲醇的提取、测量方法、影响因素以及绝缘纸老化的程度进行了进一步的研究。经过研究证明油中甲醇直接源于绝缘纸中纤维素的分解，纤维素分子的1,4-β糖苷键断裂与甲醇的生成有很大的关系，此外，由于绝缘油老化的产物中没有甲醇，所以可以排除绝缘油的影响，因此可以将其作为绝缘纸有效的老化特征量。根据研究，无论是传统的牛皮纸还是新型的热稳定性纸都会随着绝缘纸老化产生甲醇，同时甲醇的含量与纤维素链的平均断键存在一定关系，断键数量越多，甲醇的含量越大。

由于油中甲醇在绝缘纸的老化早期便能检测到，因而相比糠醛这一特征量具备更高的灵敏度，更适合用于绝缘纸老化早期的评估。国外有学者针对现场变压器取油并对比分析，发现利用油中甲醇含量能够有效发现变压器的早期老化，而此时油中糠醛含量却较低或根本无法检测到糠醛，证实了油中甲醇在绝缘纸老化早期具有较高的灵敏度与准确性。作为一种新型绝缘纸老化特征量，目前油中甲醇还存在一些尚待攻克的问题：A.绝缘纸的老化降解过程同时会产生低分子酸，而酸会与甲醇发生酯化反应，并消耗一部分甲醇，这一过程对老化进程的影响程度尚待进一步评估；B.同其他油中老化特征量一样，甲醇含量还会受到换油、滤油以及其他操作的影响；C.甲醇在老化后期绝缘纸评估方面的优越性尚待进一步验证，如何考虑实际情况并与油中糠醛含量结合使用以达到老化后期绝缘纸的良好评估效果，是当前甲醇作为老化特征量的另一实际问题。

2）电气特征量

①局部放电相关的特征量

各国学者对变压器油纸绝缘的局部放电开展了大量的研究，但是把绝缘纸老化程度和局部放电相关的特征参数联系起来的研究却并不多。最早有学者提出了利用局部放电相关的统计参数对旋转电机绝缘老化进行评估的方法，然后有学者利用此方法根据变压器局部放电的图谱统计参数对变压器的绝缘性能进行评估，并通过此方法将其作为变压器绝缘老化的特征量。在此基础上，有学者研究了不同老化阶段的油纸绝缘局部放电信号特征，通过智能算法对局部放电特征进行了划分，从而达到绝缘纸老化阶段的划分，并通过绝缘纸的聚合度进行了验证。

到目前为止，仍然未见到有关局部放电用于绝缘纸老化程度方面的评估模型或定量关系的研究，也缺乏对绝缘纸老化过程中结构、机械性能变化与局部放电特性的关联规律方面问题的详细解释，研究结果基本上仍处于定性阶段。由此可见，局部放电相关参数用于绝缘纸老化评估的相关研究或技术尚未成熟，离实际应用还有较远的距离。

②与介电响应相关的特征量

按照方法进行分类，可以把介电响应分析法细分为回复电压法、极化去极化电流法和频域介电谱法 3 种具体的方法。3 种方法所对应的特征参数并不相同，但都可以用于绝缘纸老化程度的表征与划分。可以通过建立油纸绝缘的等效模型，利用介电响应测试模型，通过模型参数的变化来确定变压器绝缘纸的老化程度。此外，还可以根据介电响应的相关曲线来提取变压器的老化的相关特征量，建立特征量数值与绝缘纸聚合度的数学关系，进而实现根据介电响应的绝缘纸老化评估。

A. 回复电压法相关特征参数。经研究发现，回复电压法的测量结果可以综合反映油纸绝缘的含水量与老化状态，并可通过回复电压峰值、主时间常数与波形初始斜率等特征参数的变化来判断绝缘状态的变化。但利用回复电压法对绝缘纸老化程度进行评估还存在一定的困难，主要是因为该种测量方法易受水分与温度等因素的影响，且难以区分水分与老化状态对相应参数的影响。鉴于此，采用回复电压法相关参数用于绝缘纸老化状态的评估有逐渐被极化去极化电流法与频域介电谱法所取代的趋势。

B. 极化去极化电流法相关特征参数。极化去极化电流法是分析电介质缓慢极化的时域分析方法，通常认为曲线的末端形状与绝缘纸的老化状态及含水量密切相关。因此，采用极化去极化电流法相关参数进行绝缘纸老化状态评估同样存在如何分离水分的影响这一难题。鉴于此，有学者建议将极化去极化电流法作为回复电压法的补充，将二者的测试结果进行综合分析，从而提取出能够用于反映绝缘纸老化状态的特征量。

C. 频域介电谱法相关参数。频域介电谱法是一种与介质损耗因数测量方法相同的频域分析方法，只是测量频段不同。通常认为频域介电谱曲线的低频段与高频段的形状特征反映了绝缘纸的状态信息。虽然目前已有大量研究工作专注于研究如何分离水分对频谱曲线的影响，但依然缺乏适用于现场的行之有效的定量老化评估方法与模型，难以保证利用频谱曲线相关特征参数可以准确评估绝缘纸的老化程度。综上，油纸绝缘的介电响应结果较易受水分的影响，因此在进行绝缘纸老化评估时,如何从介电响应测试结果中提炼能够有效表征绝缘纸老化程度的特征量,同时又尽可能消除水分这一重要因素对评估过程的影响,是当前面临的最大挑战。

(2)绝缘纸老化的危害

电网安全关系到国计民生,国家经济发展和社会稳定需要有一个可靠的电网。电力设备的安全运行是保证电网稳定运行的基础,而变压器作为电能传输和配送过程中能量转换的核心,是设备安全运行中最为关键和重要的设备。可以说,若是电网出现严重故障,那么所带来的影响是巨大的,不仅对经济发展有沉重的打击,而且还会破坏社会的稳定。例如,2003 年 8 月 14 日,美国东北部的纽约市以及加拿大的多伦多等地突然发生停电事故,两国的 100 多座电厂相继采取“保护性关闭”,由于这一连锁反应,让停电区域的覆盖面越来越广,最终演变成北美大陆有史以来最严重的停电事故,至少 5 000 万人的工作和生活受到了严重影响,最终造成的经济损失多达每天 250 亿到 300 亿美元。2007 年 4 月 26 日哥伦比亚发生大规模停电事故,导致全国 80% 以上地区的各行业陷入瘫痪时间超过 3 h。2012 年 7 月 30 日,印度遭遇大面积停电,超过 3.7 亿人受到影响。2021 年 2 月美国得州大停电,影响人数接近千万人,因大规模停电间接造成 50 多人死亡。

由于我国电力资源分布不均匀,沿海电力资源稀缺,国家针对这一情况实施了“西电东送”战略。在这一战略的实施过程中,由于其输送距离过长、电压等级较高、相应电网的规模也较大,这给电力输送安全带来了不小的挑战。油纸复合绝缘是变压器内部绝缘的主要形式,如果绝缘纸出现老化,则会造成变压器发生故障,缩短变压器的使用寿命,进而对整个电网运行造成危害。因此为了更好地应对电力安全突发事故,避免因变压器故障导致的电力供应中断给社会带来损失,所以研究变压器绝缘纸老化已成为现实的迫切需要。

绝缘纸作为一种固体绝缘材料,在变压器内环境中长期运行具有以下缺陷:①绝缘纸与变压器油间的介电常数的差异较大,这就容易导致变压器内局部有过高的电场,让变压油分解产生 CH_4、H_2、C_2H_2、CO、CO_2 等多种气体,这些气体容易在油纸绝缘系统中形成气泡和气隙,形成的气泡和气隙进而会促进局部放电的发生,形成正循环,加快油纸绝缘老化的进程,让变压器的绝缘性能下降;②绝缘纸本身的耐热性差,在变压器运行过程中容易分解和老化发脆,发生击穿,进而影响变压器的使用寿命。

4.2.2　绝缘纸老化的影响因素

绝缘纸的老化比绝缘油的老化过程更为复杂,根据老化因素的分类可将绝缘纸的老化分为热老化、环境老化、电老化和机械老化。

(1)热老化

热老化是绝缘纸老化众多影响因素中最主要的形式。绝缘纸的热老化通常是在变压器发热和氧气之间长期的协同作用下发生的，在绝缘纸老化的早期会产生过氧化物，随后通过进一步的裂解反应产生自由基，再通过复杂的氧化和断链过程，让原有的分子量不断下降，而老化后产生的含氧基团数量不断的上升，含量不断增大，通过小分子基团的键和作用，低分子产物的含量也会逐渐增加。这个老化过程会影响到绝缘纸的分子结构，使得原本稳定的结构被破坏，随着老化时间的延长，绝缘纸有机高分子聚合物的聚合度将大大降低，同时绝缘纸的结晶度也会降低，导致绝缘纸的机械性能发生劣化。

由于温度对油纸绝缘系统影响较大，随着温度的上升，绝缘的热老化速率也迅速上升。而热老化速率与化学反应速度紧密相关，化学反应的速度越快，热老化速率也将越快。绝缘纸老化过程中的反应速率遵循阿伦尼乌斯公式（Arrhenius equation）：

$$A = A_a \exp\left(-\frac{E_a}{RT}\right) \tag{4.5}$$

式中，k 表示化学反应速度；A_a和 E_a分别表示化学反应的指前因子和活化能；R 表示玻尔兹曼常量；T 表示化学反应进行的温度。有研究表明，当温度每升高 8 ~ 12 ℃，绝缘纸的寿命将缩短一半。

以纤维素绝缘纸的老化为例子，纤维素在高温下会出现热裂解的现象，通过图 4.3 来进行直观的描述。在纤维素的热老化过程中，随着部分糖苷键的断裂，将直接导致纤维素链的聚合度下降，最终导致纤维素的机械性能下降。在高温下，纤维素链中的葡萄糖吡喃环也会出现开环现象，并逐渐形成小分子物质，产生的 H_2O、CH_2O_2、$C_2H_4O_2$ 等分子会影响纤维素的性能，其中以 H_2O 的影响最大，H_2O 与温度的协同作用将加速纤维素的热老化。

(2)环境老化

变压器绝缘纸在复杂的工作环境中，受热场、电场、磁场等因素多重作用。其次，变压器油、纸的制造以及油浸式电力变压器在注油、安装过程中有残余的水分和空气，再加上污染等因素，这些都会导致油纸绝缘系统被腐蚀，其中对绝缘纸的影响更大。加之变压器内部的电磁场作用，绝缘纸也会发生分解。有研究表明环境因素中对变压器绝油纸绝缘系统造成劣化的主要影响因素是受潮。

水分被认为是造成除温度外油纸绝缘破坏的“头号敌人”，水分能严重降低油纸绝缘系统的电气强度，其对油纸绝缘的老化具有“催化剂”的作用，可缩短绝缘纸的寿命。有研究表明在水分含量大于 2% 时，绝缘纸的板间放电电压会出现大幅下降，在水分含量超过 5% 时，绝缘纸的绝缘性能会大幅下降，爬电时间大幅缩短，并且油纸降解会进一步产生水分，加速油纸绝缘老化的进程。绝缘纸中的水分主要有以下来源。

①有机高分子聚合物裂解。绝缘纸由有机高分子聚合物构成，在高分子的老

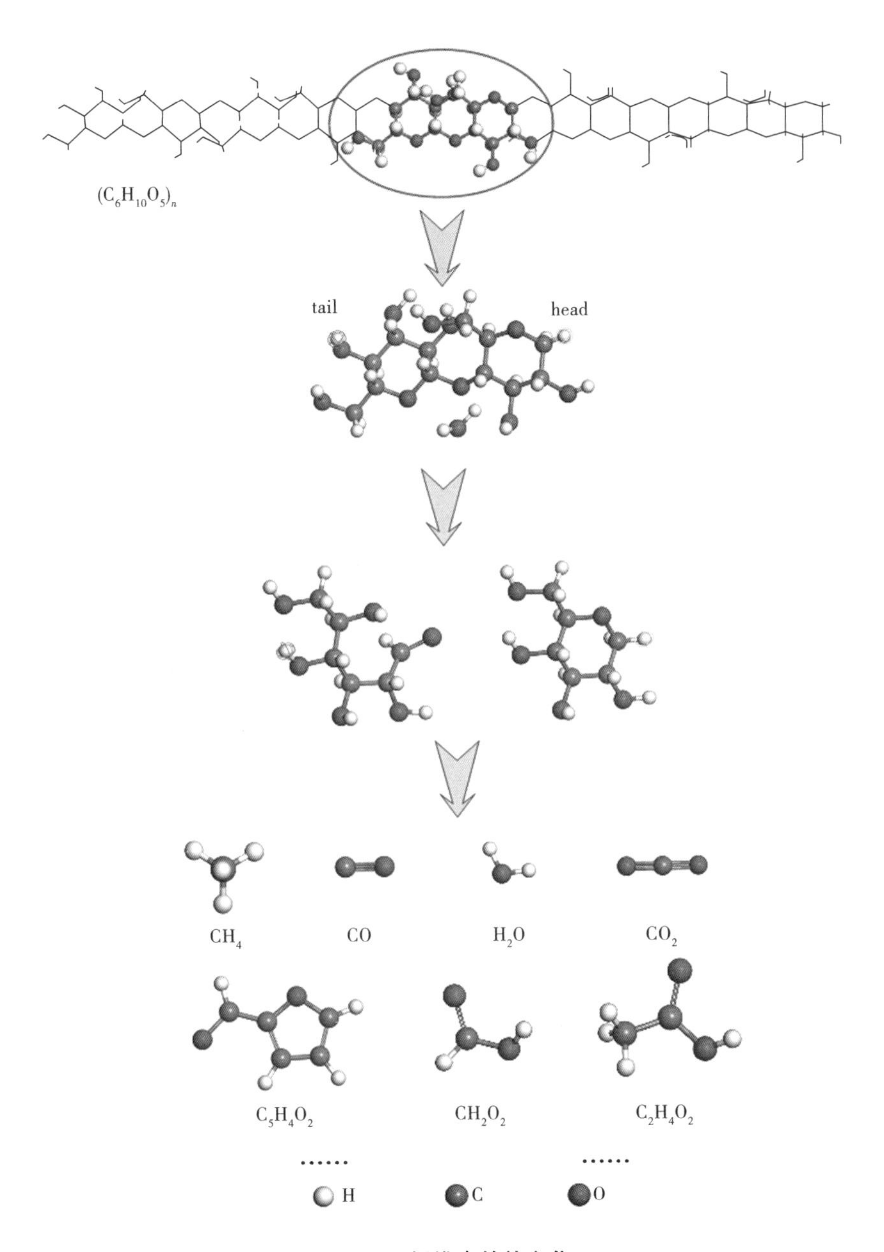

图4.3　纤维素的热老化

化过程中会裂解产生水分。测试了110 ℃下绝缘纸热老化时间与纸中微水含量的变化关系,在初始老化阶段(约60 d内)其微水含量呈振荡上升,老化60～120 d内的微水含量基本呈现线性上升趋势。水分从纤维分子中释放出来后,加速了纤维素的降解过程,从而产生更多的水分,这一过程让原本绝缘纸稳定的结构发生破坏。

②油中高分子基团氧化裂解。变压器油在长期运行的过程中也会发生老化,

老化所产生的基团会发生氧化进而裂解,这个过程也会产生水分,虽然这些水分很少,但是作用在绝缘纸上同样也会造成不小的破坏。

③变压器内部构件产生。变压器内部的某些结构件、绝缘件的涂层在老化过程中也可能会产生水分,这些水分在变压器内受到温度、电场、分子力等作用将发生转移和分配。

有机酸也是加速绝缘纸老化的重要物质。有机酸主要来源于绝缘纸和变压器油的裂解,有机酸所电离出的 H^+ 不仅能提高绝缘的导电性,还会对变压器的金属构件造成腐蚀作用。并能催化绝缘纸的水解,这会导致绝缘纸的绝缘性能降低。在变压器内部温度和 H^+ 浓度达到一定条件时,还会加速绝缘纸中有机高分子聚合物键的断裂,导致其绝缘纸机械性能的降低。所以,酸类物质对绝缘纸老化的影响机理和水分相似,它们都会加剧纤维素绝缘纸的老化进程。

氧气也是造成变压器油纸绝缘老化的重要因素。有研究表明,在氧气单独作用时,对油纸绝缘老化的影响程度与水分相当。当水分含量较低时,水分和氧气有相互抑制作用,油中的氧气会阻止水分和纤维素间的相互作用,并且随着氧气含量的增加,其作用会越来越明显,从而降低绝缘纸的老化速率,但是氧气还会与绝缘纸纤维素发生氧化反应,生成氧化纤维素,氧化纤维素的进一步降解将引发绝缘纸劣化。

(3)电老化

绝缘纸的电老化是一个复杂的问题,涉及介质科学,因此至今都还没有被完全解决。电老化和许多现象都有关,比如击穿、放电、电树等。有大量的研究表明局部放电是造成高压设备发生绝缘击穿的重要原因。绝缘纸在电场长期的作用下,因局部放电而造成的绝缘性能劣化称为电老化。电老化过程的机理十分复杂,深入研究需要考虑局部放电所引起的一系列物理效应和化学效应,在这个过程中需要耗费大量的时间。一般认为,局部放电对绝缘产生破坏的作用大致有以下几种形式:带电质点的轰击、树枝效应、热效应、活性生成物、辐射效应、机械力效应等。

电场作用下的油纸绝缘老化是变压器绝缘老化中一种非常重要的老化形式。关于电场对绝缘材料寿命的影响,有学者认为,绝缘材料的平均寿命 L 与电场强度 E 间存在反幂函数的关系:

$$L = KE^{-n} \tag{4.6}$$

式中,K、n 为常数,由材料特性、电场分布特征、外施电压种类等试验条件决定。

(4)机械老化

变压器绕组在运行过程中会产生机械振动,此外当变压器发生短路故障或者出现暂态过电压时都会产生振动,当这份力作用到绝缘纸上同样会加速绝缘纸的老化。这种老化过程是在机械应力的作用下产生的,这将导致绝缘材料发生分子级别的微观缺陷并产生相应的规则运动,在机械应力的进一步作用下,绝缘材料的微裂缝会逐渐扩大。而当微裂缝的尺寸达到某个临界值时,将会对绝缘材料造成破坏。

4.2.3　绝缘纸老化的抑制

由以上分析可知,绝缘纸老化过程及其机理十分复杂,影响绝缘纸老化的因素众多,进一步开展研究以了解绝缘纸的老化机理和如何提升绝缘纸的抗老化性能很有必要。提升绝缘纸的热稳定性是关键指标之一,此外,如何有效防止水、酸、气体等油纸老化产物对绝缘纸绝缘性能的影响值得深入研究。在目前主要有两种方式来改变这种情况,一是研制改性纤维素绝缘纸,二是研发新型的绝缘纸。

(1)改性纤维素绝缘纸

电力变压器纤维素绝缘纸改性方法可以分为化学改性和物理改性两大类。化学改性的原理就是使用更加稳定的化学基团替换纤维素链上极性羟基基团,通过改变纤维素链的分子结构,按照设计指标对纤维素分子结构进行修饰,降低纤维素分子的极性,从而达到提高绝缘纸性能的目的。而物理改性方法则主要是采用掺杂热稳定剂和纳米粒子对纤维素绝缘纸进行改性,不会对纤维素链本身的化学性质产生影响。以上两种改性方法各有优缺点,目前在国内外的相关研究中都有所涉及。

1)化学改性

纤维素分子是由β-D-葡萄糖基通过1,4-苷键联结而成的,是一种线状高分子化合物,同时每一个纤维素重复单元都含有3个亲水性羟基基团。由于羟基基团具有很强的亲水性,这将使纤维素的结构不稳定,可以通过厌水性基团或者更加稳定的基团来替代不稳定的羟基基团,从而达到改性绝缘纸中纤维素的目的。有多种方式可以用来取代纤维素的亲水性羟基基团,下文将针对这几种方式进行分析。

此外,有学者利用分子动力学研究了化学改性技术(氰乙化和乙酰化)对于纤维素材料机械性质和亲水性的影响,结果表明:改性后纤维素链运动活性增强,材料内部氢键数及材料静态力学模量减小,材料拉伸强度、硬度、断裂度等力学性质均呈现不同程度的劣化,水分子的扩散系数变大,其对水分的束缚能力变弱。纤维素氰乙化和乙酰化的化学反应分别如图4.4、图4.5所示。

有学者究了通过乙酰化方法来处理纤维素,以及采用丙烯氰胺修饰乙基化对绝缘纸耐久性能的影响,研究结果表明:采用乙酰化方法处理纤维素,由于纤维素链上羟基被相关基团所取代,因此会造成绝缘纸机械性能的下降,并对其有破坏作用。但是,乙酰化会降低绝缘纸中的含水量,可以延长油纸绝缘系统的寿命,并且在纤维素中添加耐高温双氰胺可以吸收分解的能量,从而对纤维素起到保护作用,测试结果如图4.6所示。

有学者通过在溶液中添加尿素和氢氧化锂等化学试剂,通过冷冻和解冻等造

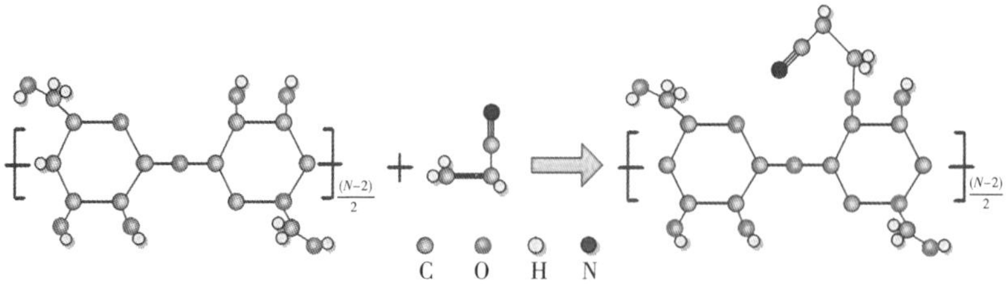

图 4.4　纤维素化学反应:氰乙化

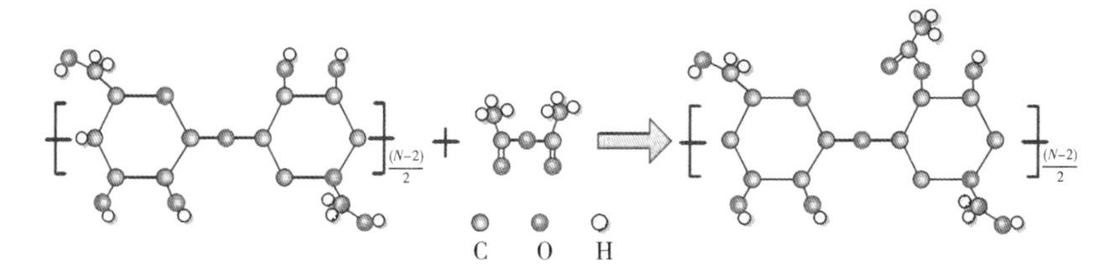

图 4.5　纤维素化学反应:乙酰化

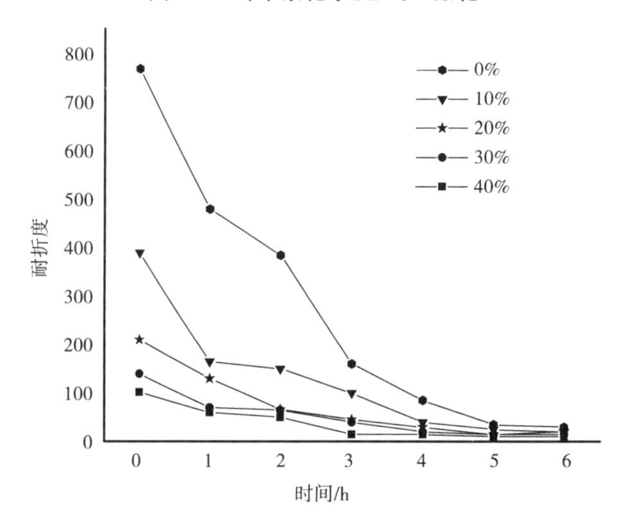

图 4.6　纸张耐老化性能测试结果

作流程制备出了新型的纤维素膜,并将纤维素单元上 C 原子的两个羟基进行氧化,制备出了二醛纤维素,将氨基聚硅氧烷接枝到纤维素单元上,制备出了具有较强憎水性的纤维素膜,研究结果表明:二醛纤维素具有较强的活性,氨基聚硅氧烷改性的纤维素具有较强的憎水性能。

有学者采用新型的制备流程,通过一系列的催化反应,成功将聚丙烯酸甲酯接枝到了纳米纤维素上,制备出了新型纳米纤维素(NCC-g-PMA),并且研究了反应条件对聚丙烯酸甲酯接枝效率的影响,研究结果表明:聚丙烯酸甲酯接枝纳米纤维素后,其对纳米纤维素的形状结构并没有改变,相反对其热稳定性得到了明显的提高。

有学者采用聚硅氧烷改性纤维素绝缘纸,利用分子动力学方法研究了聚硅氧烷对纤维素链进行接枝改性前后的玻璃化温度和力学性能的变化情况,研究结果表明:随着温度的升高,改性纤维素模型和未改性纤维素模型的弹性模量均逐渐下降,但改性模型的下降速率更为缓慢,且改性模型的弹性模量在各温度下均大于未改性模型;其次,改性纤维素模型的玻璃化温度比未改性模型高 48 K,采用聚硅氧烷对绝缘纸纤维素进行接枝改性可以较好地改善其热稳定性。

虽然化学改性的方法可以降低绝缘纸的亲水性,进而减缓纤维素绝缘纸的老化进程,但是,用稳定的基团来代替不稳定的羟基,将使纤维素链上的羟基数量变少,纤维素链之间通过氢键网络遭到破坏,会导致纤维素绝缘纸机械强度的下降。此外,在改性过程中由于制备比较复杂,对绝缘纸的生产工艺要求也更高,所以相应的生产成本上也会增加。

2)物理改性

针对绝缘纸的物理改性是指在不改变纤维素化学成分的前提下,通过添加其他材料到绝缘纸中以起到改性的作用。目前,针对纤维素绝缘纸物理改性的方法主要包含两类:一类是添加热稳定剂,另一类是添加纳米粒子。添加热稳定剂的原理是热稳定剂可以与老化产物发生反应,进而减缓或者阻碍老化产物加速绝缘纸老化进程。添加纳米粒子的原理是纳米粒子具有比表面积大的特点,可以使分子结构得到束缚,陷阱深度加深。该方法目前已经在国内研究中有所涉及。

①添加热稳定剂

由于热稳定性是绝缘纸的关键指标,是改进绝缘纸首先要考虑的问题。通常情况下,通过添加特殊的物质能够抑制绝缘纸的热老化,防止绝缘纸出现热降解。虽然添加的热稳定剂并不能完全抑制绝缘纸的老化,但是对比一般的绝缘纸其性能和使用寿命将大大提高。

有学者通过实验研究了添加双氰胺对纤维素绝缘纸热稳定性和击穿特性的影响,研究结果表明:相较于未添加双氰胺的绝缘纸,添加双氰胺后,绝缘纸抗老化性能和热稳定性得到了明显的提升,在老化末期,绝缘纸纤维素聚合度相较于未添加高出了 58%,并且击穿电压在老化的整个过程中,始终高于未添加双氰胺的绝缘纸,所以,在纤维素绝缘纸中添加适量的双氰胺可以显著提升其热稳定性、抗老化性和电气性能,为研制新型纤维素绝缘纸提供了一种新的思路。

有学者通过向纤维素绝缘纸中添加适当含量的蒙脱土制备了新型绝缘纸,并研究了这种方法对绝缘纸热老化特性的影响,研究结果表明:相较于未添加蒙脱土的绝缘纸,添加蒙脱土后的绝缘纸,在与胺类化合物的共同作用下,可以显著提升纤维素绝缘纸的机械性能和热稳定性,并且其具有较强的抗老化特性和电气性能,同时添加的胺类化合物还可以消耗绝缘纸中含有的水分子和小分子酸,可以有效延缓其对纤维素绝缘纸老化加剧的影响,造成纤维素绝缘纸击穿电压升高的原因可能是蒙脱土与纤维素在纳米层面上的复合作用。

②添加纳米粒子

添加纳米粒子的方法也可以分为物理方法和化学方法,通过对纳米粒子表面的处理,可以降低其表面能和表面电荷,以此来降低其表面极性,从而改善纳米粒子与基体的结合性能。根据表面修饰物质和纳米粒子之间发生的反应有无生成化学键,可以将纳米粒子的表面改性简单地分为物理改性和化学改性。

A. 物理改性方法

主要是指纳米粒子和表面修饰剂之间没有形成离子键或者共价键,只能以范德瓦尔斯力或者氢键作用力发生相互作用。可以简单分为以下几种:

a. 层膜改性。

b. 粉体之间。

c. 机械化学改性。

d. 吸附包裹改性。

物理改性不需要接枝到纤维素链上,不会对纤维素链本体结构造成破坏,同时由于纳米粒子具有粒径小,比表面积大的特点,目前已经成为提升高分子聚合物力学、热稳定性等特性的热门研究方向。当前,用于改性纤维素绝缘纸的纳米粒子主要有纳米 Al_2O_3、纳米 TiO_2、纳米 SiO_2、纳米 Fe_3O_4 等。根据国内外相关研究可知,纳米 SiO_2 改性绝缘油浸渍绝缘纸在全频率范围内的介电性能均优于纳米 Al_2O_3 和纳米 TiO_2 绝缘油浸渍绝缘纸的介电性能,而且其会将油纸绝缘系统在不同温度和不同微水含量下的工频介电损耗得到降低。针对上文几种不同的纳米粒子的改进,下文将进行详细的分析。

有学者研究了掺杂纳米 Al_2O_3 对油纸绝缘热老化的影响。制备了不同纳米粒子质量分数的纳米改性绝缘纸并分别进行了工频击穿场强测试,结果表明,改性绝缘纸的工频击穿场强随着纳米粒子含量的增加也呈现先增大后减小的趋势,含量为2%时达到最大值;纳米粒子的加入使得绝缘纸在老化过程中聚合度和抗张强度的下降趋势减缓,CO_2、糠醛、水分含量相较于未改性绝缘纸减少,抗热老化性能明显提升。

有学者利用分子动力学模拟研究了添加纳米 Al_2O_3 对绝缘纸纤维素热稳定性的影响,并分析了其机理。研究结果表明:添加纳米 Al_2O_3 后,纤维素的力学性能(拉伸模量、剪切模量和泊松比)、玻璃化转变温度和纤维素链均方位移都得到了较大的提升,表明改性纤维素的热稳定性得到了较好改善,并且从自由体积分数以及能量变化的角度深入分析了机理,为纳米粒子改性绝缘纸提供了相应的理论支撑。

有学者制备出了含有纳米 TiO_2 的新型纤维素绝缘纸,并通过实验研究了其对绝缘纸性能的影响,研究结果表明:当纳米 TiO_2 的质量分数为3%时,纤维素绝缘纸的机械性能并没有降低,相反其局部放电起始电压以及击穿电压得到了大幅度的提高,说明添加纳米 TiO_2 后其电气性能得到了明显的提升,究其原因可能是纳米 TiO_2 与纤维素之间的表面接触降低了纤维素中浅陷阱的数量,减少了电离子的扩散。纳米 TiO_2 掺杂绝缘纸还能有效提升其介电性能和电气强度,掺杂微纳米 SiO_2 的空心球能有效降低绝缘纸的介电常数,同时纳米粒子的掺杂能改善材料的介质损耗和相对介电常数、电阻率、击穿场强、局部放电和空间电荷行为。

有学者用纳米 TiO_2 改性了纤维素绝缘纸,测试了 TiO_2 纳米粒子含量分别为0%、1%、2%、3%、4%绝缘纸样品的工频击穿场强。结果显示,绝缘纸的工频击穿场强随着纳米粒子含量的增加呈现先上升后下降的趋势,当纳米粒子含量为3%时绝缘纸的工频击穿场强达到最大值,相较于未改性样品增加了20.83%。

有学者通过分子动力学模拟和试验相结合的方法研究了添加纳米 SiO_2 对PMIA绝缘纸力学性能和热稳定性的影响,研究结果表明:当选择粒径为6 Å(1 Å =0.1 nm)且质量分数为1%时的纳米 SiO_2 时,其对PMIA绝缘纸的力学性能和热稳定性提升最大,并且相较于未改性间位芳纶纸,其抗张强度相应提高了4.9%。

有学者制备了纳米 SiO_2 纳米纤维素复合材料,并对复合材料的热性能、力学性能、吸湿性能进行了测试。随着纳米粒子添加量的增加,复合材料的模量值和拉伸性能均有大幅度下降,初始热解温度和热解活化能升高,并且含水率提高。

有学者将改性后的纳米 SiO_2 粒子添加到纤维素绝缘纸中,测试了添加纳米粒子对绝缘纸抗张强度和电气强度的影响。结果表明,改性绝缘纸的抗张强度和电气强度与纳米粒子的含量有关,当纳米粒子的含量为3%时,抗张强度将达到最大,数值约为11 kN/m,此时复合绝缘纸的电气强度也达到最大值,约为27.2 kV/mm。

由此可见,利用纳米粒子的掺杂来提升绝缘纸性能已经成为一种行之有效的方法,纳米 SiO_2 作为纳米家族中重要的一员,已经作为一种常用的纳米添加剂,并被广泛应用到材料的改性中,将其作为填充剂来提升材料性能。

有学者测试了纳米 Fe_3O_4 的添加对油纸绝缘系统性能的影响。其研究表明:经纳米 Fe_3O_4 粒子改性后的油纸绝缘系统较未改性油纸绝缘系统的耐压性能有约10%的提升,绝缘纸的面电荷密度从0.020 C/m^2 下降到0.016 C/m^2,纳米粒子提高了油纸绝缘系统的绝缘性能,同时也提高了绝缘纸的抗老化能力。

结合上述分析,可以发现大量的研究表明,可以通过添加纳米粒子来提高绝缘纸的抗老化能力,同时一些纳米粒子还能够增强改性绝缘纸的绝缘性能和机械强度,因此值得对其开展深入研究。

B. 化学改性

此处指的化学改性与上文中提到的绝缘纸化学改性不同,这里的化学改性指的是表面修饰剂与纳米粒子表面的基团之间发生化学反应,形成新的化学键,使表面修饰剂和纳米粒子牢牢结合在一起,从而达到改性的目的。由于纳米粒子表面存在大量的羟基基团,这些基团可以与表面修饰剂上面的羟基发生水解反应,从而将表面修饰剂接枝到纳米粒子表面。根据表面修饰剂与纳米粒子间发生化学反应的不同,可以分为以下几种:

a.粒子表面直接接枝聚合改性。

b.表面覆盖改性。

c.高能表面改性。

硅烷偶联剂作为一种表面修饰剂,其对应的改性属于化学改性中的表面覆盖改性。硅烷偶联剂作为一种具有两亲性质的修饰剂,分子一端的基团可以与纳米粒子表面的羟基等基团发生脱水反应,形成较强的化学键链接,另一端可以与基体聚合物发生物理缠结或者化学反应,从而将两种相容性较低的材料牢固地结合在一起,使得纳米粒子与聚合物之间产生具有特殊功能的"分子桥"。并且可以抑制纳米粒子和聚合物复合体系"相"的分离,增大填充量,保持较好的分散性,并且显著提升聚合物的机械性能、冲击强度和柔韧度等性能。

在水环境下,硅烷偶联剂可以发生水解形成硅醇,其一端会形成羟基基团,并且在特定温度或者催化剂的条件下,可以与纳米粒子表面的羟基之间发生缩合反应,形成多聚体。在无水环境下,它先与纳米粒子表面发生脱水反应脱去甲氧基生成 Si—OH,接着再与纳米粒子表面羟基发生缩合反应。硅烷偶联剂表面修饰纳米 SiO_2 的机理如图 4.7 所示。

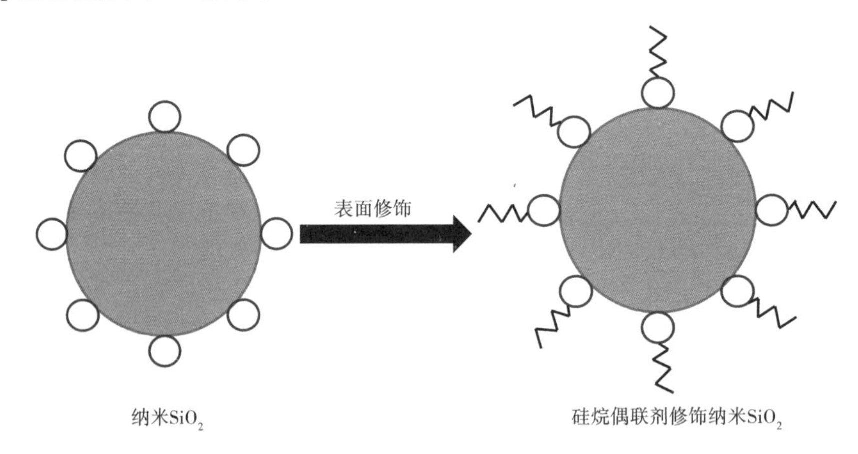

图 4.7　硅烷偶联剂表面修饰纳米 SiO_2 的机理

除了利用硅烷偶联剂外,还有学者以对位芳纶浆粕和聚酰亚胺短切纤维为原料制备了聚酰亚胺纤维纸,并加入了纳米 SiO_2 作为改性剂,研究了纳米 SiO_2 的添加量对聚酰亚胺纤维纸电气性能和力学性能的影响,结果表明:经纳米粒子改性后的聚酰亚胺纤维纸较未改性的聚酰亚胺纤维纸的介电常数和介电损耗正切值明显减小，当纳米粒子添加量为10%时，聚酰亚胺纤维纸的耐压强度和抗张指数分别提高了70.71%和27.14%，而当纳米粒子的添加量达到20%时，聚酰亚胺纤维纸的撕裂指数可达最大值，为23.9 mN·m²/g。

(2)新型绝缘纸

一方面，传统绝缘纸抗老化性能有限，同时随着我国超高压、特高压电网建设的需要，对油浸式电力变压器的性能提出了更高的需求；另一方面，为了占领新型绝缘材料的战略高地、提升我国电力设备的国际竞争力、加强基础理论的研究，研发新型绝缘材料具有战略需求。目前对上述问题的解决思路主要是对传统绝缘材料进行改性，利用纳米粒子进行绝缘油/纸的改性以及寻找替代产品，并研发新型绝缘纸，间位芳纶绝缘纸就是其中一种非常具有潜力的替代品。

芳纶纤维是一种高强度、高模量、耐热性好、低密度的有机合成高科技纤维，其最早是由国外某公司在20世纪60年代研发完成，于1974年将其命名为“aramid fibers”，我国称为芳纶纤维。间位芳纶作为芳纶家族中重要的一员，其全称为聚间苯二甲酰间苯二胺，简称为PMIA。作为开发时间早、产量大、应用广、发展快的耐高温特种纤维，总量居特种纤维的第二位。其分子结构如图4.8所示。

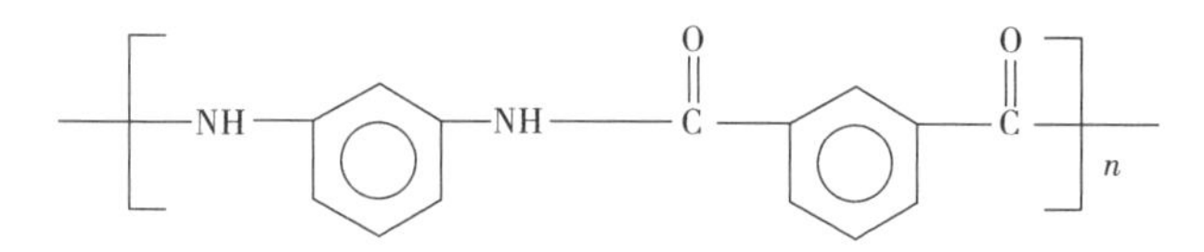

图4.8 间位芳纶纤维的分子结构

间位芳纶具有以下特性：

1)良好的电绝缘性能

间位芳纶纤维的介电常数与空气接近，无论在高温还是低温环境下均能较好地保证其电绝缘性能不受影响，间位芳纶绝缘纸的击穿强度可达100 kV/mm。

2)良好的耐高温性

耐高温性对于油浸式变压器用绝缘纸来说至关重要，间位芳纶纤维在220 ℃环境下能长期正常使用，其熔点可达280 ℃，在410 ℃左右才开始发生热分解。

3)力学性能优良

间位芳纶的力学性能优良，具有极高的强度和模量。

4)优良的耐腐蚀与耐辐射性能

由于其分子结构非常牢固，因此能在大多数强酸、强碱条件下保持稳定的化学结构，利用α、β射线对其进行照射，其仍能长期保持自身特性。

5)良好的阻燃性

间位芳纶纤维在空气中很难正常燃烧，具有自熄性，因其能应用于防火设备中，故有“防火纤维”的美称。

在电气绝缘纸、隔热隔声、阻燃织物、飞行器承力结构材料、防辐射结构板等领域,间位芳纶纤维都有相应的应用,与传统的变压器绝缘纸相比,由间位芳纶纤维制成的绝缘纸性能更加的优良。虽然芳纶绝缘材料作为一种重要的高性能材料被广泛应用,但是我国在这方面的研究仍处于初步阶段,我国制备的 MPIA 绝缘纸性能与国际知名品牌同类型纸间还有巨大差距,开展提升 MPIA 绝缘纸性能的研究及进一步深入了解改性的微观机理已经成为迫切的研究课题。

有学者基于分子动力学模拟对 APTS 表面接枝纳米 SiO_2 改性 MPIA 绝缘纸热稳定性的机理开展了研究,得到了以下主要结论:

①MPIA 纤维晶区热稳定性较非晶区强,矿物油、水、酸、气体等老化产物更易进入非晶区。晶区模量值是非晶区模量值的 2~3 倍,晶区的不可压缩性、刚性、抗形变能力、可塑性和韧性均高于非晶区,但非晶区的延展性则优于晶区。晶区结构的稳定性导致其热稳定性强于非晶区。芳纶纤维对四种老化产物的吸附强度顺序为:甲酸 > 水 > CO_2 > CH_4。非晶区的自由体积分数和孔隙尺寸较晶区大,这将导致矿物油、水、酸、气体等老化产物更易进入非晶区。

②纳米二氧化硅粒子的团聚与粒子间距、尺寸和含量有关:当距离较大时,纳米粒子的运动以扩散运动为主,尺寸的较小纳米粒子较尺寸较大的纳米粒子运动更快;在纳米粒子相距较近时,纳米粒子间的相互作用缩短了其相互间靠近的时间,纳米粒子间包括氢键作用在内的相互作用使得纳米粒子相互聚集从而发生团聚;当含量越高时,纳米粒子间靠近的概率越大,也越易发生团聚现象。APTS 的接枝密度会影响 GNP 的团聚以及 GNP 与 MPIA 绝缘纸的相互作用。接枝密度为 5.02(单位:$1/Å^2$)的效果相对最佳,其一方面能较好地减小 GNP 团聚的发生,另一方面能使纳米二氧化硅粒子与 MPIA 绝缘纸的结合效果相对最好,有利于 GNP 对 MPIA 绝缘纸的改性。

③GNP 添加到 MPIA 绝缘纸中后,提升了改性绝缘纸中非晶区的热稳定性。GNP 的加入,改变了绝缘纸中的氢键结构,GNP 与 MPIA 纤维间形成了新的氢键网络。GNP 的加入一方面减弱了 MPIA 纤维的链运动,增加了纤维的热稳定性;另一方面填补了原本较大的空隙,使得内聚能密度增加,起到类似黏合剂的作用。GNP 的加入减弱了水、酸、气体在 MPIA 纤维中的扩散,减弱了这些物质对芳纶纤维热稳定性的影响,进而提升了芳纶绝缘纸的热稳定性能,延缓了油浸芳纶绝缘纸的老化进程。

有学者从物理化学和材料学角度出发,研究了纤维分子间化学力和纤维表面能、成纸体系电化学性,揭示了间位芳纶芳纶纤维/浆粕表面和界面的粘结成纸特性,通过匀度分析、显微观察、纸张横截面 SEM 图像、形态、吸湿性能等方面分析了间位芳纶的结构与性能。此外,芳纶热压纸的强度与浆粕纤维的分子量、比表面积、长度等因素有一定相关性,分子间的氢键是影响其结构的因素。还有学者等研究了不同筛分芳纶浆粕的结构、纤维形态对间位芳纶纸性能的影响,结果表明,芳纶浆粕在热压后的结晶度和相对分子质量对成纸性能的影响较大。为了进一步适应技术的发展,有必要进一步提升其性能,而纳米改性技术则为此提供了契机。

表4.1　几种常用的改性纳米粒子性质及应用

物质	理化特征	应用
SiO_2	无色透明固体;折射率:1.6;溶解度:0.012 g/100 mol(水中);溶解度:不溶于水,能与HF作用生成气态SiF_4	光导纤维、电子工业的重要部件、光学仪器、工艺品和耐火材斜
Al_2O_3	白色无定形粉状物;相对密度:4.0;溶解性:常温下不溶于水及非极性有机溶剂,易溶于强碱和强酸;导电性:常温状态下不导电	有机溶剂的脱水、吸附剂、研磨剂、抛光剂、冶炼铝的原斜、耐火材料
TiO_2	固体或粉末状态的两性氧化物;莫氏硬度:5.5~7;吸油度:16~48;电导率:<10 s/cm;介电常数:48~180;线膨胀系数:25/℃;热导率:1.809~10.3;性质:吸湿性、热稳定性、超亲水性、表面电性	涂料、塑料、造纸、印刷油墨、化纤、橡胶、化妆品等工业
AlN	性质:导热性好、热稳定性高、纯度高、热膨胀系数小、抗金属侵蚀的能力强;热导率:320 W/(m·K);机械性能好、光传输特性好、介电性能良好	光学储存介面及电子基质作诱电层、耐热冲击材料、表面声学波的探测器、高温结构件热交换器材料
蒙脱土	单斜晶系,集合体呈土状、球粒等形状;溶解性:微溶于苯、丙酮、乙醚等有机溶剂,不溶于水;性质:吸附能力,良好的分散性能	吸附剂、涂层剂等提高聚合物力学性能、阻燃性能、热稳定性能、抗冲击、抗疲劳
SiC	黄色至绿色或者至蓝色至黑色六方晶体;显微硬度:2 840~3 320 kg/mm^2;相对密度:3.20~3.25;莫氏硬度:9.5级;水溶性:不溶;性质:化学性能稳定、导热系数高、热膨胀系数小、耐磨性能好	用于磨料、耐磨剂、磨具、高级耐火材斜.脱氧剂,精细陶瓷

续表

物质	理化特征	应用
ZnO	白色粉末或六角品系结晶体;禁带宽度:室温下 Eg = 3.37 eV;折射率:2.008 ~ 2.029 n20/D;溶解性:溶于酸、浓氢氧化碱、氨水和铵盐溶液,不溶于水、乙醇	补强剂、活性剂、填充剂、疏化剂、营养增补剂光敏材斜的基质、特殊陶瓷制品、特种功能涂料

国内外诸多的研究人员利用无机纳米粒子对有机聚合物改性开展了广泛且深入的探索和研究,研究结果表明经过此种方法改性后的材料,不仅具有高分子材料的易加工性、成本低和质量轻等特点,同时其热、机械、电气等性能对照未改性基体也有不同程度的改变。现阶段,利用无机纳米粒子改性电力变压器油/纸绝缘性能主体上有以下两种思路:①纳米粒子对矿物/植物绝缘油进行改性;②纳米粒子对传统/新型绝缘纸进行改性。虽然两种思路在字面上看似没有什么关联,实则两者作为变压器内部绝缘都是不可或缺的主要部分,共同承担了变压器长期稳定运行的重要使命。就目前来看,主要的几种改性纳米粒子的基本性质及其常见应用见表4.1。

热稳定性良好、机械性能精良、电气绝缘性突出的高聚物/聚合物已经成为高分子电气绝缘技术领域迫切追逐的发展方向,顺势而生的有机-无机纳米复合材料为解决目前高电压内绝缘材料性能不卓越的困窘提供了一个崭新的舞台。这些高聚合物可以用来制备新型的绝缘纸,可以有效提升绝缘纸的性能,在保证性能的基础上还能提高其使用寿命,而且利于大规模推广。

4.3 纳米改性绝缘纸

4.3.1 纳米改性技术在绝缘纸中的应用

纳米粒子,是指尺寸大小介于 1 ~100 nm 的微型颗粒,纳米粒子具有粒径小、比面积大的特点,在一些高分子材料中加入适量的纳米粒子,可以对高分子材料实现改性,进而能够提高其材料的各项性能。近年来,随着纳米技术的发展,纳米复合材料已成为研究的热点,然而纳米粒子对纤维素绝缘纸的改性研究却相对较少,国外很少有报道,而国内也只有为数不多的高校在从事纳米粒子对油纸绝缘性能影响的研究。现阶段对从事纳米粒子改性纤维素绝缘纸性能的研究主要分成两种思路:第一种方法是将纳米粒子对绝缘油进行改性,然后使用被纳米粒子改性后的绝缘油对绝缘纸进行浸渍处理,间接对绝缘纸进行改性;第二种方法是直接用纳米粒子对绝缘纸进行改性,在绝缘纸制备的过程中将纳米粒子添加到绝缘纸中,然后用普通绝缘油对改性后的绝缘纸进行浸渍处理。尽管这两种方法之间存在差异,但作为变压器内部的绝缘系统是由油纸绝缘共同组成,所以两种方法共同的目标均为提升油纸绝缘系统的绝缘性能。

随着纳米技术的研究发展,利用纳米技术对有机聚合物改性已成为目前国内外研究的一大热点。经过一些研究发现,利用纳米金属进行材料的改性,不仅具有易加工、成本低和质量轻等特点,还可以使材料的热、机械、电气性能有不同程度的提升。

在变压器绝缘领域,随着变压器运行电压和容量增大,由于传统绝缘纸抗的老化性能有限,因此对新型变压器绝缘纸的耐热性能、电气性能和运行可靠性提出了更严苛的要求。为了占领新型绝缘材料的战略高地,提升我国电力设备的国际竞争力,研究高性能的油浸变压器绝缘纸具有重要的应用前景。

为研究热稳定剂诸如三聚氰胺、双氰胺等含氮元素物质掺杂到绝缘纸中对变压器油/纸绝缘系统热老化特性的影响,在实验室条件下分别制备含不同热稳定剂的改性绝缘纸样品,通过对样品电气性能和热稳定性能测试发现在绝缘纸中添加胺类化合物不但提高了绝缘纸的热稳定性与击穿等电气性能,而且使变压器油在耐热老化过程中产生的小分子酸、含 C 元素气体得到有效改善。同时,研究还发现,当把含氮类物质复合进行添加时,可以把不同胺类化合物的优势集中起来,并得到最佳的耐热老化效果。

利用化学或物理方法对 SiO_2 表面进行修饰,然后再将其与纤维素聚合,发现改性后的复合材料玻璃化转变温度(glass transition temperature,T_g)和临界温度、机械强度、电气绝缘性、相容性等等性能都有了明显的提升。纳米 SiO_2 作为单一改性剂分别对聚酰亚胺纤维纸、PMIA 绝缘纸和纤维素绝缘纸进行改性,结果发现纳米 SiO_2 的添加使绝缘纸内部分子层间陷阱密度增大,导致注入载流子增多,陷阱深度加大,进而改善了介电特性,同时也对热稳定和机械特性也有不同程度的促进作用。

4.3.2　纳米 SiO_2 改性纤维素绝缘纸

(1)纳米 SiO_2 形状与尺寸对改性的影响

在实际中,生产的纳米粒子存在多种形状和尺寸,而在纳米粒子对纤维素绝缘纸的改性研究中,不管是从分子模拟研究的角度还是宏观试验研究的角度,都未研究纳米粒子的形状及尺寸对绝缘纸性能的影响。常见的有球形、立方形、圆柱形及圆锥形纳米 SiO_2 粒子,分别建立球形、立方形、圆柱形和圆锥形的不同尺寸的纳米

SiO_2 粒子模型，具体建模细节见表4.2。

表4.2 相同体积下4种不同形状及尺寸的纳米 SiO_2 粒子模型

体积/Å³	球形 r/Å	立方形 a=b=c/Å	圆柱形		圆锥形	
			r/Å	h/Å	r/Å	h/Å
523.61	5.00	8.06	4.37	8.74	6.30	12.60
1 436.76	7.00	11.28	6.00	12.70	8.50	18.99
3 053.63	9.00	14.51	8.00	15.19	10.50	26.45
5 575.28	11.00	17.73	9.50	19.66	14.50	25.32
9 202.77	13.00	20.96	11.00	24.21	16.00	34.33

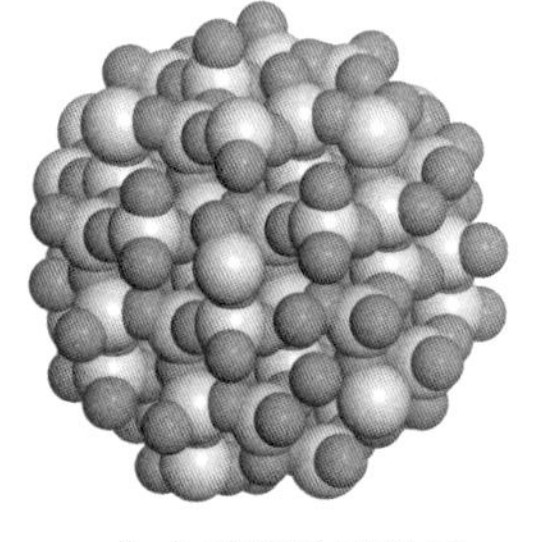

(a) 球形纳米粒子

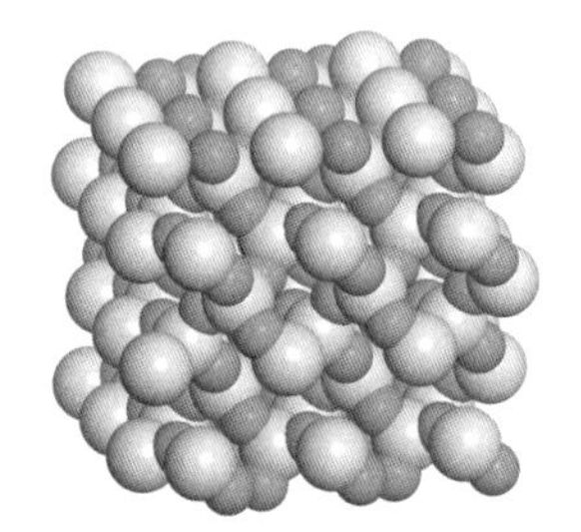

(b) 立方形纳米粒子

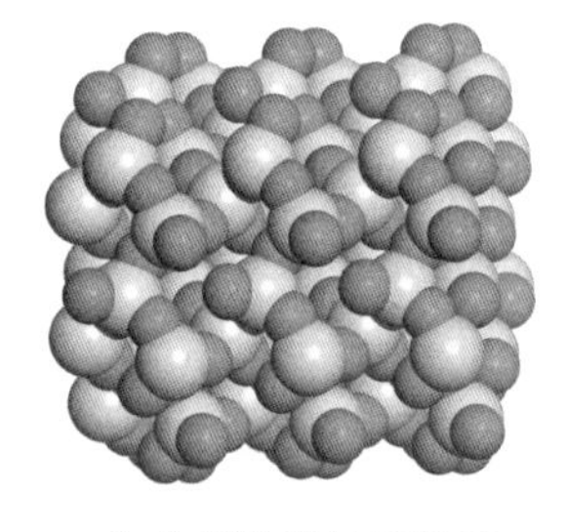

(c) 圆柱形纳米粒子

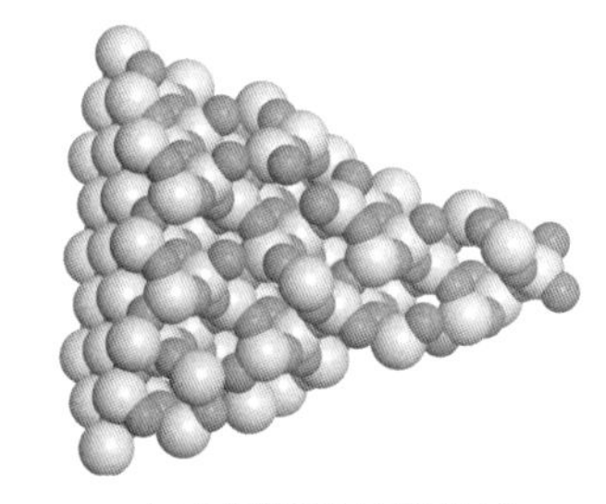

(d) 圆锥形纳米粒子

图4.9 不同形状的纳米 SiO_2 粒子

根据表4.2建立的4种不同纳米 SiO_2 粒子如图4.9所示（以体积为3 053.63 Å³的纳米粒子为例）。然后使用聚合度为10的纤维素链与不同的纳米 SiO_2 粒子在 Amorphous Cell 模块建立复合模型，模型的初始密度为0.6 g/cm³，使用 Universal 力场。由于在此主要研究纳米粒子形状及尺寸对纤维素掺杂改性的影响，为了减小模型，提高计算速度，所以将使用的纳米含量设为22.7%。建立的不同纳米-纤维素复合模型如图4.10所示。

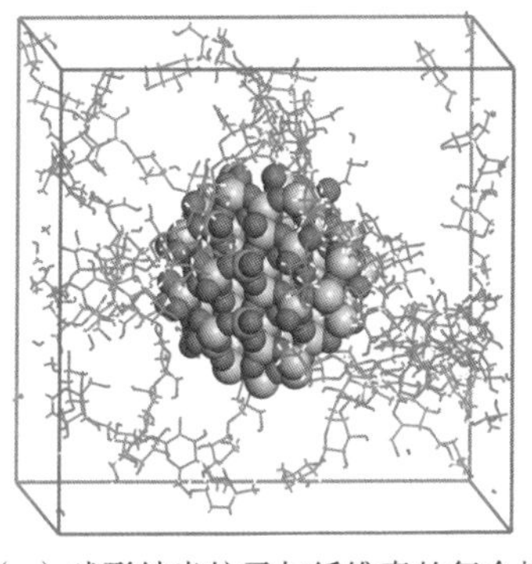

（a）球形纳米粒子与纤维素的复合模型

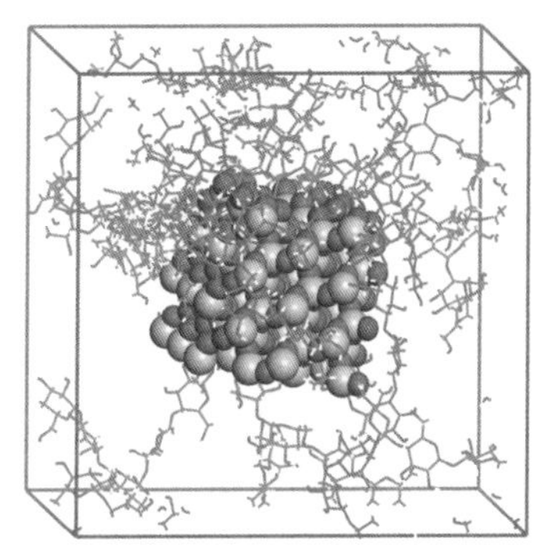

（b）立方形纳米粒子与纤维素的复合模型

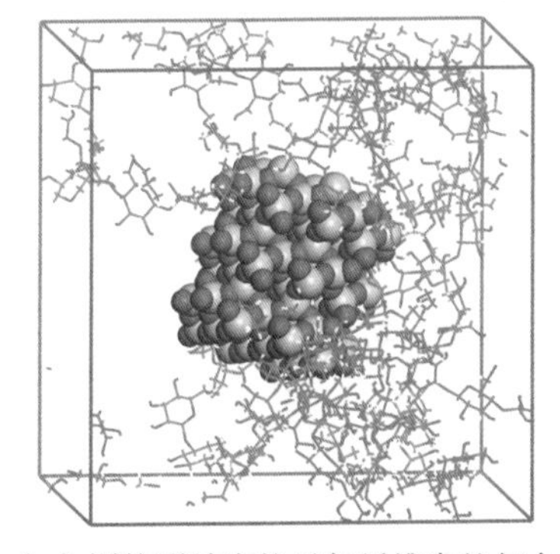

（c）圆柱形纳米粒子与纤维素的复合模型

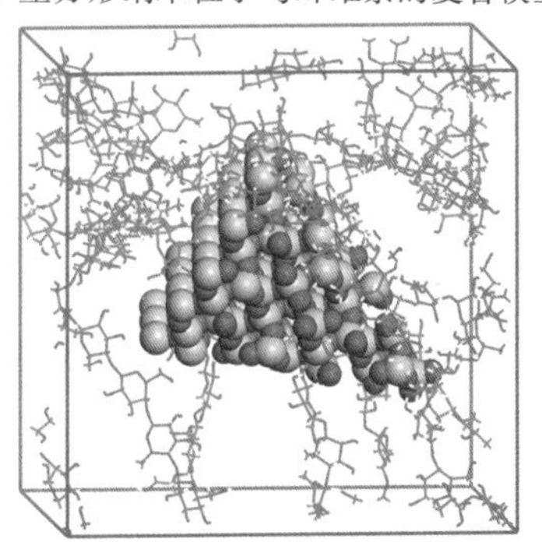

（d）圆锥形纳米粒子与纤维素的复合模型

图4.10 建立的不同形状的纳米 SiO_2 粒子与纤维素的复合模型

1）力学性能

力学性能是材料宏观机械强度的一个重要指标，而在力学特性中弹性模量为应力与应变的比值，其值越大，表明材料的刚性越强，抵抗形变的能力越强。剪切模量为剪切应力与应变的比值，其值越大，表示材料抵抗切应力的能力越强，在外应力下更不容易出现损坏现象。通过模拟计算，得到模型中的弹性模量如图4.11所示。

由图4.11可知，4种不同形状的纳米 SiO_2 粒子掺杂后的复合模型的弹性模量随着纳米尺寸的增大在逐渐减小，球形、立方形、圆柱形和圆锥形纳米 SiO_2 粒子与纤维素的复合模型在纳米粒子体积为523.61 Å^{3}时，弹性模量分别为20.11 GPa、19.63 GPa、19.46 GPa和18.88 GPa，当纳米 SiO_2 粒子的尺寸增大到9 202.77 Å^{3}时，模型中的弹性模量分别为16.9 GPa、16.03 GPa、15.22 GPa和15.69 GPa。纳米 SiO_2 粒子的尺寸从523.61 Å^{3}增大到9202.77 Å^3，模型中的弹性模量分别下降了16.0%、18.4%、21.8%和16.9%，可见随着纳米 SiO_2 粒子的尺寸增大，复合模型中的弹性模量在下降，但是球形纳米 SiO_2 粒子掺杂的复合模型的弹性模量在整个过程中的数值均大于立方形、圆柱形和圆锥形纳米 SiO_2 粒子掺杂的纤维素复合

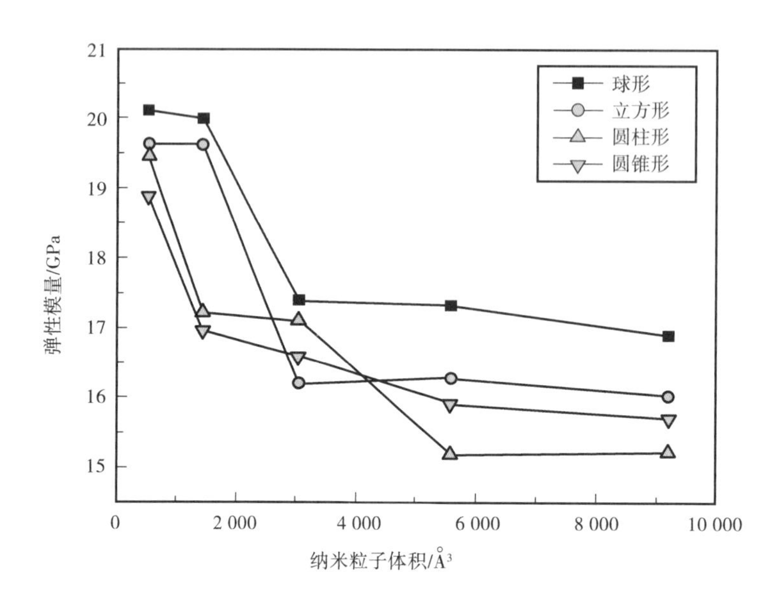

图 4.11　模型中弹性模量与纳米粒子体积的关系

模型，同时下降速率也相对较缓慢一些。模型中的剪切模量如图 4.12 所示。

如图 4.12 所示，模型中的剪切模量变化规律和弹性模量的变化规律基本相同，4 种不同形状的纳米 SiO_2 粒子掺杂的复合模型的剪切模量都是随着纳米尺寸的增大在减小，在纳米 SiO_2 粒子初始体积为 523.61 Å^{3}时，球形、立方形、圆柱形和

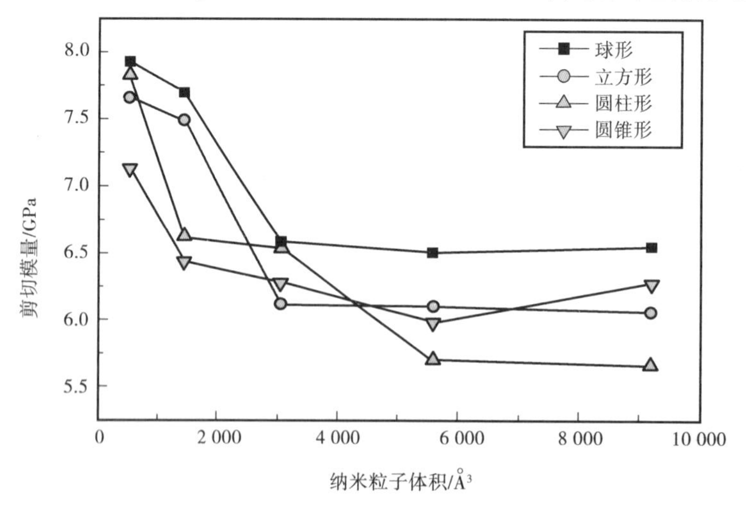

图 4.12　模型中剪切模量与纳米粒子体积的关系

圆锥形纳米 SiO_2 粒子掺杂的纤维素复合模型中的剪切模量分别为 7.93 GPa、7.67 GPa、7.83 GPa 和 7.14 GPa，当纳米 SiO_2 粒子最终体积为 9 202.77 Å^{3}时，4 种不同形状的纳米 SiO_2 粒子掺杂的复合模型中剪切模量分别为 6.55 GPa、6.07 GPa、

5.66 GPa和6.27 GPa。但是,球形纳米 SiO_2 粒子掺杂的复合模型中的剪切模量值在本节研究的纳米尺寸范围内均大于其他3组复合模型的值。在4组复合模型中,当纳米 SiO_2 粒子尺寸从523.61 $Å^3$增大到3 053.63 $Å^3$,模型中弹性模量和剪切模量下降速率最为明显,之后相对缓慢一些,这是因为纳米尺寸从523.61 $Å^3$增大到9 202.77 $Å^3$,后者相对前者的体积增大比例分别为174.4%、112.5%、82.6%和65.1%,从523.61 $Å^3$增大到3 053.63 $Å^3$,纳米粒子尺寸的增大比例较大,导致纳米粒子比表面积减小的速率大,纳米粒子和纤维素之间的接触效率减小,最终导致复合模型的力学性能变化较大。可见,模型中的弹性模量和剪切模量对纳米 SiO_2 粒子尺寸的大小比较敏感,当纳米尺寸在逐渐增大时,模型中的力学性能会出现下降的现象,但球形纳米 SiO_2 粒子掺杂的复合模型的力学性能受到的影响相对较小。

2)纳米 SiO_2 粒子与纤维素的相互作用

物质之间的相互作用强度一般用结合能来分析,复合模型中的结合能表达式为

$$E_{\text{binding}} = (E_{\text{nano}} + E_{\text{polymer}}) - E_{\text{total}} \tag{4.7}$$

式中,E_{nano} 为纳米 SiO_2 粒子的单点能;E_{polymer} 为纤维素的单点能;E_{total} 为纳米 SiO_2 粒子与纤维素的总能量。研究的球形、立方形、圆柱形和圆锥形纳米 SiO_2 粒子掺杂复合模型中的结合能如图4.13所示。

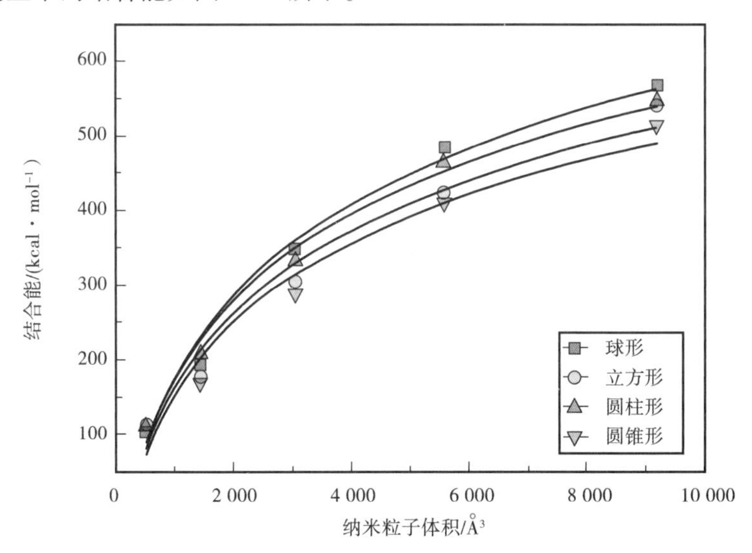

图4.13　模型中结合能与纳米粒子体积的关系

由图4.13可知,球形、立方形、圆柱形和圆锥形纳米 SiO_2 粒子掺杂复合模型中的结合能随着纳米粒子尺寸的增大,结合能在逐渐增大,而且结合能基本按照对数函数的规律增长,但不同形状的纳米粒子掺杂的复合模型的结合能相差不是很

明显。对4种不同形状的纳米 SiO_2 粒子掺杂复合模型中的结合能进行对数拟合得到以下四式:

$$y_1 = 194.81\ln(x + 261.8) - 1\,221.07 \tag{4.8}$$

$$y_2 = 174.02\ln(x + 261.8) - 1\,082.22 \tag{4.9}$$

$$y_3 = 180.56\ln(x + 261.8) - 1\,114.74 \tag{4.10}$$

$$y_4 = 167.93\ln(x + 261.8) - 1\,047.66 \tag{4.11}$$

式(4.8)—式(4.11)分别对应为球形、立方形、圆柱形和圆锥形纳米 SiO_2 粒子掺杂纤维素复合模型中的结合能的曲线拟合。对以上四式进行一般化处理得

$$y = A\ln(x + 261.8) - B \tag{4.12}$$

式中,x 为纳米粒子的体积大小;A 为对应的纳米 SiO_2 粒子形状与纤维素的复合模型中结合能的增长速率,而在本节中选取的温度为298 K,所以 B 可以视作是温度对同一纳米粒子不同形状下对结合能的贡献值。

由以上四式可知,复合模型中的结合能随着纳米 SiO_2 粒子的尺寸增大而增大,这是因为随着纳米粒子的尺寸增大,纳米粒子的总体表面积在增大,所以纳米粒子和纤维素之间的结合能在增大。球形纳米粒子与纤维素之间的结合能增长速率最大,但4种模型中的结合能在相同体积下的值相差不是很明显。

这里提出使用单位表面积键能来对聚合物与纳米粒子之间的相互作用进行评估,使用这种方法能够更好地反映 SiO_2 粒子和纤维素的相互作用机理。纳米粒子单位表面积键能的机制为:针对同一种纳米物质,其在空间结构上原子的排列分布是固定的,单位面积内构成该种纳米粒子的各种原子的个数也一定,所以通过计算模型中聚合物与纳米粒子之间的结合能大小,对纳米粒子的表面积进行平均,得到的值即为纳米粒子单位表面积中这些原子和聚合物之间的相互作用键能,可以体现出两种物质之间的相互作用本质。表达式定义为:

$$E_1 = \frac{E_{\text{binding}}}{S_{\text{nano}}} \tag{4.13}$$

式中,E_{binding} 为纳米粒子与纤维素的结合能,S_{nano} 为纳米 SiO_2 的表面积大小。

图4.14给出了4种不同形状的纳米 SiO_2 粒子在复合模型中的单位表面积相互作用键能。

由图4.14可知,4种不同形状的纳米 SiO_2 粒子掺杂的复合模型中的纳米粒子单位表面积键能随着纳米尺寸的增大在减小。4组复合模型中,纳米粒子体积从523.61 Å^{3}增大到3 053.63 Å^{3}时,模型中的纳米 SiO_2 粒子单位表面积键能变化最大,之后随着纳米粒子的尺寸增大,虽然单位表面积键能也出现下降的现象,但是相对要缓慢一些。纳米粒子体积为523.61 Å^{3}时,球形、立方形、圆柱形和圆锥形纳

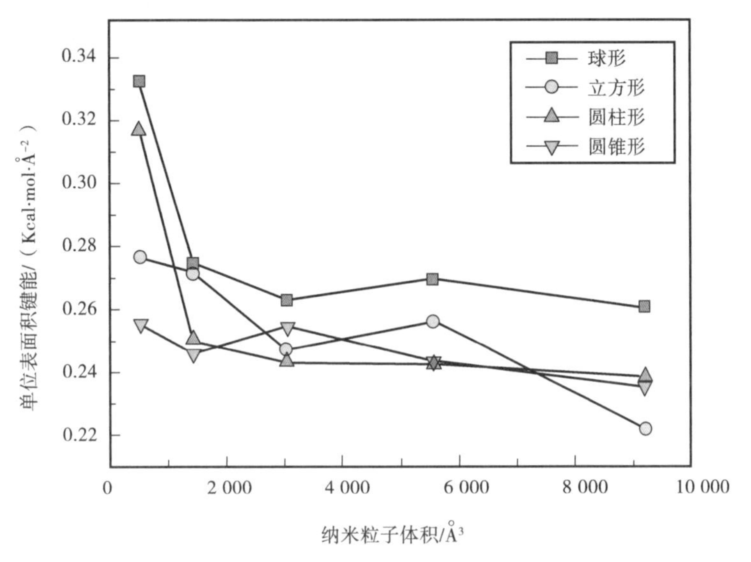

图 4.14　模型中单位表面积键能与纳米粒子体积的关系

米 SiO_2 粒子掺杂的复合模型中，纳米粒子的单位表面积键能大小分别为0.333、0.277、0.317 和 0.256 kcal · mol^{-1} · Å^{-2}(1 kcal = 4 185.852 J)球形和圆柱形纳米 SiO_2 粒子单位表面积键能明显高于其他两组，但球形纳米粒子掺杂复合模型的数值最大，且随着纳米粒子尺寸的增大，整个过程中球形纳米粒子的单位表面积键能均大于其他组。纳米粒子随着尺寸的增大，比表面积在不断减小，故纳米粒子含量一定时，尺寸大的纳米 SiO_2 粒子和基体纤维素接触的面积比尺寸小的纳米 SiO_2 粒子与基体纤维素接触的面积小，所以在纳米粒子尺寸越小时单位表面积键能就越大，两者之间的相互作用强度也越强。

3)纳米 SiO_2 粒子与纤维素的相容性

高分子聚合物之间作用力的大小通常采用内聚能密度来进行表征。4 种不同形状的纳米 SiO_2 粒子掺杂的复合模型的内聚能密度如图 4.15 所示。

由图 4.15 可知，4 种不同形状的纳米 SiO_2 粒子掺杂的复合模型中内聚能密度随着纳米粒子尺寸的增大逐渐减小，球形、立方形、圆柱形和圆锥形纳米粒子掺杂的复合模型中内聚能密度由初始的 424.0 J/cm^3、407.4 J/cm^3、414.7 J/cm^3 和 403.5 J/cm^{3}下降到最终的 326.7 J · cm^3、328.4 J/cm^3、316 J/cm^{3}和 303.7 J/cm^3，表明分子间的作用力随着尺寸的增大在减小，但球形纳米 SiO_2 粒子在尺寸逐渐增大的过程中依然均大于其他组复合模型中的内聚能密度。由以上计算所得到的内聚能密度再次通过计算得到模型中的溶解度参数见表 4.3。

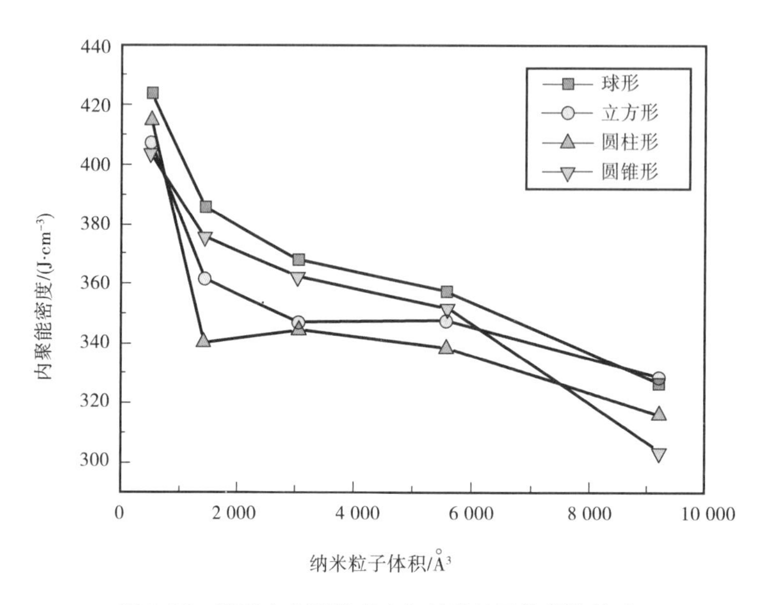

图 4.15　模型中内聚能密度与纳米粒子体积的关系

表 4.3　不同形状的纳米 SiO_2 粒子改性模型中的溶解度参数($(J/cm^3)^{0.5}$)

形状	523.61 Å^3	1 436.76 Å^3	3 053.63 Å^3	5 575.28 Å^3	9 202.77 Å^3
球形	20.592	19.385	19.043	18.962	18.074
立方形	20.184	19.241	19.19	18.914	18.122
圆柱形	20.365	18.447	18.555	18.397	17.869
圆锥形	20.088	19.024	18.632	18.645	17.806

由表 4.3 可知,随着纳米 SiO_2 粒子尺寸的增大,掺杂复合模型中的溶解度参数在逐渐下降,在纳米 SiO_2 粒子体积为523.61 Å^{3}时,球形纳米粒子掺杂的复合模型中的溶解度参数最大,即 $20.592>20.184$,$20.365>20.088$,这里通过模拟纯纤维素模型(纤维素链的条数与纳米复合模型中纤维素条数一致)的溶解度参数大小为20.684,故纳米粒子尺寸在体积为523.61 Å^{3}时的复合模型中的溶解度参数与纯纤维素模型的溶解度参数较为接近,同时球形纳米粒子掺杂的复合模型的溶解度参数与之最为接近。本节研究的纯纤维素模型的溶解度参数大小与聚合物手册上以及有关学者研究的纯纤维素模型的溶解度参数大小存在一些偏差,这可能是分子动力学模拟过程中力场的设置和精度的设置不同导致的,因为在分子模拟过程中不同的力场对各项势能函数的近似处理方式略有差异,并且经过多次迭代之后会将差异放大。虽然与他们的结果数值有些偏差,但不影响本节 4 组复合模型中溶解度参数之间进行对比分析,并从内聚能密度和溶解度参数的角度一致得出

球形纳米 SiO_2 粒子对纤维素的掺杂效果最好,而且在其尺寸大小为 523.61 Å^{3}时,复合模型的溶解度参数最接近纤维素的溶解度参数,相容性相对最好。

(2)纳米 SiO_2 对油浸纤维素绝缘纸热稳定性的影响

在变压器长期的运行过程中,变压器内部的油纸绝缘系统难免会出现热老化现象,同时在其日常运行或者检修过程中也会引入水分,水分的存在又会对油纸绝缘的老化起到促进作用,导致油纸的热稳定性下降,从而间接影响到变压器内部的电气性能。而近些年来,纳米粒子在对高分子绝缘材料的热稳定性改性领域得到了较好的应用,能很好提升材料的高温热稳定性。

然而,在使用分子模拟研究纳米粒子对高分子绝缘材料的改性过程中,很多文献将建立的纳米初始模型直接与高分子聚合物建立复合模型,而建立的纳米初始模型表面存在大量的断裂键(不饱和键),这将会影响到计算结果的准确性。

所以,此处将在以前的研究基础上,先对建立的纳米粒子表面进行断裂键的处理,使其处于饱和状态,然后将处理后的纳米粒子和纤维素建立复合模型;考虑到水分的影响,使用三聚氰胺对纳米粒子表面进行接枝改性,然后将表面处理后的纳米粒子与纤维素、绝缘油、水分建立复合模型,研究纳米粒子对有水环境下的油纸热稳定性的改善效果。

1)纳米 SiO_2 表面处理及含量对纤维素热稳定性的影响

在实际中,初始制备的纳米 SiO_2 表面存在不饱和的化学键,置于空气中会与 O_2 和 H_2O 发生反应,从而处于稳定状态。为了探索分子模拟中纳米粒子表面进行处理前后对复合模型性能的影响,本节建立了两个半径为 5 Å 的球形纳米粒子,然后对其中一个纳米粒子表面不饱和的 O 原子进行 H 原子处理,不饱和的 Si 原子进

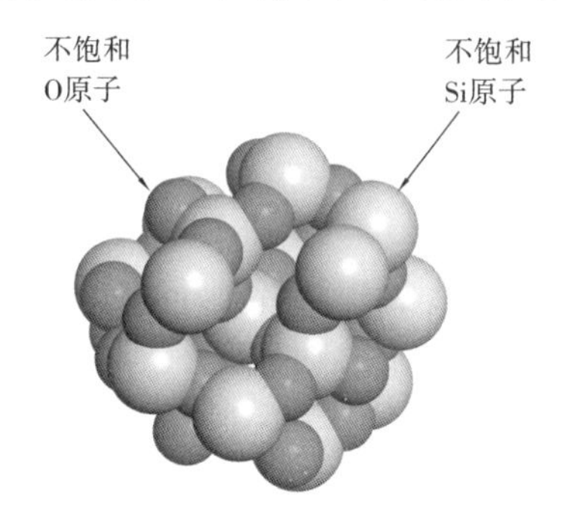

(a)纳米SiO_2表面不饱和键未进行处理

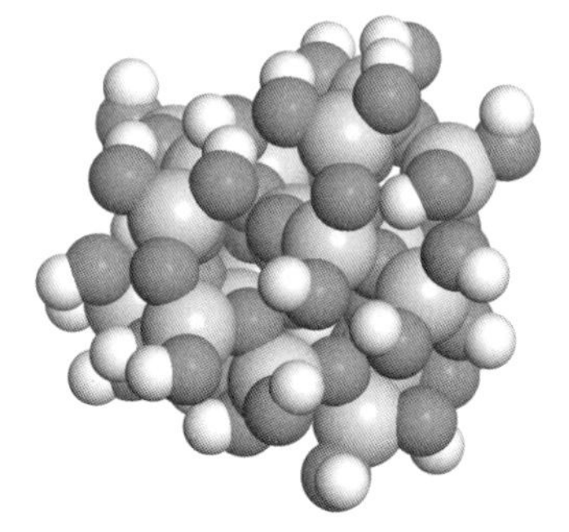

(b)纳米SiO_2表面不饱和O原子进行H原子处理,不饱和Si原子进行—OH处理

图4.16　纳米 SiO_2 粒子模型

行—OH 处理,如图 4.16 所示。然后,将聚合度为 10 的纤维素和纳米 SiO_2 粒子在 Amorphous Cell 模块建立复合模型,力场为 Universal,其中纳米 SiO_2 粒子含量分别为0%、1%、3%、5%、7%、9%、12%、18%、24%,初始密度设置为0.6 g/cm^3。由于

篇幅的限制,这里只给出了纳米 SiO_2 粒子含量为0%和5%的复合模型,如图4.17所示。

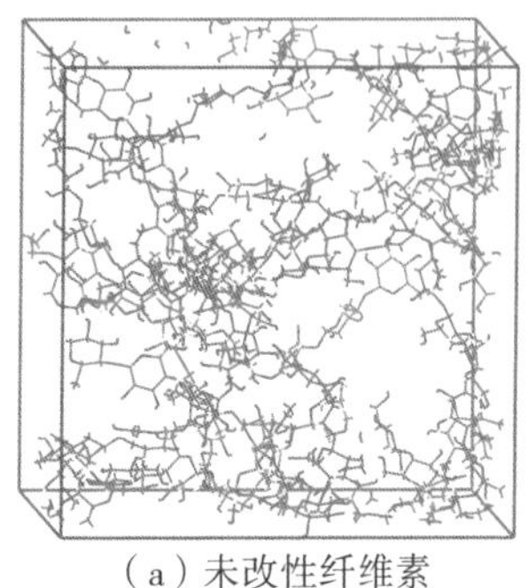

(a)未改性纤维素

(b)纳米SiO_2表面不饱和键未进行处理

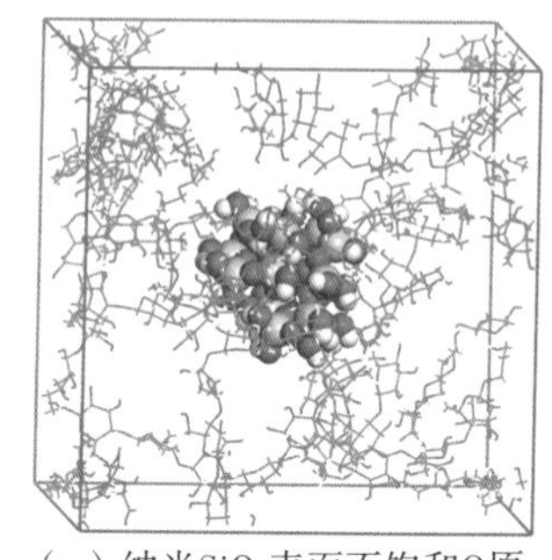

(c)纳米SiO_2表面不饱和O原子进行H原子处理,不饱和Si原子进行—OH处理

图4.17　纳米 SiO_2 与纤维素的复合模型

①力学性能

对每个目标进行5次的重复模拟计算,C0表示未改性模型,C1表示纳米 SiO_2 粒子表面未进行处理改性的纤维素模型。C2表示纳米 SiO_2 粒子表面不饱和的O原子进行H处理,不饱和的Si原子进行—OH处理改性的纤维素模型。

由图4.18可知,随着纳米 SiO_2 粒子含量的增加,C1、C2复合模型的弹性模量均出现先上升后下降的现象。当纳米 SiO_2 粒子在复合模型中的含量为5%时,C1、C2复合模型中的弹性模量达到最大,比纳米 SiO_2 粒子含量为0%的模型分别提升了45.1%、36.1%。弹性模量达到最佳时,C2模型的弹性模量比C1模型小6.6%。复合模型中的剪切模量和弹性模量有相似的变化趋势,在纳米 SiO_2 粒子含量为5%时,C1、C2复合模型中的剪切模量同样达到最佳,比纳米 SiO_2 粒子含量为0%的模型分别提升了31.6%、24.4%。剪切模量达到最佳时,C2模型的剪切模量比C1模型小5.9%。

所以,纳米 SiO_2 表面未进行处理与纳米 SiO_2 表面进行处理两者对纤维素进行改性后的复合模型力学性能参数的大小相差6%左右。因此,在使用分子动力学研究纳米粒子与聚合物间的相互作用时,建立纳米粒子模型时需要对其表面进行处理,从而避免模拟计算产生的误差,使得建立的纳米粒子模型更能接近于真实纳米粒子的性能。

而从本节的模拟结果来看,表面不饱和的O原子进行H处理,不饱和的Si原子进行—OH处理的纳米 SiO_2 粒子改性的纤维素复合模型的性能更接近于实际,而且在纳米 SiO_2 粒子含量为5%时模型中的力学性能达到相对最佳,机械强度得到较好的提升。

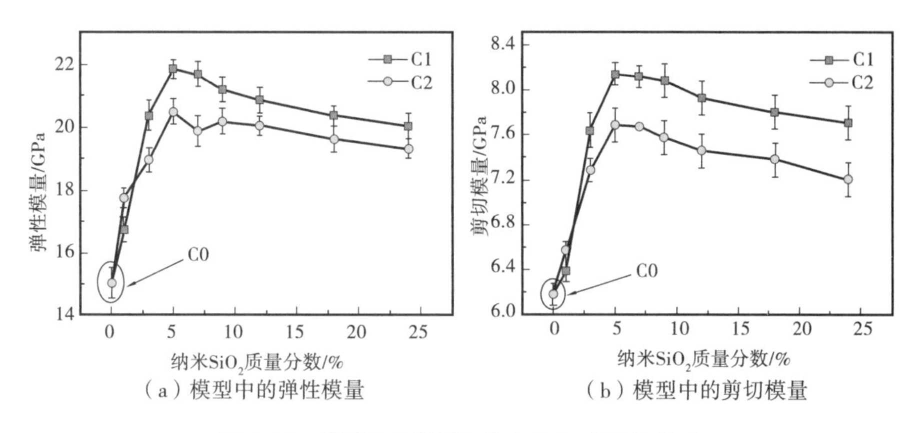

(a)模型中的弹性模量 (b)模型中的剪切模量

图4.18 模型中的模量与纳米 SiO_2 含量的关系

②玻璃化温度

“短程有序,远程无序”的玻璃态物质随着温度的不断升高会发生玻璃化转变,当玻璃态物质从“玻璃态”向“高弹态”转变时的温度称为玻璃化转变温度(T_g)。很多高分子材料都属于玻璃态物质,绝缘纸纤维素存在着晶区和非晶区(无定型区),其无定型区属于玻璃态物质。

对于高聚物而言,玻璃化转变温度作为材料稳定性的一个评判指标,一旦温度超过高聚物的玻璃化转变温度,高聚物材料的多项性能会发生显著变化,如力学性能、热力学性能、光、电、磁性能等。故研究绝缘纸纤维素的玻璃化转变温度具有重要的实际意义。

玻璃化转变温度的获取分析有多种方法,如体积法、密度法、以及自由体积法,它们的共同点都是在拐点之前和之后进行线性拟合,两条直线的交点即为玻璃化转变温度。由于从力学性能的角度分析得出,纳米粒子表面不饱和的 O 原子进行 H 处理,不饱和的 Si 原子进行—OH 处理建立的纳米粒子模型更接近于实际情况,而且纳米粒子含量为5%时纳米改性复合模型的力学性能相对最佳,故在此选取纳米 SiO_2 粒子含量为0%和5%的复合模型进行研究,以下分别称为未改性模型和改性模型。

在此对玻璃化转变温度的分析采用常用的比体积法,对模拟计算之后的模型在200~650 K 温度下,每隔50 K 为一个间隔,每个间隔下进行100 ps 的 NPT 动力学模拟计算,压强为0.000 1 GPa。分析得到模型中的玻璃化温度如图4.19所示。

由图4.19可知,随着温度的升高,模型中比体积在增大,在玻璃化温度附近比体积出现跳变现象。未改性纤维素模型的玻璃化温度为423 K,纳米 SiO_2 改性纤维素模型的玻璃化温度为470 K,改性模型的玻璃化温度比未改性模型提高了57 K,表明纳米 SiO_2 粒子的加入,能提升复合材料的玻璃化温度,而玻璃化温度与材料的力学性能、热稳定性等参数息息相关,故纳米 SiO_2 能很好地提升绝缘纸纤

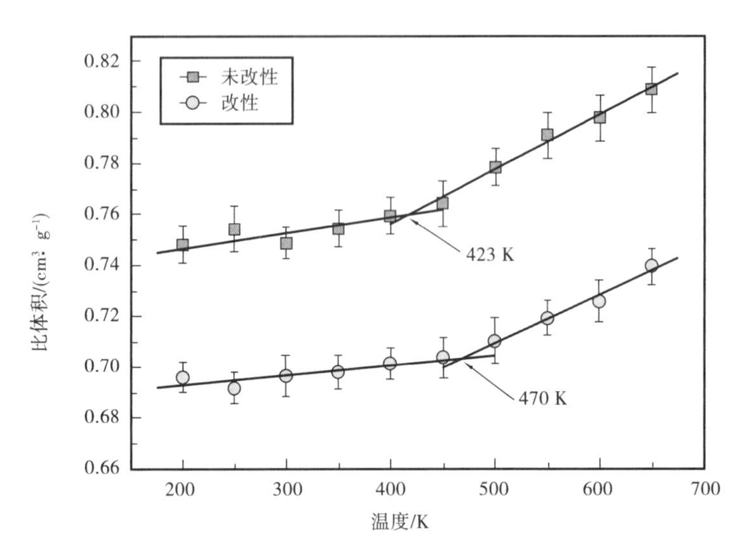

图 4.19　模型中比体积与温度的关系

维素的高温热稳定性。

③均方位移

均方位移(Mean square displacement,MSD),它能描述分子链质心的整体移动情况。其计算公式为:

$$\mathrm{MSD} = \langle | \vec{r}_i(t) - \bar{r}_i(0) | ' \rangle \tag{4.14}$$

式中,$\vec{r}_i(t)$ 和 $\vec{r}_i(0)$ 分别代表 t 时刻和初始时刻 i 分子或原子的位置向量,尖括号〈〉表示系综平均。

本节对纳米粒子改性纤维素模型和未改性纤维素模型分析得到的均方位移如图 4.20 所示。

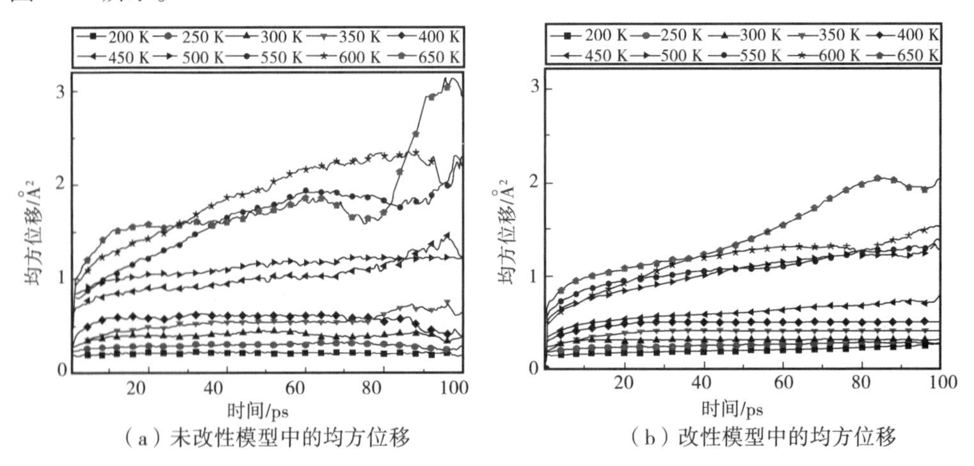

(a) 未改性模型中的均方位移　(b) 改性模型中的均方位移

图 4.20　均方位移与模拟时间的关系

由图4.20可知,在未改性模型中,均方位移在400 K之前的值都比较小,其数值为0.2～0.6 Å^2,而在400～450 K均方位移出现了第一次跳变现象,这个温度区间对应未改性模型中玻璃化温度的范围;在450～500 K,未改性模型中均方位移值为0.7～1.3 Å^2;在500～550 K出现了第二次跳变,这个温度区间对应于高分子材料的熔点;在550～650 K,均方位移的数值为0.8～3.1 Å^2。而在改性模型中,温度在200～450 K时,均方位移数值为0.15～0.5 Å^2,在450～500 K均方位移出现了第一次跳变现象,这个温度区间同样对应于改性模型中玻璃化温度范围;在温度为500～600 K,均方位移的数值在0.5～1.4 Å^2;在600～650 K,均方位移出现第二次跳变,但跳变的时间在50 ps之后;在温度为650 K时,均方位移的数值为0.6～2.0 Å^2。整体来看,未改性模型和改性模型中的均方位移都在随着温度的升高不断增大,但改性模型的均方位移数值明显小于未改性模型中的均方位移的值,而且改性模型中的均方位移出现一次跳变和二次跳变的温度均大于未改性模型的,表明纳米SiO_2粒子的加入能减弱绝缘纸纤维素的链运动强度,从而提升纤维素的热稳定性。

④自由体积分数

高分子材料的体积由自由体积和占有体积组成,分子或者原子的体积为占有体积,材料内部空穴的体积为自由体积。而自由体积分数计算公式如下:

$$\xi = \frac{V_{\text{free}}}{V_{\text{free}} + V_{\text{accupy}}} \times 100\% \tag{4.15}$$

式中,V_{free}为自由体积;V_{accupy}为占有体积。

对模拟计算之后的模型在200～650 K的温度下,每隔50 K为一个间隔,每个间隔下进行100 ps的NPT动力学模拟计算,压强为0.000 1 GPa。未改性模型和改性模型中的自由体积分布区域随着温度的升高在增大。在未改性模型中,自由体积占的比例比改性模型中的大,而且自由体积分布比较随意,使得在高温下的纤维素链有很大的运动空间。然而,在改性模型中,自由体积分布相对集中,纳米粒子的加入填充了纤维素链之间的一些空隙,从而使得纤维素链之间更加紧密,因此改性模型中的自由体积所占的比例比未改性模型的小,在高温下其纤维素链运动空间相对较小,所以纤维素链的运动强度得到很好的抑制。

对每个温度下的自由体积模拟计算都重复5次,从而通过计算得到模型中的自由体积分数,其结果如图4.21所示。由图4.21可知,温度在400 K之前,未改性模型中自由体积变化较小,自由体积分数基本在15%左右,而在450 K之后,自由体积分数开始出现跳变,并逐渐增大。在改性模型中,温度为450 K之前,模型中的自由体积变化也较小,自由体积分数基本保持在9%左右,而在500 K之后,自由体积分数也出现明显的跳变现象。自由体积的增大,会增加纤维素链的运动空间,当分子链整体开始运动时,纤维素就会从玻璃态向高弹态转变,转化为高弹态之后纤维素链的机械性能急剧下降，同时热稳定性也随之下降。而在图 4.21 中，改性模型的自由体积分数明显小于未改性模型，且自由体积分数出现跳变的温度也比未改性模型提高了 50 K 左右，故纳米 SiO_2 粒子改性后的纤维素更加稳定，具有较好的热稳定性。

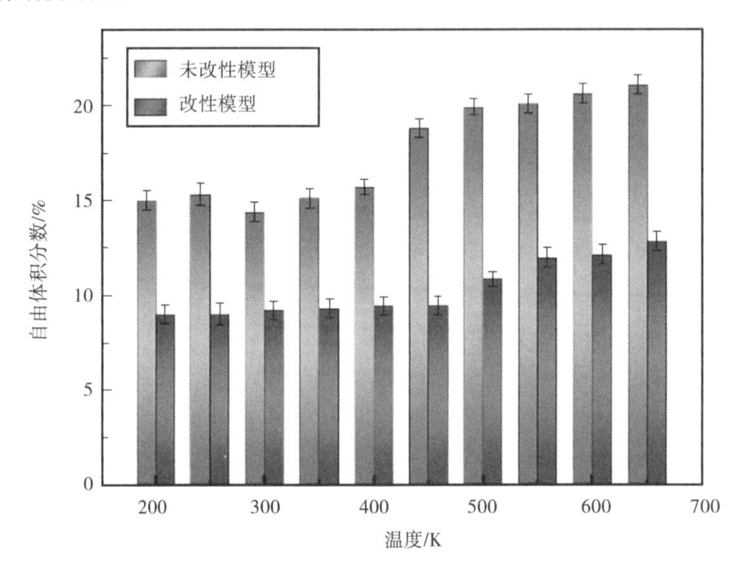

图 4.21　模型中自由体积分数与温度的关系

(3)纳米 SiO_2 对纤维素在水环境下热稳定性的影响

在前一节的基础上，将三聚氰胺接枝到纳米 SiO_2 粒子表面的羟基上，如图 4.22所示。

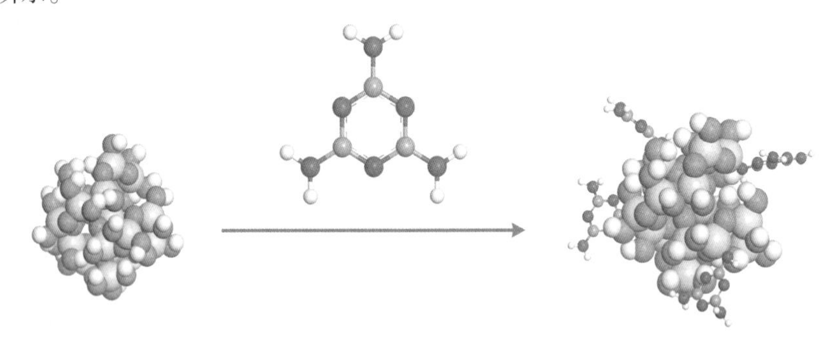

图 4.22　纳米 SiO_2 粒子接枝三聚氰胺

然后，将聚合度为 10 的纤维素分别和表面未进行处理的纳米 SiO_2 粒子以及表面进行三聚氰胺接枝处理的纳米 SiO_2 粒子在 Amorphous Cell 模块建立复合模型，力场为 Universal，纳米 SiO_2 含量为 5%，水分子含量为 5%，初始密度设置为 0.6 g/cm^3，建立的复合模型如图 4.23 所示。图 4.23(a)为纤维素-水模型(C—

H_2O)、图4.23(b)为纳米SiO_2改性的纤维素-水模型(CN—H_2O)、图4.23(c)为表面接枝三聚氰胺的纳米SiO_2改性纤维素-水模型(CAN—H_2O)。

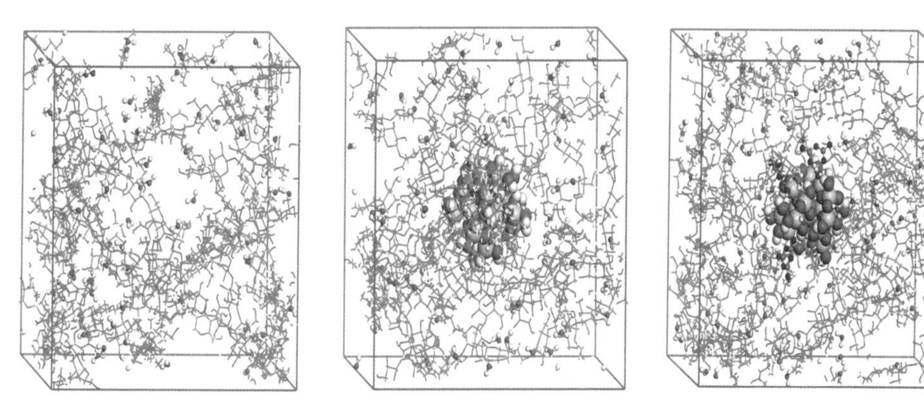

(a)纤维素-水模型　(b)纳米SiO_2改性纤维素-水模型　(c)表面接枝三聚氰胺的纳米SiO_2改性纤维素-水模型

图4.23　纳米粒子改性水环境下的纤维素模型

1)力学性能

对改性前后的模型中力学性能计算得到的结果如图4.24所示,随着温度的升高,C—H_2O、CN—H_2O和CAN—H_2O模型中的弹性模量和剪切模量在逐渐减小,下降速率也基本相同。但在整个研究温度范围内,模型中的弹性模量和剪切模量均呈现出CAN—H_2O > CN-H_2O > C—H_2O的趋势。由于受到水分子的影响,C—H_2O中的弹性模量在200 K时值为15.84 GPa,而CN—H_2O、CAN—H_2O的弹性模量为18.1 7 GPa和19.41 GPa,分别提升了14.7%、22.5%;虽然弹性模量随着温度的升高在逐渐下降,但在温度为650 K时,CN—H_2O和CAN—H_2O相对于C—H_2O的弹性模量提升了29.5%和82.9%。剪切模量在200 K时,CN—H_2O和CAN—H_2O相对于C—H_2O模型提升了18.3%和29.4%;温度为650 K时,则分别提升了25.3%和94.4%。可见,表面接枝三聚氰胺的纳米SiO_2粒子对纤维素在水分环境下的力学性能具有较好的提升作用,改性后的复合模型在高温下能保持优良的性能。

在温度为350 K左右,C—H_2O和CN—H_2O的弹性模量和剪切模量均出现急剧下降的现象。而在CAN—H_2O中,弹性模量和剪切模量出现急剧下降时的温度是400 K左右,可见在表面接枝三聚氰胺的纳米SiO_2改性水分条件下的纤维素模型的效果相对最佳。

2)水分子的均方位移

水分子的均方位移按照式(4.14)的方法进行计算,计算结果如图4.25所示。

由图4.25可知,在温度为300 K之前,C—H_2O中水分子的均方位移的值变化

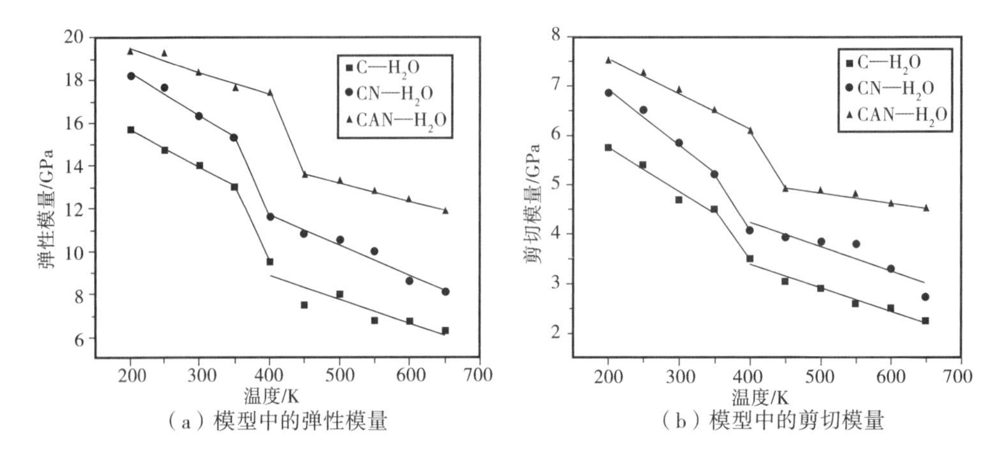

（a）模型中的弹性模量　　（b）模型中的剪切模量

图 4.24　模型中的模量与温度之间的关系

较为平缓，基本在 0 ~ 10 Å^2 波动，但在温度为 350 K 时，其值出现了明显的跳变，均方位移值在 0 ~ 58 Å^2 波动。在 CN—H_2O 中，温度为 350 K 之前，均方位移的值变化较为平缓，基本在 0 ~ 10 Å^2 波动，在温度为 400 K 时，均方位移值出现了明显的跳变，其值在 0 ~ 29 Å^2 波动。在 CAN—H_2O 中，温度为 450 K 之前，均方位移的值同样变化较为平缓，基本在 0 ~ 9 Å^2 波动，在温度为 500 K 时，均方位移值出现了明显的跳变，其值在 0 ~ 29 Å^2 波动。可见，C—H_2O 中水分子的均方位移随着温度的升高，其值变化较大，说明在高温下水分子的扩散速度快。而在 CN—H_2O 和 CAN—H_2O 中，水分子的均方位移明显小于 C—H_2O 的，而且水分子出现扩散速率明显增大现象时其对应的温度也依次增大。所以，纳米改性纤维素能抑制水分子在纤维素中的扩散，从而减小水分子对纤维素性能的影响。

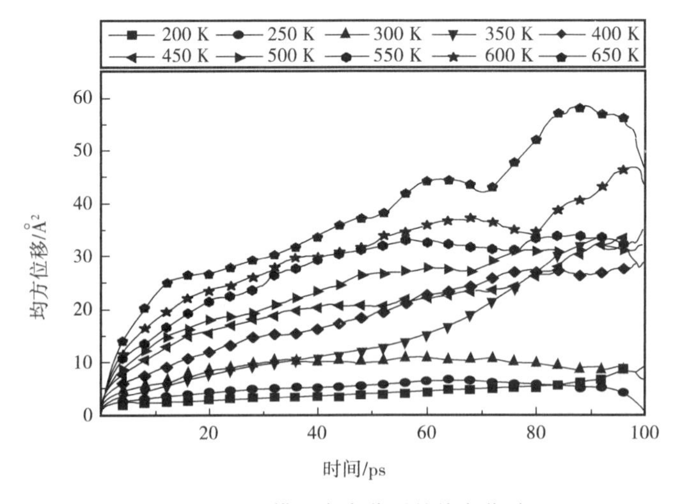

（a）C—H_2O 模型中水分子的均方位移

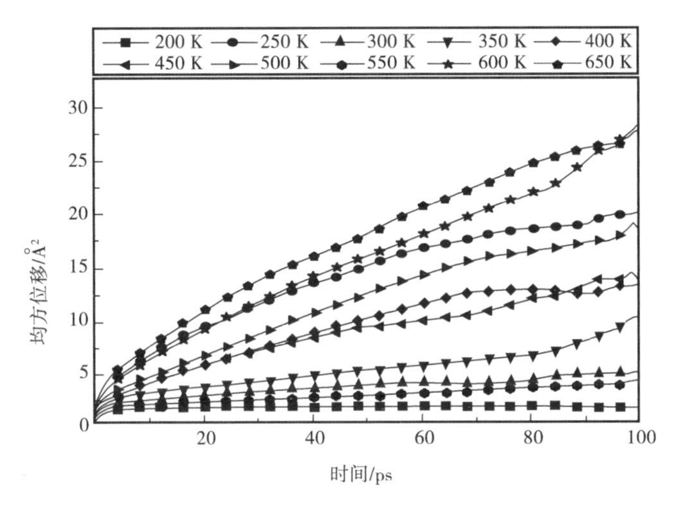

(b) CN—H_2O 模型中水分子的均方位移

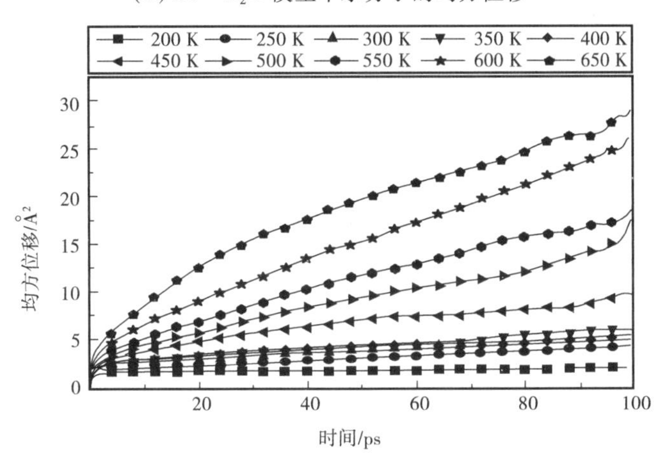

(c) CAN—H_2O 模型中水分子的均方位移

图 4.25 均方位移与模拟时间之间的关系

3) 玻璃化温度分析

模型中的玻璃化温度按照上述方法进行计算,计算结果如图 4.26 所示。

由图 4.26 可知,C—H_2O 中玻璃化温度为 374 K,CN—H_2O 中玻璃化温度为 413 K,CAN—H_2O 中玻璃化温度为 443 K,CN—H_2O 和 CAN－H_2O 中的玻璃化温度较 C—H_2O 中玻璃化温度分别提升了 39 K 和 69 K。另外由图可知,在玻璃化温度之前,模型中的比体积随着温度的升高变化比较小,但在玻璃化温度之后,模型中的比体积出现了明显的增大,增长的速率明显提升。而在高分子聚合物中,体积由自由体积和占有体积组成,当自由体积增大后,模型中的密度会减小,而比体积的值大小为密度的倒数,比体积越大,自由体积越大。当模型中的自由体积增大后,纤维素链和水分子可移动的空间就会变大,在高温条件下运动更加剧烈。所

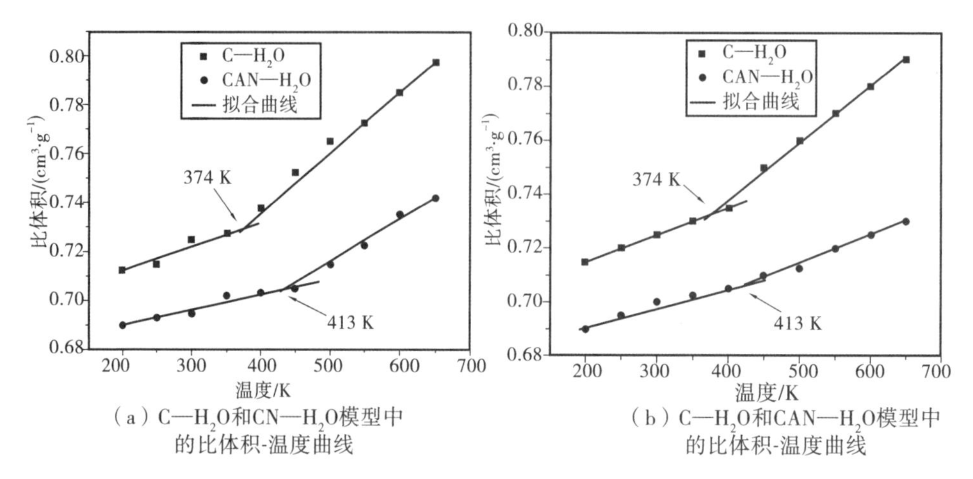

(a) C—H_2O和CN—H_2O模型中的比体积-温度曲线

(b) C—H_2O和CAN—H_2O模型中的比体积-温度曲线

图4.26 模型中的比体积与温度的关系

以,经纳米 SiO_2 粒子改性后的纤维素热稳定性得到提升,而纳米 SiO_2 粒子表面接枝三聚氰胺后,改性后的绝缘纸纤维素玻璃化温度提升最大,表明在高温下模型中的自由体积变化最小,纤维素和水分子的运动强度得到抑制,模型的热稳定性最好。

而在 C—H_2O、CN—H_2O、CAN—H_2O 中玻璃化温度附近,模型中的弹性模量、剪切模量的数值急剧变化,水分子的均方位移也出现跳变现象,从不同的角度得出 CAN—H_2O 的热稳定性是相对最佳的。

4)氢键

在本节计算的 100 ps 范围内,对每个模型间隔 0.5 ps 收集一次动力学轨迹信息,通过程序提取 C—H_2O、CN—H_2O、CAN—H_2O 模型中纤维素的氢键数量、水分子与纤维素之间的氢键数量以及 CN—H_2O、CAN—H_2O 模型中纳米 SiO_2 与水分子之间的氢键数量。

在 C—H_2O 模型中,随着模拟时间的增大,纤维素中的氢键数量基本稳定在 250 ~ 300,纤维素与水分子之间的氢键数量基本稳定在 150 ~ 230。在 CN—H_2O 模型中,随着模拟时间的增大,纤维素中的氢键数量基本稳定在 350 ~ 425,纤维素与水分子之间的氢键数量基本稳定在 110 ~ 160,纳米 SiO_2 与水分子之间的氢键数量基本稳定在 14 ~ 36。在 CAN—H_2O 模型中,随着模拟时间的增大,纤维素中的氢键数量基本稳定在 470 ~ 555,纤维素与水分子之间的氢键数量基本稳定在 75 ~ 115,纳米 SiO_2 与水分子之间的氢键数量基本稳定在 15 ~ 46。可见,CN—H_2O、CAN—H_2O 模型的纤维素中氢键的数量比 C—H_2O 模型的多,水分子与纤维素之间形成的氢键比 C—H_2O 模型的少;纳米 SiO_2 会与水分子之间形成氢键作用,尤其是表面接枝三聚氰胺之后的纳米 SiO_2 与水分子之间形成了更多的氢键,对水分子的束缚作用增强,从而减少水分子与纤维素之间形成氢键作用,避免了因纤维素自身形成的氢键数量下降进而导致纤维素机械性能下降的问题。为了更清楚的呈现不同温度对每个模型中氢键数量的影响，将模型中每个温度下各种类型的氢键数量进行平均统计，其结果见表4.4—表4.6。

表4.4　不同温度下C—H_2O模型中氢键数量的平均值

氢键种类	200 K	250 K	300 K	350 K	400 K	450 K	500 K	550 K	600 K	650 K
N_C	297.0	285.0	283.1	280.1	279.4	272.0	266.1	262.6	260.9	256.5
N_{C-W}	226.0	222.7	220.1	212.9	199.9	186.6	179.8	172.5	167.6	159.9

表4.5　不同温度下CN—H_2O模型中氢键数量的平均值

氢键种类	200 K	250 K	300 K	350 K	400 K	450 K	500 K	550 K	600 K	650 K
N_C	414.4	402.2	392.0	386.0	283.8	379.3	373.6	371.9	369.0	361.1
N_{C-W}	153.0	146.9	141.8	140.0	141.3	143.1	141.7	131.6	128.2	128.4
N_{N-W}	28.3	25.4	25.3	24.6	23.6	21.2	20.5	19.3	19.0	18.2

表4.6　不同温度下CAN—H_2O模型中氢键数量的平均值

氢键种类	200 K	250 K	300 K	350 K	400 K	450 K	500 K	550 K	600 K	650 K
N_C	547.5	540.1	530.2	529.1	520.6	510.4	498.3	496.2	493.6	484.6
N_{C-W}	102.0	98.7	97.0	96.1	94.8	92.6	89.8	88.5	82.5	79.9
N_{N-W}	38.2	36.1	34.7	35.6	35.3	31.1	28.3	27.5	26.2	23.4

在表4.4—表4.6中，N_C表示模型中纤维素形成的氢键数量，N_{C-W}表示模型中纤维素与水分子之间形成的氢键，N_{N-W}表示纳米粒子与水分子之间形成的氢键。由表4.4—表4.6所示，C—H_2O、CN—H_2O以及CAN—H_2O模型中纤维素形成的氢键数量、纤维素与水分子之间形成的氢键数量、纳米SiO_2与水分子之间形成的氢键数量均随着温度的升高在减少，表明温度的升高会导致纤维素性能的下降。在每个温度下，CN—H_2O和CAN—H_2O模型中纤维素形成的氢键数量均高于C—H_2O模型，纤维素与水分子之间形成的氢键数量小于C—H_2O模型。在温度为200 K时，CN—H_2O和CAN—H_2O模型中纤维素形成的氢键相对于C—H_2O分别提升了39.5%和84.3%；在650K时，CN—H_2O和CAN—H_2O模型中纤维素形成的氢键相对于C—H_2O分别提升了40.8%和88.9%。研究表明纳米SiO_2对水环境下的纤维素进行改性能提升纤维素的热稳定性，尤其是表面接枝三聚氰胺的纳米SiO_2对水环境下的纤维素进行改性后热稳定性相对最佳。

(4)纳米SiO_2对油浸绝缘纸在水环境下热稳定性的影响

在大型电力变压器中，使用的矿物绝缘油主要为石蜡基油和环烷基油。环烷基油在低温环境下性能更优，而且其生产过程不需要经过脱蜡工艺就可以制得，能够节省大量的成本，因此环烷基油得到了广泛的使用。有学者通过质谱仪对克拉玛依石化公司生产的25号环烷基矿物油的成分进行分析，研究发现环烷基矿物油中链烃和环烷烃为环烷基矿物油的主要成分（质量分数为88.6%），并决定了环烷基矿物油的主要性质。环烷基矿物油中链烃（$C_{12}H_{26}$）的质量分数为11.6%，一环烷烃（$C_{14}H_{28}$）、二环烷烃（$C_{13}H_{24}$）、三环烷烃（$C_{16}H_{28}$）和四环烷烃（$C_{16}H_{26}$）的质量分数分别为15.5%、28.5%、23.3%和9.7%。根据环烷基矿物油的组成成分，在Visualizer模块建立的油分子模型如图4.27所示。

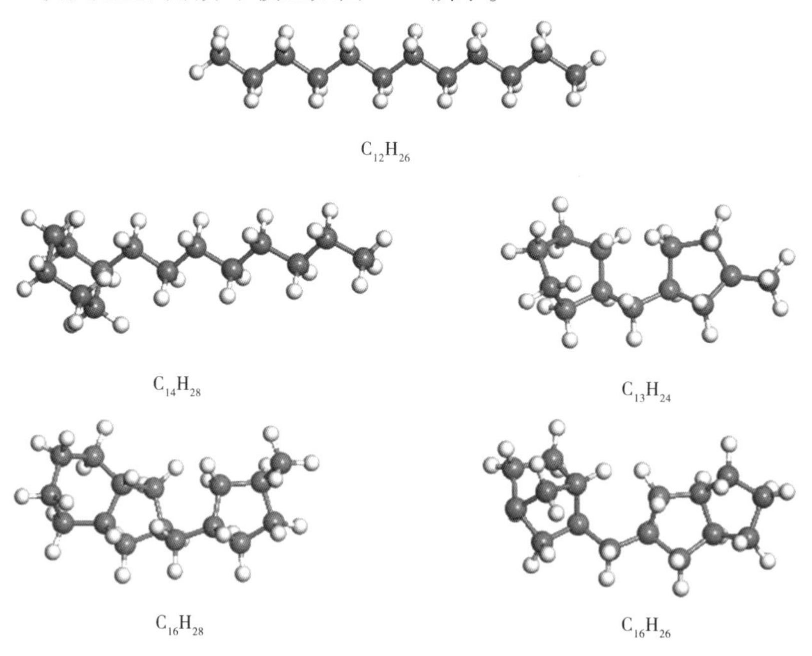

图4.27　环烷基矿物油的分子模型

然后，在此基础上，将接枝了三聚氰胺的纳米SiO_2粒子、水分子与环烷基矿物油、纤维素一起在Amorphous Cell模块建立复合模型，力场为Universal，纳米SiO_2含量为5%，水分子含量为2%，绝缘油的含量为5%，初始密度设置为0.6 g/cm^3，建立的复合模型如图4.28所示。

1）力学性能

由图4.29可知，模型中的弹性模量、剪切模量随着温度的升高，具有相同的变化趋势。在200 K时，改性模型和未改性模型中的力学性能相差不大，温度为250 K时模型中的弹性模量与剪切模量都有上升的现象，这可能是因为在200 K时温度相对较低，油与纤维素的相互作用相对较弱，而在250 K时，温度的升高使得油与纤维素之间的相互作用加强，所以力学性能有小幅度的提升现象。而在温度为250 K之后，模型中的力学性能随着温度的升高在逐渐降低，但在本节整个研究

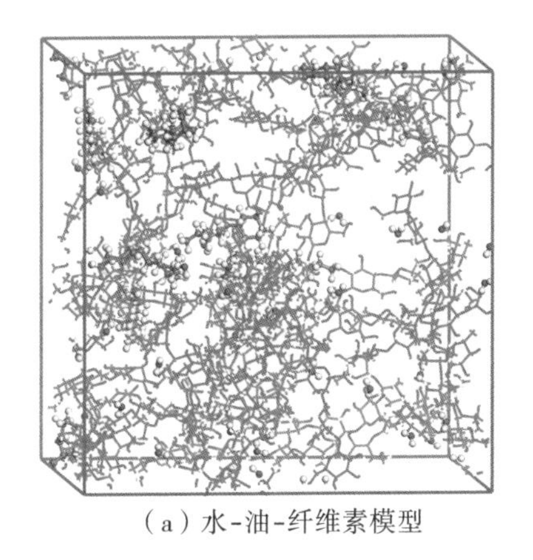

（a）水-油-纤维素模型

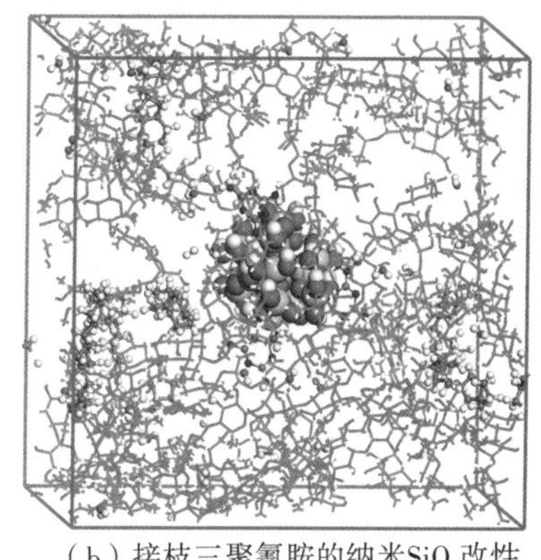

（b）接枝三聚氰胺的纳米SiO_2改性水-油-纤维素模型

图4.28　纳米 SiO_2 改性前后的水-油-纤维素模型

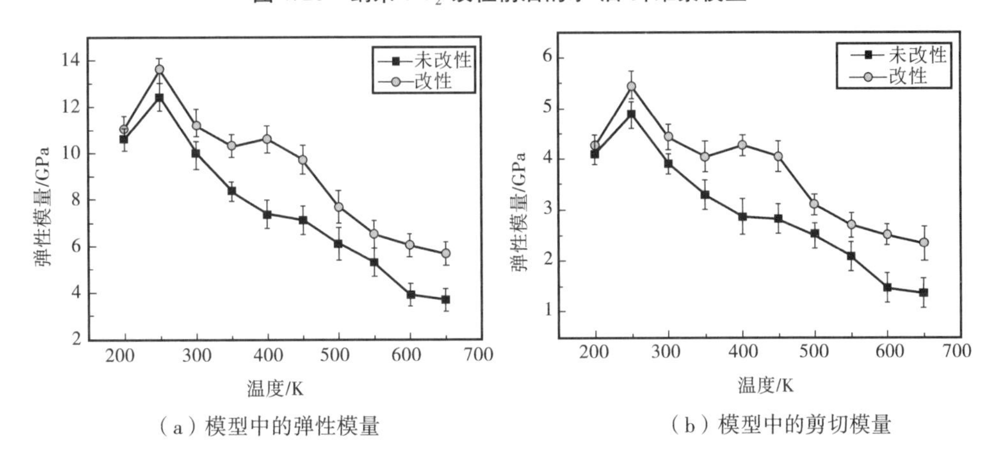

（a）模型中的弹性模量　　（b）模型中的剪切模量

图4.29　模型中的模量与温度的关系

温度范围之内,改性模型中的弹性模量和剪切模量均大于未改性模型。在温度为650 K时,改性模型中的弹性模量和剪切模量相较于未改性模型分别提升了53.3%和71.6%,表明表面接枝三聚氰胺的纳米 SiO_2 对水环境下油浸绝缘纸进行改性能提升其力学性能。

2)水分子均方位移

由图4.30可知,随着温度的升高,未改性模型和改性模型中水分子的均方位移都在逐渐增大。在未改性模型中,温度为200～450 K时,水分子的均方位移大小为0.5～55 Å^2,相对而言数值较小;在温度为500 K时,均方位移出现了明显的跳变现象,温度为500～550 K时,水分子的均方位移大小为3～160 Å^2;在温度为600 K时,均方位移再次出现了明显的跳变现象,水分子的均方位移大小为5～482 Å^2。在改性模型中,温度为200～500 K时,水分子的均方位移大小在0.4～110

Å^2 范围内;在温度为 550 K 时,均方位移出现了明显的跳变现象;在温度为 550 ~ 600 K时,水分子的均方位移大小在 4 ~ 292 Å^2;在温度为 650 K 时,水分子的均方位移出现了第二次明显的跳变现象,均方位移大小为 6 ~ 434 Å^2。改性模型中水分子的均方位移出现第一次跳变的温度比未改性模型的高 50 K 左右,表明经纳米粒子改性后模型中的水分子扩散强度得到抑制。

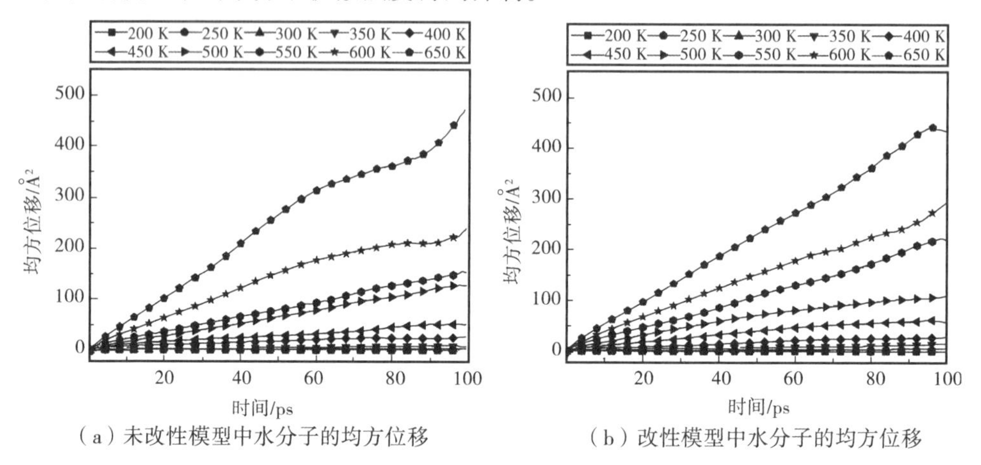

(a) 未改性模型中水分子的均方位移

(b) 改性模型中水分子的均方位移

图 4.30 水分子的均方位移与时间的关系

3) 自由体积分数

对自由体积分数进行计算,得到模型中的自由体积分数如图 4.31 所示。由图

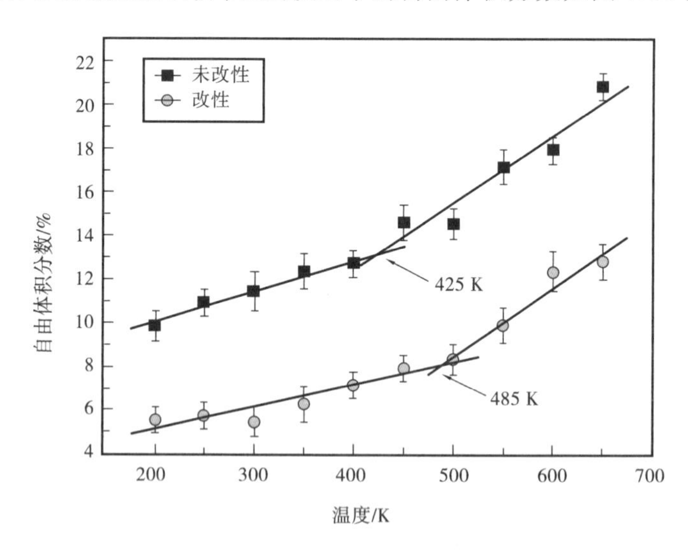

图 4.31 模型中自由体积分数与温度的关系

4.31 可知,随着温度的升高,未改性模型和改性模型中自由体积分数在逐渐增大,表明水分子在模型中的扩散空间在增大。但是,未改性模型中的自由体积分数在

本节研究的温度范围内始终大于改性模型,表明纳米粒子对油-纤维素进行改性,纳米粒子填充到油与纤维素之间的空隙中并与纤维素之间形成了相互作用,从而减小了模型中的自由体积分数。在未改性模型中,自由体积分数在 425 K 时出现了跳变现象,而改性模型中自由体积分数出现跳变的温度为 485 K,改性模型中自由体积分数出现跳变的温度比未改性模型提升了 60 K,故经三聚氰胺接枝的纳米 SiO_2 对水环境下的油-纤维素进行改性能提升其热稳定性。

4)水分子的运动轨迹

未改性、改性模型中水分子在本节研究的温度范围内的运动轨迹如图 4.32 所示。

由图 4.32 可知,在未改性模型和改性模型中,水分子的运动轨迹随着温度的升高其区域在增大,这是由于在高温下,水分子的动能增大,扩散能力增强。在温度相对较低的时候(即 200 ~ 300 K),未改性模型和改性模型中水分子的运动轨迹区域大小基本相同,而在温度为 350 K 之后,未改性模型中水分子的运动轨迹区域开始大于改性模型。在未改性模型中,当温度为 400 K 时,模型中水分子的运动轨迹区域出现明显的增大现象;在改性模型中,当温度为 450 K 时,模型中水分子的

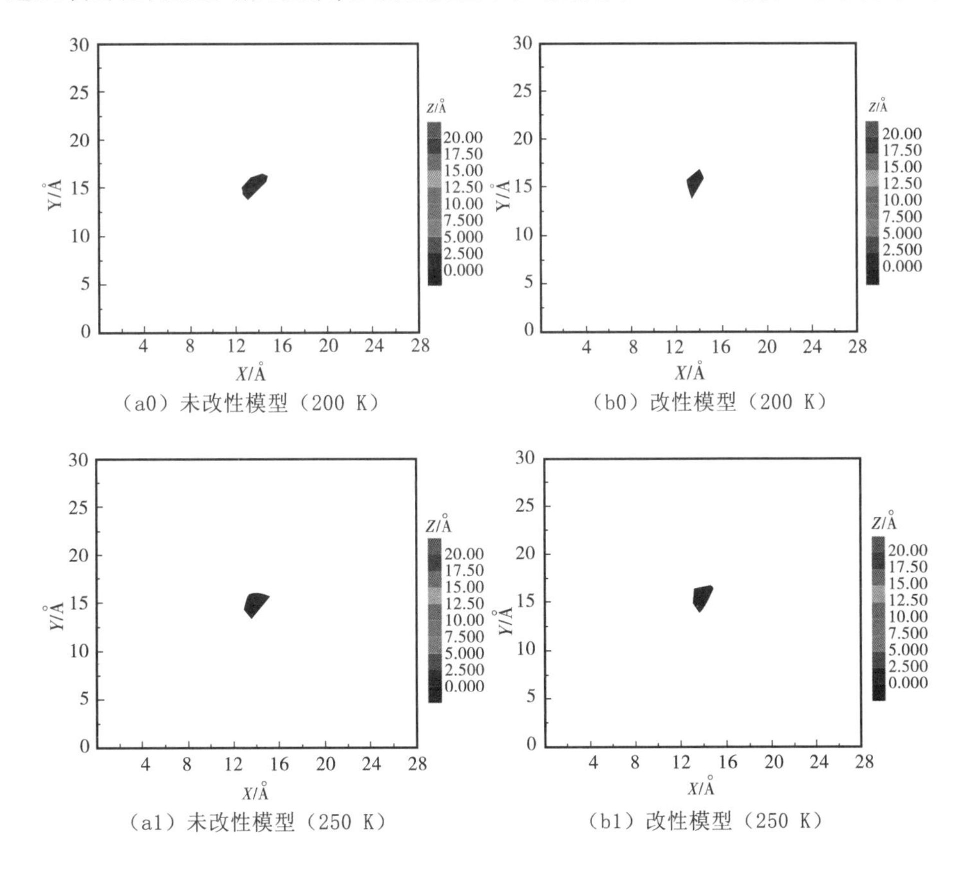

(a0) 未改性模型 (200 K)　(b0) 改性模型 (200 K)

(a1) 未改性模型 (250 K)　(b1) 改性模型 (250 K)

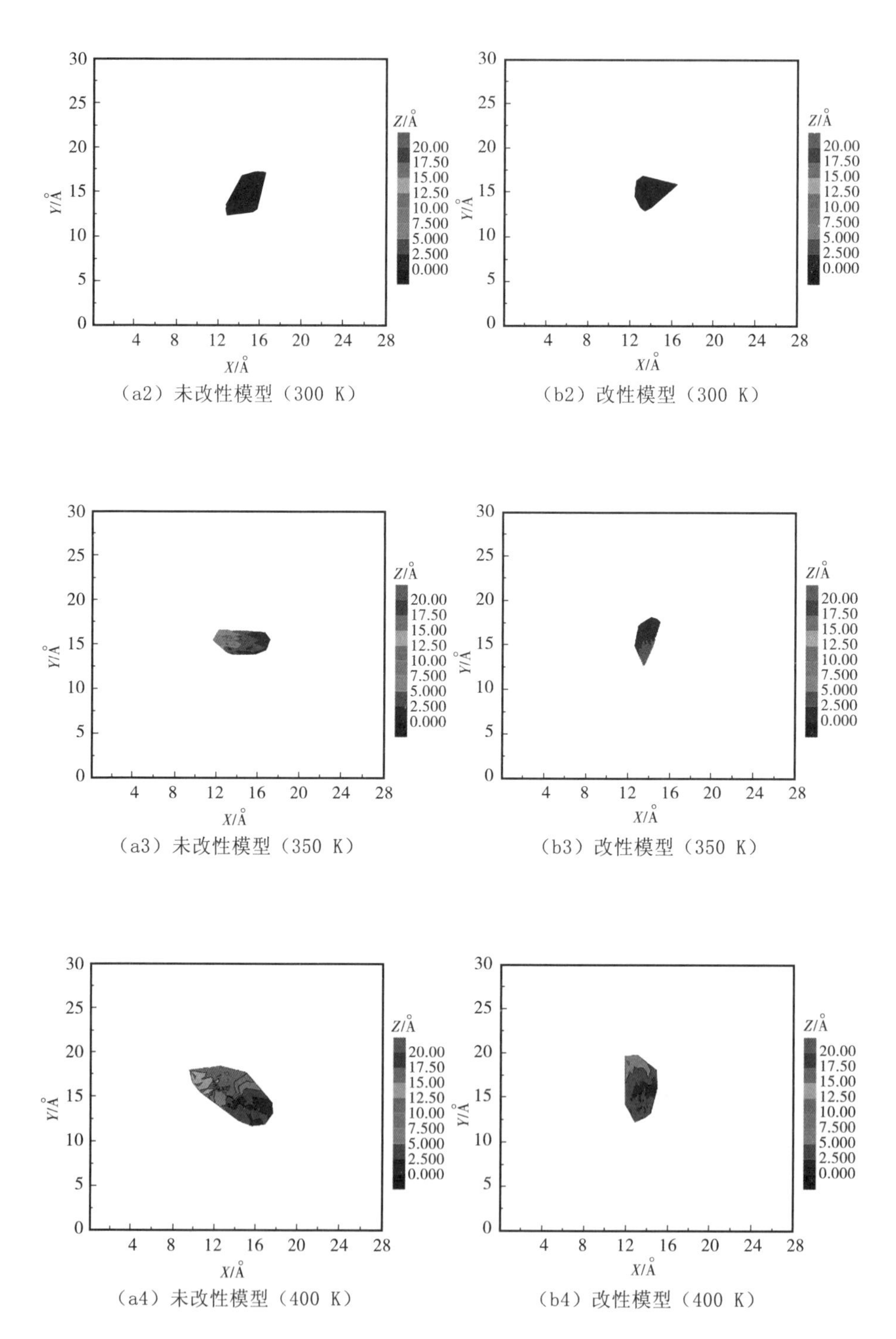

（a2）未改性模型（300 K）

（b2）改性模型（300 K）

（a3）未改性模型（350 K）

（b3）改性模型（350 K）

（a4）未改性模型（400 K）

（b4）改性模型（400 K）

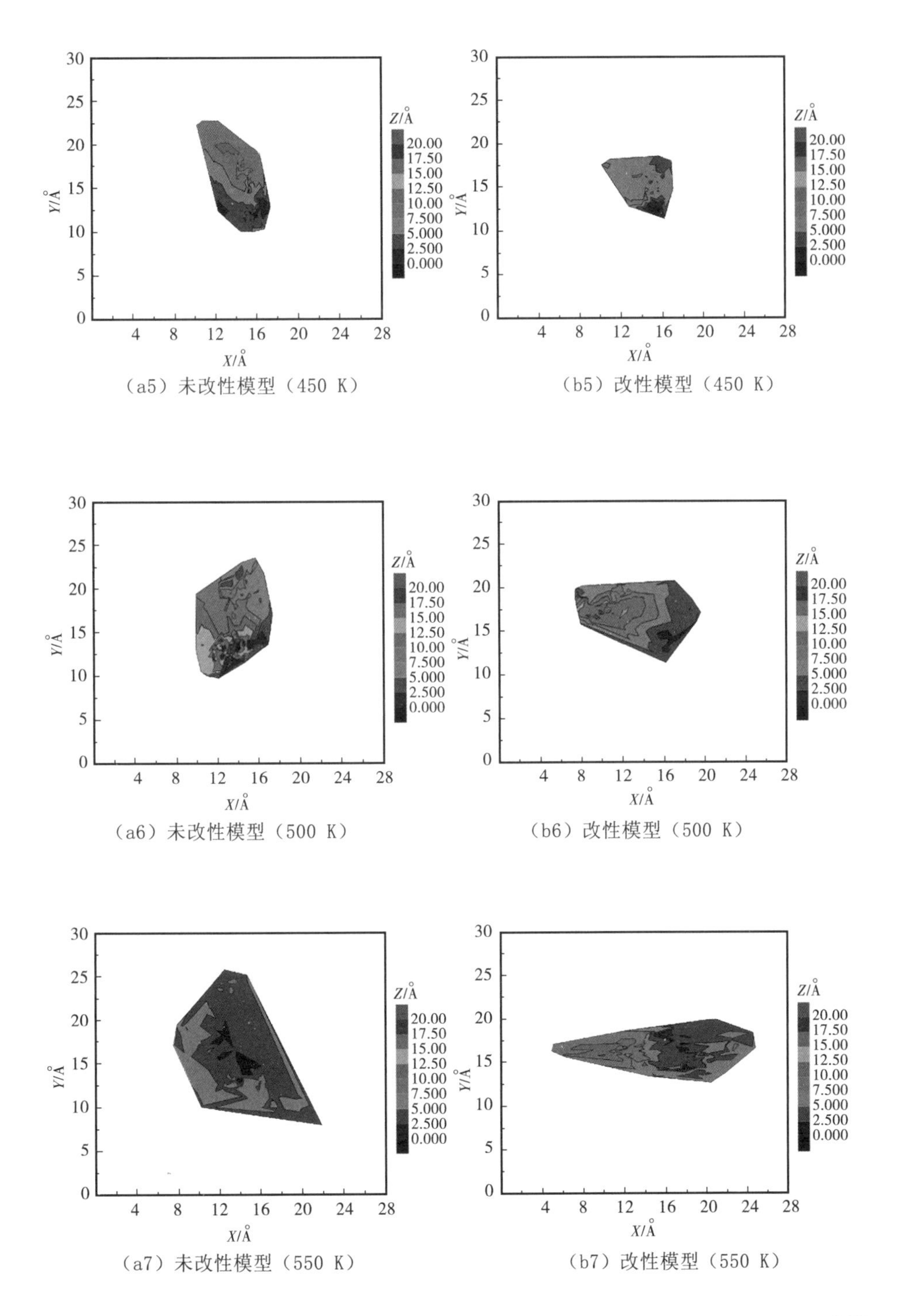

（a5）未改性模型（450 K）　（b5）改性模型（450 K）

（a6）未改性模型（500 K）　（b6）改性模型（500 K）

（a7）未改性模型（550 K）　（b7）改性模型（550 K）

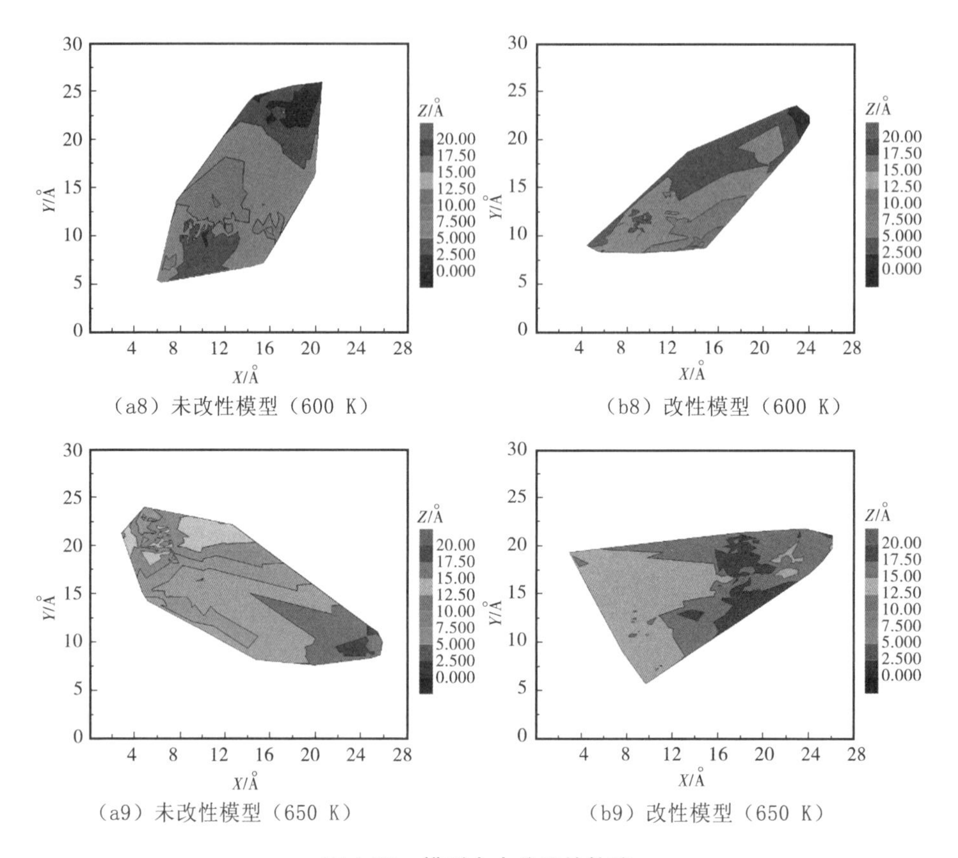

（a8）未改性模型（600 K）

（b8）改性模型（600 K）

（a9）未改性模型（650 K）

（b9）改性模型（650 K）

图 4.32　模型中水分子的轨迹

运动轨迹区域才开始出现明显的增大现象，比未改性模型中水分子出现运动轨迹区域明显增大的温度高出 50 K。模型中水分子的运动轨迹区域大小反应水分子在模型中扩散能力的强弱，运动轨迹区域越小，扩散能力越小，运动轨迹区域越大，扩散能力越强，所以接枝三聚氰胺的纳米 SiO_2 对水环境下的油-纤维素改性能抑制水分子的扩散。由于水分子在绝缘纸中的扩散会使得水分子在绝缘纸中的分布区域增大，而水分子对纤维素的老化起到正反馈作用，当水分子在绝缘纸中的分布区域越大时水分子对绝缘纸的老化影响也越大，所以，抑制绝缘纸中水分子的扩散能提升绝缘纸的热稳定性，故本节使用接枝三聚氰胺的纳米 SiO_2 对水环境下的油-纤维素改性后的体系热稳定性比未改性体系的好。

5）试验对比

制备的改性纤维素绝缘纸中初始纳米 SiO_2 粒子的质量分数为 1%、3%、5%、7% 和 9%，进行三聚氰胺处理后的纳米 SiO_2 粒子所改性的绝缘纸中，三聚氰胺初始含量为 1.2%。在本节中，将未改性绝缘纸、纳米 SiO_2 粒子改性绝缘纸、三聚氰胺处理的纳米 SiO_2 粒子改性绝缘纸分别记为 C1、CN 和 CAN。最后，将绝缘油和绝缘纸按照20:1的质量比装在带磨塞口的玻璃瓶中,并充入氮气在130 ℃下对3种绝缘纸进行加速热老化试验。

①绝缘纸的拉伸强度测试

对纳米SiO_2粒子的质量分数为1%、3%、5%、7%和9%的绝缘纸和未改性绝缘纸进行纵向和横向拉伸强度测试,测试标准为GB/T 12914—2018恒速加荷法,测试结果如图4.33所示。

由图4.33可知,随着纳米SiO_2粒子含量的增加,绝缘纸的横向拉伸强度和纵向拉伸强度都出现先上升后下降的趋势。在纳米SiO_2粒子含量为5%时,绝缘纸的横向拉伸强度和纵向拉伸强度都达到最大值,此时纵向拉伸强度和横向拉伸强度相对于纳米SiO_2粒子含量为0%的绝缘纸分别提升了127.8%和164.7%。

拉伸强度能够反映出绝缘纸的宏观力学性能,而弹性模量能从微观角度反映材料的力学性能,所以,可以分别从宏观及微观的角度得出,经纳米SiO_2粒子改性后的纤维素绝缘纸的力学性能得到提升,而且在纳米SiO_2粒子含量为5%时力学性能达到相对最佳。

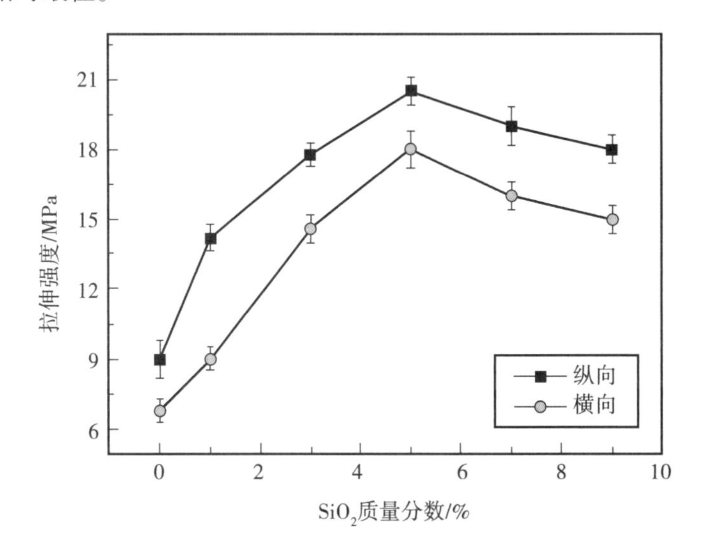

图4.33　绝缘纸的拉伸强度与纳米SiO_2含量的关系

②绝缘纸聚合度测试分析

对未改性绝缘纸和纳米SiO_2粒子含量为5%的改性绝缘纸进行聚合度测量,根据ASTM D4243、GB/T 1548—2016的标准,先用铜乙二胺溶液溶解绝缘纸,然后采用黏度法测定绝缘纸的聚合度。本节测试的绝缘纸聚合度如图4.34所示。

由图4.34可知,在老化初期,Cl绝缘纸的聚合度高于CN和CAN绝缘纸,这是因为在实验室中一般采用黏度法对绝缘纸的聚合度进行测试,先将绝缘纸溶解到铜乙二胺中,然后将溶液放入毛细管中进行聚合度测试,溶液在毛细管中的流出时

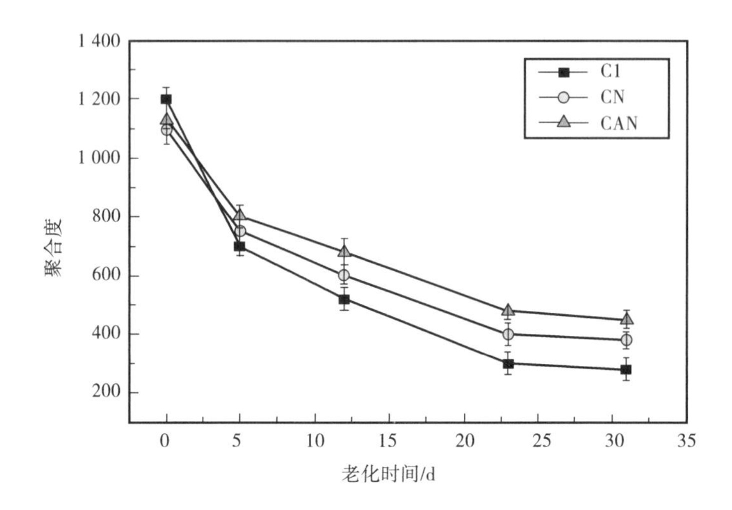

图 4.34 绝缘纸聚合度与老化时间的关系

间快慢决定了绝缘纸聚合度的大小。而加入纳米 SiO_2 对纤维素绝缘纸进行改性后，一方面，在相同质量的改性绝缘纸中其实际的绝缘纸含量会少于未改性绝缘纸，另一方面，由于纳米 SiO_2 属于无机物，它会降低溶解于铜乙二胺后的绝缘纸溶液的黏度，从而使得溶液在毛细管中的流出速度加快，最终导致改性绝缘纸聚合度的测量值偏小。

在老化时间大于 5 天之后，CN 和 CAN 绝缘纸的聚合度一直大于 C1 绝缘纸，且随着老化时间的增加，改性绝缘纸与未改性绝缘纸聚合度的差值逐渐增大，3 种绝缘纸的聚合度随着老化时间的增加，呈现出 CAN > CN > C1 的趋势。到老化末期，CAN 和 CN 绝缘纸的聚合度相比于 C1 绝缘纸分别提高了 50.0% 和 35.7%。所以，纳米 SiO_2 改性绝缘纸相比于未改性绝缘纸表现出更好的热稳定性。

③绝缘纸中水分含量测试分析

在试验中，将 DL32D 卡尔菲休库仑滴定仪与 DO308 干燥炉联用对绝缘纸水分含量进行测试，测试标准为 GB/T 462—2008。测试的原理是：将绝缘纸试验样品放入干燥炉中，干燥炉温度设置为 140℃，随着老化时间的推移，氮气将试验绝缘纸中蒸发的水分带入滴定池，从而测试出绝缘纸中水分的含量。绝缘纸中水分含量如图 4.35 所示。

由图 4.35 可知，3 种绝缘纸在老化过程中水分含量的变化趋势基本相同。在老化初期，绝缘纸中的水分含量出现明显的增大，之后又下降，然后又逐步增大，最终趋近于稳定。在老化初期，可能是因为绝缘纸纤维素的聚合度老化速率很快，绝缘纸裂解剧烈，此时产生的水分较多。但是，水分会在高温下向干燥炉上方氮气中以及其他方向扩散，导致老化初期绝缘纸中所测的水分含量出现下降的结果。当氮气和其他物质中水分含量达到动态平衡后，绝缘纸中水分向外扩散的速率减缓，使得水分又出现快速上升的趋势。而在整个老化过程中，3 种绝缘纸中的水分呈

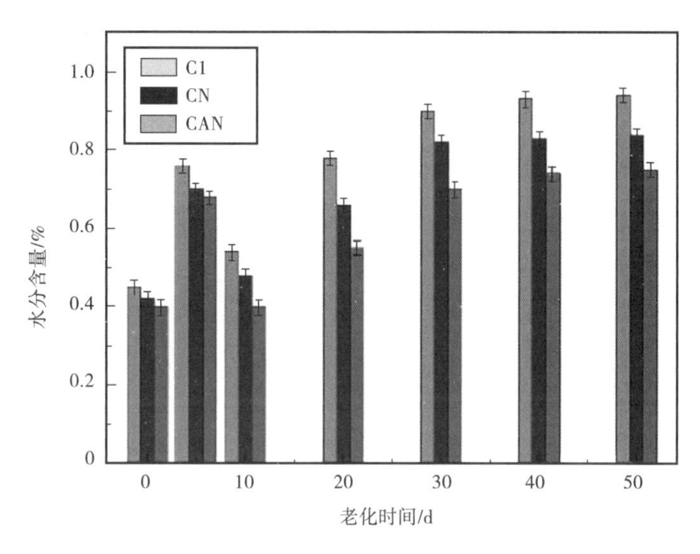

图4.35　3种绝缘纸中水分含量与老化时间的关系

现出 C1 > CN > CAN 的现象。说明纳米 SiO_2 粒子的加入，能使得绝缘纸纤维素裂解的速率减小，从而产生的水分减少。水分对绝缘纸的老化起到正反馈的作用，而对纳米 SiO_2 粒子表面进行三聚氰胺处理后，由于三聚氰胺具有碱性，在消耗绝缘纸自身存在的水分的同时，也会消耗因绝缘纸老化而产生的水分，从而在很大程度上降低了绝缘纸纤维素的老化速率，使得 CAN 中水分含量明显降低。

从以上对3种绝缘纸的聚合度和水分含量分析可知，随着绝缘纸的老化时间增长，绝缘纸中的聚合度在逐渐减小，水分在逐渐增大，表明在老化过程中纤维素链发生了裂解产生小分子的现象，导致绝缘纸的机械性能下降。然而在整个老化的过程中，经纳米 SiO_2 粒子改性后的绝缘纸的性能均优于未改性绝缘纸。通过试验结果与模拟计算结果对比分析可知，试验中绝缘纸的聚合度与模拟计算结果中力学性能的变化趋势有较好的吻合现象。绝缘纸的水分含量的变化规律与模拟计算结果中的均方位移、玻璃化温度的变化规律相互印证。从模拟计算及试验的角度表明，纳米 SiO_2 粒子对绝缘纸的掺杂改性能提升绝缘纸的热稳定性，而且对纳米 SiO_2 粒子表面进行三聚氰胺处理后对绝缘纸的热稳定性提升效果相对最佳。

(5)纳米 SiO_2 对油浸纤维素绝缘纸电气性能的影响

在变压器内部，绝缘纸不仅要受到高温的作用还要受到高压的影响，使得绝缘纸的性能逐渐下降。而如今，我国已成为高压输电为主的国家，现已建成了多条特高压输电线路，在特高压输电的过程中势必对电力变压器的绝缘性能要求更高，为了满足高压输电对变压器内部绝缘性能的要求，提升绝缘纸的电气性能尤为关键。故此处将在以前的基础上对纳米 SiO_2 掺杂改性后的油浸绝缘纸纤维素的电气性能进行研究，从改性前后的油浸绝缘纸纤维素的 HOMO 能级差、能量差及能隙的角度分析纳米 SiO_2 对油浸绝缘纸电气性能的影响机制，并与试验结果进行对比分析。

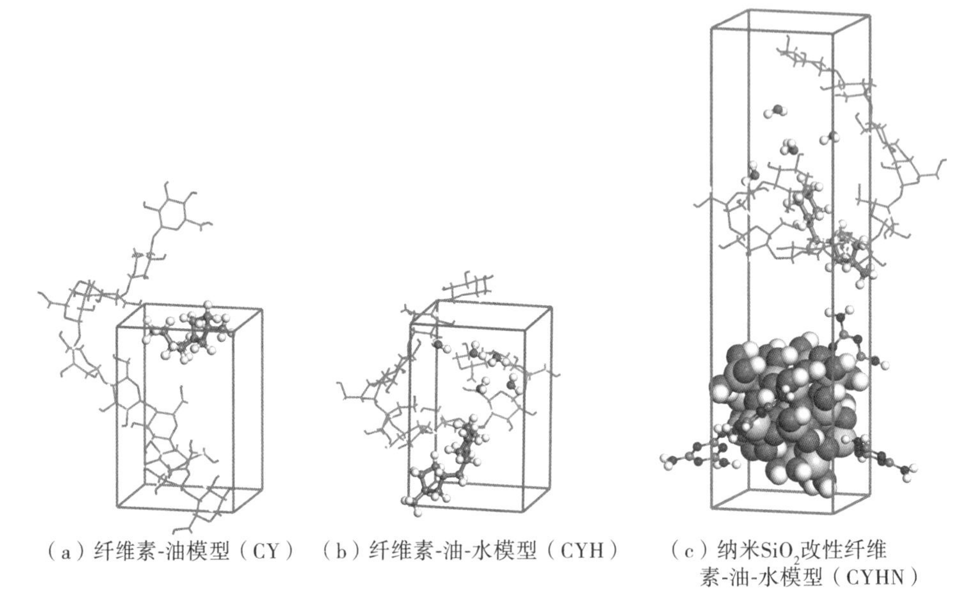

（a）纤维素-油模型（CY）（b）纤维素-油-水模型（CYH）（c）纳米SiO_2改性纤维素-油-水模型（CYHN）

图 4.36　不同状态下的纤维素-油模型

为了与其他实验保持一致，此处同样选择聚合度为 10 的纤维素链进行建立模型，如图 4.36。先将表面接枝三聚氰胺的纳米 SiO_2 放入盒子中，然后在 Amorphous Cell 模块建立纤维素、水分子以及油的复合无定型模型，由于此处要在量子化学模块(Dmol 3)中进行计算，为了减小计算量，建立的纤维素模型中只包含 1 条纤维素链，油选用具有代表性的二环烷烃($C_{13}H_{24}$)1 条链，水分子含量为 4.8%，模型密度设置为 1.5 g/cm^3，并将建立的纤维素无定形模型的晶格常数 a、b 值与纳米粒子所在的盒子的 a、b 值保持一致。最后，将纤维素无定形模型和纳米 SiO_2 粒子模型一起建立层模型。

1)最高占据轨道能级差

最高占据轨道能级(HOMO)，是价电子占据的最高能级轨道，价电子的能量越大，所占有的最高占据能级越高，而材料的击穿即为价电子从最高占据轨道能级跳跃到最低未占据轨道能级所致。最高占据能级的变化可以通过最高能级差 ΔE 来分析，其表达式如下：

$$\Delta E = E_i - E_0 \tag{4.16}$$

式中，E_0 为 HOMO 能级的初始能量，E_i 为电场强度为 i 时的 HOMO 能级能量。

本节对纤维素-油模型(CY)、纤维素-油-水模型(CYH)以及纳米 SiO_2 粒子改性纤维素-油-水模型(CYHN)进行最高占据轨道能级差分析，其结果如图 4.37 所示。

由图4.37 可知，在电场强度较小时，模型中的 HOMO 能级差变化并不明显，价

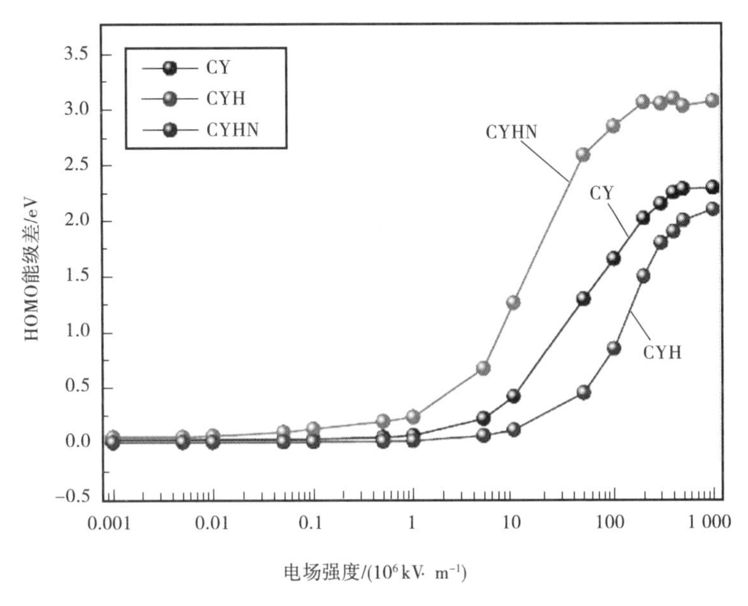

图 4.37　HOMO 能级差与电场强度的关系

电子未发生自由电子跃迁的现象,此时材料的性能比较稳定,处于绝缘的状态。随着电场强度的不断增大,模型中的 HOMO 能级差不断增大,说明 HOMO 能级中价电子的能量不断增大,价电子的运动变得更加剧烈。当电场强度在 $1\times10^6\sim5\times10^6$ kV/m 范围内时,CYH 模型中 HOMO 能级差开始出现明显的增大现象,这个时候模型中的部分价电子开始成为自由电子,出现击穿的现象。在电场强度为 $5\times10^6\sim10^7$ kV/m的范围内时,CY 模型中 HOMO 能级差开始出现明显的增大现象,开始出现击穿现象。在电场强度为 $1\times10^7\sim5\times10^7$ kV/m 范围内时,CYHN 模型的 HOMO 能级差开始出现了明显的增大现象,并开始出现击穿现象。由此可见,水分的存在会影响到纤维素-油的电气性能,导致其绝缘性能下降,当模型中 HOMO 能级差出现明显增大时模型的电场强度大小为 CYHN > CY > CYH,表明纳米 SiO_2 的加入能提升模型中材料的电气性能。

2)总能量差

物质的存在都是以能量的形式体现的,由热力学定理可知当物质的能量受外界条件的影响越小时,物质的状态越稳定。故本节对模型的能量差与电场强度的关系进行分析,能量差 $\Delta E'$ 的表达式如下:

$$\Delta E' = E'_i - E'_0 \tag{4.17}$$

式中, E'_0 为模型的初始能量; E'_i 为电场强度为 i 时模型的能量。

研究分析得到的模型中的能量差与电场强度的关系如图 4.38 所示。

由图 4.38 可知,在电场强度较小时,模型中能量受到电场的影响较小,但从电场强度为 10^6 kV/m 开始,模型中能量差开始出现明显的下降现象,说明电场的加

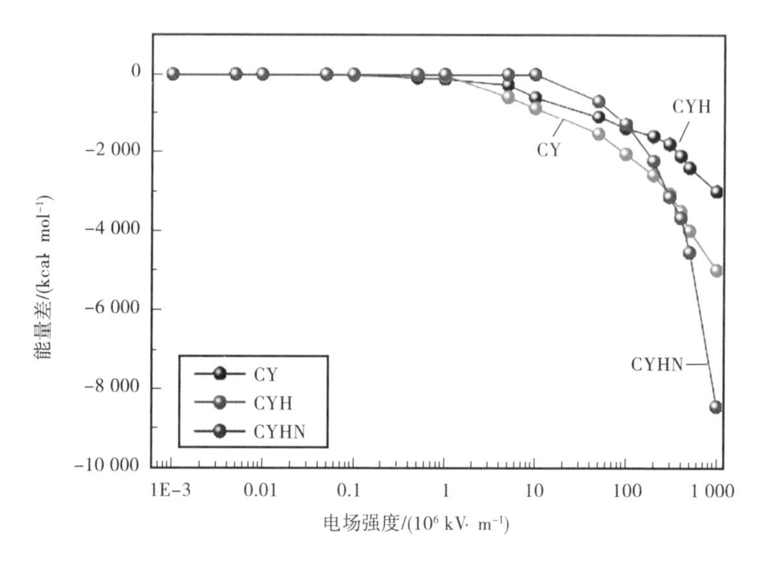

图 4.38　能量差与电场强度的关系

入改变了模型的稳定性,影响了模型中微观粒子的分布。在电场强度大于10^6 kV/m之后,CYH 模型中能量差开始出现明显下降;在电场强度大于 5×10^6 kV/m 之后,CY 模型中能量差开始出现明显的下降现象;然而,在电场强度大于 10^7 kV/m 之后,CYHN 模型中能量差才开始出现明显的下降现象,能量差出现明显下降时模型的电场强度大小顺序为 CYHN > CY > CYH。所以,纳米粒子对纤维素-油掺杂改性能提升其稳定性。

3)能隙

能隙 E_{gap}是最低未占据轨道能级(LUMO)与最高占据轨道能级(HOMO)的差值,能直接反应价电子成为自由电子时的跃迁难易程度,其表达式如下:

$$E_{gap}=E_{LUMO}-E_{HOMO} \tag{4.18}$$

式中, E_{LUMO} 为模型的最低未占据轨道能级能量, E_{HOMO} 为模型的最高占据轨道能级能量。

研究分析得到模型中能隙与电场强度的关系如图 4.39 所示。

由图 4.39 可知,在电场强度较小时,模型中能隙受到电场的影响较小,CY 模型中能隙为 4.949 eV,CYH 模型中能隙为 4.320 eV,CYHN 模型中能隙为 11.082 eV,CYHN 的初始能隙是 CY 模型的 2.24 倍,是 CYH 模型的 2.57 倍。随着电场强度的增大,当电场强度大于 5×10^6 kV/m 之后,CY 模型和 CYH 模型中能隙开始出现明显下降的趋势,而 CYHN 模型中能隙出现明显下降时的电场强度为 10^7 kV/m。在电场强度大于 10^8 kV/m 以后,3 个模型中的能隙都接近于 0 eV,表明此时模型中价电子完全变为自由电子,最高占据轨道能级和最低未占据轨道能级连接在一起,材料处于完全击穿的状态。加入电场之后,模型中的能隙变化机制如图 4.40 所示。

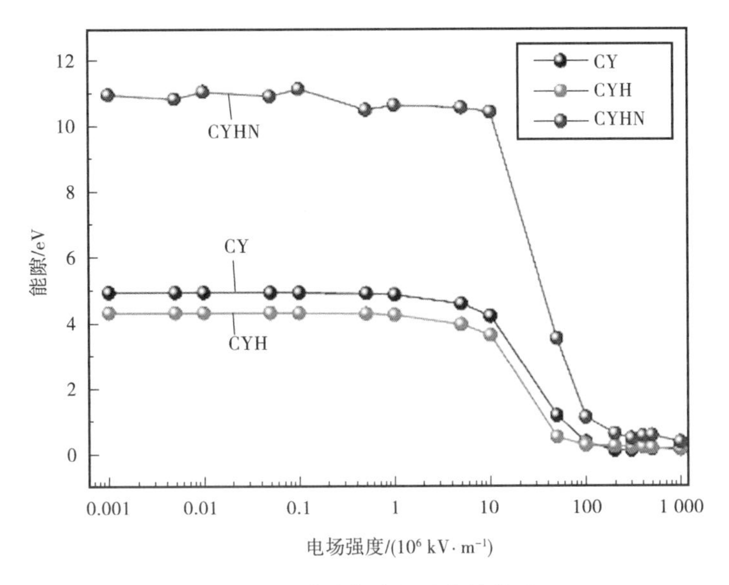

图4.39　能隙与电场强度的关系

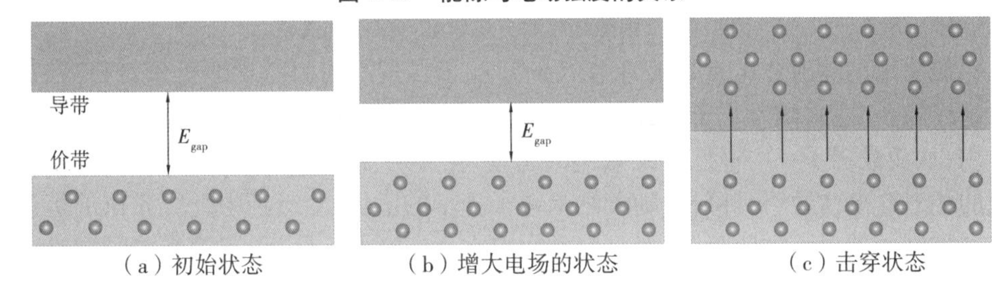

（a）初始状态　（b）增大电场的状态　（c）击穿状态

图4.40　能隙的变化机制

4）试验对比

先对不同含量的纳米 SiO_2 改性绝缘纸进行介电性能测试，然后对改性绝缘纸和未改性绝缘纸进行击穿电压测试。

①绝缘纸的介电常数测试分析

作为电气绝缘材料，其电气性能及其重要，对制备的绝缘纸进行介电常数测试，其结果如图4.41所示。

由图4.41可知，随着纳米 SiO_2 粒子含量的增大，绝缘纸的介电常数出现先减小后增大的趋势，在纳米含量为5%时其值达到最小，当纳米粒子含量为9%时，绝缘纸的介电常数大于未改性绝缘纸的介电常数。在工频下，纳米 SiO_2 粒子含量为0%、1%、3%、5%、7%和9%的绝缘纸的介电常数分别为2.752、2.680、2.553、2.280、2.453和2.889。纳米 SiO_2 粒子含量为1%、3%、5%、7%和9%的绝缘纸的介电常数比纳米 SiO_2 粒子含量为0%的绝缘纸的介电常数分别下降了2.6%、7.2%和17.2%、10.9%和-5.0%，所以，当纳米 SiO_2 粒子含量为5%时，改性纤维素绝缘纸的介电常数明显的降低。

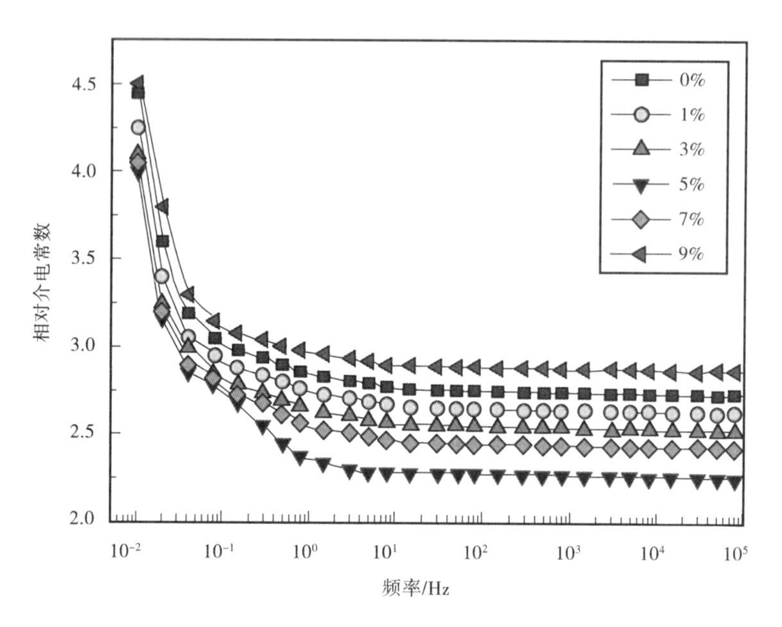

图 4.41　绝缘纸相对介电常数与频率的关系

绝缘纸的相对介电常数随着纳米 SiO_2 粒子含量不同而变化的机理分析：在加入纳米粒子之后，纳米粒子表面的羟基会与纤维素中的部分羟基形成较强的相互作用，从而减弱了一些极性纤维素链的运动，由于分子的极化作用减弱，使得绝缘纸的相对介电常数得到降低，随着纳米粒子含量的增加，绝缘纸中纤维素链的运动受到抑制的效果更加明显，相对介电常数也在逐渐降低。然而，当纳米粒子含量大于5%时，由于纳米粒子含量过多导致纳米粒子在绝缘纸中可能出现“团聚”现象，而纳米 SiO_2 相对介电常数为4.5，仍略大于绝缘纸的相对介电常数，所以当纳米粒子团聚在一起形成微米大小的颗粒时，将引起界面极化，导致绝缘纸相对介电常数上升，故而呈现出在纳米粒子含量大于5%之后，随着纳米粒子含量增加，绝缘纸相对介电常数增大的现象。

而在变压器油纸绝缘系统中，把绝缘纸包裹缠绕在带电的铜绕组上，然后将绕组绕在铁芯上，最后浸泡在绝缘油中，每根绕组中的绝缘系统可以视为一个四周都含有两层不同电介质的平行板电容器，模型如图4.42所示。

在图4.42中，设绝缘纸电介质的介电常数为 ε_1，电位移为 $\vec{D}_1$。绝缘油的介电常数为 ε_2，电位移为 $\vec{D}_2$。在两层电介质交界处作一闭合高斯面 S，其两底面与电介质表面平行，上底面面积为 S_1，下底面面积为 S_2，在此高斯面内的自由电荷密度为零，由有电介质的高斯定理得

$$\oint_S \vec{D}\cdot \mathrm{d}\vec{S} = \int_{S_1}\vec{D}_1 \bullet \mathrm{d}\vec{S} + \int_{S_2}\vec{D}_2\cdot \mathrm{d}\vec{S} = -D_1S_1 + D_2S_2 = 0 \tag{4.19}$$

$$S_1 = S_2 \tag{4.20}$$

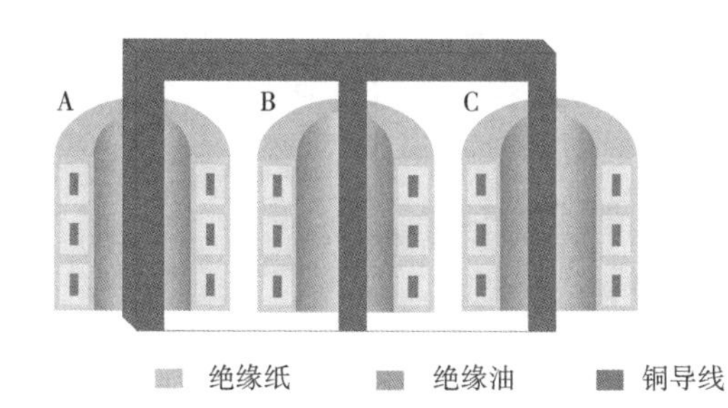

(a)单根绕组的其中一个方向的绝缘系统等效模型

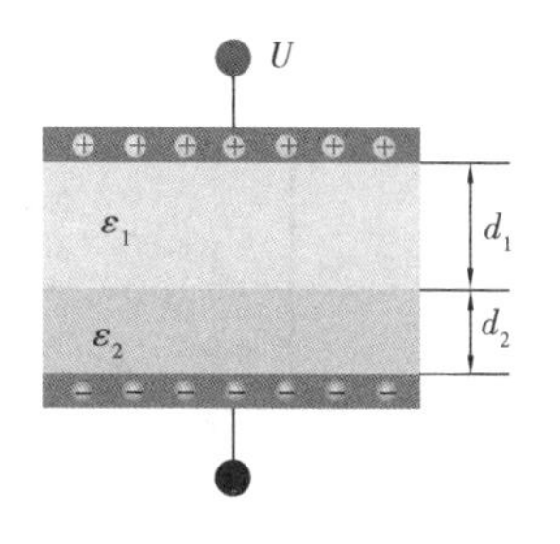

(b)包裹绝缘纸并浸油之后的绕组模型

图4.42 变压器内部油纸绝缘系统的电容器等效模型

故,两种电介质内的电位移相等:

$$D_1 = D_2 \tag{4.21}$$

由于

$$D_1 = \varepsilon_1 E_1 \tag{4.22}$$

$$D_2 = \varepsilon_2 E_2 \tag{4.23}$$

所以

$$\frac{E_1}{E_2} = \frac{\varepsilon_2}{\varepsilon_1} \tag{4.24}$$

油纸绝缘系统中绝缘纸和绝缘油所承受的电场强度与其介电常数成反比。而在实际当中,绝缘油的介电常数为2.3左右,绝缘纸的介电常数为3.5左右,油浸绝缘纸的击穿电压比绝缘油的高,油纸绝缘系统的击穿往往先从油中开始。所以,降低绝缘纸的介电常数能改变油纸绝缘系统中的电场分配,使得绝缘油承担的电场强度低一些,从而提高油纸绝缘系统整体的击穿性能。

②绝缘纸的击穿场强测试分析

本小节选用含量为5%的纳米 SiO_2 粒子改性绝缘纸和未改性绝缘纸进行工频击穿场强测试,测试标准为GB/T 1408.1—2016,每种样品测量6次,最后求取平均值。绝缘纸的击穿场强随老化时间的变化曲线如图4.43所示。

由图4.43可知,在老化初期,3种绝缘纸的击穿场强都有一个上升阶段,这主要是在热应力作用下,绝缘纸发生链的交联,绝缘纸变得更加紧密,使得绝缘纸的耐击穿能力增强,但同时导致了其浸油率的下降,油-纸绝缘系统内的电场分布均匀性下降,在二者综合作用下绝缘纸紧密性的提高占主导作用,使得3种绝缘纸的击穿场强均出现一个较小的提升。但随着老化时间增加,未改性绝缘纸(C1)的击穿场强呈现出先下降后上升又下降的趋势,而纳米 SiO_2 和经三聚氰胺处理的纳米 SiO_2 所改性的CN和CAN绝缘纸的击穿场强呈现出逐渐下降的趋势。在整个热老化过程中,3种绝缘纸击穿场强的变化幅度都不是很大,但绝缘纸的击穿场强始终保持CAN > CN > C1的规律。故从模拟计算及试验角度的研究表明,纳米 SiO_2 改

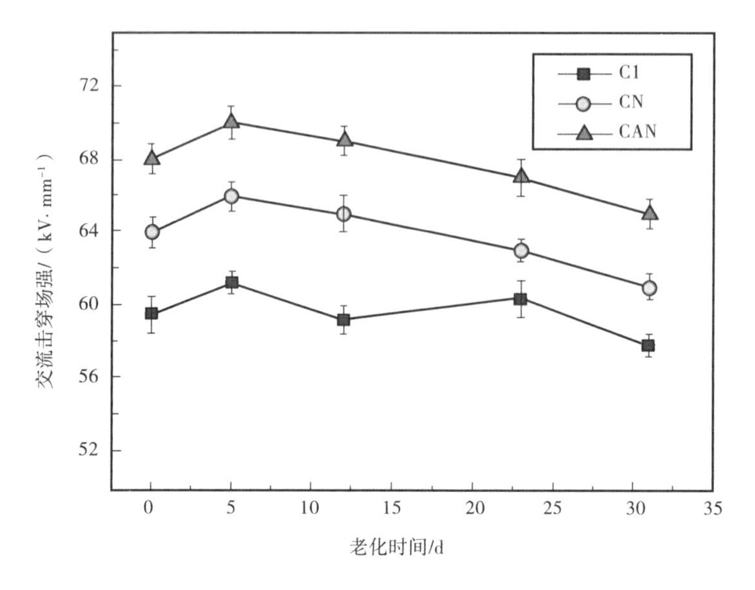

图 4.43　绝缘纸击穿场强与老化时间的关系

性纤维素绝缘纸能提升绝缘纸的击穿特性，同时经过三聚氰胺处理后的纳米 SiO_2 改性绝缘纸的击穿特性提升效果相对最佳。

结合以上，纳米粒子的尺寸增大会导致复合模型中的力学性能降低，结合能增大，纳米粒子单位表面积键能、模型的内聚能密度逐渐减小。在纳米尺寸为 523.61 $Å^3$时，复合模型的溶解度参数与纤维素的比较接近，尤其是球形纳米粒子掺杂的复合模型的溶解度参数 20.592$(J/cm^3)^{0.5}$与纤维素的 20.684$(J/cm^3)^{0.5}$最为接近。综合分析得出，球形纳米 SiO_2 粒子的尺寸在半径为 5 Å 时对绝缘纸纤维素的掺杂改性效果相对最佳。

在纳米 SiO_2 粒子含量为5%时模型中力学性能相对最佳；表面不饱和的 Si 原子进行—OH 处理，不饱和 O 原子进行 H 处理的纳米 SiO_2 粒子更接近于真实情况；改性模型中的均方位移、自由体积分数出现明显跳变的温度比未改性模型提升了 50 K 左右。在有水的条件下，经纳米 SiO_2 改性后的纤维素力学性能得到提升，力学性能呈现出 CAN—H_2O > CN—H_2O > C—H_2O 的规律，CN—H_2O、CAN—H_2O 的玻璃化温度比 C—H_2O 分别提升了 39 K 和 69 K；随着温度的升高，模型中氢键数目在下降，但加入纳米 SiO_2 改性后能更好地保护纤维素链，使得纤维素之间以及纤维素内部的连接不被水分子破坏。表面接枝三聚氰胺的纳米 SiO_2 粒子对油-纤维素在水环境下的力学性能有较好的提升效果，在温度为 650 K 时，改性模型中的弹性模量和剪切模量相较于未改性模型分别提升了 53.3% 和 71.6%；改性模型中水分子的均方位移出现第一次明显跳变的温度、运动轨迹区域出现明显变化的温度都较未改性的提升了 50 K 左右，同时改性模型中当自由体积分数出现明显跳变时的温度比未改性模型提升了 60 K 左右。将模拟计算结果与试验结果进行对比分析表明,表面接枝三聚氰胺的纳米 SiO_2 含量为5%时改性纤维素绝缘纸性能相对最佳,改性绝缘纸热稳定性得到较好的提升。

纳米 SiO_2 粒子含量为5%时,改性绝缘纸的介电常数最小,更接近于绝缘油的介电常数,能改善油纸绝缘系统的电场分布;表面接枝三聚氰胺后的纳米 SiO_2 粒子所改性的纤维素绝缘纸的击穿电压相对最高,从宏观及微观的角度表明三聚氰胺接枝纳米 SiO_2 粒子对绝缘纸进行改性能提升其击穿特性。

4.3.3 纳米 SiO_2 改性间位芳纶绝缘纸

(1)纳米 SiO_2 尺寸对改性的影响

纳米 SiO_2 分子表面存在不饱和的残键以及不同键和状态的羟基,因此,在构建纳米 SiO_2 模型时,由于表面剪切而存在的不饱和化学键用氢原子进行补位。

1)结合能

分子聚合物与纳米粒子界面的结合能对高聚物与纳米粒子复合材料的性能影响较大,影响程度往往决定于高聚物与纳米粒子界面间的结构特性和微观化学特性。本节中,两者界面间的结合能(binding genergy)$E_{bonding}$通过下式计算:

$$E_{bonding} = (E_{SiO_2} + E_{polymer}) - E_{total} \tag{4.25}$$

式中,E_{total}表示间位芳纶与 SiO_2 改性模型的总势能;E_{SiO_2}表示将间位芳纶纤维去除后纳米 SiO_2 分子的总势能;$E_{polymer}$表示将 SiO_2 去除后间位芳纶纤维分子链的总势能。相互作用能为结合能的负值,用于表征物质的相互作用。间位芳纶与不同半径 SiO_2 纳米粒子改性模型结合能见表4.7。

表4.7 不同半径纳米 SiO_2 改性芳纶纤维模型结合能(kcal/mol)

Model	$E_{bonding}$	E_{SiO_2}	$E_{polymer}$	E_{total}	E_{Vdw}	$E_{Revulsive}$	$E_{Dispersive}$
B	153.853 1	26.910 4	-2 399.200 8	-2 526.143 5	3 117.501 3	6 810.056 1	-3 692.554 7
C	362.990 5	-1 651.014 1	-451.460 4	-2 465.465 0	1 865.860 2	5 924.520 1	-4 058.659 9
D	406.329 9	-458.377 9	495.853 1	-368.854 7	1 736.140 5	5 159.204 3	-3 423.063 7
E	1 009.509 4	-1 407.898 1	506.553 5	-904.942 2	2 779.717 1	7 040.167 8	-4 260.450 6

改性模型结合能与范德华作用的变化趋势如图4.44所示。从表4.7和图4.44中可以看出,随着纳米 SiO_2 分子半径的增加,芳纶纤维与纳米 SiO_2 分子复合体系的结合能逐渐增大,相互作用能的变化正好相反,说明两者的相互作用随着纳米 SiO_2 半径的增加而逐渐减弱。

分子间的相互作用导致复合体系的形成,这种相互作用主要体现在范德华作用,范德华力作用能由诱导力作用能($E_{Revulsive}$)和色散力作用能($E_{Dispersive}$)共同决定,即

$$E_{van} = E_{Revulsive} + E_{Dispersive} \tag{4.26}$$

由图4.44可得,随着纳米 SiO_2 半径的增大,范德华力作用能和诱导力作用能逐渐增加,并且两者变化趋势基本保持一致,色散力作用能逐渐减小,说明范德华力作用能主要受到了诱导力作用能的影响。诱导力的作用使得纳米 SiO_2 粒子能较好地与间位芳纶纤维结合,利于纳米 SiO_2 粒子添加到间位芳纶绝缘纸中。

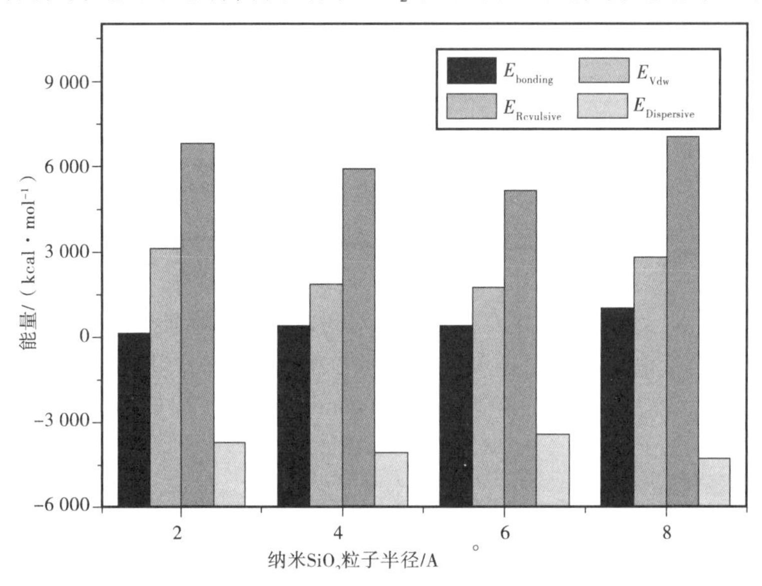

图4.44 结合能与范德华作用变化趋势

2)力学性能

表4.8为不同温度下各模型力学参数,其中各参数的结果为多次模拟后取的平均值。拉伸模量 E 为应力与应变的比值,是材料刚性的一个指标,其值越大表明材料的刚性越强,抵抗变形的能力也就越强。剪切模量 G 是材料在剪切应力作用下,在弹性变形比例极限范围内,切应力与切应变的比值。它表征材料抵抗切应变的能力,其值越大,则表示材料的刚性越强。体积模量 K 描述均质各向同性固体的弹性,表征了材料的不可压缩性。泊松比 ν 为横向应变与纵向应变的比值,也称横向变性系数,它是反映材料横向变形的弹性常数,其值越大表明材料的可塑性就越强。柯西压(C)可用于材料延展性的衡量,其值越大且为正表明材料的延展性越好,其值为负,则表明材料的脆性很强。K/G 值(体积模量和剪切模量之比)可评价体系的韧性,通常其值越大,表明材料具有越强的韧性。

表4.8的数据显示,随着温度的升高,各模型的 E、G、K 值逐渐减小,该结果表明材料的刚性、不可压缩性均随着温度的升高而降低,即材料的抗形变能力减弱。温度的升高使得 ν 有所上升,材料的可塑性在一定程度上增加。各个模型在不同温度下的 C 均为正值,表明各模型均有较好的延展性,并且随着温度的升高呈现增

大趋势,表明随温度的升高材料的脆性减弱、延展性增强。而各模型的 K/G 值随着温度的升高出现增大趋势,表明温度的升高增加了材料的韧性。随着纳米粒子半径的增加,模型的各模量值呈现先增大后减小的趋势,当纳米粒子半径为 6 Å 时达到一个极值点,表明该模型的力学性能较其他模型好。总体上看,改性模型模量值均高于未改性模型,这说明纳米 SiO_2 粒子的添加在一定程度上提升了间位芳纶纤维的力学性能。但是,随着添加纳米粒子半径的增加,ν、C、K/G 的值随纳米粒子半径的变化并不大。

根据结果,温度对改性及未改性间位芳纶纤维力学性能影响的微观机理为:温度的增加使得原子热振动加强,原子动能上升,进而整个分子链内能得到增加,导致链运动有所增强。链运动增强后,分子间作用力对分子的束缚作用减小,导致模量值减小。在添加纳米 SiO_2 粒子后,由于纳米粒子和间位芳纶纤维分子间作用力的存在,在一定程度上减小了间位芳纶纤维的热运动,因此,纳米粒子的添加能降低间位芳纤维的链运动。

纳米 SiO_2 粒子提升间位芳纶纤维力学性能的微观机理为:在构建的模型中,随着纳米粒子半径的增加,纳米 SiO_2 粒子的含量也相应增加,这就导致了一方面,纳米改性芳纶纤维在受到应力时一部分应力由纳米粒子承担;另一方面,由于纳米 SiO_2 粒子的存在,限制了芳纶纤维链的自由运动,使得芳纶纤维的应变较大地减小,从而使得 K、G、E 模量值增大。在整个模型中,纳米粒子所占体积较小,大部分空间由芳纶纤维填充,改性材料的可塑性、延展性、韧性均由芳纶纤维表现,所以 ν、C、K/G 的值变化不大。综合上述参数结果及分析,温度的升高使改性与未改性材料抵抗形变的能力减弱,同时,延展性和韧性得到增强;纳米 SiO_2 粒子的加入能提升芳纶纤维的力学性能,同时,纳米粒子尺寸在一定范围内的增加能使材料的刚性、不可压缩性有所增强。

表 4.8 不同温度时各模型力学参数

类型	343 K	363 K	383 K	403 K	423 K
C_{11}	8.144 7	7.992 9	5.192 9	5.686 5	6.828 2
C_{22}	8.998 0	7.582 9	8.433 6	7.097 6	6.352 2
C_{33}	7.224 1	5.959 3	4.954 3	4.581 4	2.092 4
C_{44}	2.299 8	1.751 3	1.846 6	2.242 9	1.537 6
C_{55}	2.043 4	1.201 3	1.622 5	0.925 4	0.951 0
C_{66}	2.857 3	2.095 5	1.734 9	1.621 7	1.810 2

续表

类型	343 K	363 K	383 K	403 K	423 K
C_{12}	3.834 4	2.919 0	3.052 7	2.405 2	2.515 2
C_{13}	2.470 8	2.174 9	1.747 9	1.603 2	0.858 6
C_{23}	3.659 6	2.410 5	2.581 5	2.332 3	1.443 7
C_{15}	−0.069 4	0.852 5	−0.094 2	0.309 6	0.564 4
C_{25}	−0.362 3	0.596 8	−0.051 6	−0.310 4	0.012 9
C_{35}	0.197 0	0.940 8	−0.113 1	−0.385 9	0.433 4
C_{46}	−0.043 3	0.040 7	0.078 8	−0.022 3	−0.153 4
K	4.698 3	3.365 3	3.299 7	3.108 3	1.598 4
G	2.316 4	1.703 5	1.728 7	1.353 7	1.177 2
E	5.968 3	4.372 8	4.415 2	3.546 3	2.835 4
ν	0.288 3	0.283 4	0.277 0	0.309 8	0.204 3
C_{12}-C_{44}	0.432 0	0.681 8	0.583 8	0.827 9	0.838 9
K/G	2.028 3	1.975 5	1.908 7	2.296 1	1.357 8

3)均方位移

均方位移(MSD)可以用来反映聚合物的链运动,MSD与时间曲线的斜率越大聚合物链运动越剧烈,因此聚合物的热稳定性就越差。未改性和改性模型的链运动随着温度的增加有增大的趋势,但并未出现较强的温度依赖性。这主要是因为本节中模拟温度的变化范围并未对间位芳纶纤维和纳米 SiO_2 粒子的理化性质产生较大影响,该结果表明温度对各个模型的影响有所不同,从MSD的变化来看,温度对D模型热稳定性的影响相对较小。但在实际生产过程中,并不能保证纳米粒子的半径完全一致,因此,为了保证改性芳纶绝缘纸的安全运行,应尽量降低变压器的内绝缘环境运行温度。

综合模拟结果来看,半径为6 Å的纳米 SiO_2 粒子提升间位芳纶纤维力学性能和热稳定性的效果最好,因此在后续的模拟工作中将选择半径为6 Å的纳米 SiO_2 粒子作为改性间位芳纶纤维的材料。

(2)纳米粒子含量对改性的影响

为了探究纳米 SiO_2 粒子的含量对间位芳纶纤维力学性能和热稳定性的影响。此处用AC模块构建了纳米 SiO_2 粒子/间位芳纶纤维模型,并通过调节间位芳纶纤维的链数来确定纳米 SiO_2 粒子的质量分数，分别为0%、0.5%、1%、2%、3%。在构建的模型中，其中间位芳纶纤维链数分别为64条和32条，纳米 SiO_2 粒子的个数为1。具体的模拟方法和参数设置与之前章节的保持一致。

1)力学性能

图4.45为90 ℃下各模型的力学参数随纳米 SiO_2 含量的增加而变化的情况。图中各模型的拉伸模量 E、体积模量 K、剪切模量 G 均呈现出先增大后减小的趋势。其中，在纳米 SiO_2 质量分数为1.0%时，相较于其他纳米 SiO_2 粒子含量的模型，其拉伸模量 E、体积模量 K、剪切模量 G 均达到了最大值，即在该添加量下，改性模型抵抗形变的能力、刚性和不可压缩性均达到最强。当纳米 SiO_2 的添加量大于1.0%后，各模型的模量值开始逐渐减小，但是均大于未改性模型的各模量值，说明纳米 SiO_2 粒子的添加有效提升了间位芳纶纤维抵抗形变的能力、刚性和不可压缩性。

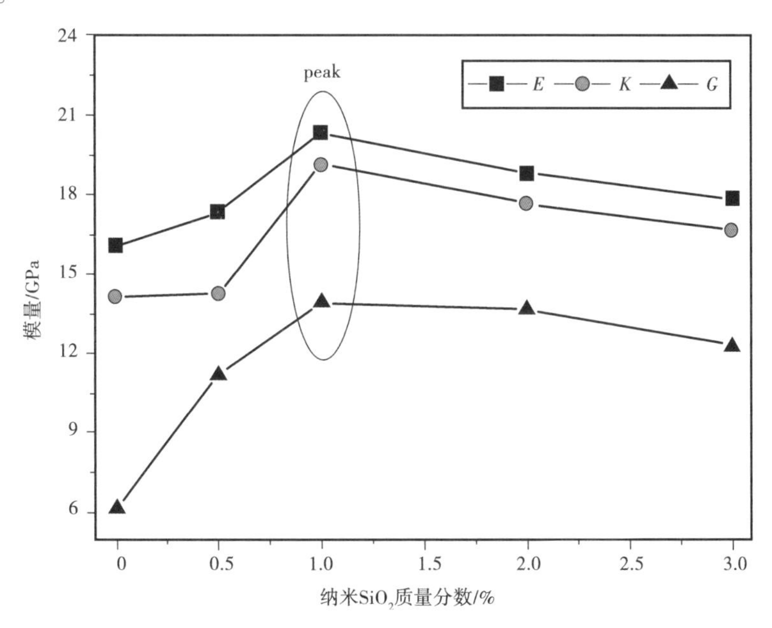

图4.45 力学参数随 SiO_2 含量变化情况

图4.46为90 ℃下各模型的泊松比、柯西压和 K/G 随纳米 SiO_2 粒子含量的变化情况。如图4.46所示，各改性模型的泊松比先增大后减小，但都仍大于未改性模型的值，说明纳米 SiO_2 粒子的添加使改性模型的可塑性得到增强。相较于其他模型，在纳米 SiO_2 粒子质量分数为1.0%时其泊松比达到最大值，即改性模型的可塑性达到最强；柯西压的值均为正，且均大于未改性模型，说明改性模型的延展性得到提升。相较于其他模型，柯西压在纳米粒子质量分数为0.5%时达到最大，即改性模型的延展性达到最强；K/G 先减小后趋于平稳，说明相较于未改性模型，改

性模型的韧性减弱。综合图 4.45 和图 4.46 中的模拟结果来看，当纳米 SiO_2 质量分数为1.0%时，改性模型的力学性能达到最优。

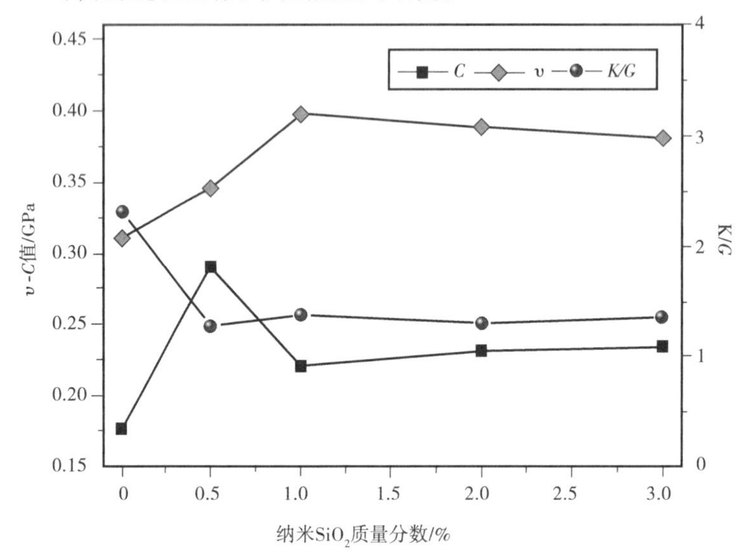

图 4.46　泊松比、柯西压、K/G 随 SiO_2 含量变化情况

纳米粒子可以提升改性绝缘纸的力学性能，主要体现在：一方面，在芳纶纤维受到机械拉力作用时，纳米粒子可以起到类似润滑剂的作用，提升拉伸性能、柔韧性，另一方面，在改性绝缘纸受到剪切应力作用时，部分力由纳米粒子承担或传递，分担了芳纶纤维承受的力，同时，由于纳米粒子与芳纶纤维分子间存在范德华力和氢键作用，因此，纳米粒子在提升绝缘纸的拉伸性能、柔韧性能的同时，还能部分提升材料的刚性、不可压缩性等力学性能。

2）热稳定性

①玻璃化转变温度

玻璃化转变温度是具有无定形态物质的一项基本特性，是高分子材料从玻璃态转到高弹态的一个转折温度。对绝缘纸来说，玻璃态的转变过程是一个热力学过程，可以反映出绝缘纸的热性能，本节对玻璃化转变温度的计算采用比体积-温度曲线法，即利用动力学模型的比体积对温度作图，并对不同斜度范围的数据进行拟合，最终得到的曲线的交点及为玻璃化转变温度 T_g。

对未改性模型和纳米 SiO_2 质量分数为 1% 的改性模型进行等温等压（NPT）的动力学模拟，温度区间为 200～800 K，每隔 50 K 进行一次 200 ps 的动力学模拟，得到的结果如图4.47所示，v 表示比体积。

有学者选取了芳纶浆粕和短切纤维配比为 1.5∶1的芳纶绝缘纸进行抄造，测试了自制芳纶绝缘纸的 DSC 和 TG-DTG 曲线，得到芳纶绝缘纸的玻璃化转变现象始于275.18 ℃，拐点为279.29 ℃，终止点为283.39 ℃，换算为开氏温标，即玻璃化

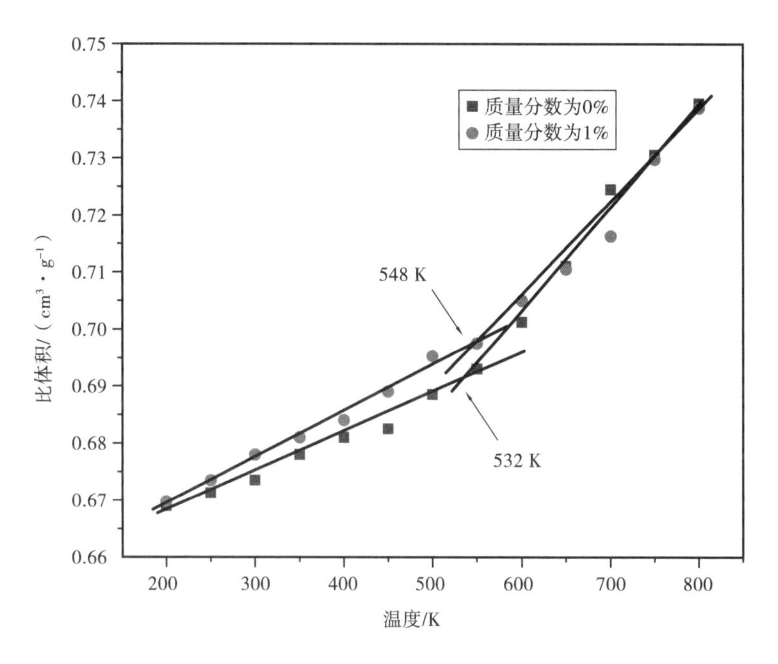

图 4.47　未改性模型与改性模型的玻璃化温度

转变起始温度为 548.18 K,拐点为 552.29 K,终止点为 556.39 K。此处构建的芳纶未改性模型的玻璃化温度为 532 K,与该实验结果相比虽然小约 20 K,但本节只针对芳纶绝缘纸非晶区部分进行了动力学模拟,未探讨其晶区成分的影响,因为纤维的结晶度越高分子链的排列就会更加有序且规整,如果需要提高无定形区芳纶纸的位移能力,所需要的温度就更高,相应地,芳纶绝缘纸的玻璃化温度就更高,从这一角度来看,本节所得结果具有可靠性。与未改性结果相比,添加质量分数为 1% 的纳米 SiO_2 对芳纶绝缘纸进行改性后其玻璃化温度提高了 16 K,说明利用纳米 SiO_2 对芳纶进行改性有利于提升芳纶绝缘纸的热稳定性。

②均方位移

图 4.48 和图 4.49 为未改性和改性模型的 MSD。由两图均可以看出,随着温度的上升,链运动均有明显加强的趋势,这是因为分子动能与温度成正比关系,温度的上升导致分子的动能上升,动能的上升导致了链运动的加剧。

比较两图结果,未改性模型与改性模型的 MSD 相比,未改性模型 MSD 明显较大,在温度较低时(110 K 以下),改性模型较未改性模型小约 0.05 Å,在温度较高时(大于 110 K),改性模型较未改性模型小 0.1 Å 左右,该结果表明改性后芳纶纤维的链运动得到了减弱,在温度较高时这种减弱作用表现得更强。在加入纳米 SiO_2 粒子后,芳纶纤维与纳米粒子形成了强烈的界面作用和氢键,这一方面增加了二者结合的紧密程度,另一方面能有效地将芳纶纤维吸附在纳米粒子周围,从而有效地抑制芳纶纤维的链运动,在温度较高时,这种抑制作用表现得更为强烈,因此能看到如图4.49所示的现象。

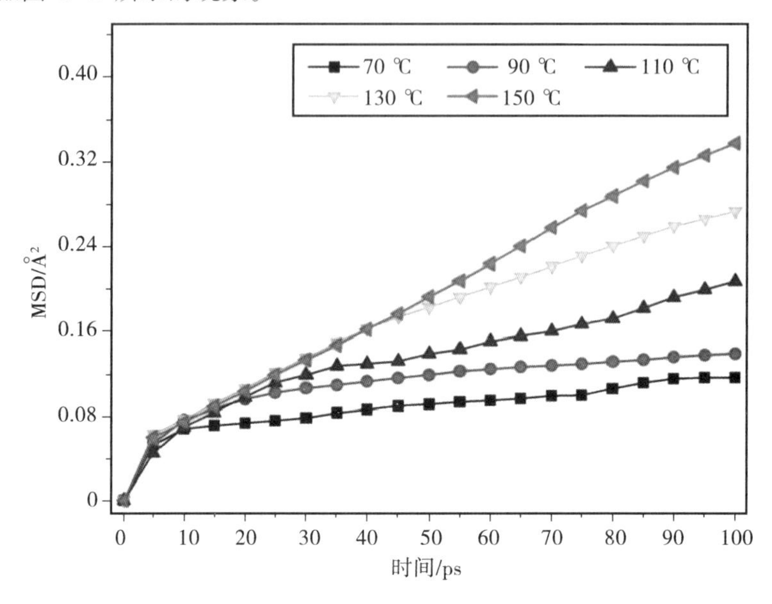

图4.48　未改性模型MSD

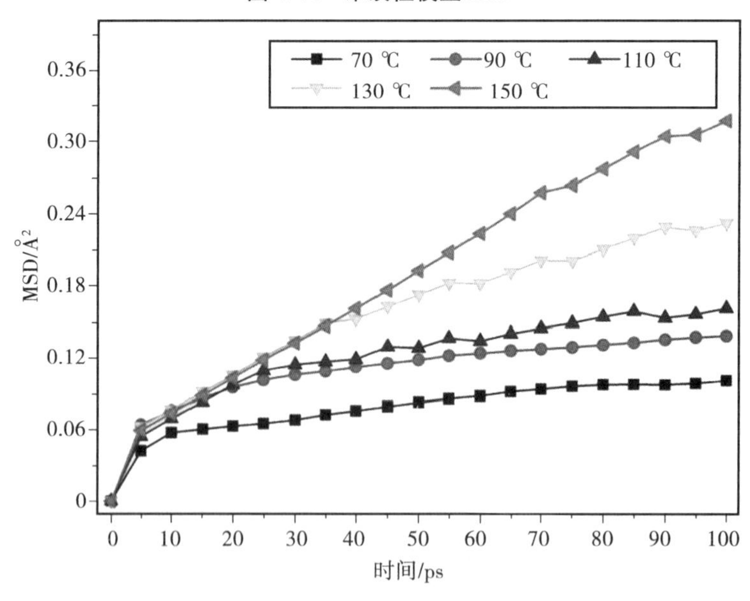

图4.49　改性模型的MSD

③自由体积

材料内部的体积由占有体积和自由体积组成,占有体积即为被材料中的离子、原子、分子等实际粒子占据的体积,而自由体积即未被占据的体积,也可以称为空隙,在分子运动理论中,空隙的存在是材料中的微观粒子能够运动的原因。

从表4.9中数据可知，添加了纳米粒子后，使芳纶纤维中的自由体积明显地减小，随着纳米粒子含量的增加，各模型的自由体积进一步减小。模拟结果与自由体积理论分析的结果相符，即随着纳米 SiO_2 含量的增加，体系中氢键数量得到增加，使得芳纶纤维的整个分子结构结合更为紧密，减小了分子间的间隙，并且由于纳米粒子的加入，填补了部分芳纶分子链间的空隙，从而引起自由体积的减小，进而有效减弱了芳纶分子的链运动，因此，在芳纶纤维中添加纳米 SiO_2 达到了增加热稳定性的目的。

氢键是芳纶纤维分子紧密联系的原因之一，在添加进纳米 SiO_2 粒子后，原有的氢键网络被打破，由于纳米 SiO_2 中含有大量的氧原子和羟基，芳纶纤维分子中包含有—NH基团和氧原子，这些原子与基团之间容易形成新的氢键，在造纸过程中，随着时间的推移，新的氢键网络逐步形成，氢键的作用使得芳纶纤维分子链与纳米粒子之间能很好地结合，整个分子体系结构更为紧密，从理论上分析，这种结果致使芳纶分子链段运动能力减弱，从而使得芳纶分子链间自由体积分数（FFV）减小。

表4.9　不同纳米 SiO_2 含量的自由体积

自由体积量	质量分数为0%	质量分数为0.5%	质量分数为1.0%	质量分数为2.0%	质量分数为3.0%
占有体积/$Å^3$	85 843.17	222 069.34	128 757.97	61 398.08	47 431.15
自由体积/$Å^3$	72 419.12	9 613.57	52 314.72	24 737.89	17 607.37
FFV	0.457 589	0.302 118	0.288 916	0.287 196	0.270 722

（3）纳米 SiO_2/PMIA 绝缘纸的制备及抗张强度测试

将芳纶浆粕与芳纶纤维按照1.5∶1的配比放入纤维解离器（型号为HK-SJ01）中进行混合疏解；称取适量的纳米 SiO_2，加入去离子水中，利用型号为AS10200BDT的超声波细胞粉碎机对溶液进行超声分散处理；倒入已经分散好的纳米 SiO_2 粒子的水溶液并继续搅拌；然后在纸页成型器（型号为ZQJ 1-B-Ⅱ）中压榨去除多余水分后再进行干燥处理，从而制得纳米 SiO_2/间位芳纶纸手抄片，干燥温度为（105±3）℃；将干燥后的手抄片在平板硫化机（型号为XLB-D 550）上进行热压处理；热压温度为230 ℃，热压压力为15 Mpa。最终制得的纳米 SiO_2/间位芳纶绝缘纸定量为75 g/m^2，平均厚度为0.08 mm。其中，添加纳米 SiO_2 的质量分数分别为0%、0.5%、1 %、1.5%、2%、2.5%和3%。

绝缘纸的浸油处理过程：首先将矿物绝缘油进行滤油处理，从而除去其内部的气体、水分及杂质微粒；将处理过的绝缘油和绝缘纸按油纸质量比为20∶1（变压器中的实际质量比）的比例放入干燥的玻璃瓶中；将玻璃瓶放置在真空油箱中进行真空浸油48 h，其中温度为90 ℃、真空度为50 Pa。

抗张强度的测量采用 AT-L-1 型试验拉力机,最大拉力 500 N. 测量标准采用 GB/T 12914—2018 中恒速拉伸法测量,其原理为:抗张强度试验仪在恒速拉伸的条件下,将规定尺寸的试样拉伸至断裂,测定其抗张力。测试的绝缘纸样品宽 15 mm,拉力试验机夹距 10 cm,断裂时间(20 ±5)s。图 4.50 为不同纳米 SiO_2 粒子含量的间位芳纶纸的抗张强度。

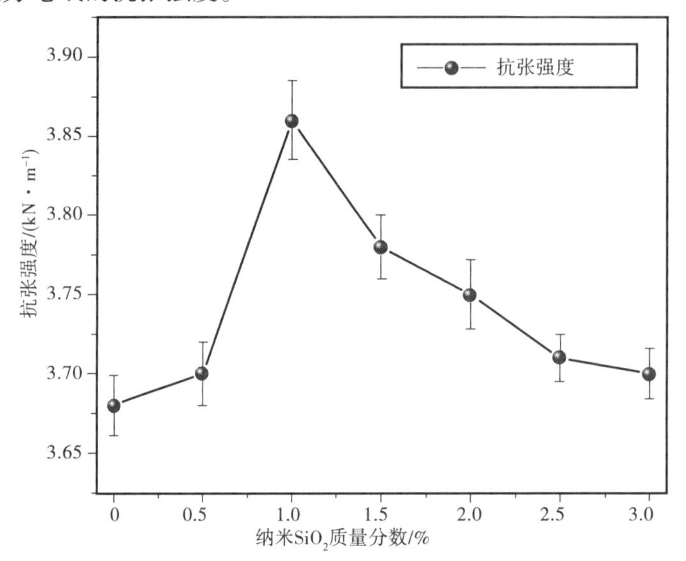

图 4.50 不同纳米 SiO_2 含量的间位芳纶纸的抗张强度

由图 4.50 可以看出,随着纳米 SiO_2 含量的增加,纸张的抗张强度呈现先增大后减小的趋势。但在所测试的结果中,经纳米 SiO_2 改性后的间位芳纶绝缘纸的抗张强度始终大于未改性芳纶绝缘纸的抗张强度,这表明纳米 SiO_2 的添加有效提升了纸张的抗张强度。当纳米 SiO_2 的质量分数为 1% 时,纸张的抗张强度达到最大值 3.86 kN/m,相较于未改性间位芳纶纸的抗张强度提高了 4.9%。当纳米 SiO_2 质量分数超过 1% 后,纸张的抗张强度开始下降。

(4) APTS 表面接枝纳米 SiO_2 改性间位芳纶绝缘纸

纳米 SiO_2 粒子呈现三维网状结构,表面存在的大量不饱和残键和不同状态的羟基使得其处于非稳定状态,纳米粒子间的团聚现象也与此有关。利用纳米 SiO_2 粒子表面的这一特性,可以利用化学接枝改性的方法对其进行性能改造,以此来满足人们对纳米粒子不同性能的要求。此处对接枝改性纳米粒子的性能要求为:①降低纳米粒子的团聚现象;②保证纳米粒子与 MPIA 纤维间具有较为强烈的相互作用,有利于保证纳米粒子的添加效果。

在众多的接枝改性方法中,利用硅烷偶联剂进行表面修饰是最为常用的一种。硅烷偶联剂的通式为:$Y(CH_2)_nSiX_3$,其中,X 表示不同的可水解基团,通常情况下,对纳米改性材料性能的影响不大;n 的值通常为 0 ~ 3;Y 为有机官能团,该基团能增强与有机体间的作用力，同时，该基团还为纳米粒子的进一步修饰提供可反应基团。硅烷偶联剂对纳米 SiO_2 的修饰机理如图 4.51 所示，偶联剂一般先与水发生反应，由—OH 基团取代 X 基团，然后再与 SiO_2 纳米粒子进行发生缩水反应，取代纳米粒子表面的—OH 基团，形成最终的 GNP(grafting nano-silicon particles)粒子。需要说明的是，水解的 APTS 间也会发生缩水反应，生成不规则的多分子层，并且 APTS 与 SiO_2 的成键过程会受到温度的影响，最终的成键形式为单齿态[图 4.51(b)所示]或双齿态[图 4.51(b)和(c)所示]，其中双齿态成键更为稳定，因此构建模型时采用双齿态。

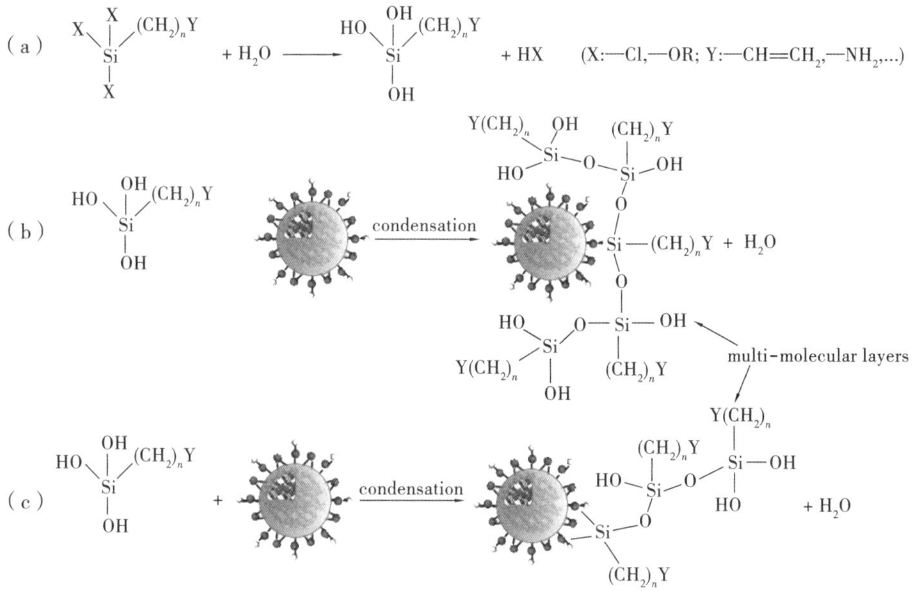

图 4.51　硅烷偶联剂对纳米 SiO_2 的接枝改性机理

3-氨丙基三乙氧基硅烷(APTS)为硅烷偶联剂的一种，利用其修饰的 SiO_2 纳米粒子在工业、电子学、生物化学等众多方面都具有广阔的应用前景。由于 APTS 的一端具有氨基，能与有机物间产生氢键作用，增强与有机高分子间的相互作用，另一端可经过水解后形成羟基，这些羟基一方面能再次发生缩水反应，可以调节接枝密度和接枝分子的厚度，接枝的灵活度较高，另一方面也能增加与有机高分子间的相互作用，因此，本节也利用 APTS 改性纳米 SiO_2 粒子。不同的接枝密度造成 GNP 性能的不同，与有机物的相互作用也有区别，在此主要通过界面相互作用找到较为合适的接枝密度，为后面章节的开展提供基础。接枝密度的定义见式(4.27)，表示二氧化硅表面积接枝的 APTS 的数目。

$$GD = \frac{N}{S} \times 100\% \tag{4.27}$$

式中,N 为接枝的 APTS 单体的数目;S 为纳米粒子的表面积。

此处首先利用分子动力学研究了纳米 SiO_2 粒子的团聚现象及微观机理,然后利用 APTS 对纳米 SiO_2 粒子进行了表面接枝改性,并对改性达到的效果进行了研究,最终得到了以下主要结论:

①在纳米粒子彼此相隔较远时,纳米粒子的运动以扩散运动为主,尺寸较小的纳米粒子较尺寸较大的纳米粒子运动更快;在纳米粒子相距较近时,纳米粒子间的相互作用缩短了相互间靠近的时间,纳米粒子间包括氢键作用在内的相互作用使得纳米粒子相互聚集从而发生团聚现象。

②纳米粒子的含量和尺寸对纳米粒子的团聚有重大影响,当含量越高时,纳米粒子间靠近的概率越大,也越易发生团聚现象。尺寸较小的纳米粒子扩散速度较快,相互聚集而发生团聚的概率比大尺寸的纳米粒子更大。

(5) GNP 对 MPIA 绝缘纸热稳定性的提升

MPIA 绝缘纸内主要分为分子排列规整、结构较为稳定的晶区和分子排列不规整、性能较差的非晶区,由于晶区分子结构稳定,同时其孔隙尺寸(大部分孔隙尺寸小于 5 Å)较小,因此,添加的 GNP 主要集中在非晶区,故纳米粒子的添加主要是用于提升芳纶非晶区的性能。因此,此处的主要研究对象是 MPIA 绝缘纸中的非晶区。由于油分子不易进入晶区和非晶区,故对晶区和非晶区的影响都较小,因此,虽然 MPIA 绝缘纸处于油环境中,但此处对矿物油与纳米改性芳纶绝缘纸的相互作用不做进一步研究。水、酸、气体等物质容易则进入到芳纶绝缘纸非晶区中,对非晶区性能产生一定的影响,此处就这些物质在非晶区中的扩散行为进行分析。

表 4.10 不同体积分数 GNP/MPIA 非晶区模型参数

体积分数 φ/%	质量分数 ω/%	盒子类型及尺寸 (cubic: $a=b=c$ Å)	纳米粒子数量	MPIA 链数	表示方法
9.4	26.7	30	1	8	GNP-9
5.9	17.2	35	1	14	GNP-5
4.0	12.2	40	1	22	GNP-4
2.0	6.1	50	1	45	GNP-2

1) 力学参数

各模型的力学参数如图 4.52 所示。从图 4.52(a)、(b)可以看出,随着温度的升高,各模量值(包括 ν、K、G、E)均降低,表明温度的升高降低了 GNP 改性 MPIA 绝缘纸的不可压缩性、抵抗切应变能力、可塑性或抵抗横向变形能力,该结果再次说明了热场对 MPIA 绝缘纸性能产生了负面影响。比较各个模型的模量值变化情况可以发现,GNP 体积分数越大则各模量值受温度的影响越强烈,GNP 所占体积分数越小,各模量值随温度的升高减小得越平缓。这主要是由于当 GNP 含量较少时，整个模型就越接近 MPIA 纤维的性能，这个结论可以通过将此处数据与非晶区力学性能所得数据进行对比分析得到；当 GNP 含量较高时，整个模型的力学参数值就越体现 GNP 的力学性能，因此，GNP 所占体积分数越高，模型的力学参数就越大。

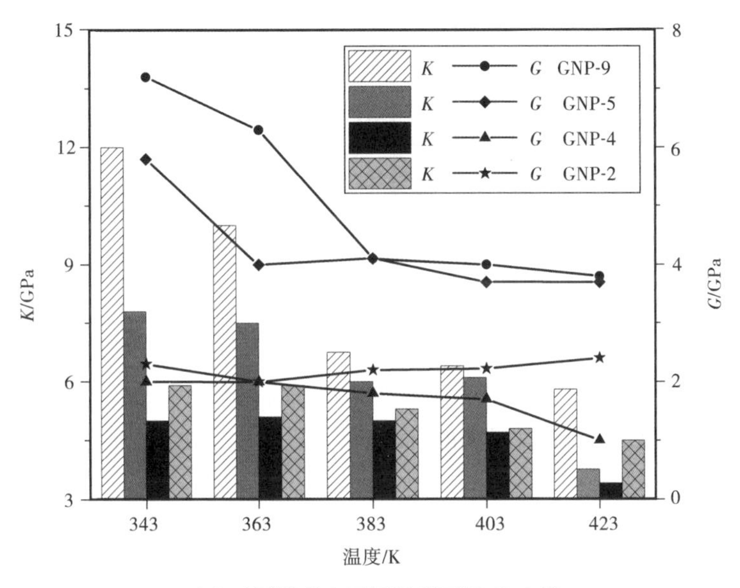

(a) 不同模型在不同温度下的 K、G 值

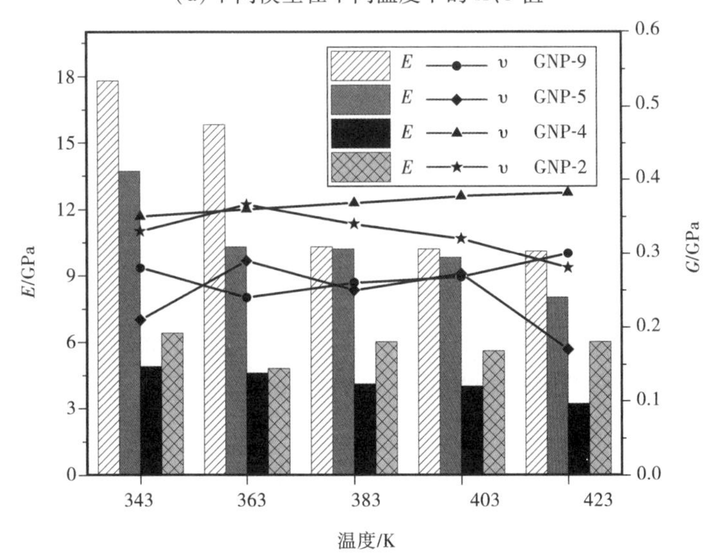

(b) 不同模型在不同温度下的 E、υ 值

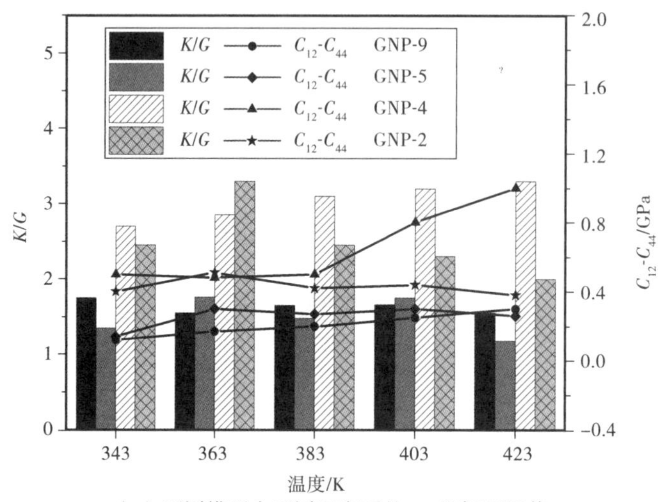

（c）不同模型在不同温度下的K/G及柯西压值

图4.52　力学参数随温度的变化

从 ν 值的变化可以看出，温度的升高对 GNP 改性芳纶绝缘纸的可塑性造成了一定的影响，对比数据可以发现经 GNP 改性前后芳纶绝缘纸的可塑性相差不大。从图4.52(c)中可以看出，各模型的 K/G 值受到温度的影响表现不同，GNP-9 和 GNP-5 的 K/G 值受到温度的影响较小。整体来看，GNP-3 和 GNP-2 的韧性优于 GNP-9 和 GNP-5。各模型柯西压（C_{12}-C_{44}）均为正，说明经 GNP 改性后的 MPIA 芳纶绝缘纸延展性较好，对比数据后可以发现，除 GNP-3 外其余模型的柯西压值均有所减小，说明 GNP 的加入使得芳纶绝缘纸的延展性有一定程度的降低。经过改性后，各模量值有了较大幅度的提高，但 GNP 的改性对绝缘纸可塑性、韧性、延展性的影响不是很大，因此，可以说 GNP 的加入提升了芳纶绝缘纸的力学参数。

2）氢键

如图4.53所示，GNP 改性 MPIA 绝缘纸中可以形成多种氢键，根据模型中物质的不同可以分为3种：第一种为 MPIA 纤维中的氢键，具体成键情况已经有详述，这里不再赘述；第二种为 GNP 内的氢键，具体成键情况如图4.53(a)所示：第三种为 GNP 与 MPIA 界面间形成的氢键，这类氢键对二者界面作用有很大影响，氢键的成键情况如图4.53(b)所示。

从图4.54可以看出，GNP 与 MPIA 纤维间形成了大量的氢键，这些氢键对 GNP 与 MPIA 间的相互作用产生了巨大的影响。不同温度下 GNP 与 MPIA 纤维间的氢键数量随温度的变化并不呈现强烈的变化规律。尽管如此，依然可以从图中可以看到，当温度较低时，氢键数量有一个上升的阶段，而当温度达到423 K时，氢键数量有明显降低的趋势。这是由于当温度较低时，GNP 展现出的对 MPIA 纤维的结合作用大于 MPIA 纤维本身受到热场而带来的膨胀作用，二者相互靠近，使得

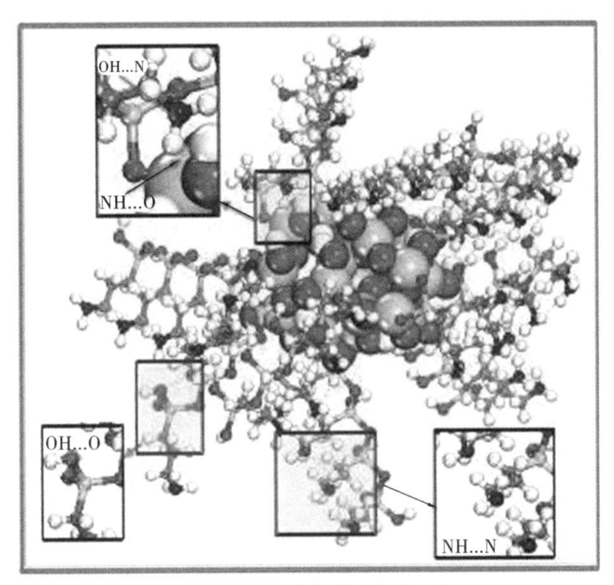

（a）GNP内氢键成键情况

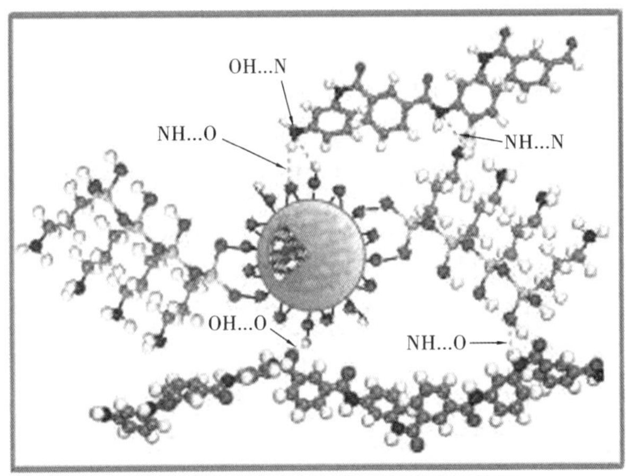

（b）GNP与MPIA界面间氢键成键情况

图4.53　界面间形成的氢键示意图

氢键数量增加:当温度较高时,MPIA 纤维本身受到热场而带来的膨胀作用大于 GNP 展现出的对 MPIA 纤维的结合作用,整个模型体积增大,GNP 与 MPIA 纤维距离增加,从而导致氢键数量的减少。

3)链运动

图4.55 为各模型在不同温度下 MPIA 纤维的均方位移变化情况。从图中可以看出,随着时间的增加,各模型中芳纶纤维非晶区的链运动基本呈现较好的线性变化:随着温度的升高,芳纶纤维的链运动逐渐增强,表明芳纶分子链运动与温度呈现较好的正相关。

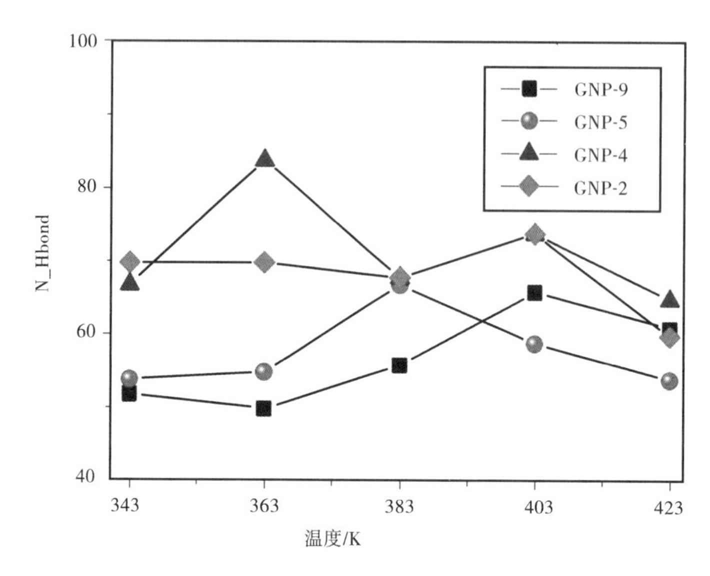

图 4.54　不同模型在不同温度下 GNP 与 MPIA 纤维间的氢键数量

进行对比后,加入 GNP 后使得 MPIA 纤维的链运动有所减弱。这是由于模拟时间有限,加入 GNP 后虽然对芳纶纤维链运动有所改善,但是在所模拟的时间范围内对芳纶纤维的链运动所进行观察的效果并不是很明显,若能将模拟时间设置为 ns 级别,则观察效果应该较为明显。比较 4 个模型的链运动,GNP-9 的效果相对较好,尤其在较高温度(423 K)条件下,其 MSD 值最小。总之,GNP 的加入降低了 MPIA 纤维非晶区的链运动强度,利于 MPIA 纤维热稳定性的提高。

4)GNP 对老化产物的束缚

变压器在运行过程中产生的水、气体、酸等物质在绝缘纸中受热场作用容易导致扩散。如在水分对芳纶纤维性能的影响方面,有研究表明,水分对 MPIA 纤维的热稳定性有重要影响,水分含量的增加导致热稳定性有不同程度的降低。这些物质在 MPIA 纤维中的自由扩散会对纤维中原有的氢键网络造成破坏,由于 MPIA 绝缘纸非晶区中的孔隙尺寸较大,导致这些物质容易在非晶区内聚集和扩散,进而对绝缘纸的性能造成影响。纳米粒子的加入若能对这些物质产生束缚作用,则能提升芳纶绝缘纸的热稳定性能,延缓油浸芳纶绝缘纸的老化进程,对延长变压器的使用寿命大有裨益。

水、气体、酸等物质多数是由油浸绝缘纸老化过程产生,这些物质所占比例不大。纤维素绝缘纸中水分的含量虽然能增至 5% 左右,但是这时油浸式电力变压器已经处于老化后期,需要对变压器绝缘纸进行更换,变压器投入运行初期,含水量一般控制在 0.2% ~0.5% ,所以变压器在正常运行情况下,含水量一般较小。另外,在变压器发生故障时会产生 7 种特征气体,碳氧气体的含量和比例被认为与绝缘纸的老化具有很强的相关性,但是这些气体的含量一般较小,另外由相似相溶原

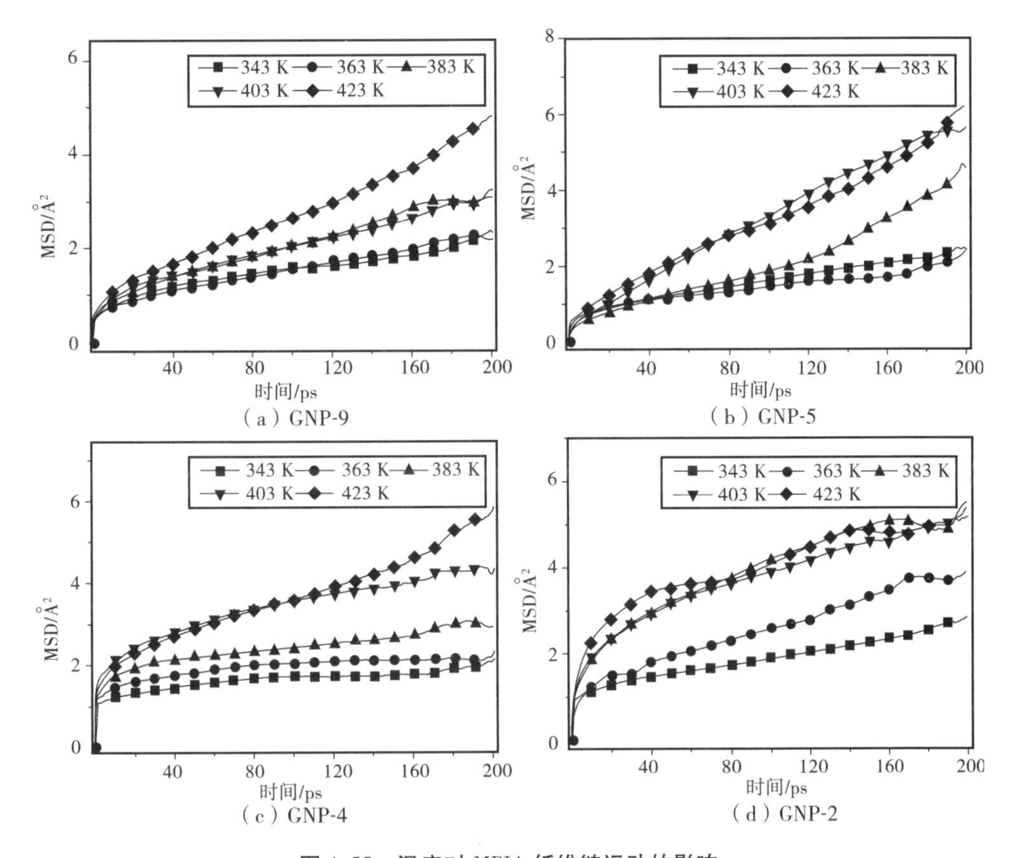

图4.55　温度对 MPIA 纤维链运动的影响

理可知,甲酸等极性强的酸容易进入绝缘纸中,对纸性能造成影响,尽管如此,酸类物质的含量却较低。综合以上考虑,此处构建含老化产物量为1%的复合模型具有实际意义。

在化工传质过程中,扩散系数作为最为重要的物性参数之一被广泛应用于描述分子的扩散过程。扩散系数的计算包括两种方法:一种是利用 Green-Kubo 公式进行计算,这种方法采用速度自相关函数对时间进行积分;第二种方法是利用 Einstein 关系式进行计算,这种方法采用均方位移对时间进行积分,相较于前者,这种方法计算所得结果更为准确,本节亦采用这种计算方法。计算式为

$$D_a = \frac{1}{6N_a}\lim_{t\to\infty}\frac{\mathrm{d}}{\mathrm{d}t}\sum_{i=1}^{N_a}([r_i(t) - r_o(t)]^2) \tag{4.28}$$

式中,N 为扩散原子的数目。

表4.11　363 K 下不同模型中老化产物的扩散系数值($1\times10^{-8}\cdot cm^2\cdot s^{-1}$)

模型	W/GNP-M	F/GNP-M	CH/GNP-M	CO/GNP-M	W/M	F/M	CH/M	CO/M
扩散系数 D_c	0.65	0.077	0.332	2.139	1.393	0.843	2.659	3.756

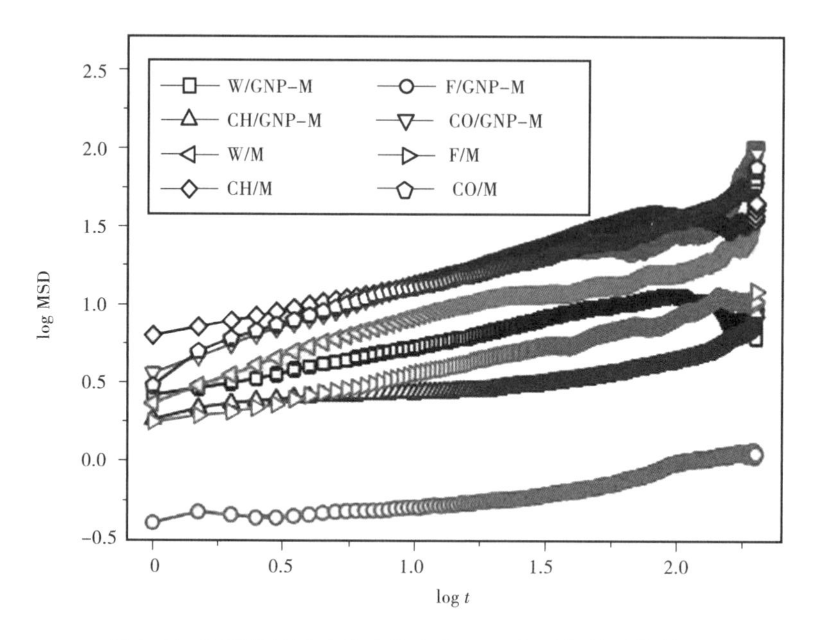

图 4.56　不同模型中老化产物在的 MSD 与时间的对数关系

各模型中老化产物的 MSD 与时间的对数关系如图 4.56 所示。由图可知，添加 GNP 各模型的 logMSD 值达到 2 后各模型的值均受到一个扰动，使得各曲线不能保持在此时间前的上升趋势，这主要是由于这些老化产物的运动受到束缚所致。整体来看，此处的数据是可信的，在计算扩散系数时，采用前 150 ps 的 MSD 数据进行计算。

4 种老化产物在未改性与改性 MPIA 绝缘纸中的自由程度相同：二氧化碳 > 甲烷 > 水 > 甲酸。其中，由于二氧化碳和甲烷均属于非极性分子，水和甲酸均为极性分子，由于 MPIA 纤维中具有极性键，GN 中也有极性较强的氨基，因此，极性分子的运动受限。又由于水分子相较于甲酸分子体积较小，分子量也较小，容易发生扩散，故水的扩散系数大于甲酸。二氧化碳的扩散系数大于甲烷，可能由于二氧化碳分子量较甲烷气体大，因此构建的模型中二氧化碳分子数较少，甲烷分子数多，而此处计算是对所有产物分子进行平均统计，因此，甲烷的扩散系数较小。相较于改性模型，未改性模型中老化产物分子的扩散系数明显较大，该结果说明 GNP 的加入对以上 4 种老化产物产生了强烈的束缚作用。该结果表明 GNP 的加入减弱了水、酸、气体在 MPIA 纤维中的扩散，减弱了这些物质对芳纶纤维热稳定性的影响，进而提升了芳纶绝缘纸的热稳定性能，延缓了油浸芳纶色缘纸的老化进程。

第 5 章 绝缘油老化及其改性技术

5.1 引言

套管作为引线绝缘的核心部件起着非常重要的作用，例如在电能的合理分配、经济传输和安全使用等方面都有着很大的影响。虽然套管本身造价低廉且不昂贵，但是如果套管的绝缘性能与可靠性出现问题，或者当其进入运行维护状态，与其配套使用的昂贵电气设配均会受到影响，因此整个系统的运行都会出现很大的隐患。一旦发生事故，套管局部电场最集中的区域可能会发生击穿放电和闪络，同时造成套管绝缘系统的损坏，严重时套管自身可能会自燃甚至爆炸，除此之外，可能还会影响其他设备，造成其他设备爆炸以至系统瘫痪，最终导致停电，造成巨大的损失。

油纸电容式套管是高压电站电器的一个重要部分，主要与变压器、电抗器和电站穿墙配套使用，因其具有优良的电气性能、可靠的密封性、易于维护及低廉的价格得到广泛应用。特别是在特高压油浸式电力变压器中，油纸套管的应用几乎处于垄断地位。尽管套管只是电气设备的一个组件，但运行中的套管要长期承受工作电压、负荷电流以及在故障中出现的短时过电压、大电流的作用，往往会由各种原因而导致事故。

据统计，套管故障约占变压器故障总量的 30%，尤其是套管的内绝缘电容芯子，一旦出现局部放电，便极易造成爆炸，进而引起主变发生火灾，危及整个电网的安全，因此需对套管的运行状况进行高度重视。根据中国电力科学研究院对近年来中国各地变压器套管事故及原因的统计分析，套管引起的故障占变压器总故障的比例越来越高，某地超高压输电公司最近几年发生多起突发性变压器故障，全部是由于套管爆炸烧毁主变,从而导致事故扩大。同时,67%的套管故障发生在油纸介质里,故障原因多为外部应力作用或者密封绝缘老化造成的绝缘受潮;制造过程中绝缘褶皱,造成局部应力集中使纸放电等。

纳米固体电介质已大量应用于多个研究和工业应用领域,其中纳米粒子的添加使得复合材料在高场强下空间电荷的积累大大减少,介质内部的电场更加均匀,进而提高了纳米复合材料的绝缘性能和抗老化性能。目前,国际上已提出了纳米流体的概念并广泛应用于强化传热等多个工业应用领域。纳米流体通常是指纳米颗粒通过一定的分散方法分散到基液后形成稳定的悬浮液,这里使用的纳米改性颗粒主要包括球形纳米颗粒、纳米棒和纳米管。针对纳米流体热导率的研究表明,在流体中添加纳米级固体颗粒后,与基液和微米流体相比其热导率得到了显著提高,从而提高了改性后流体的传热性能。除此之外,部分研究证明通过适量的纳米添加还可以增强绝缘油的电气绝缘特性和抗老化性能。

因此,将纳米流体的概念应用到绝缘油中,利用特定纳米粒子对绝缘油进行改性,从而得到具有优良绝缘特性和抗劣化特性的纳米改性绝缘油,对进一步提高套管油纸的绝缘水平,有效保障超大规模输电系统的安全稳定运行具有重要意义。

5.2 绝缘油老化

5.2.1 老化影响因素及类型

(1)老化影响因素

在油浸式套管的长期运行中,内部的绝缘油会受到复杂的工作条件的影响从而导致老化。内部绝缘油一旦老化,会产生许多的影响,不仅会造成绝缘油的性能下降,还可能会导致绝缘纸的热稳定性能及机械强度遭受不同程度的损坏。在绝缘油的老化过程中,会发生一系列复杂的物理和化学过程,尤其是在温度、电场、机械振动以及酸、氧、水、金属离子等环境因素的综合作用下,如图5.1所示。

1)热应力

温度是影响绝缘油使用寿命最重要的因素,高温环境下的热应力将极大地促进绝缘油的老化过程,进而导致绝缘油的寿命大幅度下降。国际电工委员会(IEC)提出了更为严格的6 ℃法则。事实上,由于每种绝缘材料对温度变化的反馈能力存在差异,上述法则无法适用于所有的绝缘系统。19世纪40年代,Dakin认为热老化应该满足化学反应速率(Arrhenius)方程:

$$k = A_a \times \exp\left(-\frac{E_a}{RT}\right) \tag{5.1}$$

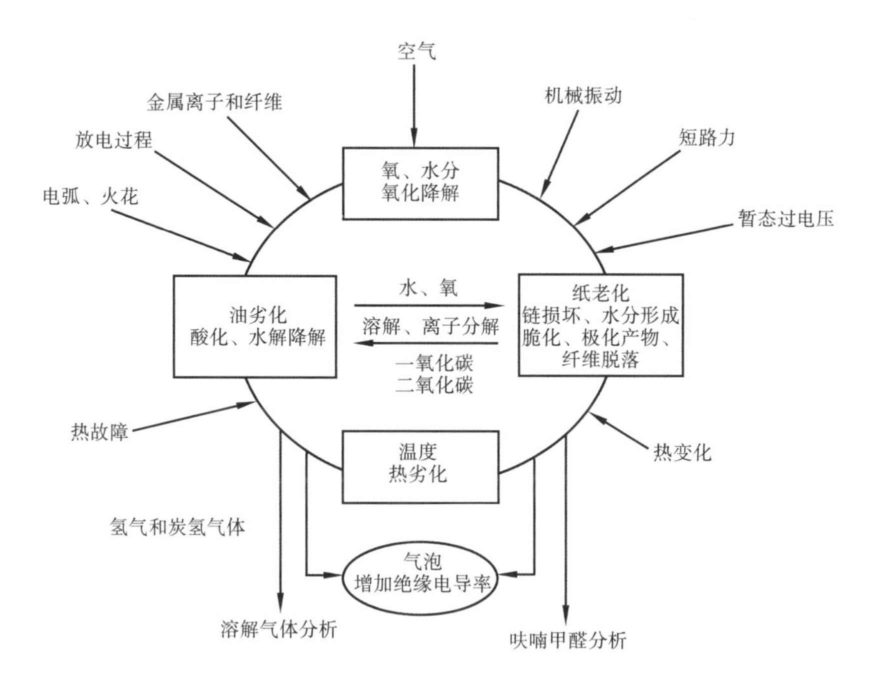

图 5.1　影响油纸绝缘老化的各因素

式中，k 表征绝缘材料的热老化状态；A_a 为指前因子；E_a 为活化能；R 为波耳兹曼常量；T 为化学反应进行时的绝对温度。与此同时，国外有学者提出绝缘材料服役周期的对数 $\ln L$ 与绝对温度的倒数 $1/T$ 成正比，即满足数学模型

$$\ln L \ln AB/T \tag{5.2}$$

式中，L 为绝缘寿命；A 和 B 为常数，由特定的热老化决定；T 为绝对温度。

通常认为，由热老化决定的绝缘寿命与其化学反应速度成反比例关系。由此可得，绝缘寿命与温度的关系。试验结果表明，对于不同类型的绝缘，温度每升高 8～12 ℃将会导致绝缘寿命缩短一半。

2）电应力

在油浸式套管的生产、装配、运行及检修等过程中不可避免地会引入气泡、裂痕、金属毛刺和悬浮颗粒等绝缘缺陷，在外电场的作用下其会造成局部电场的畸变，场强过于集中的区域可能会出现放电现象，但尚未形成贯穿性放电通道。局部放电过程中大量带电粒子高速轰击绝缘介质，同时产生热量，造成局部高温，导致绝缘材料发生复杂的物理和化学变化，加速其老化过程，使其绝缘性能显著下降，甚至可能引发绝缘击穿现象。

因此，局部放电是引起油浸式套管内部绝缘油电老化的最主要因素，通过采用局部放电的检测方法可以有效诊断绝缘油内部的潜伏性故障。此外，在电应力作用下绝缘油会降解生成更多酸性物质，并贴附在纤维材料表面，不仅会加速油纸绝缘的电老化过程，还会增大介损，继而导致其内部环境进一步恶化。

研究表明，绝缘材料的平均寿命 L 与电场强度 E 之间存在反幂函数关系，即

$$L = KE^{-n} \tag{5.3}$$

式中，K，n 为常数，其值取决于材料特性和外施电压种类、电场分布特征等试验条件。

3）环境条件

套管内部环境条件导致油介质绝缘性能下降的关键要素包括水分、氧气、酸性物质和污染等。水分的存在不仅会降低绝缘油的介电强度，还会加速老化，是套管安全运行最应防范的因素。氧气的存在也会降低绝缘油的绝缘性能，通过限定套管内部含氧量可以有效降低绝缘油的老化速率。绝缘油降解产生的酸性物质，以及套管内壁电离的金属离子会对绝缘油的老化过程起到催化效应。这些环境因素单独作用时，对绝缘油的老化速率影响较小，但是在有高温、电场或其他条件综合存在时，将大幅增加促进绝缘油老化的效果。

（2）绝缘油的老化机理

绝缘油和绝缘纸所构成的油纸绝缘系统是油浸式套管内部主要绝缘材料，因此，需重点关注油纸绝缘系统的老化情况。由于不同类型油纸绝缘的结构和化学组成之间具有明显的差异，同时在各种老化环境中的影响因素也极为多样，这些因素导致油纸绝缘在老化过程中会发生复杂的物理和化学变化。

1）矿物绝缘油的老化机理

传统矿物绝缘油是烃分子的复杂混合物，主要分为三大类，即链烷烃、环烷烃和芳香烃，如图 5.2 所示。

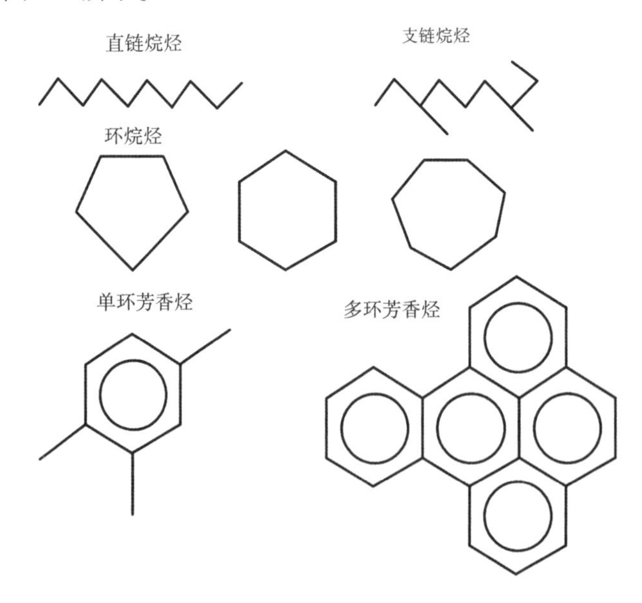

图 5.2　矿物绝缘油中主要的烃分子结构

链烷烃分子具有直链或支链结构；环烷烃分子具有5,6或7个碳原子的环状结构，其中六元环构型是最常见的；芳香烃具有单环和多环结构。虽然芳香烃具有良好的化学稳定性，但其氧化副产物会加速油的进一步氧化，因此，在矿物绝缘油的精炼过程中，芳香烃的含量一般控制在5%～10%。

氧化是矿物绝缘油的主要老化机理，其反应速率随温度呈指数增长，即每8～9℃升高一倍。矿物绝缘油氧化反应的主要步骤如图5.3所示。在氧化诱导期，于高温或强电磁场环境下，烃分子分解成两个自由基。进入扩散期，这些自由基与氧气反应生成过氧化物，过氧化物进而与烃分子反应形成氢过氧化物和自由基。高热量和套管中使用的铜将会促使氢过氧化物解离成烷氧基和羟基自由基，导致链式反应。不稳定的氢过氧化物也可以分解成酮和水，酮继而会氧化生成醛和羧基。随着酮的分解产物和油中自由基数量的增加，将会导致缩合反应的发生，从而形成分子量介于500和600之间的不溶性油泥。从而导致油的颜色变深，黏度增加，传热能力降低。

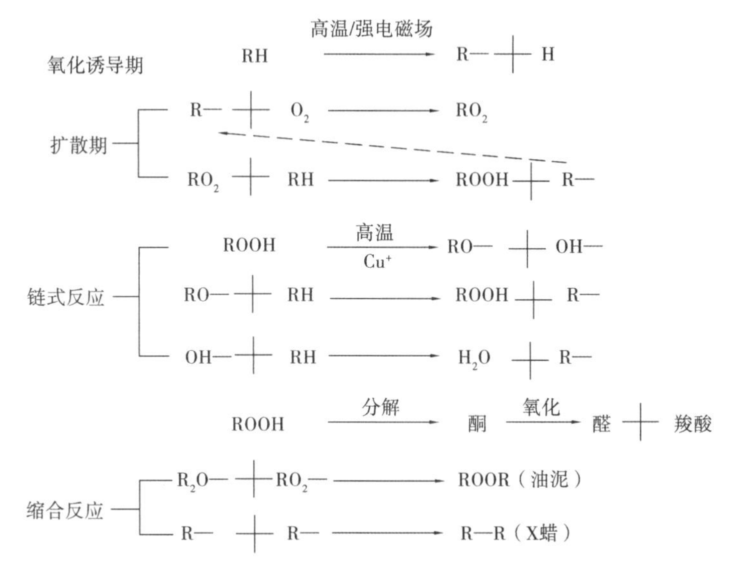

图5.3　矿物绝缘油氧化的主要步骤

2）植物绝缘油的老化机理

精炼植物绝缘油的主要成分为甘油三酸酯，即一个甘油分子连接3个脂肪酸分子，如图5.4所示。一般来说，从不同天然作物提取出的植物油中，由于双键的个数存在差异，因此造成脂肪酸的饱和程度不同，这也决定了其不同的性能。饱和脂肪酸是一种化学性能稳定的化合物，但其含量的增加会导致油的黏度大幅提高，降低其散热性能。油中多不饱和脂肪酸组分的增加虽然可以降低油的倾点和黏度，但同时也降低了油的化学稳定性。

植物绝缘油的主要老化形式也是氧化，其机理类似于矿物绝缘油氧化的自由

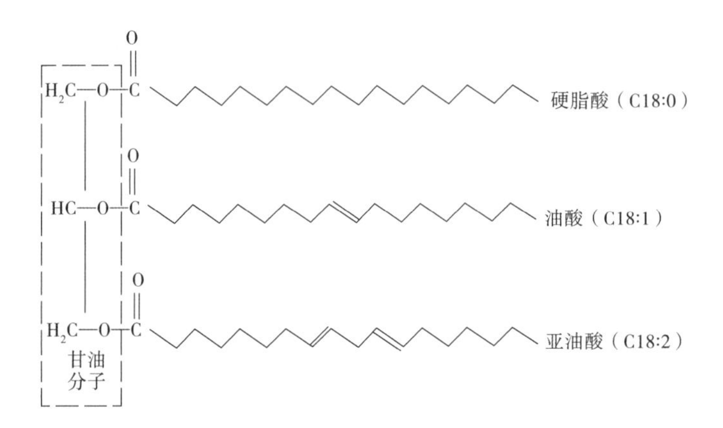

图 5.4 植物绝缘油的分子结构

基链式反应。植物绝缘油氧化过程中的自由基主要来自脂肪酸基中强度相对较弱的碳碳双键旁的亚甲基。与矿物绝缘油氧化的不同在于，当植物绝缘油不稳定的氢过氧化物分解生成酮、醛等挥发性化合物的同时，也会生成树脂等非挥发性化合物，在氧化后期发生环化和聚合反应并生成高分子化合物。

在植物绝缘油的老化过程中，除了会发生氧化反应外，还伴随着甘油三酯的水解。水解反应主要有 3 个步骤且都是可逆的，如图 5.5 所示。甘油三酯逐步分解为甘油二酯和甘油一酯的同时，均会生成游离的脂肪酸，因此提高了油的酸值，并形成一种自催化反应。

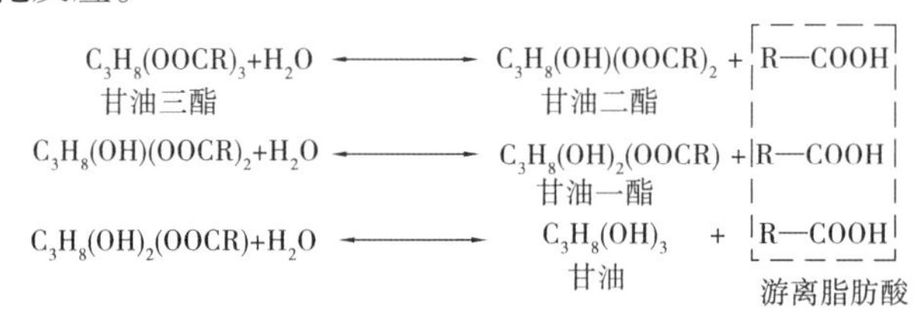

图 5.5 植物绝缘油水解反应的主要步骤

(3)老化危害

高压套管中的绝缘油起着绝缘和散热的作用，是高压套管的重要组成部分。同时套管老化与绝缘油的老化息息相关，甚至绝缘油的老化对套管的安全稳定运行构成了严重的威胁。因此对绝缘油老化的研究非常重要。对于导致绝缘油的老化的因素则主要包括高温、氧气、金属催化剂与电磁场等，这些因素不仅造成了绝缘油的老化变质，同时也加剧了高压套管各个性能指标的恶化。对于绝缘体系来说，它是由绝缘纸和绝缘油两部分构成，然而因绝缘纸的介电常数远远高于绝缘油，故绝缘油是绝缘体系的薄弱环节，将承受着更高的绝缘强度。

变压器绝缘油质量的优劣程度直接影响着变压器绝缘的好坏。随着变压器运行时间的增加，绝缘油的老化程度会逐渐加剧，同时绝缘油的老化分解的产物又会对绝缘油的老化过程起到催化作用进而加剧绝缘油的老化,从而造成变压器绝缘性能大大降低,严重时可导致绝缘击穿、烧毁变压器等重大事故。

1)某 110 kV 变压器绝缘油异常老化情况

某供电局辖区范围内,某 110 kV 变压器为工业区的主要电力供应设备,该变压器投运于 2010 年,是电炉炼钢的主要电力供应单元,受电炉炼钢的影响,变压器长期在重载状态下运行,其负载率高达 85%。在 2014 年的状态受控检测中,发现该变压器绝缘油存在过重粒化指标的劣化现象,其多项老化性能指标与标准值不符。变压器绝缘油老化后,油中的不饱和烃增加,影响了循环对流与传热能力,同时增大了运动黏度和介质损耗,导致设备由于介电性能变差,而无法适应工作电压,为设备安全运行构成安全隐患。并且异常老化产生的树脂物质(如油泥)会造成油道堵塞,黏附在变压器内部还会加速固体绝缘材料的老化,从而造成绝缘性能的恶化;而含水量的增大、绝缘油污染后微生物胶体的产生均将导致变压器绝缘性能的降低。

2)变压器绝缘油老化的原因

第一,绝缘油固有的氧化安定性导致其老化。不同组分的烃类,其氧化安定性也存在较大的差异,而性能不仅随着环境的变化而变化,也因自身的氧化而发生变化。第二,氧气造成的绝缘油老化。在变压器绝缘油老化的原因中,氧气是最根本的因素,即便变压器属于全封闭类型,其内部也存在容积为 0.25% 左右的氧,并且氧气的溶解度较高,因此溶解在变压器绝缘油中的氧占有较高的比率。在氧气的存在下,变压器绝缘油不可避免地会发生氧化,加上催化剂、高温等其他因素的作用,氧化速度也就越快,氧化作用也越发严重;而当绝缘油与空气接触的面积增大和随着时间的增加,氧化程度也会逐渐加深。第三,温度造成的绝缘油老化。温度是绝缘油老化的一个主要因素,直接影响着变压器绝缘油老化的速度。有研究指出,在变压器绝缘油温度为 60 ~70 ℃时,对绝缘油氧化的速度没有促进作用,氧化缓慢;而当油温大于 70 ℃时,氧化速度明显加快,并且当温度每升高 10 ℃,氧化速度也会增加 1 倍。第四,水分造成的绝缘油老化。水分与有机酸的结合,会增强有机酸对金属的腐蚀作用,不仅生成的盐类物质会导致变压器绝缘油的迅速老化,而且产生的金属皂化物属于一类高效催化剂,也会导致油的迅速老化。第五,催化剂作用造成的绝缘油老化。充油类电气设备绝大多数为金属组合物,因此油中难免有金属物质的存在,如铜、铁等金属都会作为催化剂加速绝缘油的老化。第六,设备造成的绝缘油老化。变压器在设计制造中,采用的是小间隔,因此会造成变压器局部过热的现象,在这种温度下,变压器绝缘油也就会加速老化。设备的超负荷运行也可能造成变压器内部的匝间绝缘击穿、绕组短路等故障,进而加速绝缘油的老化。而在设备维护过程中,由于充油类设备密封性不好,导致漏气、进水等情况,也都将加快绝缘油的老化。第七,电场造成的绝缘油老化。变压器绝缘油在电场的作用下,将增大其吸附氧的能力,当绝缘油氧化后会产生大量的皂化物与沉淀物,形成恶性循环,继而加剧变压器绝缘油的老化。

5.2.2 老化特征参量及诊断技术

关于绝缘系统老化及剩余寿命诊断的研究已有 40 多年的历史,绝缘系统老化的特征量和测量手段以及基于特征量的寿命预测方法被国内外研究者进行大量的研究,并取得了一定的成果。对于油纸绝缘老化及剩余寿命预测技术可分为化学特征量诊断技术和电特征量诊断技术两大类,这一划分是根据其特征量类型的不同而划分的。其中,以化学特征量的研究最为成熟,对于电特征量则是近十年来才刚开始发展的,目前尚处于研究阶段,还没有得到广泛的应用。

(1)化学特征参量及诊断技术

早在 20 世纪 60 年代,油纸绝缘系统老化的研究便已经开始,油纸绝缘状态的评估可通过化学测试法来进行,具体则是通过取样并对绝缘系统老化过程产生的物质进行化验分析,进而提取出反映油纸绝缘状态的指标量。因化学测试法大量的研究成果得到广泛的认可,固其在电力检修中得到推广与应用。根据化验对象的不同其主要可分为以油中溶解气体色谱分析、糠醛含量分析法和聚合度测定法为代表的诊断法。

1)CO 与 CO_2 含量

油中溶解气体色谱分析通过分析绝缘油老化分解出的特征气体来判别油纸绝缘系统绝缘老化情况。随着取样和分析技术的发展和进步,对部分设备的油中溶解气体状态已实现了在线监测。

大量的运行经验和实验研究证明,当运行中的充油电气设备在故障状态下会分解并产生 7 种特征气体,可以采用油中溶解气体分析技术(DGA)来诊断绝缘的故障类型和严重程度。DGA 方法在变压器故障诊断中得到了成熟的应用,尤其随着近年来油色谱在线监测设备的发展,DGA 方法在该绝缘诊断领域更是起到了不可忽视的作用。然而,当涉及油纸绝缘老化时,由于特征气体有很大一部分是来自矿物油的分解,并与纤维纸劣化生成的气体混合溶解于油中,所以并不是所有的特征气体都与纤维纸的老化程度有很好的相关性,因此,DGA 对用于变压器的老化程度判别及剩余寿命的诊断仍然处于研究当中。

但油色谱分析也存在一定缺陷:①油浸式套管在正常运行时,产生油中特征气体的来源复杂,而一些主要指标的溶解气体容易聚集在某些特殊部位,其在各部位的分布平衡关系并不确定,取样化验结果无法准确反映绝缘状态,故利用该方法评估绝缘老化状态准确性不高;②目前在电力检修中广泛使用的是国际电工委员会推荐的三比值法,通过引入粗糙集、模糊数学等理论对传统三比值法进行改进,使评估绝缘老化状态的准确性更高。但由于产生特征气体的来源复杂,通过对溶解气体的分析难以确定产物的源头；③绝缘油的滤油、换油等操作都可使溶解油中气体的真实量发生变化，因此需要有完整的设备检修历史记录，否则容易导致诊断结果不准确。

2）油中糠醛含量

糠醛是绝缘纸老化过程中产生的一种呋喃类化合物，在常温及变压器运行温度范围内是液态，并且是纤维纸劣化分解而溶解于绝缘油中的特殊产物，这一特性使它比起 CO、CO_2 气体用于诊断变压器固体绝缘的老化程度更为可靠。1984 年国际大电网会议上，糠醛被提出作为判断绝缘纸老化程度的重要指标，各国也先后制定了相关的评判标准，我国《电力设备预防性试验》DL/T 596—1996 中详细规定了非正常老化和严重老化情况下的糠醛含量限值，当油中糠醛含量达到 0.5 mg/L 时，油纸绝缘的整体绝缘水平处于其寿命中期，而当糠醛含量大于 4 mg/L 时，整体绝缘水平处于寿命晚期。

油中糠醛含量分析法是通过测定绝缘油中糠醛含量来评估绝缘纸的老化状态。早在 20 世纪 80 年代初，便通过实验发现糠醛是纤维素老化分解特有的产物。糠醛在绝缘油中不易挥发，具有较好的溶解度。国内外许多学者已证实油中的糠醛含量与纤维素聚合度存在正相关关系，所以，可通过检测变压器绝缘油中的糠醛含量，利用糠醛含量与绝缘老化的关系评估油纸绝缘系统的老化状态。

油中糠醛含量分析法存在的不足之处：①糠醛在油纸绝缘系统中分布不均匀，固体绝缘纸对糠醛有吸附作用，且老化状态不同，吸附效应也不同；②环境温度变化，绝缘油、绝缘纸中的糠醛含量比例分布不同；③该方法需要有完整的设备检修历史记录，糠醛含量会因为循环、滤油以及换油等措施而影响糠醛含量的测定，通过采样化验的结果难以真实反映变压器绝缘系统状况。

3）平均聚合度（DP）

纤维是构成油纸绝缘的主要成分，是葡萄糖的天然聚合体，多个单体排列成长链，其在天然状态下的平均链长或称聚合度（DP）超过 20 000。未使用绝缘纸的聚合度为 1 000 ~ 1 300，在经过干燥和浸油处理后下降至 900。普遍认为当 DP 下降到 500 时，油纸绝缘的整体绝缘寿命已进入中期；而当 DP 下降到 250 时，油纸绝缘的整体绝缘寿命已到晚期。然而，到目前为止，在极限值达到多少即认为油纸绝缘的寿命终止这个问题的认识上仍然存在着较大的差异。

绝缘纸聚合度测量法是一种最直接可靠的评估绝缘纸老化状态的手段，通过对绝缘纸取样化验，分析绝缘纸中纤维素的分子情况。老化过程中的绝缘纸聚合度会逐渐下降，因此利用聚合度可直接评估绝缘纸的老化状态。

绝缘纸聚合度测量法主要难点在于：①如何从运行中的套管内部取得绝缘纸样品。绝缘纸的取样必须对套管进行取芯，只能利用在套管停运大修期间，线芯绕组部分被取出套管的时候进行取样；②若直接对固体绝缘抽样刮层，对绝缘系统可能带来二次不可逆损坏;③对固体绝缘取样只可能是局部取样,样品类型存在片面性,因此聚合度检测在工程推广和应用上有一定的局限性。

(2)电气特征参量及诊断技术

通常认为绝缘纸发生老化后只会直接导致其机械性能的下降,对于工频、脉冲击穿电压强度以及工频介质损耗角等电气性能并不会产生大的影响。基于这种原因,即使电力运行部门长时间的采用绝缘电阻和极化指数以及介质损耗系数等离线电气无损测量参数作为油纸绝缘受潮状况的诊断方法,但一直到20世纪90年代,对于绝缘老化和寿命预测的电诊断方法仍然没有得到系统的研究。直到近20年来,以电气参数为特征量的油纸绝缘老化状态诊断方法才取得了前所未有的进展,其主要包括局部放电测量和介质响应诊断技术两类。而这都归功于数字化测量技术及计算机的发展。

1)局部放电测量方法

电气特征量法是近些年发展起来的一种无损检测方法,由于其测试机理简单,测量结果可靠性较高,且不容易损坏绝缘系统等优点,适合于绝缘老化的现场诊断,使其在绝缘评估领域获得了深入的研究,并在电力检修中得到推广应用。

局部放电测试法是一种通过检测绝缘内部的局部放电评估绝缘状态的测试方法。随着老化产物的增加,这些产物会影响绝缘介质的电气性能,当绝缘内部出现局部的电场超过绝缘系统临界击穿场强的情况时,绝缘内部出现局部放电现象,利用局部放电特征量来实现绝缘诊断。随着测试技术的发展和理论研究的深入,利用局部放电评估绝缘状态已经被广泛推广应用。目前的研究主要集中在利用各种先进的信号分析和数理统计等方法提取反映绝缘状态的局部放电信息,利用这些信息实现对油纸绝缘状态的准确评估。

BP神经网络被利用来构建绝缘老化评估模型,选取多个局部放电特征量作为主成分因子并构建三层神经网络评估模型;同时,还可以利用宽脉冲电流法分析局部放电模型特征量对应的油色谱特征量变化规律,拓宽了绝缘状态评估思路。但在实际测量操作过程中,局部放电技术常因多种因素的干扰,限制了该方法的推广,此外绝缘状态和局部放电发展规律与关系尚不明确,因此,利用局部放电特征量评估绝缘状态仍需深入的研究。

2)介质响应测量技术

介质响应测量过去主要被用来进行试验室样品的绝缘特性研究,近年来,随着计算机及测量技术的迅速发展,基于时域介质响应技术的回复电压法(RVM)、极化去极化电流法(PDC)和频域的频域谱分析(FDS)在绝缘系统现场诊断中得以应用,并在绝缘老化及剩余寿命预测的研究中受到重视。回复电压法中极化谱线的中心时间常数对反映油纸绝缘的水分含量有较高的灵敏度,而且与绝缘系统的老化程度密切相关,故其常被用作表征绝缘系统的微量水分变化和老化状态。但正因为如此,老化程度的加剧和水分含量的增加都会造成中心时间常数的下降,无法区分两者的影响,而且该中心时间常数还受到测量温度的影响,同时,油和纸的电导率以及绝缘系统的几何尺寸也会在很大程度上影响极化谱的形状。所以,仅依靠 RVM 方法判断油纸绝缘系统老化是不够的。对油纸绝缘系统的极化去极化测试研究表明,极化电流的初始值与油的电导率密切相关,而极化曲线的末端特性则受到纸电导率和水分含量的共同影响。因此,PDC 可以考虑作为 RVM 的补充,两者结合起来判断纸中水分含量,进而分析绝缘纸的老化状况。

下面详细介绍下 3 种测量方法:

①回复电压法(RVM)

回复电压法是基于时域介质响应理论的绝缘老化无损检测方法,是一种研究绝缘介质缓慢弛豫过程的时域方法。

回复电压法是利用回复电压测试仪获得的回复电压曲线和回复电压极化谱的特征量来诊断油纸绝缘老化状态。其原理为将直流电压较长时间作用在一个被试绝缘体上,然后经较短时间的短路放电后开路,开路后剩余的被极化的电荷会逐渐返回其自由状态,引起绝缘体两端间的电压差有一定升高,这种电压差被称为回复电压。油纸绝缘不同的绝缘状态会影响其回复电压,而通过测量回复电压可以得到绝缘的基本特性进而评判绝缘状况。RVM 的试验原理如图 5.6 所示,首先断开 S_2 闭合 S_1,将直流电压 U_c以时长 T_c作用在被试绝缘试品上;然后断开 S_1 闭合 S_2,将试品进行时长 T_d 的短路放电;最后断开 S_1 和 S_2,使试品开路,并连续测量开路后试品上随时间逐渐升高的回复电压。用于分析的常用参数主要有回复电压最大值 U_m 、到达峰值的时间 t_m 、波形初始斜率 dU/dt 等。为了便于比较,一般将 T_c/T_d 设为常数,通过改变 T_c ,即可进行一组波形测量,进而得到 T_c 与 U_m 、t_m 、dU/dt 之

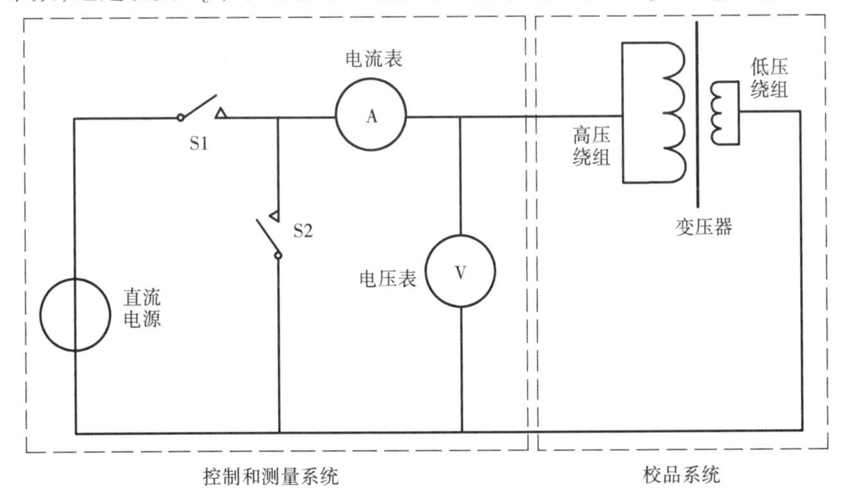

(a)回复电压测量电路

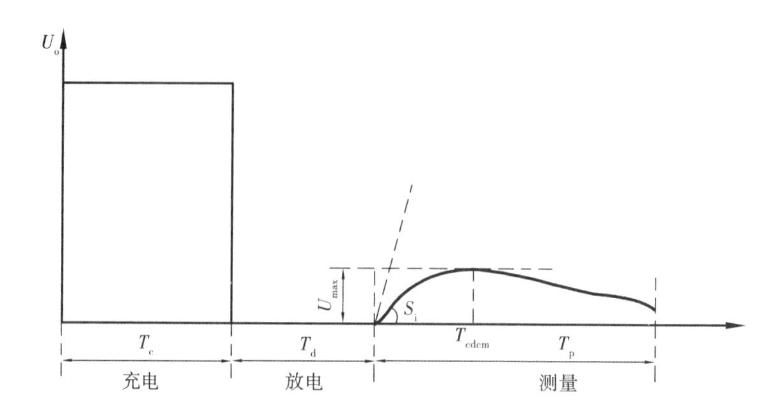

(b)回复电压曲线

图 5.6 回复电压测量电路和回复电压曲线

间的关系(称为极化谱),如图 5.7 所示。极化谱曲线可读出 3 个特征参数,即最大回复电压 U_{rmax} 、起始斜率 d U_r/dt 和主时间常数 τ_{cd} 。

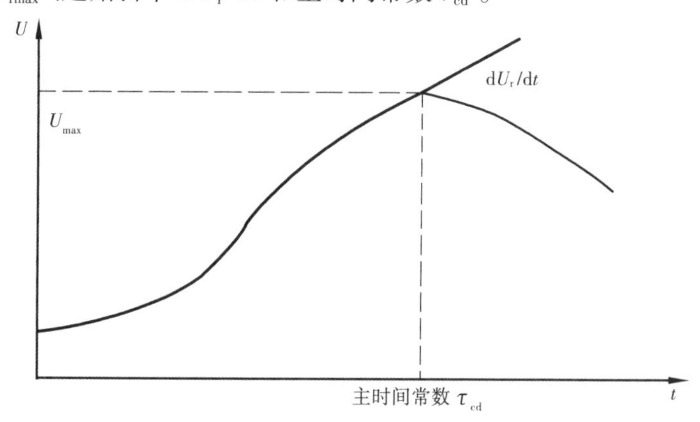

图 5.7 典型的 RVM 极化谱

目前,主要是通过对绝缘测量获得回复电压极化谱对绝缘状态进行评估,极化谱的测量主要获得回复电压的峰值电压初始斜率差、峰值时间和主时间常数,利用这些特征参数实现对绝缘状态的评估。

②极化/去极化电流法

通过对极化/去极化电流(PDC)分析并提取特征量,可用于评估绝缘纸的微水状态和油纸绝缘的老化状态,其测试接线原理如图 5.8 所示,极化、去极化电流法的基本测试分为两部分:

A. 直流电压施加于绝缘介质两端,流过绝缘介质的电流分为两部分:一部分是绝缘漏电流,这部分电流保持不变;另一部分随时间衰减的电流称为极化电流。

B. 撤去外加电压并将绝缘介质两端短路,绝缘介质在充电阶段储存的电荷将通过短路线路被释放,此时将流过绝缘介质的电流称为去极化电流 f_d ,电流随时间衰减,这个阶段也称为去极化过程。极化/去极化电流的波形和测量示意图如图 5.9 所示。

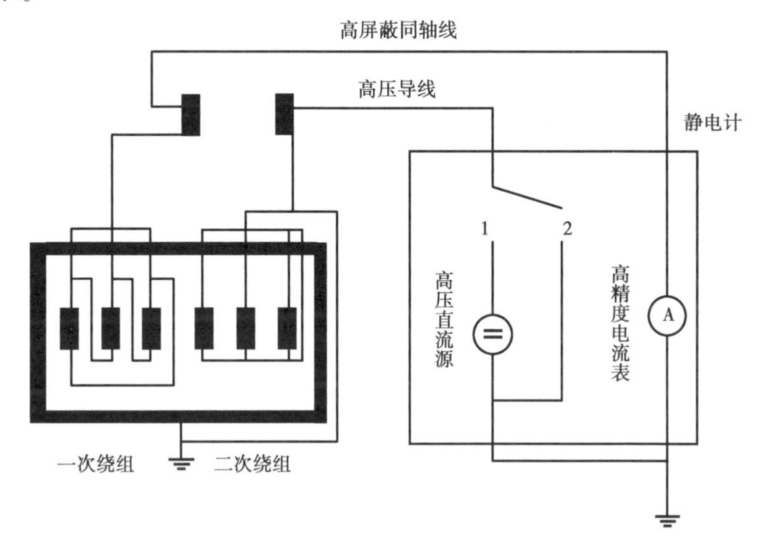

图 5.8　极化去极化电流测试接线示意图

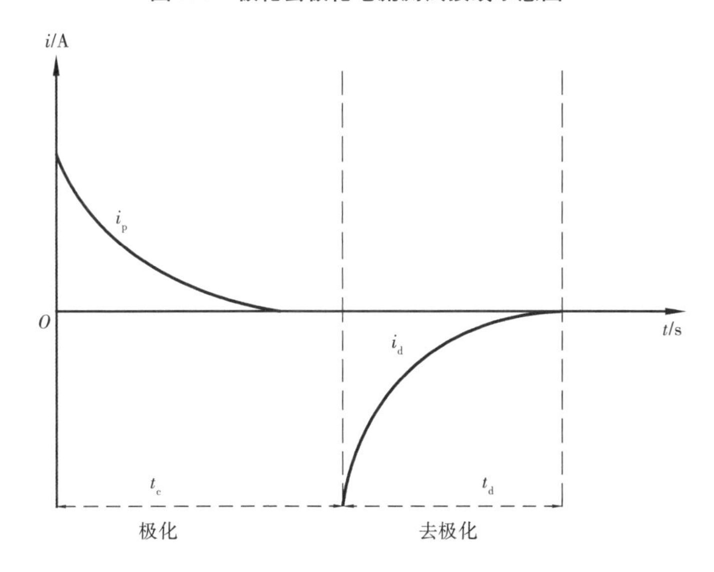

图 5.9　极化/去极化电流的波形测量示意图

③频谱测量法

频域介电谱法是在低压下,通过改变交流激励的频率,并采用复电容、介质损耗等作为频率的函数,用该函数的变化情况来评估绝缘材料或绝缘设备的绝缘状况,FDS 测试原理图如图 5.10 所示。测得的复电容、相对介电常数等曲线的不同部分包含着绝缘油和绝缘纸的不同信息,通过分析不同条件下曲线各段的变化情况,确定各段与油纸绝缘系统状态信息的关系,就可以对油纸绝缘状态进行诊断,如图5.11所示。

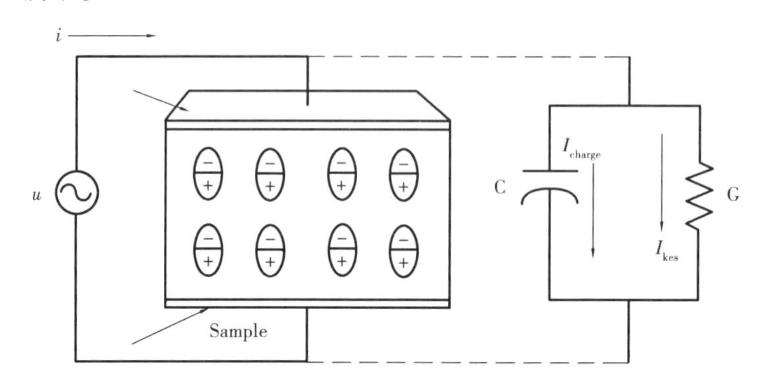

图5.10　FDS测试接线示意图

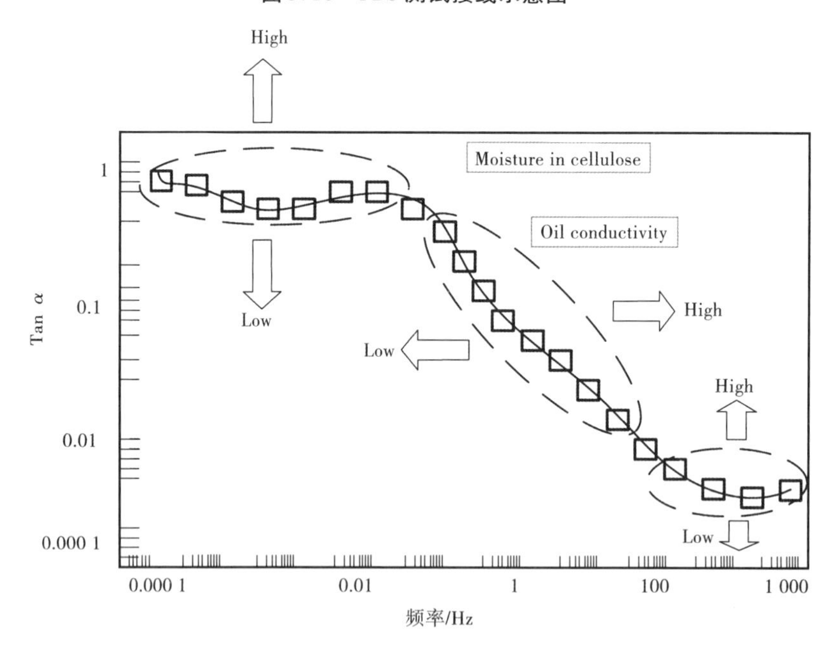

图5.11　介损与频率的关系曲线

频域介电谱(FDS)分析表明,FDS曲线的低频(低于10^{-2} Hz)和高频(高于10 Hz)主要反映绝缘纸的性能,而中间部分则受到绝缘油性能的影响。

3)介电响应法

PDC分析法是一个非破坏性且无损的试验测量方法。它提供了有关绝缘系统状态的可靠信息,对于评估油纸绝缘系统,是一个很有价值的方法,可以应用此方法对油纸绝缘系统进行老化诊断与评估,有很大的发展前景。但其仍然存在一些不足之处:极化/去极化电流法可以分别评估绝缘油和绝缘纸的状况,但易受现场噪声干扰,而且初始极化/去极化电流不易测量;到目前为止,利用极化/去极化电流法仍无法量化绝缘老化状态。

FDS 用于油纸绝缘诊断方面有了很多研究成果,但仍存在一些问题,主要表现在:目前关于 FDS 的测量结果多是对其现象的描述,还不能进行圆满的解释,更没有从电介质极化理论的本质上对其原因进行深入分析;要将频域介电谱法诊断油纸绝缘的状态信息应用于实际,必须进行大量试验和理论分析,进一步研究、总结规律,并对其结果进行合理解释;利用 FDS 诊断油纸绝缘老化状态的方法目前还鲜有报道。

目前我国对于应用介质响应技术进行绝缘老化状态诊断的研究还处于起步阶段,一些深入的研究还未展开,仍停留在回复电压和极化指数等传统的参数上面。同时因为介质响应的3种测量方法如回复电压法、极化/去极化电流法、频谱测量法对老化的反映侧重点各不相同,但目前国内外对试验现象和测量结果仅进行了定性的分析,还需要进一步深入开展定量的研究工作。

综上所述,应用介电响应法评估油纸老化状态需要借助于仿真计算与试验,同时为了对不同状态的介质响应曲线进行合理且有效的量化,应对不同老化程度油纸绝缘介质的时域/频域响应特性进行系统全面的研究,建立一套“介电响应指纹特征”的提取方案,并基于指纹特征建立油纸绝缘状态的评估方法。如果三种介质响应方法有机地结合,将可能实现一种对油纸绝缘系统老化进行无损诊断和寿命评估的电气测量新方法。

5.2.3　寿命评估方法

无论是采用化学还是电气特征量,目的都是根据检测到的参量对油纸绝缘的老化状态进行评估,进而预测其剩余寿命。对油纸寿命的预测不仅能够帮助运行人员判断油纸继续运行的可靠性,而且能为油纸绝缘系统的维护和更换提供理论依据。

(1)基于化学特征参量的寿命评估

聚合度是用于油纸绝缘系统剩余寿命预测最为可靠的参数。由于油纸绝缘聚合度的下降主要受热老化的影响,因此与 Arrhenius 方程定义的热老化速率存在相关性。研究表明,油纸绝缘聚合度下降与运行的时间存在的动力学关系为

$$\frac{1}{DP_t}-\frac{1}{DP_0}=k_1 t \tag{5.4}$$

式中, DP_t 为 t 时刻的绝缘聚合度; DP_0 为绝缘的初始聚合度; k_1 为老化速率。

由式(5.4)中的一阶动力学模型预测的油纸绝缘寿命在很大程度上取决于绝缘的初始状态及终止寿命聚合度的取值。即把聚合度 DP_t 降至多少作为变压器寿命的终点。然而,到目前为止,在这个问题的认识上仍然存在着较大的差异。虽然 DP 值在150以下,绝缘纸已经完全失去了所有的机械强度,但曾经在运行的变压

器中提取过 DP 值为 150 以下的绝缘纸。无论是运行中的变压器还是故障后的变压器,都有平均聚合度为 200 及机械强度为 50% 的绝缘纸存在,这些变压器中最旧的已经运行 4 年之久,而最新的只运行约 20 年。

目前国际上已有关于采用聚合度进行寿命预测的判据包括:

①《电力设备预防性试验规程》(DL/T 596—1996)规定:当聚合度小于 250 时,应引起注意。

②法国电工研究所:聚合度降至 150(范围 100 ~ 200)时,油纸绝缘的寿命预先终止。

③1962 年国际大电网会议:聚合度降到 150 为油纸绝缘寿命的终止。

④日本:抗拉强度残留率达 60%,平均聚合度 40% ~ 50% 作为制造厂设计的绝缘寿命。

在利用 DGA 和糠醛含量进行变压器寿命预测的研究中,主要还是基于实验室的数据,研究它们与绝缘纸的平均聚合度的对应关系。从对近 30 台运行年限约 40 年的变压器的统计研究结果表明,CO_2 与平均聚合度之间的线性相关系数高达 0.88。($CO + CO_2$)生成总量约为 1 mL/g 时,平均聚合度残留率为 50%;($CO + CO_2$)生成量约为 3 mL/g 时,平均聚合度残留率为 30%。从 20 世纪 80 年代开始,众多研究均先后证实了变压器油中糠醛含量与绝缘纸平均聚合度之间存在半对数线性关系,并可用于采用油中糠醛含量来间接推算聚合度的大小,从而实现寿命预测的目的。中国电力科学研究院根据实验室的热老化模拟试验中得到油中糠醛含量 F 与绝缘纸聚合度 DP 的关系为

$$\log(F) = 1.51 - 0.0035DP \tag{5.5}$$

且在对 77 台负荷变化不大的电厂升压变压器研究的统计结果表明,变压器运行时间 t 和油中糠醛含量 F 之间存在如下关系

$$F = \exp(-4.21 + 0.13t) \tag{5.6}$$

国内外的大量试验结果表明,老化程度诊断指标之间存在相互关系,当绝缘纸的残余抗拉强度为 60% 时残余平均聚合度、($CO_2 + CO$)量、糠醛、丙酮量存在如图 5.12 所示的关系。

(2)基于热点温升的寿命评估

油纸绝缘的老化及寿命在很大程度上取决于运行时绕组所处的温度情况, IEEE C57.91—1995 标准《油浸式电力变压器负载导则》中采用寿命损失 $L\%$ 这一参量作为衡量由热点温度所引起的变压器绝缘纸寿命损失情况。目前国内外很多电力运行部门均将其作为评估变压器寿命的主要依据,EPRI 已经根据 IEEE C57.91—1995 和 IEC 60354—1991—09 推荐的寿命损失计算公式开发了商业软件“PT-LOAD”,并在多家电力公司或研究部门推广使用,根据变压器的设计参数和运行负载等计算其绕组、油温等温升,并以此导出阶段或累积寿命损失率。

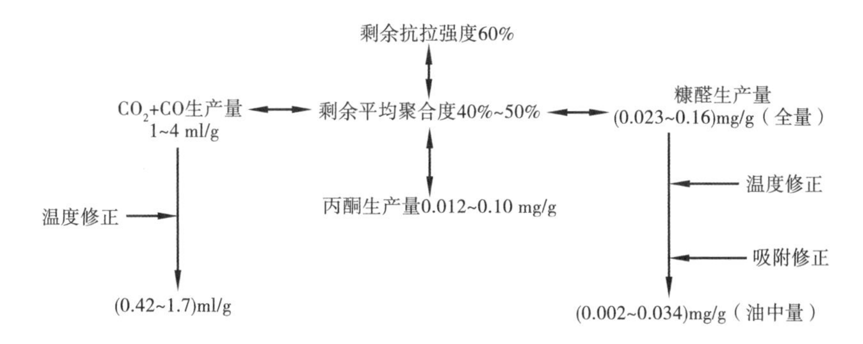

图5.12 老化程度诊断指标之间的相互关系

(3)基于可靠性的寿命评估

进行变压器绝缘老化分析、寿命评估的研究是为了保证变压器的安全运行和提高其经济效益。近年来,国外有人对运行40年以上的油纸绝缘变压器开展了基于可靠的寿命预测,并提出了“绝缘年龄”的理念。“绝缘年龄”的得出依靠的是对绝缘状态参量数据进行分析处理的结果。“绝缘年龄”增加时,变压器运行的可靠性降低,当可靠性低至某预定值时(一般为50%),即认为绝缘寿命已终止,变压器应退役或进行相应的处理。这种方法不是要求预报变压器将发生故障的确切时间,而是在于考察变压器发生故障可能性的增加和相应的可靠性降低情况,当可靠性下降到一定值时,可以认为变压器寿命终止。

基于可靠性的评估方法实质上是一种综合使用各种绝缘老化特征参量数据,进行剩余寿命估计的统计概率应用技术。在借助于人工神经网络或多种人工智能方法的指导下,可以使工程技术人员在全面掌握变压器绝缘老化特征参量后,准确地确定故障类型及故障点,合理有效地对是否退出运行、何时采取行动等决策做出判断。但由于缺乏可靠性分析所需的大量统计数据,该研究目前还处于起步阶段,在应用于实际运行中的变压器之前还有很多工作需要开展。

5.2.4 绝缘油抗老化措施

(1)采用全密封的保护系统

为有效防止绝缘油的老化,可对套管采用封闭式的储油柜,进而实现对套管的全密封油保护。储油柜是一种较好地防止绝缘油老化的设备,其全密封结构良好,有效地隔绝了外界的空气,由于绝缘油无法与外界空气接触,吸收氧气和水分,因此绝缘油中含气量与含水量大大减少,使绝缘油的老化情况得到减缓。

(2)添加抗氧化剂,提高氧化安定性

氧气是绝缘油老化的根本原因,为有效提高绝缘油的氧化安定性,可在油中添加抗氧化剂,如T501等。T501原料为甲酚、异丁烯,是现阶段使用较为广泛的一种抗氧化剂,有明显的抗氧化作用。但抗氧化剂在抗氧化的过程中会逐渐被消耗,因此需要做好对绝缘油的监督与维护,对抗氧化剂含量进行定期检测,并及时补加。

(3)及时换油

套管实施现场停役,更换新油。换油通常有两种方法:一是现场原地换油;二是内部彻底清洗后进行换油。现场原地换油耗时较短,通常仅需要4~5 d即可完成,能够减小因停机时间过长而影响现场生产、物流的平衡。但现场换油必须在天气良好、湿度较低的条件下进行,并且内部绝缘表面的油泥、残留物也可能无法彻底去除,在换油后需要进行定期跟踪检测。内部彻底清洗后进行换油可将油泥、残留物彻底去除,保证新换油不会发生不良氧化反应和老化等情况,但这种方式耗时较长,需要20 d左右,并且检修费较高,因此需要视情况选择换油方法。

(4)强化绝缘油的监督与管理

首先,需强化对绝缘油从制造、出厂、运输和安装整个过程的监督,防止杂质混入油中带入套管内部,并防止投运后短时间内发生绝缘油老化的情况,以减少套管故障发生。

其次,在绝缘油的处理过程中,应避免油温过高,以低于75 ℃为最佳,并且处理时间应适宜,最好采用真空滤油进行脱气。在套管运行中,绝缘油油面温升应在55 ℃以下,以保证减缓绝缘油的老化速度。此外,应严格按照规程要求对其进行补油,绝缘油使用前应进行色谱分析试验、混油试验等常规性试验,同时为了确保油品的质量必须禁止不同油源、牌号绝缘油的混合使用。

5.3 纳米改性矿物绝缘油

5.3.1 研究现状

1994年,T. J. Lewis等人提出了“纳米电介质”的概念,认为纳米尺度的电介质的特性是由纳米电介质与背景材料的交界面性质决定的,界面效应是纳米电介质的重压特征,决定了纳米电介质的电气性能。1995年,美国阿贡实验室的Choi等人最先提出了纳米流体的概念,纳米尺度的添加物在液体介质中不易沉降,比表面积也更大,导热率更高,从此翻开了绝缘油改性的新篇章。纳米粒子作为逐渐兴起的一种新型材料,正被广泛应用于绝缘油的改性中。

(1)纳米粒子对绝缘油的击穿电压影响

击穿电压的下降,是运行过程中矿物油老化后最突出的问题之一。相关学者将不同的纳米粒子添加到绝缘油中,发现当油中加入纳米粒子后,绝缘油的介电性能得到一定的提升。纳米粒子改性后击穿电压的数据如表5.1所示。

表5.1　纳米 TiO_2 和 SiO_2 改性矿物绝缘油的击穿电压

纳米粒子	厂家,基础油样	测试标准	最佳纳米粒子质量浓度	击穿电压/kV
TiO_2	中国石油,25号克拉玛依矿物油	雷电击穿,IEC 60897,针-球电极,间隙:25 mm	10%	78(正极性雷电击穿电压)
SiO_2	中国石油,25号克拉玛依矿物油	交流击穿,IEC 60897,黄铜球形电极,间隙:2 mm	20%	76
Al_2O_3	中国石油,25号克拉玛依矿物油	雷电击穿,IEC 60897,针-球电极,间隙:25 mm	20%	85(正极性雷电击穿电压)
Fe_3O_4	中国石油,25号克拉玛依矿物油	雷电击穿,IEC 60897,针-球电极,间隙:25 mm	10%	82(正极性雷电击穿电压)

研究了纳米 TiO_2 改性绝缘油的机理,研究结果发现,除了纳米粒子的高比表面积增加了纳米流体中电子散射的可能性,降低了电子的冲击能量并防止了油被电离外,TiO_2 纳米粒子在带电应力的纳米流体的电子转移过程中还作为了电子陷阱。它的添加改变了油的散射障碍以及陷阱网络,从而有效减少载流子的迁移率。

同样的,Al_2O_3 作为一种绝缘性纳米材料被广泛研究。研究人员将纳米尺寸范围为25~125 nm的 Al_2O_3 加入绝缘油中,对其纳米结构的浓度、形态和尺寸因素、纳米绝缘油的击穿特性增强效果进行了实验研究。其主要机理如图5.13所示。

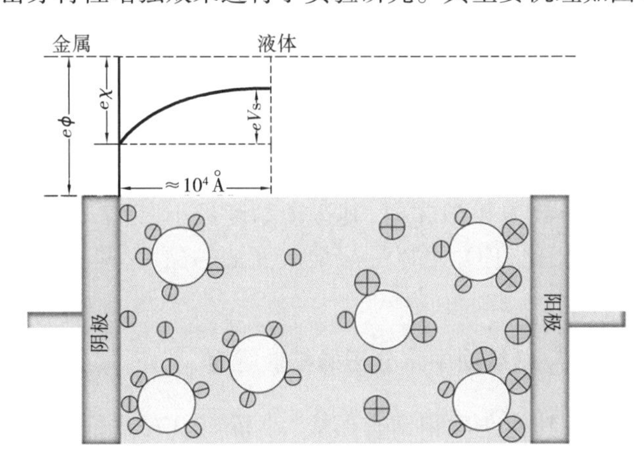

图5.13　纳米 Al_2O_3 改性绝缘油的机理

(2)纳米粒子对绝缘油的热稳定性影响

电力设备在长期的运行中,内部温度是比较高的,所以要求绝缘油具有较好的热稳定性。添加不同含量的氮化硼(h-BN hexagonal boron nitride)纳米粒子对绝缘油进行改性,比较发现,添加了氮化硼纳米粒子的矿物油比未改性绝缘油的热稳定性更好。同时发现当 h-BN 质量分数在 0.1% 时,随着温度的增加,其热导率在不断增加,当温度达到 325 K 时,其增幅达到 70% 以上。纳米 BN 的分子模型如图 5.14所示。

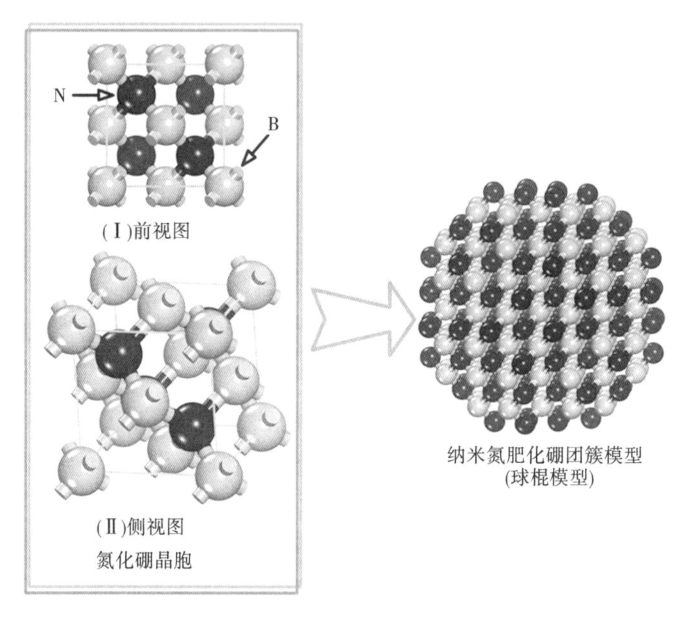

图 5.14 BN 分子模型

除此以外,研究人员还研究了 AlN 和 TiO_2 矿物油纳米流体的热性能。结果表明,纳米颗粒的添加可以增加矿物油的传热系数,从而有利于油浸式电力设备内部的热量被散发出去。在 24 ℃下,当 TiO_2 质量分数为 0.01% 时,矿物油的运动黏度最小,达到 15.80 m^2/s。当 AlN 质量分数为 0.1% 时,矿物油的运动黏度最小,为 15.82 m^2/s。在 40 ℃下,TiO_2 质量分数为 0.01% 时,其运动黏度最小,仅为 7.21 m^2/s。当 AlN 质量分数为 0.01% 时,其运动黏度最小,为 7.32 m^2/s。通常,与纳米 TiO_2 和纳米 AlN 相比,TiO_2 可以更好地改变油的黏度,并且可以更好地提高绝缘油的热稳定性。

5.3.2 纳米 SiO_2 绝缘油中水分子的扩散行为

水分子会与油中其他杂质相结合形成“小桥”效应,降低绝缘油的击穿电压。而纳米 SiO_2 作为一种半导体绝缘材料,可以克服磁性纳米材料容易受磁场影响的缺点,并且即使在电场的作用下,也不容易形成“小桥”,因此被广泛运用于绝缘油改性中。目前,实验已经证明,纳米 SiO_2 粒子能有效提高绝缘油的击穿电压,但是纳米粒子对油中水分扩散影响的微观机理却少有研究。因此,采用分子动力学方法,研究纳米 SiO_2 粒子对绝缘油中水分子的扩散行为的影响,为进一步研究纳米粒子对绝缘油改性作用提供理论基础。

纳米 SiO_2 的分子结构中的不饱和键由氢原子补充。根据环烷基矿物绝缘油构建矿物油模型，其各烷烃分子所占质量分数如表5.2所示，构建的模型如图5.15所示。

表5.2　环烷基矿物油的成分组成

成分	链烃	环烷烃				合计
		一环	二环	三环	四环	
$\omega_B/\%$	11.6	15.5	28.5	23.3	9.7	87.7

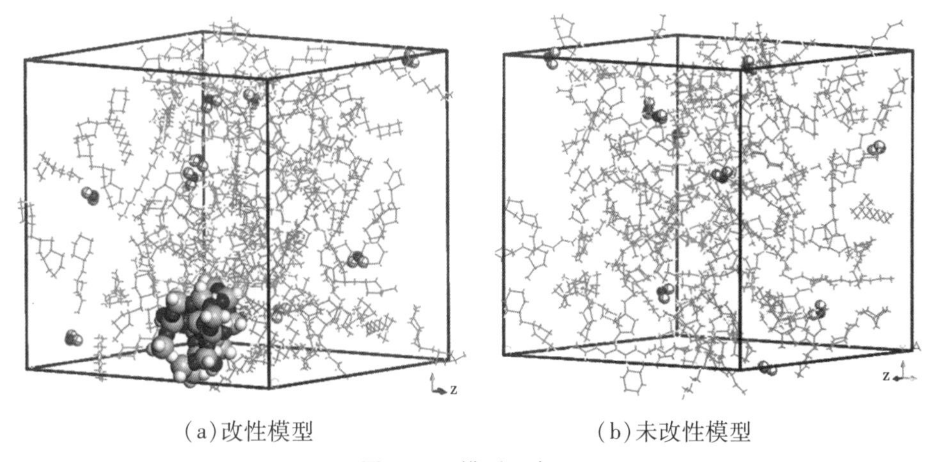

(a)改性模型　　(b)未改性模型

图5.15　模型示意图

(1)油中自由体积

模型中的自由体积为小颗粒的扩散提供了必要的空间，并且是影响绝缘油中水分子扩散行为的重要因素。根据Fox和Flory的自由体积理论，聚合物的总体积由高分子占有体积 V_o 与未被高分子占有的自由体积 V_f 所组成。自由体积与总体积的比值即是自由体积分数，缩写为 FFV，则

$$FFV = \frac{V_f}{V_f + V_o} \tag{5.7}$$

不同大小的小分子在同一模型中的自由体积是不一样的，主要取决于小分子的性质和小分子尺寸的大小。利用Connolly表面，以此来计算体系内的自由体积，其示意图如图5.16所示。

采用硬球探针法，其中探针半径采用水分子的范德华半径1.60 Å，其硬球探针的原理如图5.17所示。

图5.18给出了含水量为1%时在含有纳米粒子和不含有纳米粒子的两组模型中，Connolly表面示意图，黑色区域为自由体积，灰色区域为占有体积。表5.3给出

了不同含水量时,含有纳米 SiO_2 粒子的模型和不含有纳米 SiO_2 粒子的模型中自由体积分数。

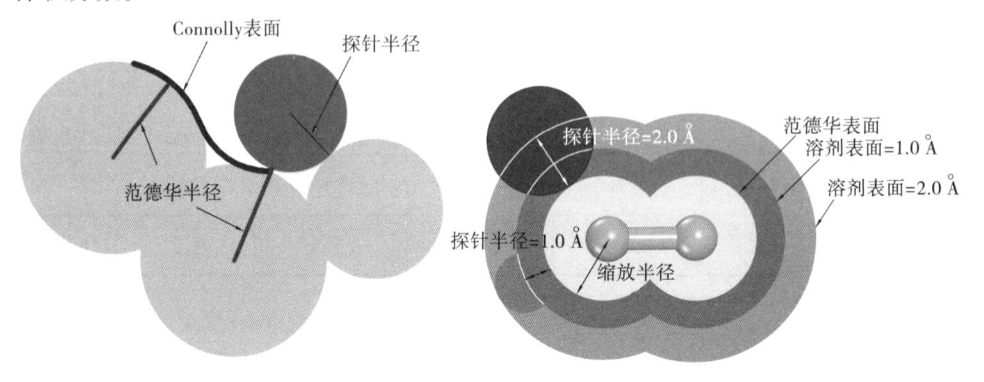

图 5.16　Connolly 表面示意图　　　　图 5.17　硬球探针原理示意图

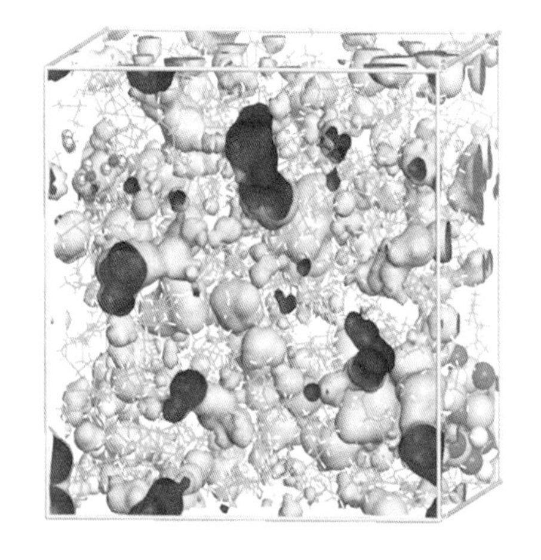

(a)改性模型的
Connolly surface 统计结果

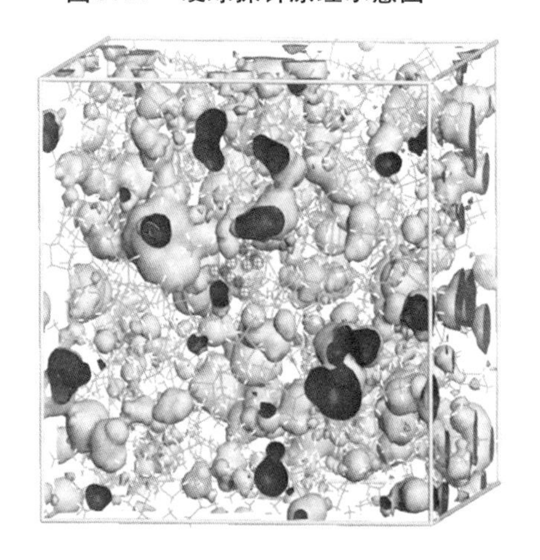

(b)未改性模型的
Connolly surface 统计结果

图 5.18　自由体积示意图

表 5.3　不同油模型中的自由体积

水分	含 SiO_2 纳米粒子			无 SiO_2 纳米粒子		
	1%	2%	3%	1%	2%	3%
V_o/Å	35 308	35 840	34 914	34 327	34 719	33 692
V_f/Å	3 485	3 550	5 902	3 640	4 107	5 808
FFV	0.089	0.090	0.145	0.096	0.103	0.147

由表 5.3 可知,含纳米粒子的油水模型中,其自由体积分数要小于无纳米粒子

的油水模型,并且可以发现,随着水分含量的增多,模型中的自由体积分数也随之增加。根据自由体积理论,自由体积分数越大,水分子受到的束缚程度越小。由分析结果可知,在含有纳米 SiO_2 粒子的模型中可供水分子的扩散空间更小,从而束缚了水分子在油介质的运动。然而,由于油中水分含量的增加,纳米颗粒与水的结合作用减弱,自由体积分数增加,介质为水分子提供了更大的扩散空间,从而增加了水的扩散。通过对比可以发现,当油中水分含量达到3%时,加入含纳米 SiO_2 粒子的模型和无纳米 SiO_2 粒子的模型的自由体积分数的差别最小。这表明,随着水分的增加,纳米粒子对模型自由体积的影响也在降低。

(2)油介质与水分子间的相互作用能

水分子与油介质之间的相互作用能,也是影响水分子扩散行为的重要因素。模型中两种物质之间的相互作用能 E 可以由下式所得,即

$$E = E_{\text{total}} - E_{\text{A}} - E_{\text{B}} \tag{5.8}$$

在含有3种物质的模型中,其中两种物质的相互作用能 E 可由下式所得

$$E = (E_{\text{total}} - E_{\text{A}} - E_{\text{B}} - E_{\text{A+C}} - E_{\text{B+C}} + E_{\text{C}} + E_{\text{A+B}}) \div 2 \tag{5.9}$$

式中,E_{total} 表示模型的总势能,E_{A} 表示油介质的势能,E_{B} 表示水分子的势能,$E_{\text{A+C}}$ 表示油介质和纳米粒子的总势能,$E_{\text{B+C}}$ 表示水分子和纳米粒子的总势能,E_{C} 表示纳米粒子的势能,$E_{\text{A+B}}$ 表示水分子和油介质的总势能。表5.4给出了6种不同模型中,水分子和油介质之间的相互作用能。

表5.4 水分子与油介质的相互作用能

类型	含纳米 SiO_2 粒子			无纳米 SiO_2 粒子		
	1%	2%	3%	1%	2%	3%
相互作用能/(kcal·mol^{-1})	-16.86	-30.50	-32.98	-15.80	-29.89	-30.62
范德华作用能/(kcal·mol^{-1})	-15.59	-28.24	-20.75	-14.91	-27.32	-18.75
静电作用能/(kcal·mol^{-1})	0.59	-0.38	-8.09	-0.578	-1.037	-10.22

相互作用能为正值说明物质间呈相互排斥作用;相互作用能为负值则说明物质间呈相互结合作用。由表5.4的数据可以看出,在含有纳米粒子的油中,其相互作用能的绝对值比不含有纳米粒子的绝缘油模型大,表明含有纳米粒子的油介质对水分子的束缚更大,纳米粒子对水分子的吸附作用如图5.19所示。

从相互作用能的组成来看,水分子是极性物质,而油分子是非极性物质,由于两者极性不同,所以两种物质间的静电作用并不明显,因此对水分与油的相互作用

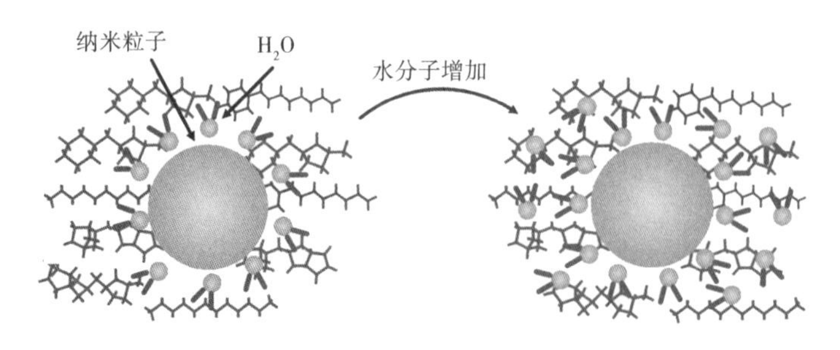

图 5.19　纳米粒子对水分子吸附作用示意图

的贡献也不明显，故相互作用能的组成主要来自范德华作用。在含有纳米粒子的模型中，静电作用能显示出正的相互作用，表明了纳米油和水分子两物质极性的极端不同；而不含有纳米粒子的油中，静电作用却为负值，说明油分子的极性已经发生了改变，这个现象进一步说明了纳米粒子对水分子有吸附的作用，使水分子不能完全进入油中。随着水分的增加，发现油和水分子间的相互作用能却在增加，说明油对水的束缚在增大。这与传统的自由体积理论是相互矛盾的。探究相互作用能组成的变化，结果表明，随着水分的增加，导致油介质的极性也在增加，库仑作用逐渐增强，而范德华作用在相互作用能中占的比例减小，逐渐极性化的油分子对本身为极性物质的水分子产生了更多的影响。并且研究表明，含有纳米粒子的绝缘油中的油介质和水分子之间的静电作用能小于不含有纳米粒子的绝缘油。这是由于在模型中，虽然水分在增加，但是纳米 SiO_2 粒子对水分的吸附能力仍然存在，其对油中的部分水分子仍然起到了吸附的作用，因此进入油中的水分子更少，对油介质极性的影响更小，所以含有纳米粒子的绝缘油中的油介质和水分子之间静电作用能更小。随着水分含量的增加，水分子和油分子间的相互作用能示意图如图 5.20 所示。

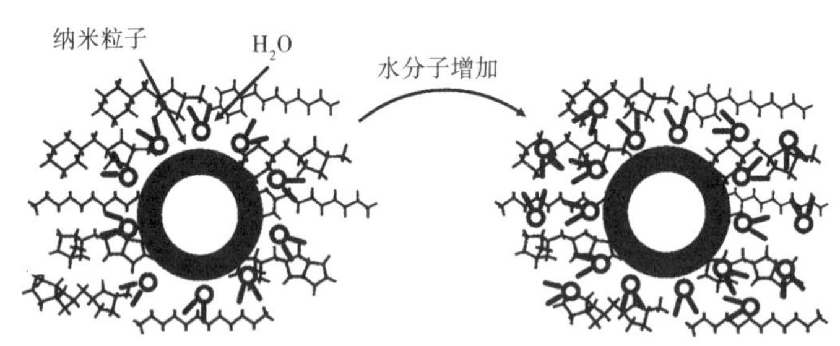

图 5.20　分子间相互作用能示意图

(3) 水分子的均方位移

均方位移(*MSD*)是研究绝缘油中水分子扩散行为的重要参数，扩散系数越高，扩散粒子的扩散能力越大，约束越小。扩散系数(D)可以从其在时间段内的 *MSD* 斜率和爱因斯坦的关系式中获得

$$D = \frac{1}{6N}\lim_{t \to \infty}\frac{\mathrm{d}}{\mathrm{d}t}\sum_{i=1}^{N}\left[r_i(t) - r_i(0)\right]^2 \tag{5.10}$$

式中，$r_i(t)$ 和 $r_i(0)$ 分表代表了 t 时刻和零时刻，第 i 个原子的位置向量；N 为模型中水分子的数量。

每个模型中所有水分子的均方位移如图 5.21 所示，为了验证爱因斯坦关系，对 0 ~ 300 ps 的全部数据进行了线性拟合，在初始阶段，*MSD* 比较剧烈，但是从拟合优度来看，初始的不规则，并不影响对扩散系数的计算，聚合物的链运动可以由均方位移来表征，图 5.21 给出了 6 组模型的均方位移及其拟合曲线图。

当时间足够大时，扩散系数 D 可以由均方位移斜率得出，即

$$D = \frac{D_{MSD}}{6} \tag{5.11}$$

式中，D_{MSD} 为均方位移曲线的拟合斜率，表 5.5 给出了由均方位移拟合得到的水分子的扩散系数。值得注意的是，在不含有纳米粒子的模型中，当水分子含量为 1% 时，扩散系数为 0.14，要比实验值的 0.11 偏大，这一结果可能是力场选择的不同，以及在拟合时产生的误差所导致的。

表 5.5　水分子的扩散系数（$Å^2$/s）

类型	含纳米 SiO_2 粒子			无纳米 SiO_2 粒子		
含水量	1%	2%	3%	1%	2%	3%
D	0.11	0.12	0.14	0.14	0.15	0.17

通过对比分析可以发现在含有纳米 SiO_2 粒子的模型中，其扩散系数小于不含有纳米粒子的模型，说明水分子在含有纳米粒子的绝缘油中的扩散能力更弱，从而

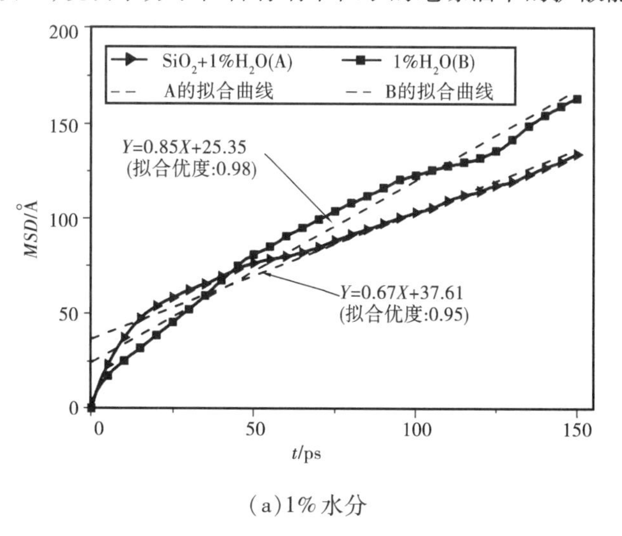

(a) 1% 水分

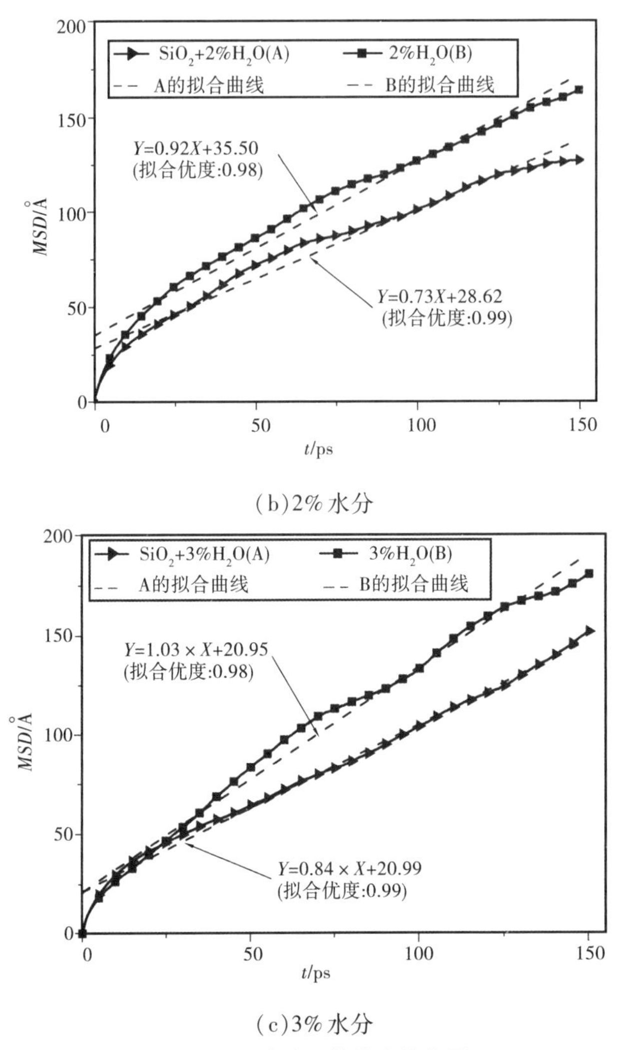

(b)2%水分

(c)3%水分

图 5.21　水分子的均方位移图

证明纳米粒子的加入能有效束缚水分子在油中的扩散，随着油中含水量的增加，水分子的扩散系数也随之增加，说明随着水分的增加，水分子在油中的扩散能力逐渐增加，纳米粒子对水分子的束缚能力逐渐减弱。根据经典的自由体积理论，解释了小分子在无定形聚合物中的扩散现象。根据对 6 组模型的自由体积研究，仿真结果表示，在不含有纳米粒子的模型中，其自由体积分数更大，且自由体积分数随着水分含量的增加而增大。正是由于体系内自由体积的增加，为水分子提供了更多的活动空间，所以水分子的扩散系数也随之增大，扩散能力得到提高，这与经典的自由体积理论是相符合的，也为纳米粒子束缚油中水分子的扩散提供了依据。

利用分子模拟技术对纳米改性绝缘油中水分子的扩散行为进行研究，通过对不同含水量模型的自由体积、扩散系数和相互作用能的研究，得到如下结论：

①通过结果发现,含有纳米 SiO_2 粒子的模型中的自由体积分数更小,说明在含有纳米 SiO_2 粒子的模型中,水分子可以扩散的空间更小。并且通过分析水分子在模型中的扩散系数,发现水分子在含有纳米粒子的绝缘油中,其扩散系数更小,说明水分子在含有纳米 SiO_2 粒子的绝缘油中的扩散能力更弱。

②通过分析水分子和油介质的相互作用能发现,在含有纳米 SiO_2 粒子的模型中,两者的相互作用能更大,表明随着纳米 SiO_2 粒子的加入,增大了油介质对水分子的束缚。

③本节的研究结果证明,加入纳米 SiO_2 粒子,可以有效增加绝缘油对水分子的束缚,减小水分子在绝缘油的扩散,为纳米 SiO_2 粒子改性绝缘油提供了理论依据。而研究结果也表明,一定含量的纳米粒子,只能束缚油中部分含量的水分子,随着水分的增加,纳米粒子对油中水分子束缚将会减弱,水分子在油中的扩散将会加剧。

5.3.3　温度场的影响

目前普遍使用的绝缘油具有较为优异的绝缘特性,但是散热能力相对较差,由相关研究可知,温度与水分子有协同作用,会降低绝缘油的绝缘性能。尽管已有学者研究了温度对绝缘系统中水分分布的影响,但作用机理仍不清楚。因此,在不同的温度条件下,对含纳米 SiO_2 粒子和无纳米 SiO_2 粒子的模型中,水分子的扩散行为进行研究。

以矿物油为基础构建油模型,利用 Theodrou 提出的无定形高聚物的方法,构建了一组油水混合模型,记为 AW-1,其包含上千个油分子,以及 25 个水分子。建立另外一组模型,在原本油水混合模型中添加纳米 SiO_2 粒子,记为 AW-2,纳米结构中的未饱和键由氢原子补充,半径为 5 Å,质量分数为 1%,模型尺寸为 $(64\times64\times64)$ Å^3。

(1) 水分子的扩散行为

两组模型中的均方位移如图 5.22 所示。从两组模型的均方位移图可以看出,温度对水分子的扩散有着极大的影响。在低温时,水分子的运动是非常缓慢的,而随着温度的增加,使得水分子在两组模型中的运动加剧。在 AW-1 模型中,温度为 303 K 时,水分子的均方位移大小在 0 ~ 150 Å 的范围内变动,而在 AW-2 模型中,在相同温度下,水分子的均方位移大小在 0 ~ 100 Å 的范围内变动,可见在低温条件下,纳米 SiO_2 粒子对水分子的扩散行为有着良好的束缚作用;而当温度为 323 ~ 363 K 时,在 AW-1 模型中,水分子的均方位移大小在 0 ~ 250 Å 的范围内变化,在 AW-2 模型中,水分子的均方位移大小在 0 ~ 200 Å 范围内变化。在 323 ~ 363 K 的温度变化条件下,AW-2 模型中的水分子的均方位移的变化要小于 AW-1 模型,这说明了纳米粒子能有效的抑制温度对水分子扩散能力的影响,从而加强了绝缘油的热稳定性。当温度上升到383 K时,两组模型中水分子的均方位移都出现了明显的跳变,纳米粒子对水分子扩散行为的抑制作用在明显减弱,但是AW-2模型中水分子的均方位移仍然小于AW-1模型。表5.6给出了拟合均方位移拟合得到的水分子在不同温度下的扩散系数。

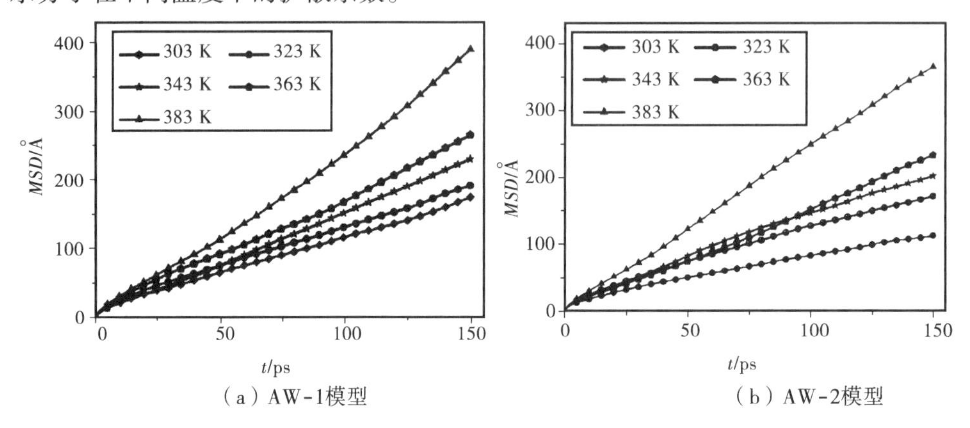

图5.22 两组模型中水分子的均方位移

表5.6 水分子的扩散系数(Å²/s)

类型	AW-1					AW-2				
温度/K	303 K	323	343	363	383	303	323	343	363	383
D	0.18	0.2	0.25	0.28	0.42	0.11	0.18	0.21	0.23	0.40

自由体积是影响模型中小分子运移能力变化的重要因素之一,因此,为了进一步研究水分子扩散行为的机理,对模型中的自由体积分数进行了分析。由表5.7可以看出,在AW-2模型中,其自由体积要小于AW-1模型。并且,温度的增加,使得AW-1模型中自由体积分数的增长大约在9.4%,但AW-2模型中自由体积分数的增长只有5.3%。根据经典自由体积理论,模型中的"空穴"提供了水分子所需的扩散空间。升高温度会逐渐增加模型中的自由体积分数,为水分子的活动提供更多空间,并逐渐增强水分子的扩散能力。但是纳米SiO_2粒子的加入,减小了模型中自由体积分数的增长率,减弱了温度变化对模型水分子扩散行为的影响,使AW-2的热稳定性更好。

(2)径向分布函数

径向分布函数(RDF)定义了在距离另一个标记粒子r处找到一个粒子的概率。RDF函数表示为$g(r)$,表示分子在特定系统中的分布,反映了原子在空间径向分布的统计平均。在RDF曲线中,峰顶位置可以表达原子间最可能的几何距离。径向分布函数既可以用来研究物质的有序性,也可以用来描述电子的相关性,还可以揭示非键原子间相互作用方式的本质。

表5.7 不同温度下两组模型中的自由体积分数(Å³)

温度/K	AW-1	AW-2
303	0.071 56	0.068 28
323	0.074 15	0.068 30
343	0.075 83	0.069 36
363	0.077 46	0.070 43
383	0.078 77	0.072 54

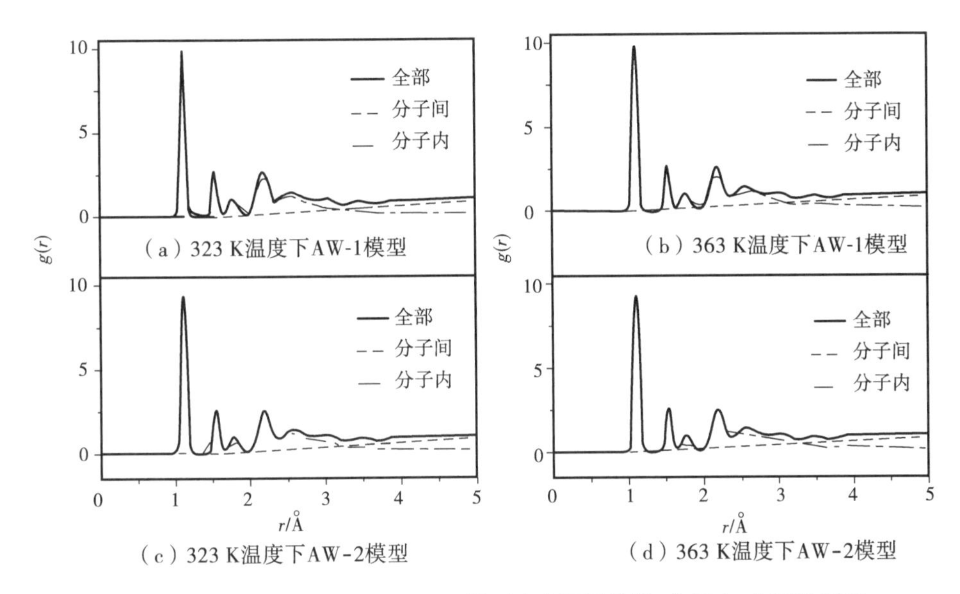

图5.23 323 K和363 K温度下两组模型中全原子总的、分子内、分子间RDF

为了探究模型中成键的组成类型，对其所有原子进行了径向分布函数分析。图5.23给出了在323 K和363 K温度下，两组模型中的全原子的径向分布函数，以及分子间和分子内的RDF。

由图5.24可知，分子间的相互作用大约在2 Å出现，由于$g_{total}(r) = g_{inter}(r) + g_{intra}(r)$，所以在1.7 Å之前，$g_{total}(r)$和$g_{inter}(r)$是相等的。随着分离距离的增加，分子间相互作用变得越来越重要，同时分子间相互作用也在逐渐增大，分子内的相互作用则逐渐趋于零。这3种模型的RDF曲线都是相似的，由于排除了体积效应，在短范围内的值为零，并且在超过4.5 Å的距离处接近平滑，这证明了系统中缺乏长范围的次序。一般来说，3.5 Å以内的RDF曲线的峰值主要是原子间的氢键和化学键相互作用，而3.5 Å以上的峰值则对应于范德华和静电相互作用。

图5.24给出5种温度下两组模型中全原子的RDF曲线示意图。由图可知,距离在0.9~1.1 Å附近的峰值是由氢和其他原子之间的直接化学键造成的,距离在1.4~1.5 Å附近的峰值可能是C—O键造成的,距离在2~2.5 Å附近的峰值可能

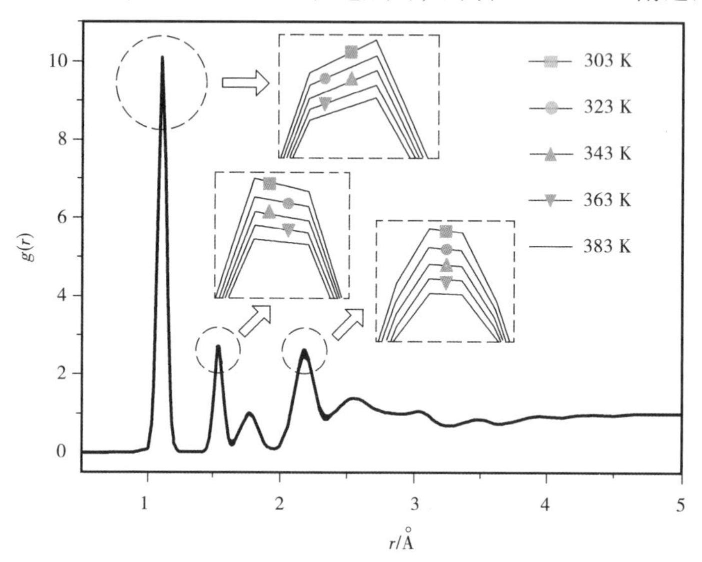

(a)AW-1模型

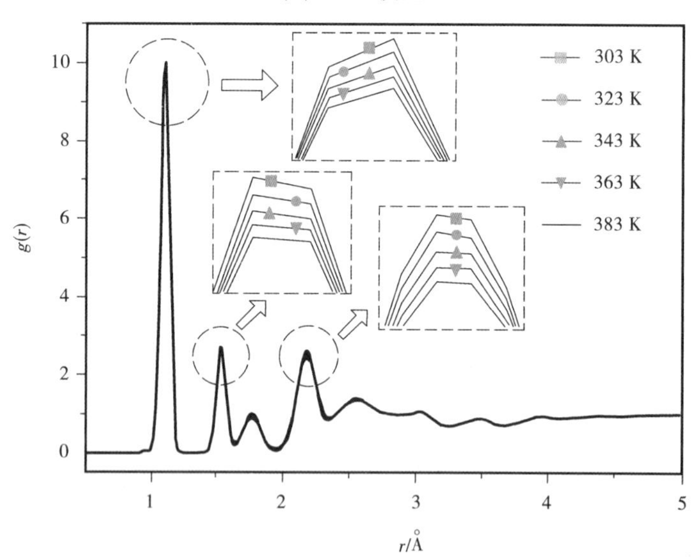

(b)AW-2模型

图5.24　不同温度下两组模型中全原子的RDF

是C—H键造成的,RDF曲线上较远的小峰代表了3个以上的键。峰值越高,说明相互作用力越强。可知随着温度的增加,其峰值都在逐渐降低,证明模型中无论是

原子间的直接化学键作用力还是氢键作用力都会随着温度的升高而逐渐减弱。

在每组模型中含有多种原子，每一种原子在 RDF 曲线中有着不一样的角色，为了进一步探究每种原子之间成键的特点，以及不同含量的纳米粒子对模型的影响，对不同原子进行了标记，并对其径向分布函数进行了分析。

首先对每组模型中的 C—H，O—H 键进行 RDF 计算，计算距离为 10 Å，在 5 Å 以后，由于曲线趋于平缓，所以对 5 Å 之前的数据进行分析。在两组模型中，C—H 分子间的 RDF 曲线并没有明显的波峰，这说明绝缘油中的 C 原子并未与水分子中的 H 原子以及纳米 SiO_2 粒子上的 H 原子成键。对两组模型中，O—H 分子间的 RDF 曲线进行了分析，结果如图 5.25 所示。在 1.75 Å 时又一个明显的波峰，这说明模型中的 O 原子与 H 原子形成了氢键。而 AW-2 模型中的峰值明显要高于 AW-1 模型，因为在 AW-1 模型中，水分子上的 O 原子，只能与油分子中的 H 原子

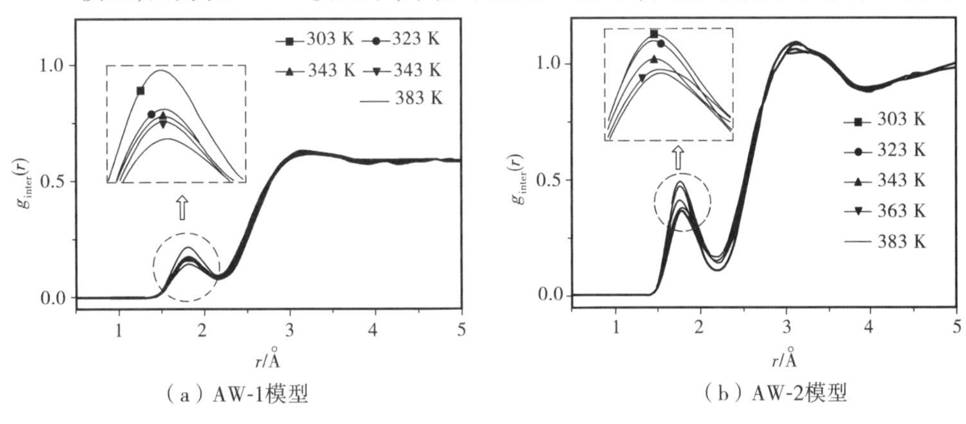

图 5.25　不同温度下 O 原子与 H 原子的分子间 RDF

形成氢键，由于氢键的饱和性 H 原子与电负性强的原子形成氢键后，其他电负性强的粒子难以接近 H 原子。加入 SiO_2 粒子后，模型中 O 原子与 H 原子的数量增加，因此其 RDF 曲线的峰值更高，并且原子间的非键作用也增加。

此外，研究了 C—H 和 O—H 的分子内相关性，利用 RDF 图可以研究极性原子间的分子内氢键。如图 5.26 所示，两组模型的 C—H 的分子内 RDF 中出现了两个主要的和一些次要的峰，第一个峰值约为 1.1 Å，它是由 C 原子和 H 原子之间的直接共价键引起的，而随着温度的升高，C 原子和 H 原子之间的共价键也在逐渐减小。第二个波峰出现在 2 ~ 2.3 Å，这是 C—H—H 氢键引起的，同样的，其峰值也随着温度的升高而逐渐下降。这可能是因为水分子运动的剧烈程度随温度的升高而增强，其有序性减弱，导致氢键形成的数目减弱。

由于无机物分子很少存在分子内氢键，所以大多数时候没有考虑的必要。而在 AW-1 模型中，只有水分子中含有 O 原子，所以不存在 O 原子和 H 原子之间的分子内氢键，在整个分子距离内，O 原子与 H 原子之间的分子内关系只有直接的共

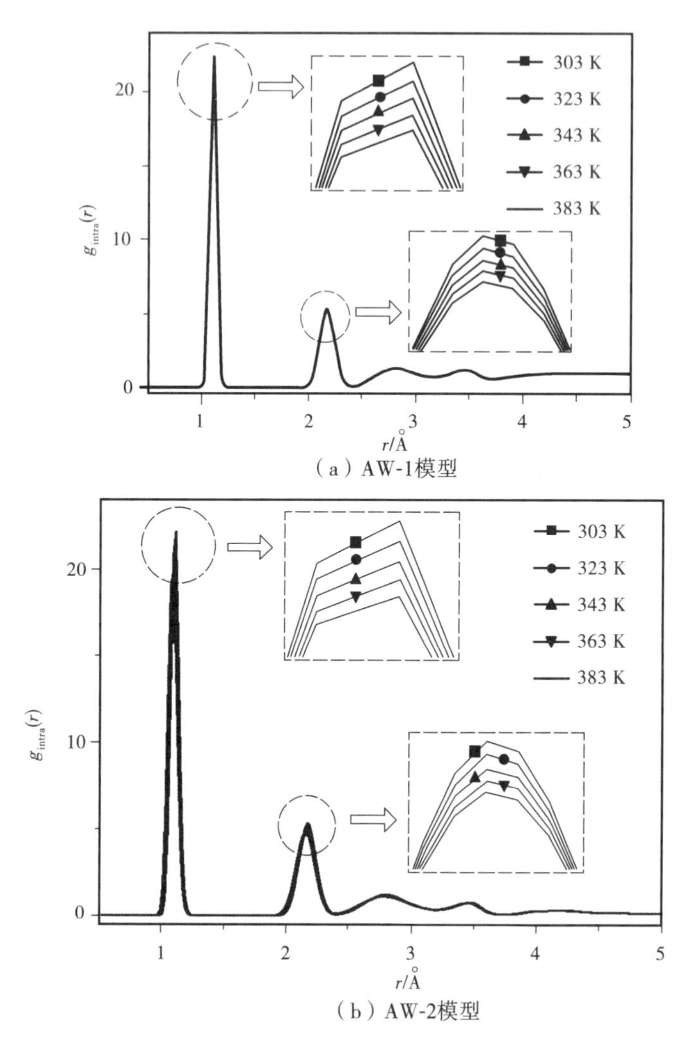

（a）AW-1模型

（b）AW-2模型

图 5.26　不同温度下 C 原子与 H 原子的分子内 RDF

价键。为了研究纳米 SiO_2 粒子对模型的影响，在 AW-2 模型中，对 O—H 的分子内 RDF 进行了分析，如图 5.27 所示。在 AW-2 模型中，有两个峰值，第一个峰值约为 1 Å，这是 O 原子与 H 原子之间形成的共价键引起的，第二个峰值为 2.5 ~ 2.7 Å，这是纳米 SiO_2 粒子上 O 原子与 H 原子之间形成的分子内氢键引起的，而且其峰值受温度的变化较小，说明纳米 SiO_2 粒子结构具有稳定性。

（3）不同模型的相互作用能

相互作用能为正值表示物质之间相互排斥；负值则表示物质彼此结合。可以看出，水分子和油分子相互结合，同时，当相互作用能的绝对值越高，两者之间的束缚作用也越强。图 5.28 给出了两组模型中不同温度下，油分子与水分子间的相互作用能。由表可知，在 303 K 温度下，两种分子间的相互作用能是最大的，而随着

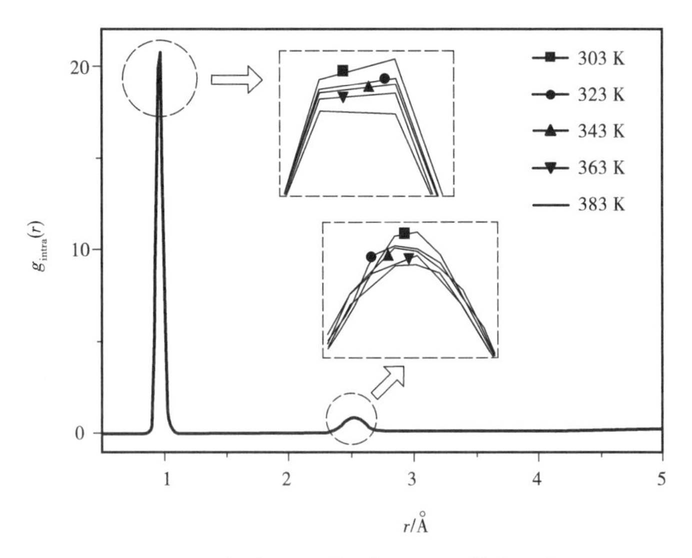

图 5.27　不同温度下 O 原子与 H 原子的分子内 RDF

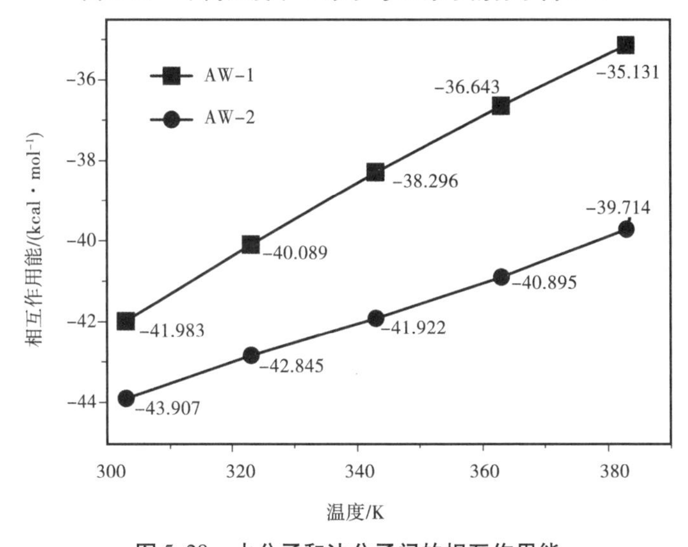

图 5.28　水分子和油分子间的相互作用能

温度的增加,相互作用能逐渐减小,证明两者之间的结合作用逐渐减弱。并且对两组模型相互作用能变化可知,温度的增加使得 AW-1 模型的相互作用能下降了 16.3% ,而 AW-2 模型的相互作用能只下降了 9.5% ,可见纳米 SiO_2 粒子可以有效提高绝缘油的热稳定性。

通过对 RDF 的分析可知,随着温度的增加,模型中原子之间的共价键逐渐断裂,氢键的数目在逐渐下降,这也是油分子和水分子之间相互作用能逐渐降低的原因之一。通过对水分子的扩散系数的分析可以看出,随着温度的增加,会导致模型中水分子的运动加剧,也正是因为油分子与水分子之间的相互作用能逐渐减小,油分子对水分子束缚能力逐渐减弱,加上模型中自由体积分数的逐渐增大,导致水分子在绝缘油中的扩散能力增强,增加了水分子与油中其他杂质结合的可能性,使其在电场的作用下,定向排列成杂质"小桥",导致绝缘油将更加容易被击穿。而 SiO_2 纳米粒子可抑制水分子在绝缘油中的扩散,降低温度对水分子迁移能力的影响,由于其粒径小、比表面积大,因此具有多种特殊作用。即使在电场的影响下,也不容易为纳米粒子形成"小桥",因此纳米 SiO_2 粒子可以有效地提高绝缘油的击穿电压并提高绝缘体的热稳定性。

综上所述,纳米 SiO_2 粒子可以有效减缓温度对绝缘油中水分子扩散行为的影响。通过对比不同温度下两组模型的参数可知,温度的升高会导致模型中水分子的扩散能力增强,这是因为模型中的自由体积为水分子运动提供了更多的空间,其中,AW-1 模型的体积分数增长了 9.4%,而 AW-2 模型中自由体积分数的增长只有 5.3%;而各原子间的化学键和氢键作用也会随着温度的升高而减弱,导致水分子和油分子的相互作用能减小,使得油分子对水分子的束缚减弱,同样的,AW-1 模型的相互作用能下降了 16.3%,而 AW-2 模型的相互作用能只下降了 9.5%。由此可见,温度对 AW-2 模型的影响更小,证明纳米 SiO_2 粒子的添加可以提升绝缘油的热稳定性。

5.3.4 电场和温度协同作用的影响

水分子在绝缘油中的扩散,除了受温度的影响,也会受电力设备中电场的影响。其中电场作为一个重要的外界因素,对于油纸绝缘系统的老化起着重要作用。在实际运行过程中,水分受电场的影响而发生迁移会带来许多危害。例如,局部放电起始电压降低,油纸界面带点增加,使绝缘系统遭到破坏。因此了解电场下,水分子的迁移对电气设备的在线监测与危险评估都有着重要意义。

目前油纸中水分扩散的研究大都基于宏观实验,无法揭示其微观的表现行为,更无法研究电场对水分扩散的影响,少部分利用分子模拟技术研究电场下水分的扩散行为也只是针对纯油纸系统,未考虑电场纳米绝缘油中水分子扩散行为的影响。而且温度和电场会协同作用,影响绝缘油的电气性能。因此,通过分子动力学方法研究在电场和同温度的协同作用下,纳米油中水分子的扩散行为,为纳米改性绝缘油提供更多的理论依据。

首先,构建油、水和纳米 SiO_2 粒子共混模型;纳米 SiO_2 粒子为团簇模型,模型中未饱和的键由 H 原子补足,含量为 1%,纳米半径为 5 Å;水分子含量为 1%,模型尺寸为 $(64\times64\times64)$ $Å^3$。

(1)水分子的均方位移

首先,在 343 K 的温度下,分别对模型施加来自 X、Y、Z 轴正方向上的电场,并分别对其三轴的均方位移进行分析,结果如图 5.29 所示。通过均方位移图可以看出,当分别施加这 3 个方向的电场时,其 X、Y、Z 方向上水分子的运动规律是相似

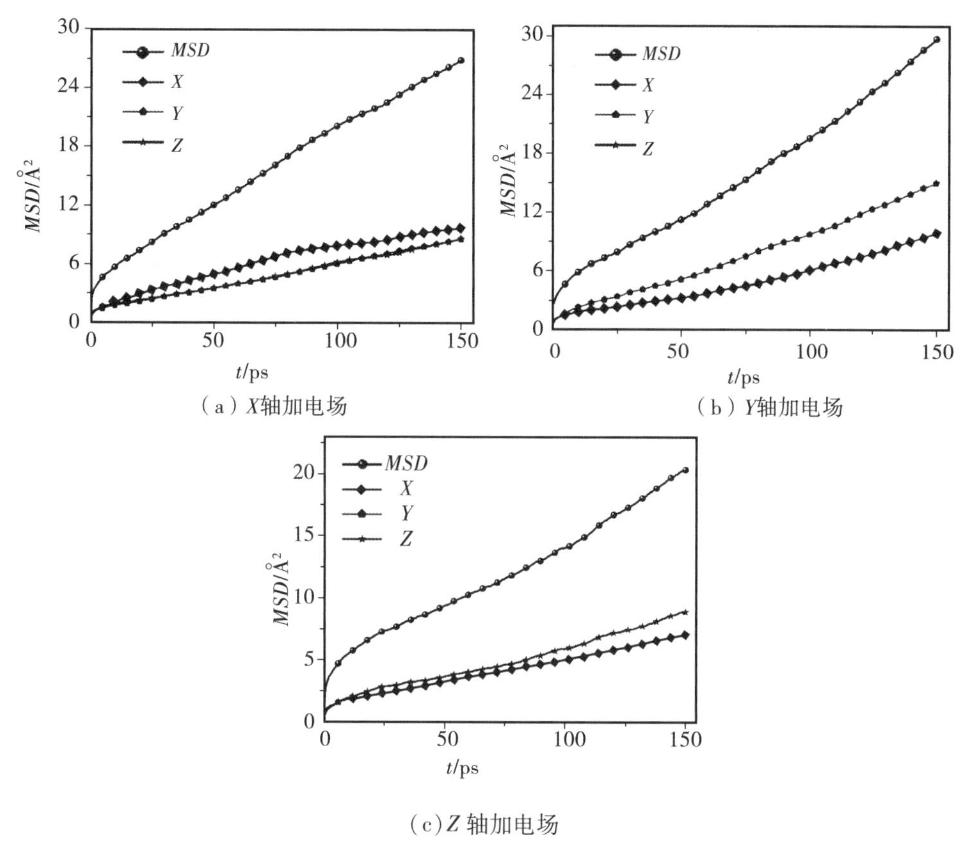

(a) X轴加电场　　(b) Y轴加电场

(c) Z 轴加电场

图 5.29　343 K 温度下水分子均方位移图

的,因此,后文将以 Y 方向为代表。与图 5.22 进行比较可知,在外加电场的作用下,水分子的均方位移远小于无电场作用下水分子的均方位移,这是因为当场强达到 10^{10} V/m 时,分子可以在极短的时间内完成极化,使水分子从原本的无序排列变为有序排列,因此外界电场对水分子的束缚作用更加强烈,而水分子原本的布朗运动也因此减弱,由此可见,电场极大的减弱了水分子的扩散作用。

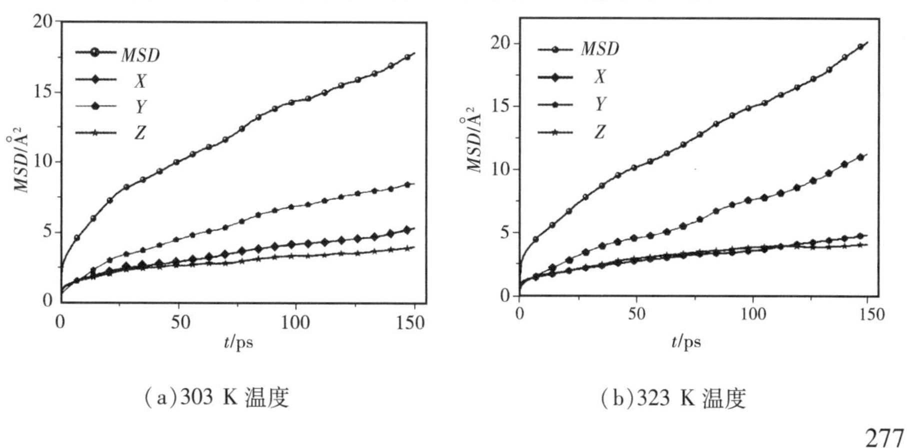

(a) 303 K 温度　　(b) 323 K 温度

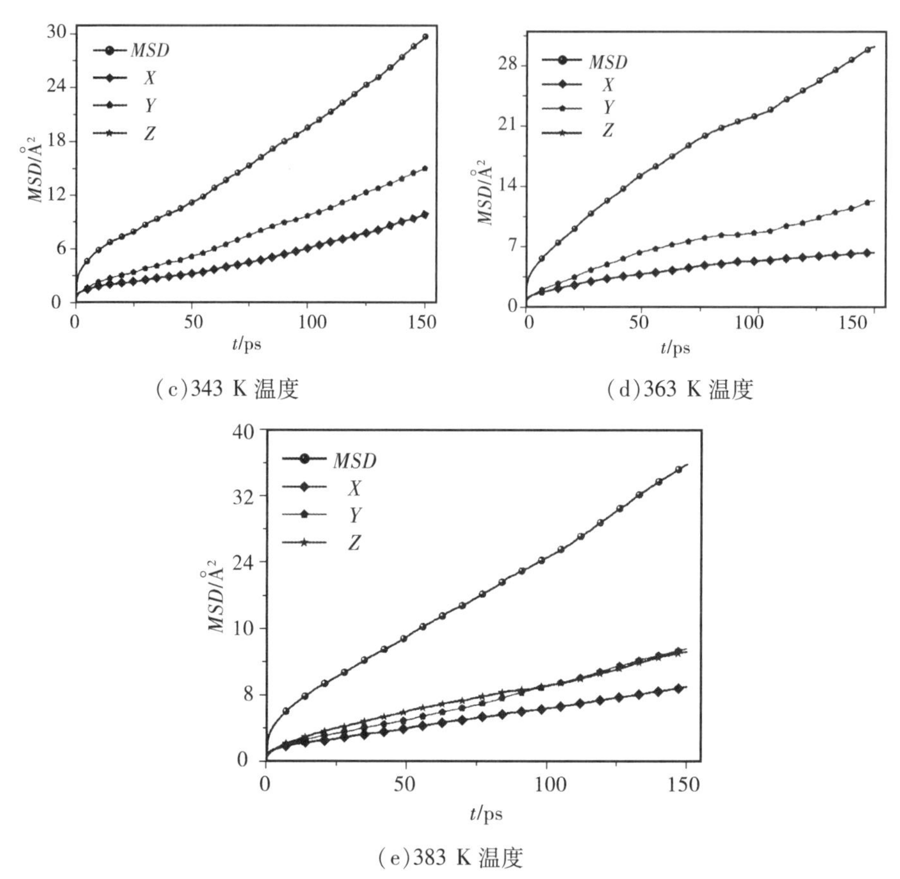

(c)343 K 温度

(d)363 K 温度

(e)383 K 温度

图 5.30　电场作用下水分子的均方位移图

在 303 ~383 K 的温度条件下,对 Y 方向上施加电场,其中水分子的均方位移图如图 5.30 所示。在 303 K 温度下,水分子呈各向异性扩散,Y 轴方向水分子的扩散系数明显要大于 X 轴和 Y 轴,这可能是强电场对水分子的强烈库仑推动作用力造成的。而随着温度的增加,由表 5.8 可以看出,不仅水分子总的均方位移在增加, X 轴和 Z 轴与 Y 轴之间的差距也越来越小,尤其当温度达到 383 K 时,虽然在

表 5.8　水分子的扩散系数(Å²/s)

温度/K	303	323	343	363	383
D_{MSD}	0.015	0.017	0.028	0.029	0.034
D_X	0.004	0.004	0.009	0.005	0.010
D_Y	0.009	0.010	0.015	0.010	0.013
D_Z	0.003	0.003	0.009	0.005	0.012

电场的作用下，X、Y、Z 轴之间已经没有明显差距，但是其均方位移的数值还是远远小于无电场作用下水分子在纳米油中的均方位移，这说明相较于温度，电场对水分子扩散行为的影响更大。

(2)自由体积

模型中的自由体积也影响了水分子的扩散运动。图 5.31 表示在 343 K 温度下，模型中的自由体积，其中 a 为加电场时模型中的自由体积，b 为未加电场时模型中的自由体积，蓝色和灰色部分分别表示自由体积和占有体积。通过对比可知，加入电场后，模型自由体积的大小与位置都发现明显的变化。在无电场的情况下，模型中的自由体积多数是连续的大横截面出现，并且随着温度的增加，自由体积逐渐增大。而在加入电场后，模型中蓝色的区域明显减少，并且多数为小的不连续的区域。

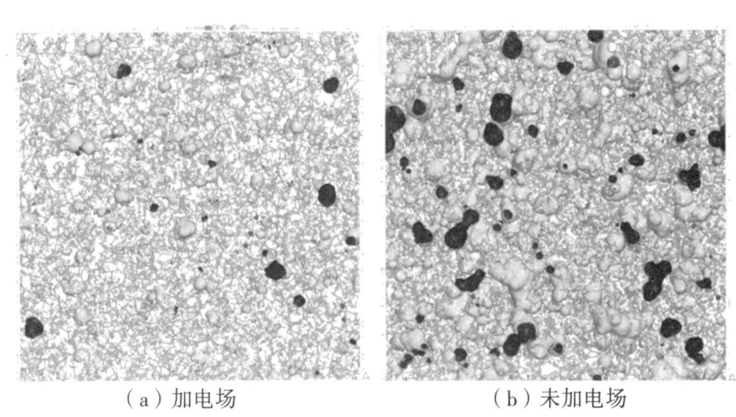

(a) 加电场　　(b) 未加电场

图 5.31　自由体积示意图

表 5.9 给出了电场作用下，不同温度下模型中的自由体积分数，与表 5.3 相比，模型中的自由体积明显减小，即使随着温度的增加，模型中自由体积分数有所增加，但还是远远小于无电场作用下自由体积分数的大小，这表明电场对自由体积的影响要比温度对自由体积的影响更大起，主要作用。究其原因，则是当对模型施加电场时，分子会受到强电场的作用，在某个区域沿着电场方向有序排列，水分子的运动被极大的束缚，模型的自由体积减小。

表 5.9　电场作用下模型中的自由体积

温度/K	303	323	343	363	383
占有体积/Å^3	159 509.7	159 466.14	159 329.22	159 404.48	159 504.48
自由体积/Å^3	1 558.98	1 602.58	1 639.5	1 664.24	1 696.24
FFV	0.009 7	0.009 9	0.010 1	0.010 3	0.010 5

(3)相互作用能

表 5.10 电场作用下水分子和油分子间的相互作用能 单位:kcal/mol

温度/K	303	323	343	363	383
总能量	-48.57	-47.89	-44.33	-42.95	-41.675
范德华力	-42.56	-40.484	-37.862 5	-37.21	-35.759
静电力	-4.86	-5.263	-5.316 5	-4.588	-4.765 5

表 5.11 无电场作用下水分子和油分子间的相互作用能 单位:kcal/mol

温度/K	303	323	343	363	383
总能量	-43.907	-42.845	-41.922	-40.895	-39.714
范德华力	-41.66	-40.685	-39.12	-38.05	-36.94
静电力	-1.79	-1.79	-1.81	-1.742	-1.73

模型中水分子和油分子间的能量变化是探究电场对绝缘油影响的重要因素,因此,对模型中水和油之间的相互作用能进行计算,并对其能量的组成结构进行分析,其中两者之间的相互作用主要为范德华力和静电力。

表 5.10 给出了不同温度下水分子和油分子间在加电场后两者的相互作用能,表 5.11 给出了不加电场时两者的相互作用能。因为油分子属于非极性物质,而水分子属于极性物质,因此两者之间主要是范德华力起作用。在未加电场的情况下,两者之间的相互作用能是小于加了电场之后的,究其原因,主要是电场引起了两者之间静电力的质变,从表中可以看出,加了电场后,水分子和油分子间的静电作用是未加电场时的数倍,由此可见,电场对两者间的静电力的影响是极大的,不仅改变了水分子和油分子之间的相互作用,影响了水分子在油中的扩散。

(4)径向分布函数

分子间的作用力分为范德华作用力和氢键作用力,图 5.32 以 303 K 和 383 K 温度条件为例,给出了两种温度条件下,有无电场时 O 原子和 H 原子分子间的径向分布函数。由图可知,在 1.7 Å 左右,出现了一个明显的峰值,这是分子间氢键的作用范围,但是在有电场作用的条件下,其峰值明显低于无电场作用的峰值,这说明电场减弱了分子间的氢键作用,其中包括水分子之间和水分子与油分子之间的氢键作用。其原因可能是因电场的添加,会使得水分子沿着电场方向有序的排列,从而挣脱原有的氢键束缚。

图 5.33 对比了有电场条件下,在 303 K 和 383 K 温度下,径向分布函数的变化。温度升高会导致模型中分子的运动加剧,其有序性减少,导致图中径向分布函数峰值降低,但是和无电场时峰值的变化可知,电场作用下峰值随温度的变化更

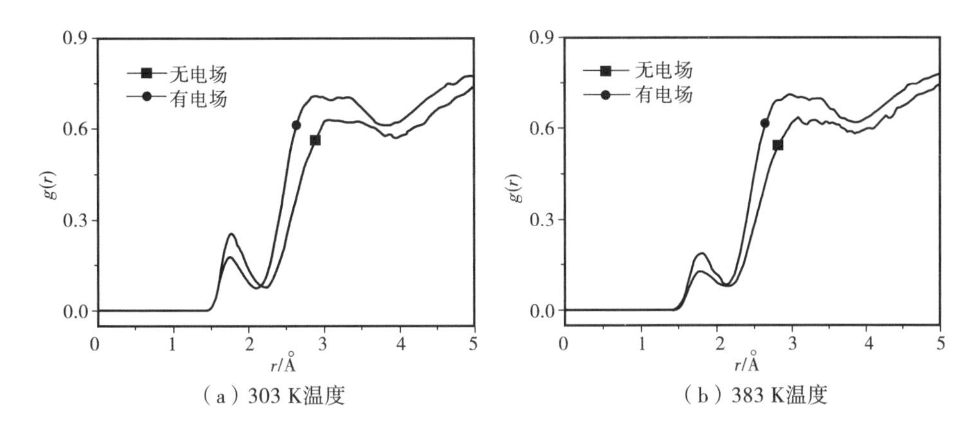

图5.32　303 K和383 K温度下有无电场O原子与H原子分子间的RDF

小,这说明相较于温度,电场对模型中O原子和H原子之间的氢键影响更大。

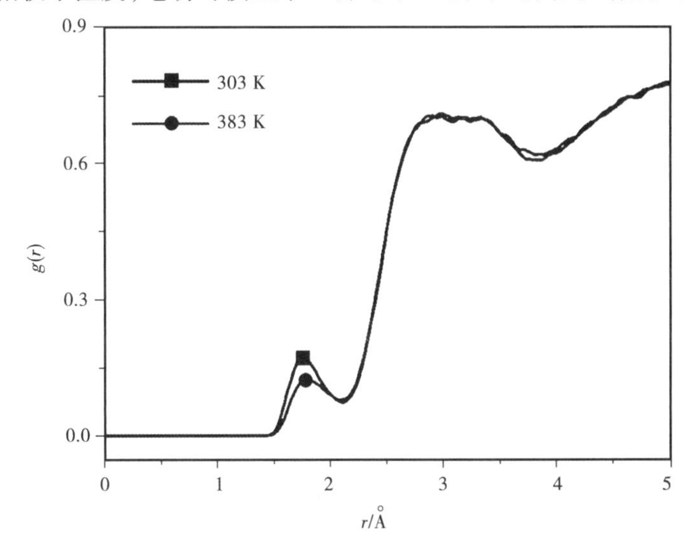

图5.33　电场下不同温度下O原子与H原子分子间的RDF

综上所述,利用分子模拟技术在外加电场的条件下,研究了不同温度条件下,含有纳米SiO_2粒子绝缘油中水分子的扩散行为,从均方位移、相互作用能、径向分布函数等参数与无电场条件下,对含有纳米SiO_2粒子绝缘油中水分子的扩散行为进行了比较,得出如下结论:

电场会极大地束缚水分子在模型中的扩散。在电场的作用下,水分子从原本的无序排列变为有序排列,其原本的布朗运动减弱,且电场会使模型中的自由体积分数急剧减少,水分子的均分位移减小,导致扩散能力减弱。

电场下,静电力的增加是导致水分子和油分子间相互作用能增加的主要原因。电场会增加水分子和油分子之间的相互作用能,而且电场下两者间的静电力是无电场情况下的数倍,范德华力无明显差别,但是由径向分布函数可知,电场会减弱模型中分子间的氢键力,因此使电场作用下的静电力增加,是相互作用能的主要原因。

与温度相比,电场是影响水分子在绝缘油中扩散行为的主要因素。电场的加入极大地降低了水分子的均方位移,自由体积等,增加了水分子和油分子之间的静电力,而温度升高,仅能小幅度的影响水分子的均方位移,因此说明电场对水分子的扩散行为的影响要大于温度。

5.4　表面修饰后的纳米粒子改性矿物绝缘油

纳米材料通常都是无机纳米材料,不溶于有机液体介质。纳米粒子的粒度一般在 1~100 nm(纳米粒子又称超细微粒)。属于胶体粒子大小的范畴。因此,纳米颗粒可以稳定的分散在绝缘油基液中并形成胶体。纳米粒子的添加会影响绝缘油的电气性能和物理性能。通过对纳米颗粒进行表面改性,使用超声分散仪可以增加纳米粒子在绝缘油中的分散度,减少纳米粒子之间的团聚作用。常见的表面改性手段有物理改性和化学改性。

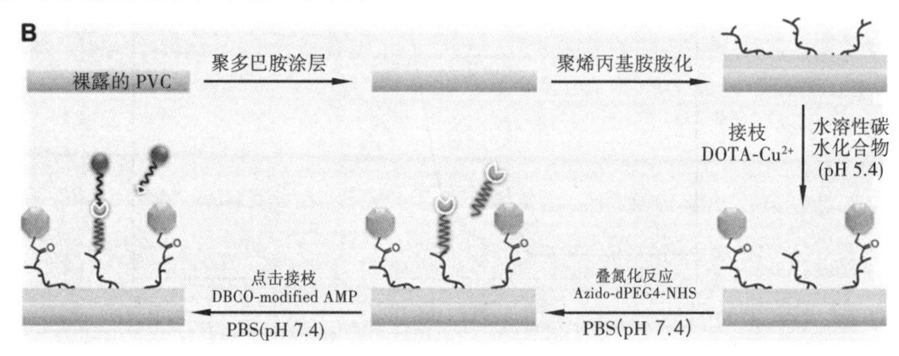

图 5.34　采用点击化学进行表面改性

物理改性指用于表面改性的物质与无机纳米颗粒之间通过物理作用结合,常见的改性手段有涂敷、包覆等。如采用两种生物活性剂分子柠檬酸和维生素 C 与纳米 SiO_2 表面发生物理吸附,从而改善其在基体的分散效果。化学改性指表面改性剂与纳米颗粒发生化学反应,通过化学作用键合在一起,常见的改性手段有硅烷偶联剂法、接枝法等。改性剂的一端可以与 SiO_2 的极性基团发生水解反应,从而将有机基团接到纳米颗粒表面,增加其在有机介质中的分散性。Han 等采用点击化学制备功能表面,将 1,4,7,10-四氮杂环十二烷-1,4,7,10-四乙酸(DOTA)螯合铜离子形成 Cu-DOTA,并采用多肽对 Cu-DOTA 进行表面修饰,如图 5.34 所示,增加了功能性复合材料的生物活性。

5.4.1　APTES 表面改性纳米 SiO_2 绝缘油的制备

采用的基础油样为克拉玛依25号变压器油。为避免水分和杂质的影响，对矿物油进行了过滤处理，处理后的绝缘油满足 GB 2536—2011 的要求。纳米添加剂采用了外购纳米 SiO_2，粒径为(15 ± 5) nm，比表面积大于150，纯度不小于99.9%。表面改性剂采用3-氨丙基三乙氧基硅烷（APTES，分析纯），其分子式为 $NH_2(CH_2)_3Si(OC_2H_5)_3$。APTES 对纳米 SiO_2 表面改性机理为改性剂上的水解基团首先进行水解反应，其次与纳米 SiO_2 表面的硅羟基反应得到硅氧单键，使得目标有机基团被连接到 SiO_2 表面，减少了纳米 SiO_2 表面的亲水性羟基，增加了其在绝缘油中的分散性。

采用"两步法"制备纳米 SiO_2 绝缘油，即先制备好纳米 SiO_2，后将纳米 SiO_2 分散到绝缘油介质中。实验中采用的纳米粒子为外购纳米 SiO_2，省掉了制备纳米颗粒的步骤，但为了加强纳米颗粒在绝缘油中的分散稳定性，对纳米颗粒进行了表面改性。由于普通的机械和磁力搅拌难以将表面能大的纳米颗粒均匀分散，采用机械搅拌后，纳米 SiO_2 在油中仍然有肉眼可见的纳米颗粒，因此采用了超声波分散法。实验过程如下：

①取一定比例的预处理后的纳米 SiO_2 放入带有冷凝装置的三颈瓶，再称取乙醇溶液，与纳米 SiO_2 充分混合，形成纳米 SiO_2 悬浮液。一边搅拌一边加入表面改性剂 APTES 溶液，控制反应温度为70 ℃，在恒温水浴锅中反应一段时间，待反应液冷却后，对混合液进行离心，使用抽滤机对下层沉淀进行过滤并干燥后获得 APTES 表面改性后的 SiO_2 纳米粉体。干燥后，得到的 APTES 表面改性后的纳米 SiO_2 外观颜色与未改性的纳米 SiO_2 相较基本没有差别，但其延展性较好略微呈现出透明状。

②采用克拉玛依25号矿物油作基液，将未改性和改性后的纳米 SiO_2 按照0.03，0.06，0.09，0.15 g/L 浓度添至基液，超声分散法将纳米 SiO_2 均匀分散，超声功率为960 W，超声时间为20 min，为避免连续超声分散造成的温度过高影响绝缘油的性能，对纳米改性绝缘油进行间歇式的超声分散。

③最后将纳米改性绝缘油与纯油在低于40 kPa、90 ℃的真空干燥箱中静置48 h，以减少油样中溶解水分和气体对其绝缘性能的影响。干燥后的样品水分含量均不大于10 mg/L，水分含量较少，对电气测试结果影响较少。

按照上述步骤得到纳米 SiO_2 改性绝缘油样品（简写为 NA-O）和经过 APTES 表面改性的绝缘油样品（简写为 AP-O）。

为了表征纳米 SiO_2 在表面改性前后表面化学基团的变化，对经过表面改性的纳米 SiO_2 和未改性的纳米 SiO_2 进行傅里叶红外光谱（FT-IR）测试，测试仪器型号为美国 Nicolet 670。

测试之前需要将被测样品与溴化钾(光谱纯)按照大约1:100的质量比进行混合,并在研磨罐中按照同一个方向充分研磨。溴化钾是常用的红外光谱稀释剂可以增加样品的透光率,但溴化钾容易潮解,在有水分情况下会影响FT-IR的检测效果,因此将混合后的试样放入培养皿中,并在红外高温烘箱中干燥几分钟。将干燥的试样并倒入压片机模具中进行压片,样品制片后方能放入红外光谱仪中,压片后的样品如图5.35所示。

图5.35 压片后的纳米 SiO_2 试样片

如图5.36所示,纯纳米 SiO_2 样品在波长为3 430 cm^{-1}处有一个较宽的峰,对应纳米 SiO_2 颗粒的表面羟基伸缩振动峰。经过APTES表面改性后,此处峰值变

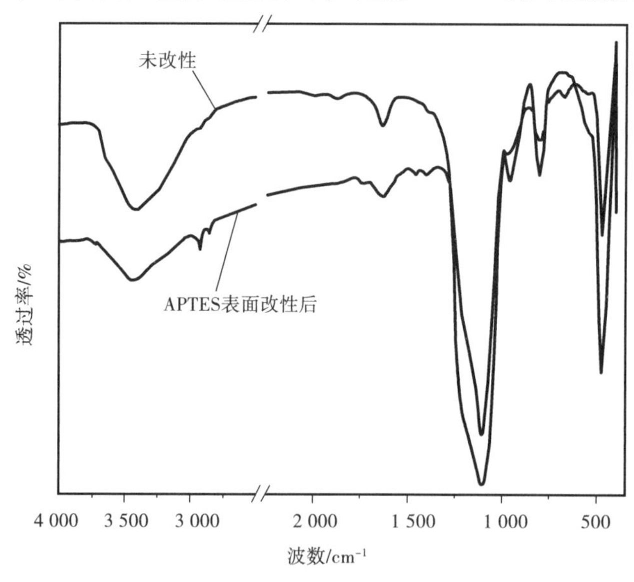

图5.36 表面改性后纳米 SiO_2 的FT-IR图

弱,表明APTES表面改性使得纳米 SiO_2 表面原本的部分羟基被替代,削弱了该处的峰值;除此之外,FT-IR图中两种纳米 SiO_2 粉体在475,1 100以及1 640 cm^{-1}都有相似的二氧化硅特征峰,分别代表了Si—O化学键弯曲振动峰、Si—O—Si反对称伸缩振动峰以及O—H的弯曲振动峰。在波长为2 930 cm^{-1}处,APTES改性后的纳米 SiO_2 粉体出现了特征峰,此处的峰值对应表面改性剂中的有机基团如甲

基、亚甲基等,说明通过采用表面改性剂 APTES 对纳米 SiO_2 表面进行改性,可以减少表面极性羟基,并引入有机基团。由相似相溶原理可知,引入的有机基团可以使无机的纳米 SiO_2 稳定的分散到有机的绝缘油介质中,减少纳米颗粒的团聚。

为表征表面改性对纳米 SiO_2 聚集体的影响,采用透射电镜(TEM)对表面改性后的纳米 SiO_2 进行检测再与未经过表面改性的纳米 SiO_2 进行对比,测试仪器的型号为 JEM 2100 F。测试前需要将粉体溶解到有机溶剂中,并在溶剂中进行 5 min 左右的超声分散,滴取适量的混合液于铜网上,烘干后放入电镜进行观察。

TEM 结果如图 5.37 所示,从 TEM 图中可以看出未经过表面改性的纳米 SiO_2 团聚成块,边缘处发黑;而经过 APTES 表面改性后的纳米 SiO_2 团聚减小,边缘处透明分散。由 TEM 图的表征可知,通过采用 APTES 对纳米 SiO_2 表面进行处理,纳米 SiO_2 表面的羟基被有机基团取代,减少了纳米 SiO_2 的团聚,使得纳米 SiO_2 更容易分散到有机介质中。

绝缘油中纳米粒子的分散稳定性可以采用分光光度法进行测试。利用分光光度计测试样品的透射比。该方法是基于比色原理对样品进行分析,根据朗伯-比尔定律有

$$A = \log_{10} 1/T = KCI \tag{5.12}$$

$$T = I/I_0 \tag{5.13}$$

式中,A 为吸光度;T 为透射比,I 为透过光强度;I_0 为入射光强度;K 为样品的吸光系数;C 为样品的浓度;L 为光透过样品的长度。由式(5.12)、式(5.13)可知,纳米颗粒的颗粒浓度和有效吸收面积越小,吸光度越小即吸收强度越小,则透射比越大。因此,可以利用分光光度计测试同一工况下样品的透射比来对纳米流体的稳定性进行分析。

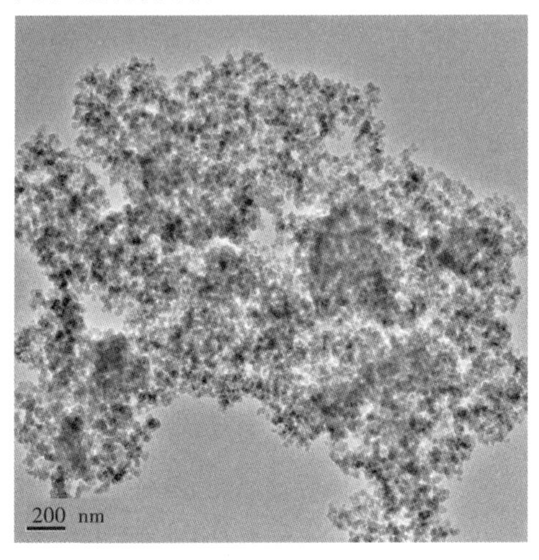

(a1) 放大至 200 nm

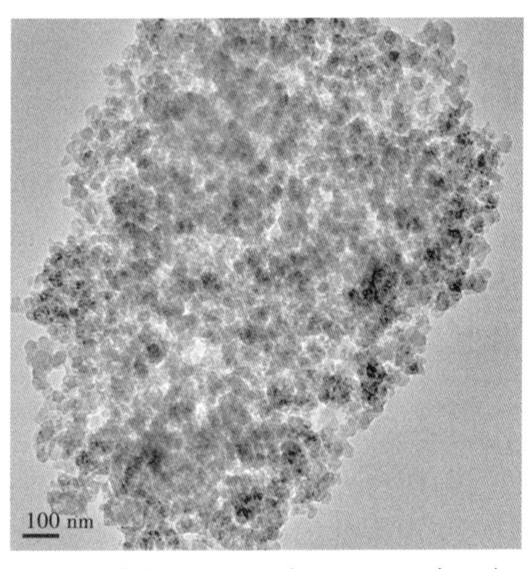

(a2)放大至 100 nm 与经 APTES 表面改性后纳米 SiO_2TEM 图

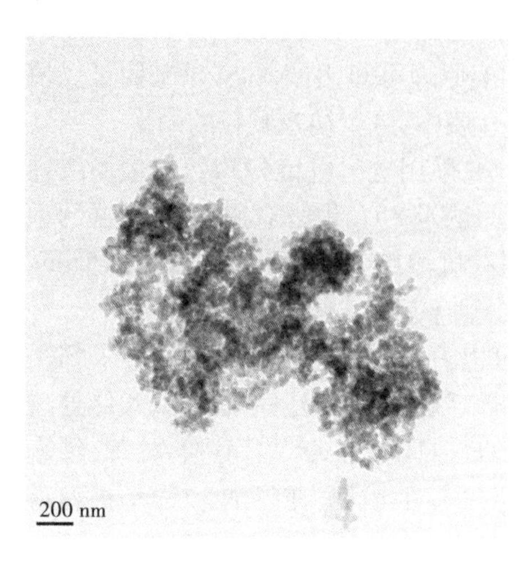

(b1)放大至200 nm

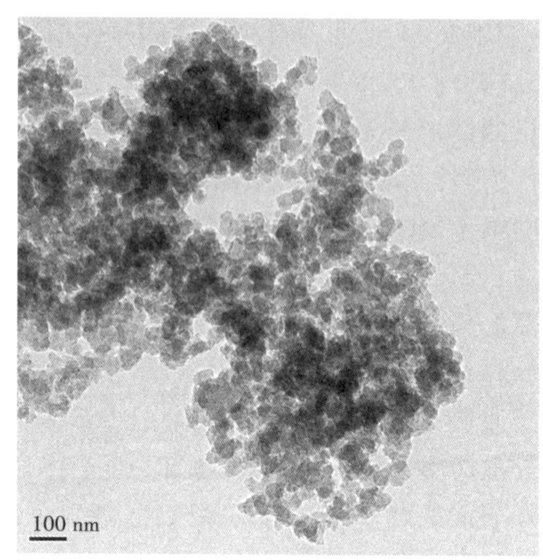

(b2)放大至100 nm

图5.37 未经表面改性纳米 SiO_2TEM 图

利用上海菁华752 N型紫外/可见光分光光度计(波长范围195 ~1 020 nm),对样品静置15 d内的透射比进行测试。测试结果如图5.38所示,3种样品的透射比在静置一天后较刚结束超声分散时有明显的变化,说明纳米颗粒在结束超声结束后分散状态存在变化。随着添加浓度的增加,透射比数值降低,说明油中的纳米 SiO_2 粒径变大。随着时间的延长,透射比最终趋于稳定,说明了两种纳米 SiO_2 改性绝缘油都具有较好的分散稳定性。相比于NA-O,AP-O在5 d后透射比达到稳定值,而NA-O在9 d后才达到稳定值,且AP-O的透射比在稳定后数值略小于NA-O,说明了AP-O具有比NA-O更好的分散稳定性。

利用APTES对纳米 SiO_2 进行表面改性,通过红外光谱分析(FT-IR)和透射电镜(TEM)观察了表面改性对纳米 SiO_2 的影响,结果表明表面改性后的纳米 SiO_2 团聚性减弱。其次利用超声分散法将表面改性后的纳米 SiO_2 分散到矿物绝缘油中,并与直接采用超声分散未经表面改性的纳米 SiO_2 改性绝缘油进行分散稳定性对比,由透射系数法表明,表面改性后的纳米 SiO_2 可以较快达到稳定的胶体状态,因此,选择表面改性结合超声分散的方法有利于纳米 SiO_2 改性矿物绝缘油的分散稳定性。

5.4.2 APTES表面修饰纳米 SiO_2 改性矿物绝缘油的电气性能

对两种纳米改性绝缘油的电气性能进行测试,分别进行了击穿电压、介质损耗因素和体积电阻率的测试实验。一方面探究表面改性对绝缘油电气性能的影响,另一方面探究不同浓度的表面改性纳米粒子对绝缘油电气性能的影响,寻找一种最佳浓度。我们知道纳米颗粒对绝缘油电气性能的提升与纳米颗粒在油中

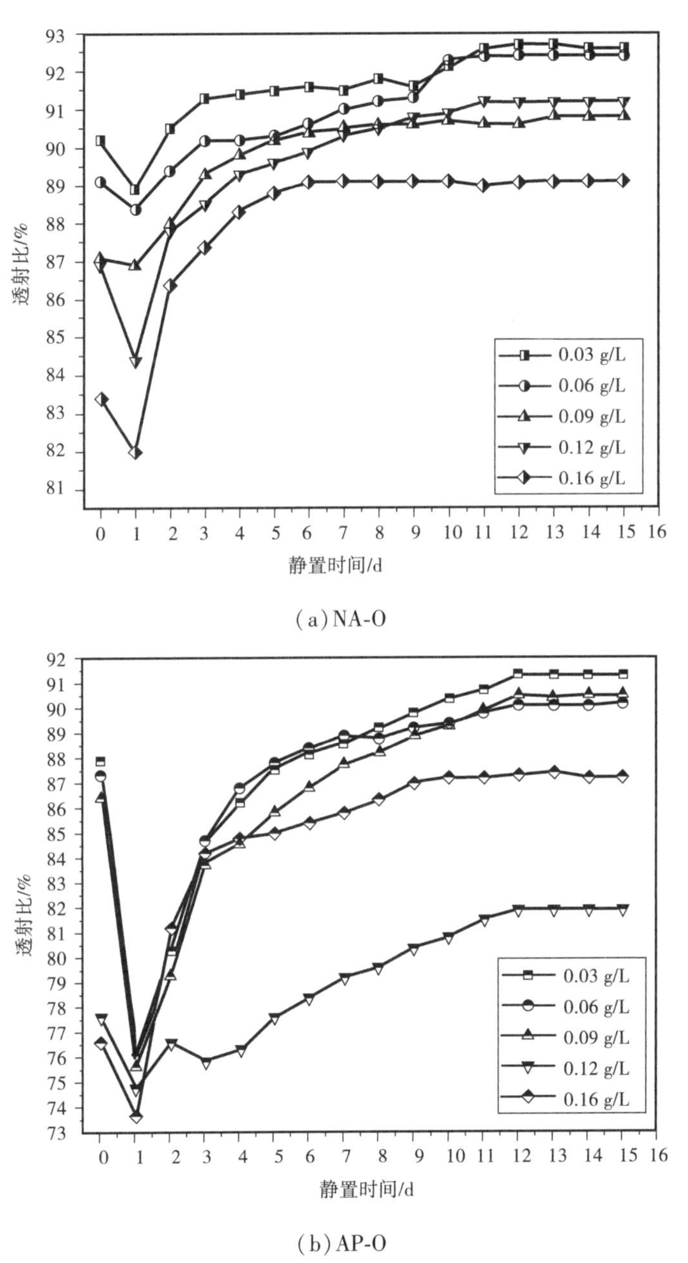

(a) NA-O

(b) AP-O

图5.38　NA-O与AP-O的透射比变化图

形成的界面有关,但是由于纳米颗粒过于微小,并且纳米颗粒与基体材料形成的界面结构十分复杂,难以从实验角度进行机理探究。因此利用基于密度泛函理论的第一性原理计算对表面改性纳米 SiO_2 与绝缘油的界面性质进行研究,并从微观角度研究了经过表面改性后的纳米颗粒与绝缘油的界面对电气性能的影响机理。

(1) **电气性能测试**

1)击穿电压

为探究纳米改性对绝缘油的电气绝缘水平的影响,测试了样品的工频击穿电压。工频击穿电压是指在工频交流电压作用下发生介质击穿的起始电压,表明了绝缘介质对抗高压的能力。按照标准 GB/T 507—2002,在实验室条件下采用 MLTC 系列交流耐压成套装置对样品 NA-O、AP-O 进行工频击穿电压测试。测试击穿电压前采用卡尔费休水分测定仪分别测试各个油样的水分含量,保证干燥后的油样水分含量均不超过 12 mg/L。使用待测液润洗油杯以及测试电极,注入制备得到的样品,每次注入约 300 mL 油样,保证油样将电极全部浸没。初始静置 10 min 后开始升压,速率为 2 kV/s,每个样品间隔 5 min 后进行下一次击穿,重复 6 次击穿取平均值作为样品的工频击穿电压。

如图 5.39 所示,测试用的油杯采用有机玻璃材质,测试电极采用半径为 12.5 mm 的黄铜材质球盖形电极,间隙为 2.5 mm。相比于平板型电极,球盖形电极产生的不均匀电场场强较高且相对集中,更符合绝缘油实际使用状况。发生击穿的瞬间,绝缘油发生放电现象,出现明显的电火花或电弧,此时电压被记为击穿电压。如图 5.39 (b)所示,油分子发生击穿后产生明显的黑色炭化痕迹,并伴有气泡产生。

(a) 击穿前

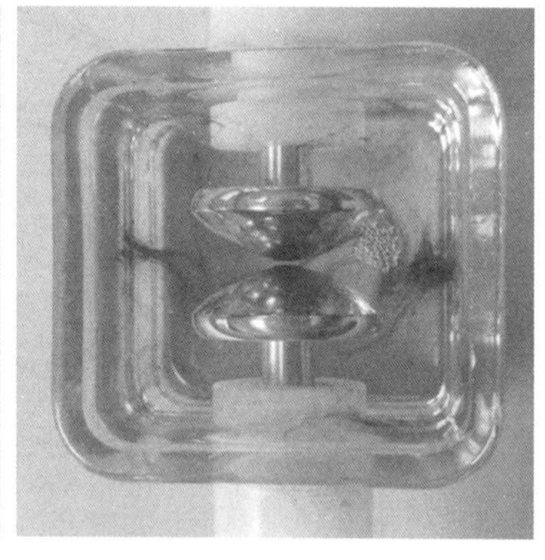

(b) 击穿后

图 5.39 绝缘油击穿前后对比图

如图 5.40 所示,未经纳米改性的纯绝缘油击穿电压为 52.2 kV,两种纳米改性绝缘油 NA-O、AP-O 的击穿电压随浓度呈现先上升后下降的趋势。AP-O 在添加浓度为 0.03 g/L 时对击穿电压提升效果最大,击穿电压值为 66.8 kV,达到28.0%;NA-O 在添加浓度为 0.06 g/L 时击穿电压为 61.8 kV,提升效果最大达到 18.4%。随着浓度的继续增加,击穿电压反而下降,NA-O 在浓度为 0.15 g/L 时的击穿电压为 51.8 kV,该击穿电压甚至低于纯油。这主要是由于纳米 SiO_2 颗粒的比表面积较大,且表面富有羟基基团,导致了当浓度较大时,颗粒之间发生团聚现象。团聚后的纳米颗粒由于体积增大,还会在油中形成“小桥效应”,不仅不能发挥其独特的表面效应,反而降低了绝缘油的击穿性能。采用 APTES 对纳米 SiO_2 表面改性时,部分表面羟基被有机基团代替,改善了纳米 SiO_2 在油中分散性能,减少了纳米 SiO_2 团聚的可能性,因此 AP-O 的击穿性能表现更优异。

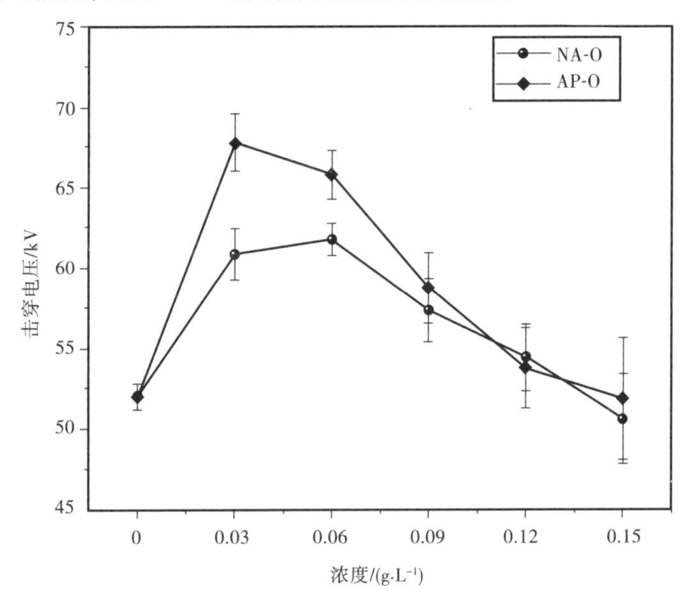

图 5.40　不同浓度下的击穿电压

总体来说,纳米 SiO_2 在添加浓度较小时有利于提升绝缘油的工频击穿电压,且经 APTES 表面改性后的纳米 SiO_2 在所选浓度范围内对击穿电压的提升效果优于未进行表面改性的纳米 SiO_2。纳米 SiO_2 由于有极大的比表面积,可以在油中形成很多的两相界面,提升油中的陷阱密度,油中自由电子在被陷阱捕获并释放的过程中降低了其迁移的速度和自身能量,从而限制了绝缘油中击穿通道的发展。经过 APTES 表面改性后的纳米 SiO_2 与绝缘油的界面相容性变好,界面处对于电子的捕获能力得到提升,因此,具有比未经过表面改性后的纳米 SiO_2 改性绝缘油更好的击穿性能。

2)介质损耗因数、体积电阻率

介质损耗因数和体积电阻率是表征绝缘油介电性能的重要参数。介质损耗因数即介质损耗角正切值($\tan\delta$),依照标准 GB/T 5654—2007 采用 DTLC 型全自动介质损耗及电阻率测试仪,测量样品在 90 ℃下介质损耗因数和体积电阻率,采用三极式结构油杯,电极距离为 2 mm。交流电压的频率为 55 Hz、幅值为 2 kV,直流电压大小为 500 V。

介质损耗的物理意义是在交变电场作用下,绝缘介质的电能与热能发生转化产生的能量损失。介质损耗因数是指衡量介质损耗程度的参数,是指介质损耗角正切值。一般情况下,绝缘油在经过长时间的使用、老化和劣化后,油中的极性分子较多,在电场下容易发生极化,因此介质损耗因数较大。未经使用的纯绝缘油由于只含有极少数的水分或极性分子,介质损耗因数较小,绝缘性能较好。如图5.41所示,两种纳米 SiO_2 改性绝缘油的介质损耗因数均比纯油大,在浓度为0.06 g/L时,NA-O的介质损耗因数与AP-O的介质损耗因数相差不大,在其他浓度下均明显大于AP-O。因此,AP-O的介质损耗因数虽然较纯油有所增大但比NA-O的介质损耗因数要小,添加浓度为0.03 g/L的AP-O介质损耗因数较其他样品更接近纯油。随着掺杂浓度的增加,介质损耗因数不断增大,这主要是由于纳米 SiO_2 本身含有一定的极性,增加了改性绝缘油的极性。若介质损耗因数过大会引起发热,降低绝缘油击穿电压导致绝缘性能下降。

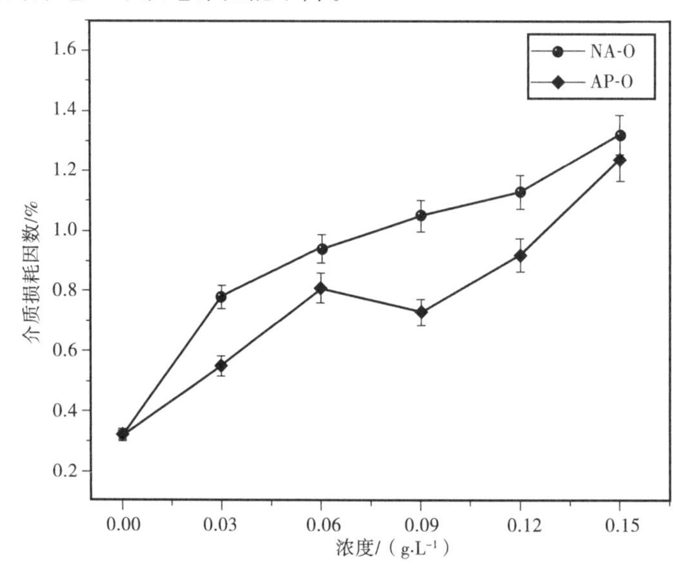

图5.41 不同浓度下介质损耗因数

体积电阻率则是表示绝缘介质在直流电场下对电流的阻抗,电阻率越大绝缘性能越好。如图5.42所示,NA-O与AP-O的体积电阻率在添加浓度较小时均大于纯油,这可能与纳米 SiO_2 本身具有一定绝缘性质有关,但当添加含量继续增大时,电阻率逐渐降低,甚至低于纯油的电阻率。这是由于纳米 SiO_2 表面羟基含有一定的极性且极性羟基容易吸附水分子,当添加含量过大时,纳米 SiO_2 的极性也增大,从而导致绝缘油电阻率下降。NA-O的体积电阻率整体上大于AP-O,由于纳米 SiO_2 为绝缘型的无机材料,采用有机物质APTES对无机的纳米粒子表面改性,使得改性后的纳米 SiO_2 的无机性质不如未经改性的纳米 SiO_2。但AP-O在添加浓度为0.03 g/L时,电阻率仍然较纯油大。因此,综合上述测得各项电气性能可知,在所选取的浓度范围内,浓度为0.03 g/L的AP-O性能相对最优,在介质损耗因数损失较小的情况下,可有效提升矿物绝缘油的工频击穿电压和体积电阻率。

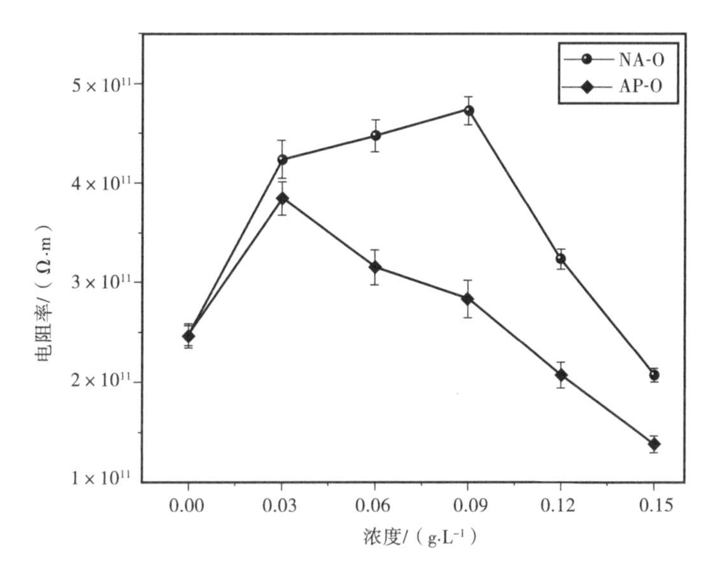

图5.42 不同浓度下的体积电阻率

(2)击穿性能微观机理分析

由上述对击穿电压的分析可知,APTES表面改性后的纳米SiO_2对绝缘油的击穿性能提升效果较好与表面改性后的纳米颗粒在绝缘油中所形成的界面有关。因此,采用密度泛函理论方法探究APTES改性后与绝缘油形成的界面。

矿物油中含有上百种碳氢化合物,烷烃和环烷烃占全部化合物的88.6%左右,还有小部分芳香烃。由于烷烃和环烷烃都是没有极性的有机物,性质相似。因此,选择代表性成分且计算量较小的二环烷烃代表矿物油分子的性质,与纳米SiO_2表面构建界面模型。由于SiO_2(001)面被认为是SiO_2晶体中可以稳定存在的一个表面,因此在SiO_2超晶胞基础上切割(001)面,表面终止原子选择一配位的O原子,并对上表面加H处理。对于采用APTES表面改性的纳米SiO_2,按照水解反应的原理,将APTES分子接枝到SiO_2表面位置相同的两个羟基位。为防止Z方向的周期性结构对界面相互作用产生影响,在模型上方添加20 Å的真空层。模型建立如图5.43所示,对APTES表面修饰后的纳米SiO_2/烷烃的界面模型分别称为AP-O。

1)相互作用能

纳米颗粒具有独特的表面效应,纳米材料的表面效应是指固体物质尺寸减小到纳米量级时,其表面原子所占整个纳米粒子原子数的比例会随着原子半径减小而急剧增加。通过纳米改性技术制备的纳米复合材料可以提升材料的各项性能。这种表面效应表现在绝缘油中即纳米粒子拥有较大的比表面积,在油中形成许多两相界面,从而影响纳米绝缘油的整体性能。纳米颗粒的粒径越小,表面效应越明显,同样也越容易团聚,界面对于纳米绝缘油的性能影响越大。纳米SiO_2分散到

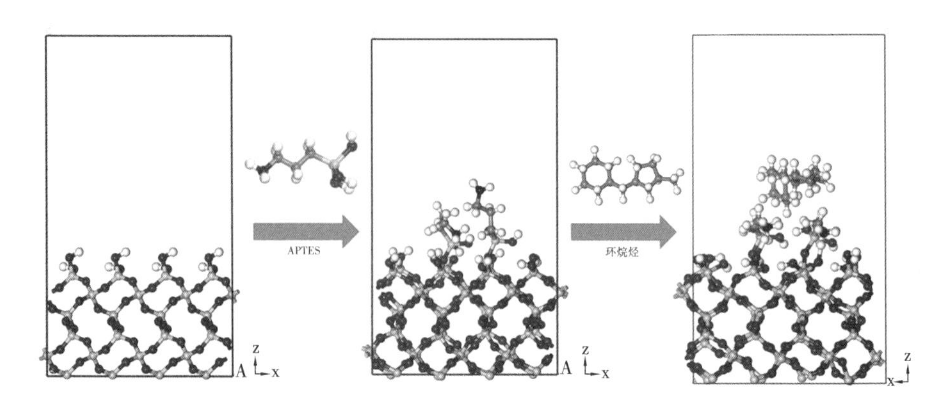

图 5.43　界面模型 AP-O 的建立

绝缘油中,由于纳米 SiO_2 是无机材料与有机物烷烃不相容,因此会形成不均一的硬/软界面。通过采用 APTES 这种有机表面改性剂可以增加无机物在有机物中的分散稳定性,从而改善硬/软界面的相容性。界面的相容性与形成界面的两种物质间的相互作用能有关,相互作用能的计算公式为

$$E_{binding} = E_{total} - (E_{surface} + E_{polymer}) \tag{5.14}$$

式中,$E_{binding}$ 为物质之间相互作用能;E_{total} 为界面模型的总能量;$E_{surface}$ 和 $E_{polymer}$ 分别表示 SiO_2 表面模型与被吸附的油分子模型的单点能。若相互作用能为负值,则表示界面相互作用的物质呈现吸引作用,负值为界面结合能,负值越大,吸引作用越明显,界面相容性越好。

表 5.12　相互作用能计算结果　　单位:kcal/mol

类型	E_{total}	$E_{surface}$	$E_{polymer}$	$E_{binding}$
NA-O	-1.358×10^7	-1.326×10^7	-3.196×10^5	-1.575×10^2
AP-O	-1.435×10^7	-1.403×10^7	$-3.19\times6\times10^5$	-9.565×10^2

由表 5.12 可知,模型 AP-O 的界面结合能大于 NA-O,说明 APTES 改性后的纳米 SiO_2 与油分子的相互作用较大,这主要是由于 APTES 修饰后纳米 SiO_2 表面部分羟基被有机基团代替,一方面减小了纳米 SiO_2 的极性,另一方面根据相似相溶原理,引入的有机基团如亚甲基、氨基等更有利于纳米 SiO_2 与有机的烷烃相互作用,改善两相界面的相容性。

为探究电场作用下 APTES 表面改性对界面相容性的影响,对模型 NA-O 和 AP-O 添加了静电场,电场方向沿 Z 轴正方向。由表 5.13 相互作用能的计算结果表明,随着电场的增加,相互作用能越趋近于 0,即界面的结合能力逐渐减弱,说明电场的添加削弱了纳米 SiO_2 与油分子的界面相容性,对界面产生破坏作用。但是

AP-O 中的界面结合能在相同强度的电场下大于 NA-O,说明了通过 APTES 表面改性后的纳米 SiO_2 与油分子的相互作用强于未经表面改性的纳米 SiO_2,可以有效减小电场对界面的破坏。

表 5.13　不同电场强度下的相互作用能　单位:kcal/mol

电场强度	NA-O	AP-O
0	-1.575×10^2	-9.565×10^2
200 kV/mm	-1.5×10^2	-9.564×10^2
400 kV/mm	-1.432×10^2	-9.563×10^2
600 kV/mm	-1.427×10^2	-9.561×10^2

2)静电势分布

除相互作用能外,静电势(electrostatic potential,ESP)也会影响界面对于纳米复合材料的电气性能。三维空间中系统某点的静电势是指单位正电荷从无穷远处移动至该点时所需做的功,由系统的原子核 ∝ 和电子密度 ρ 产生。因此,分子的静电势在本质上会引起分子之间静电力的相互作用,对于分子的长程上的相互作用以及反应活性部位的预测有重要作用。计算公式为

$$\sigma^2(q_\alpha) = \frac{1}{N}\sum_i w_i\left[V(r_i) - \sum_\alpha \frac{q_\alpha}{r_{i\alpha}}\right]^2 \tag{5.15}$$

式中,w_i是点 r 处的积分权重;$V(r_i)$是点 r 处静电势;q_α是原子 α 的拟合电荷。可以看出系统中不同位置的静电势不同。

纳米复合电介质材料的界面结构与相互作用能和静电势密切相关,而界面体现了电介质材料整体捕获电子的能力。因此,在界面处某点静电力强则会对载流子产生较强作用,从而引入更多的界面陷阱。ESP 图可以描述体系的静电势分布。如图 5.44 所示,表面改性剂 APTES 分子结构的有机基团氨基($—NH_2$)、亚甲基($—CH_2$)呈现明显的正静电势,且 N 原子的电子亲和性大于 C 原子,使得 APTES 中的$—NH_2$ 呈现较高的正静电势。因此,通过引入含$—NH_2$、$—CH_2$ 的 APTES 分子,提升了界面的正静电势,产生了更多的界面陷阱,对绝缘油系统中电子的捕获能力更强,从而更有利于击穿电压的提升。

3)Muliken 电荷布居分析

由前面的分析可知,对纳米 SiO_2 进行表面改性增大了纳米 SiO_2 与烷烃的界面结合能力,改善了界面相容性,还引入了含较高静电势的有机基团,从而影响了界面对电子的捕获能力。为进一步探究界面电子结构,计算了 Muliken 电荷分布。Muliken 电荷布居分析是采用将一个原子轨道视为两个标准化轨道来划分原子局

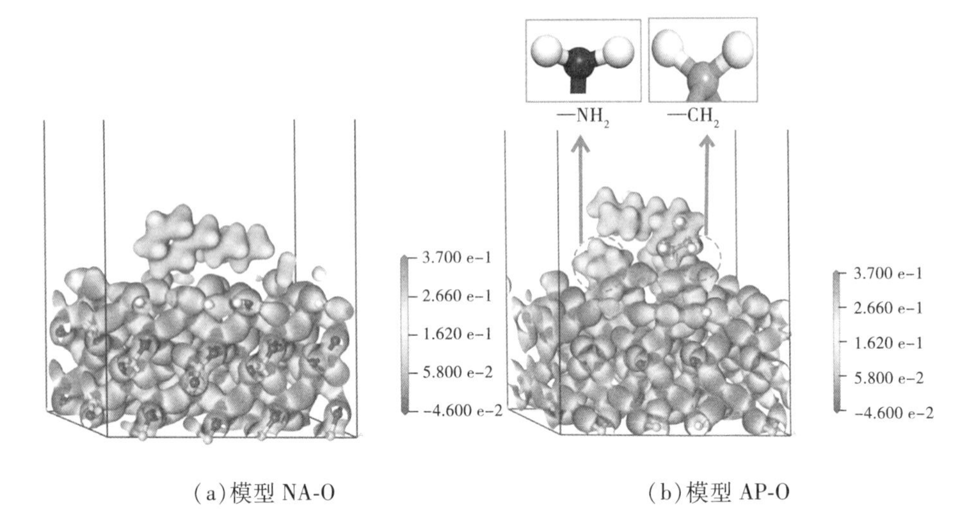

(a)模型 NA-O　　　　(b)模型 AP-O

图 5.44　静电势分布

部电荷的方法,通过电荷布居分析可以得到系统中每个原子或者基团的电荷分布。

采用 Muliken 电荷布居法对 NA-O 与 AP-O 中的各个原子进行划分,C13 是指模型中的油分子即二环烷烃,SiO_2 和 AP-SiO_2 分别代表模型 NA-O 中的纳米 SiO_2 表面和采用 APTES 修饰后的纳米 SiO_2 表面,Sys 则是系统整体电子数目即前两部分的电子数之和。相比于中性条件下,当系统引入 1 个或 2 个电子时,SiO_2 表面和 APTES 修饰的纳米 SiO_2 上(即表 5.14 中的 AP-SiO_2)集中了较多的电子,这表明纳米 SiO_2 的添加可以束缚界面系统中的大部分电子。从微观角度上来说,纳米 SiO_2 与油分子形成的界面含有较多的界面陷阱,使得电子被陷阱束缚,并有较多电子分布于纳米 SiO_2 上。因此,当系统引入电子时,Muliken 电荷布居分析的结果为 SiO_2 和 AP-SiO_2 上的电子数大于 C13。当引入相同电子数时,模型 AP-O 中 AP-SiO_2 上分布了更多的电子。

表 5.14　不同电荷条件下的 Muliken 电荷布居

模型	NA-O			AP-O		
	C13	SiO_2	Sys	C13	AP-SiO_2	Sys
中性条件	0.358	−0.365	−0.007	0.035 0	−0.032 0	0.003
1 个电子	0.248 0	0.747 0	0.995	0.242 0	0.763 0	1.005
2 个电子	0.669 0	1.329 0	1.998 0	0.446	1.555 0	2.001

从宏观角度来说,如图 5.45 所示,绝缘油的击穿与绝缘油中自由电子发展形成的油流注有关,由于纳米 SiO_2 与油分子形成的界面对自由电子有吸附作用,减弱了电子在绝缘油中的流动,一方面削弱了绝缘油中的电子能量,另一方面延缓了

击穿通道的发展速度，从而提升了绝缘油的击穿性能。而 AP-O 中纳米 SiO_2 表面经过 APTES 修饰后与油分子的相互作用能增大，且在与烷烃形成的界面中引入较强正静电势的改性基团，因此 AP-O 中形成的界面能够产生更多的界面陷阱，对系统中的电子亲和能力更强，对油中自由电子的捕获能力也越强，进一步提升了绝缘油的击穿电压，从而得到较 NA-O 更优异的电气性能。

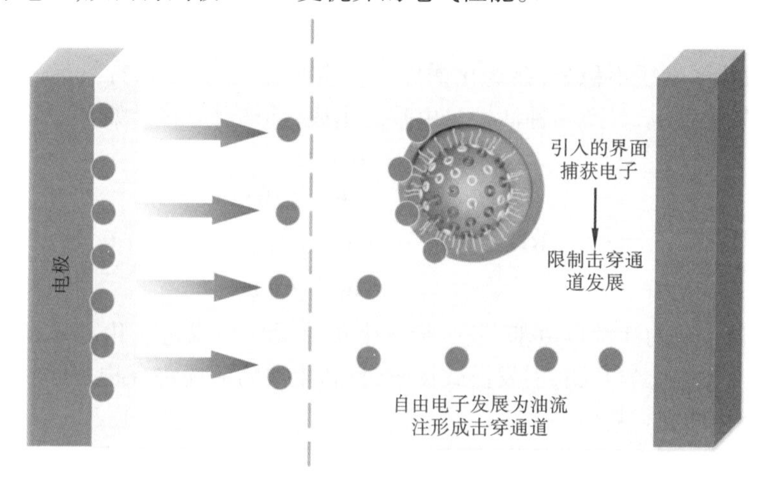

图 5.45　APTES 改性纳米 SiO_2 绝缘油击穿示意图

5.4.3　APTES 表面修饰纳米 SiO_2 改性矿物绝缘油的热稳定性

在较小浓度范围内，纳米 SiO_2 以及表面改性的纳米 SiO_2 可以显著提升矿物绝缘油的击穿电压，且介电性能方面的损失较小。目前大型的电力设备中仍然有较多的绝缘系统采用油-纸复合绝缘，其中绝缘油大部分采用传统的矿物油，绝缘纸则采用纤维素绝缘纸。油纸绝缘系统的运行环境复杂，在电、热、机械等多场作用下绝缘油-纸内部会发生一系列物理化学变化，发生如纤维素链的断裂，绝缘油的氧化等变化，尤其是变正常运行时，绝缘油的温度可达到 70 ~ 90 ℃，热点温度有时达到 120 ~ 130 ℃，这使得绝缘油-纸的绝缘性能容易在长期运行后下降甚至失效。因此，研究油-纸绝缘系统的热稳定性能对提升绝缘油-纸的抗老化性能十分重要。已有较为全面的研究表明，水分和酸是老化过程中的重要产物，水分与酸是判断绝缘油老化情况的重要指标。小分子酸中的甲酸具有较强的电离能力，电离出的 H^+ 会作为催化剂促进绝缘纸的水解降解反应，从而产生更多的水分和有机酸，纤维素绝缘纸的酸性水解是造成绝缘失效的主要原因。因此，测试了 APTES 表面改性的纳米 SiO_2 绝缘油和未经表面改性的纳米 SiO_2 绝缘油-纸系统在加速热老化之后的酸值、表面形貌、介质损耗等参数，并与空白对照组进行对比。同时，采用分子动力学方法，对老化产物中的甲酸的扩散运动进行模拟，进一步探究纳米改性对甲酸在油纸绝缘系统中的分布影响，从而解释纳米改性对绝缘油老化过程的影响机理。

(1)纳米 SiO_2 绝缘油的热老化试验

1)油中酸值

绝缘油和绝缘纸在热老化过程中会生产水分和各类酸性物质,酸值代表绝缘油中各类酸值的总量,指中和1 g样品时,所需要的氢氧化钾毫克量。可以反映油纸绝缘系统的老化程度。油-纸绝缘系统中酸类物质的产生主要是矿物绝缘的氧化反应和纤维素水解反应。矿物油中的烷烃在受到周围环境(如电场、磁场等)的作用,导致化学性质不稳定,在老化诱导期发生脱氢反应,或在有氧气的条件下与氧气发生氧化反应,导致两种活性自由基的生成,具体反应路径如下:

$$RH \longrightarrow R + H$$

$$RH + O_2 \longrightarrow \begin{cases} R\cdot + HO_2 \\ R\cdot + HO\cdot \\ RO_2\cdot + H\cdot \end{cases}$$

诱导期生成的活性自由基,进一步发生氧化反应生成过氧化物并在高温条件下分解成活泼的化学基团,引发链式反应,且新生成的活性化合物,其间生成了水、醛、酸等老化产物。具体如下:

$$R\cdot \xrightarrow{O_2} ROO\cdot \xrightarrow{RH} ROOH$$

$$\begin{cases} ROOH \xrightarrow{\text{高温}} RO\cdot + OH\cdot \\ RO\cdot + RH \longrightarrow ROOH + R\cdot \\ OH\cdot + RH \longrightarrow H_2O + R\cdot \\ ROOH \longrightarrow \text{酮} \xrightarrow{O_2} \text{醛} + \text{酸} \end{cases}$$

纤维素水解是造成绝缘纸老化的主要形式,如图5.46所示。纤维素的糖苷键容易被氢质子攻击,发生纤维素链的断裂,产生游离的葡萄糖残基。在酸性分子的催化作用下纤维素的水解反应会被加速,纤维素首先水解反应生成糖类物质,进一步水解反应生成醛类、小分子酸等物质。纤维素产生的酸类物质中有小分子酸如甲酸、乙酸等,这类酸分子的电离能力强于大分子的酸,电离出的氢离子又进一步参与到纤维素的水解反应和绝缘油的老化反应中,因此,小分子酸对绝缘油纸系统的老化进程的加速作用不容忽视。

按照标准GB/T 264—1983,采用JKCS-3型酸值滴定仪测试油中酸值,酸值分辨率为0.001 mg KOH/g。利用中和滴定的原理,当中和液中的指示剂试样变色时,自动显示绝缘油中的酸值。

酸值结果如图5.47所示,随着老化天数的增加,3种绝缘油的酸值均不断增加。老化前期酸值的增长速度较缓,后期增速加快。酸类物质的增加会加速纤维素绝缘纸的酸性水解过程,生成更多的水分和酸,降低绝缘油的电气性能。老化前期,NA-O-P与AP-O-P的酸值与O-P相差较小,且略大于O-P酸值;而老化后期O-

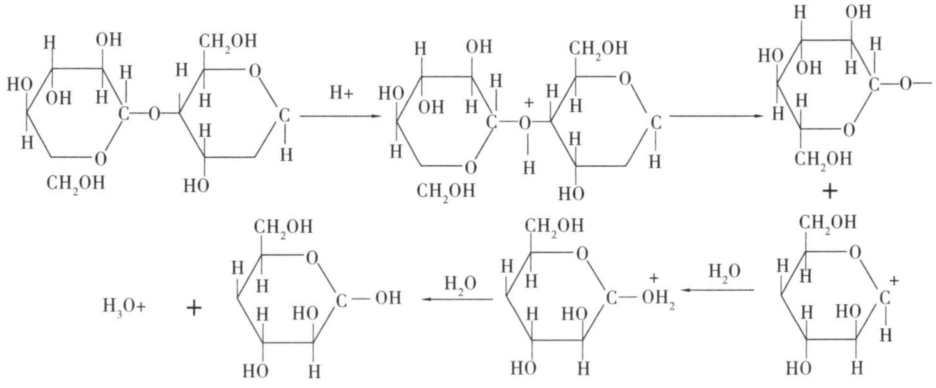

图 5.46 纤维素的酸性水解

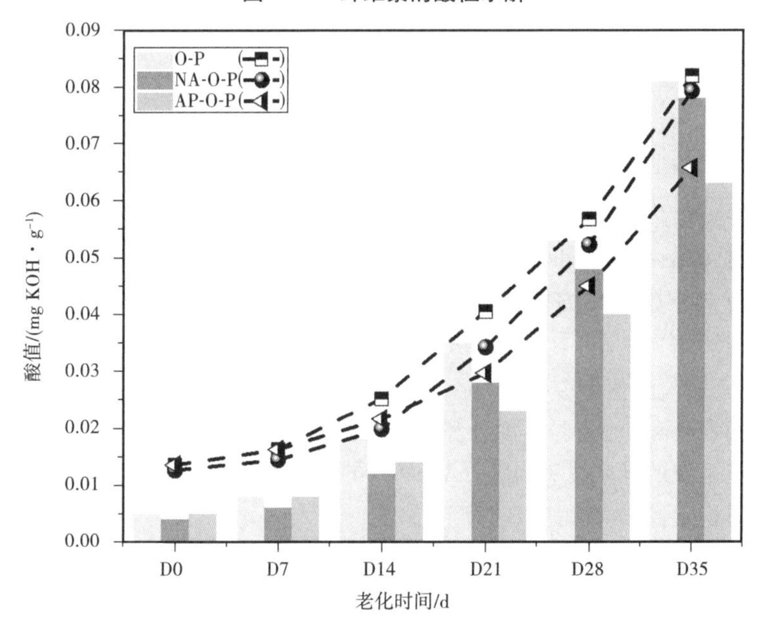

图 5.47 不同老化周期的油中酸值变化

P 的酸值明显大于 AP-O-P。说明 AP-O-P 的热稳定性最佳,产生的酸类产物较少,可以有效减缓绝缘纸的酸性水解,从而保护绝缘油纸系统的性能。由于油中的酸类物质会增加绝缘油的介质损耗,因此,对绝缘油的介质损耗进行了测试。

2)介质损耗因数

为探究老化后产生的极性物质对绝缘油的介质损耗的影响,每隔 7 d 测试一次热老化后的绝缘油介质损耗因数,结果如图 5.48 所示。随着老化天数的增加,由于油中水分和酸值不断增大,绝缘油极性增加,导致介质损耗因数不断增加。老化前期,O-P 的介质损耗因数最低,而 NA-O-P 与 AP-O-P 的介质损耗因数较大,这

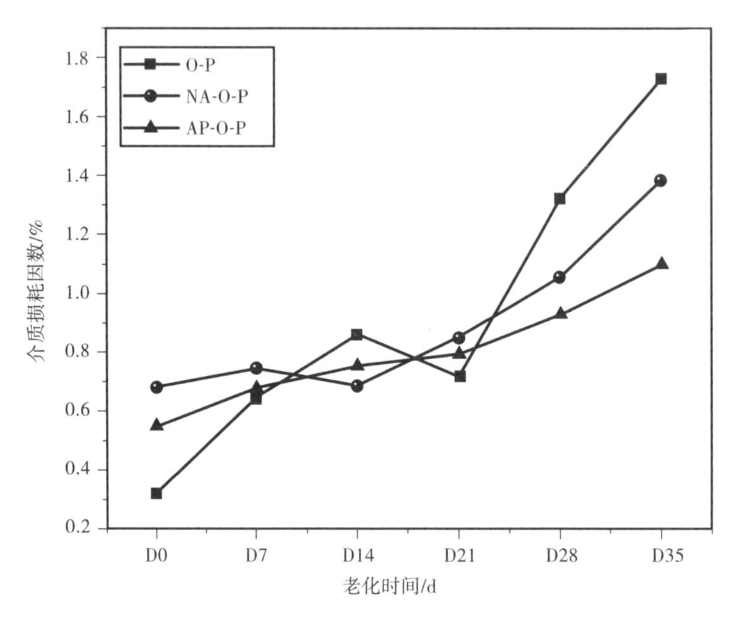

图 5.48　不同老化周期的样品介质损耗因数变化

可能是由于采用超声分散将纳米 SiO_2 分散至油中时引入了多余的水分,另一方面纳米 SiO_2 本身含有的极性也会在一定程度下增加绝缘油的介质损耗。在老化第 14 d后,O-P 的介质损耗因数开始大于 AP-O-P 和 NA-O-P。除第 21 d 外,AP-O-P 介质损耗因数均为最小,其次是 NA-O-P,O-P 在老化一段时间后介质损耗因数增加幅度最大,这与酸值的变化趋势一致。这可能是由于 APTES 表面纳米 SiO_2 可以吸附油中的水分和酸,减弱了水分和酸对油纸老化进程的加速作用,进而有效抑制了油纸绝缘系统的老化进程,因此 AP-O-P 的酸值和介质损耗因数较 O-P 小,拥有更优异的热稳定性。

3)绝缘纸的微观形貌

由以上的对比分析可知纳米 SiO_2 或 APTES 表面改性后的纳米 SiO_2 可以有效延缓绝缘油纸的热老化速率,抑制油纸绝缘中酸类物质的生成。且经过 APTES 表面改性后的样品 AP-O 对延缓热老化速率的效果优于 NA-O。

对于导电性差的固体进行扫描电镜测试之前,需要采用对离子溅射仪样品进行喷金处理,使样品具有满足要求的涂层,目的是提升样品的成像质量并减少高能电子撞击样品时对样品的破坏程度。将喷金处理后的绝缘纸采用导电胶固定到样品台上,如图 5.49 所示。由于在绝缘油-纸样品热老化的后期,绝缘纸的微观形貌才有明显变化,因此给出进行热老化之前绝缘纸的 SEM 图和 O-P、NA-O-P 以及 AP-O-P 在热老化后期(即热老化试验第 35 d)的绝缘纸的微观样貌,如图 5.50 所示。

通过绝缘纸的 SEM 图可知,图 5.50(a1)、(a2)为未进行老化的绝缘纸,纤维

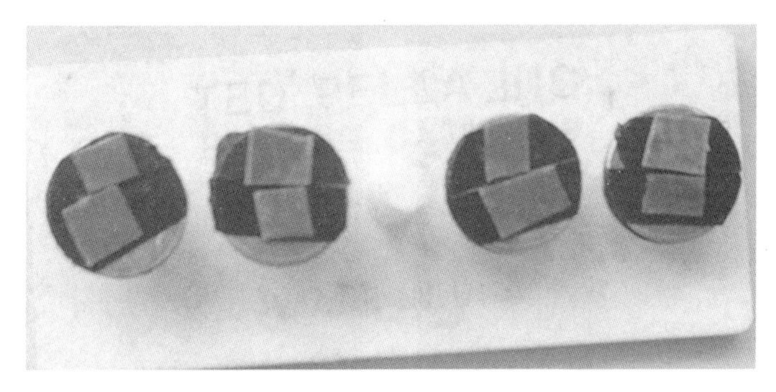

图5.49　喷金处理后的纤维素绝缘纸

素的微观形貌清晰，表面的纤维素链光滑且互相紧密交织。(b1)、(b2)为O-P样品在热老化35 d后的纤维素形貌，可以看出表面形貌模糊且不光滑，猜测可能为油中残留物质附着在绝缘纸上，并存在多个纤维素链断裂甚至翘起。(c1)、(c2)和(d1)、(d2)分别为NA-O-P和AP-O-P在热老化35 d后的纤维素形貌，相比于O-P中的纤维素链，NA-O-P中的纤维素链虽然有少部分断链且表面较为粗糙，但没有纤维素翘起，表面纤维素形貌较为完整。AP-O-P中纤维素纸表面也有油中的残留物质，虽然表面的纤维素较为粗糙，但保留了纤维素整体微观形貌的完整性。从上述分析可知，由于NA-O-P和AP-O-P均可以延缓油纸绝缘系统的老化，并且保护了纤维素绝缘纸的微观形貌，且AP-O-P中采用APTES改性的纳米SiO_2对油纸绝缘老化速率的延缓效果更为优异。

(2) 热稳定性微观机理分析

由图5.51中的平衡构型可知，在模拟时间范围内，3模型中油与纸两种介质互相融合，直至达到平衡状态，甲酸分子从初始位置不断向纤维素纸中扩散。尤其是在模型O-P中大部分的甲酸分子脱离了油分子的束缚，向纤维素纸的方向扩散，大部分聚集在油纸两相的界面处，只有少部分甲酸分子停留在矿物油中。在模型NA-O-P和AP-O-P中，部分甲酸分子集中在纳米SiO_2附近或被吸附到SiO_2表面，分布于油纸界面处的酸分子较模型O-P中的明显减少，但仍然有部分甲酸分子扩散到纤维素中。说明了甲酸作为小分子酸，扩散能力较强，油中的甲酸可以扩散到纤维素中。而APTES表面改性后的纳米SiO_2和未经表面改性的纳米SiO_2对于一定程度上影响了甲酸的扩散行为，因此，针对不同模型中的甲酸扩散行为进一步进行探究。

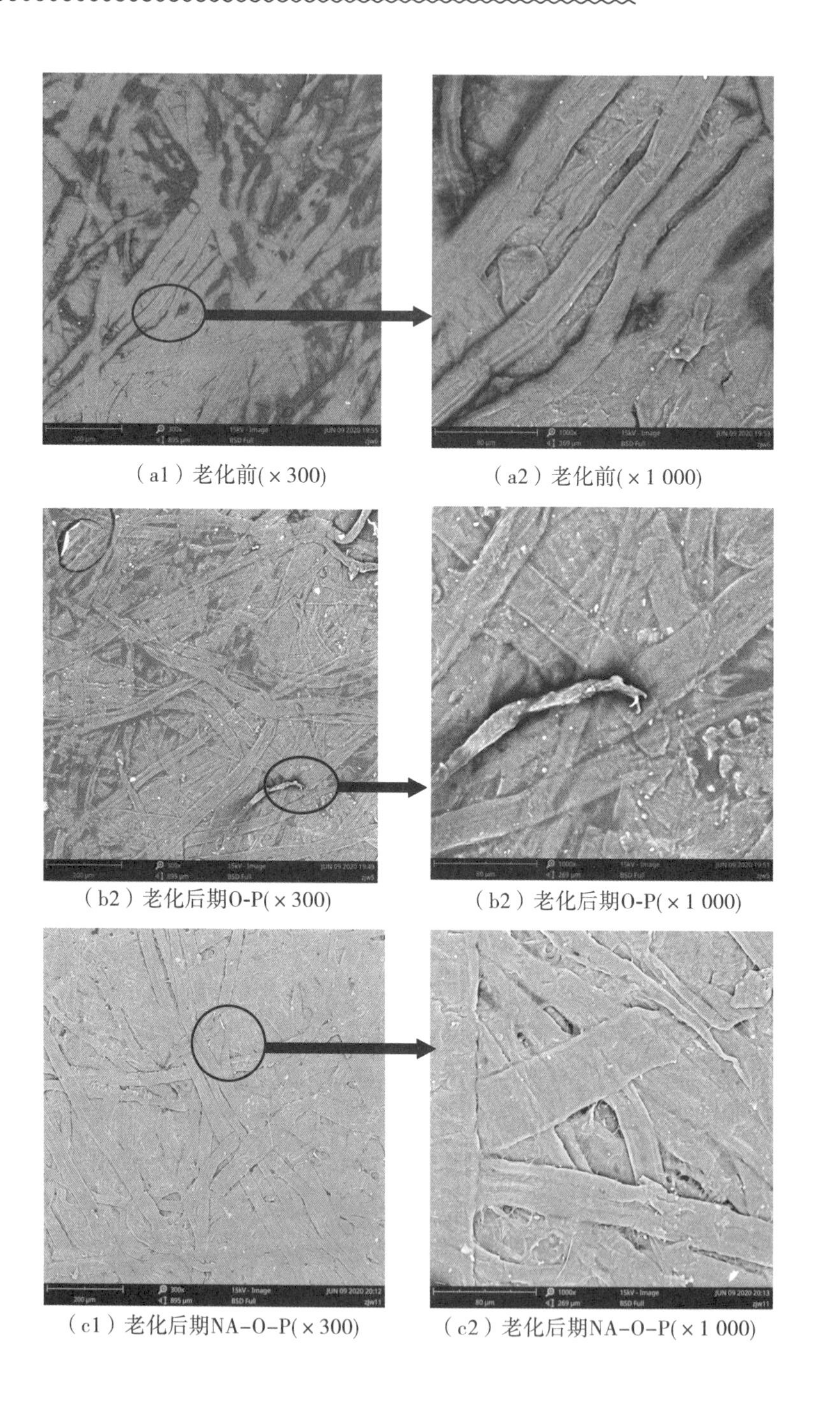

（a1）老化前(×300)　（a2）老化前(×1 000)

（b2）老化后期O-P(×300)　（b2）老化后期O-P(×1 000)

（c1）老化后期NA-O-P(×300)　（c2）老化后期NA-O-P(×1 000)

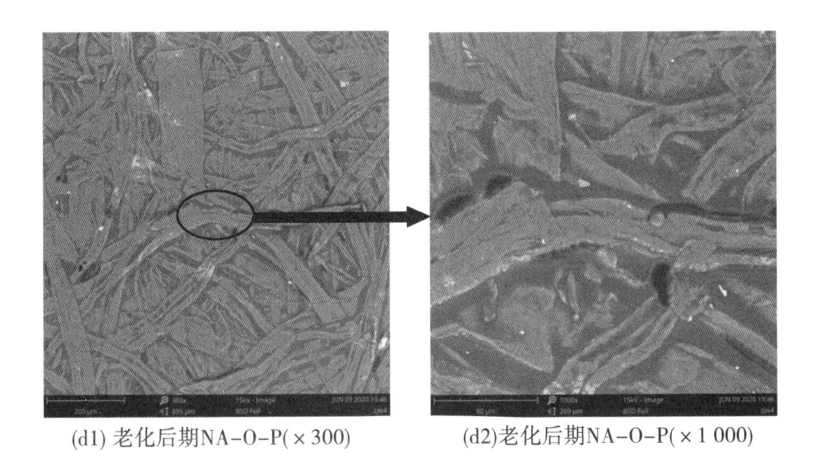

(d1) 老化后期NA-O-P(×300)　　(d2)老化后期NA-O-P(×1 000)

图5.50　绝缘纸的微观样貌

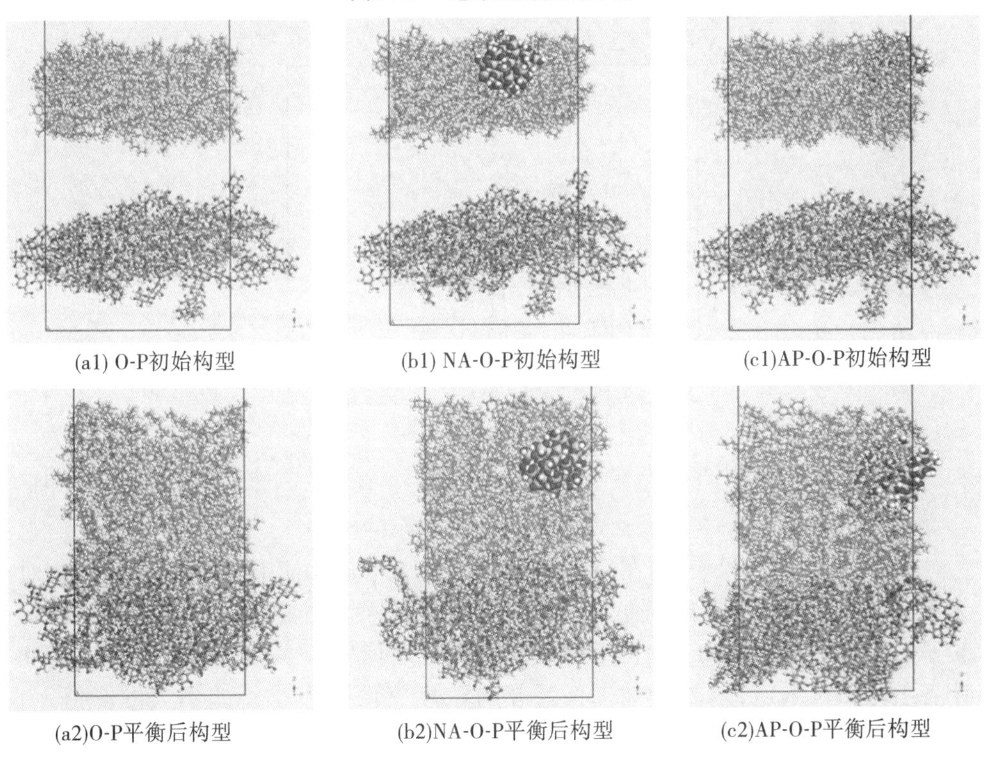

(a1) O-P初始构型　　(b1) NA-O-P初始构型　　(c1)AP-O-P初始构型

(a2)O-P平衡后构型　　(b2)NA-O-P平衡后构型　　(c2)AP-O-P平衡后构型

图5.51　平衡前后模型构型

1)相对浓度分析

为了揭示甲酸在3种模型O-P、NA-O-P、AO-O-P中的分布差异，首先计算甲酸在模型中沿Z轴方向的相对浓度。体系中物质的相对浓度分布表示了某物质的原子数密度与体系中该物质的平均原子数密度的比值随空间坐标的变化。图5.52

为含甲酸的3种模型中各组分的相对浓度分布,图5.52中的阴影部分代表了沿 Z 轴方向油纸界面区域。油纸界面区域往往是油纸绝缘系统中的薄弱环节,这个区域集中的大量极性物质可能对整个绝缘系统产生不利影响。

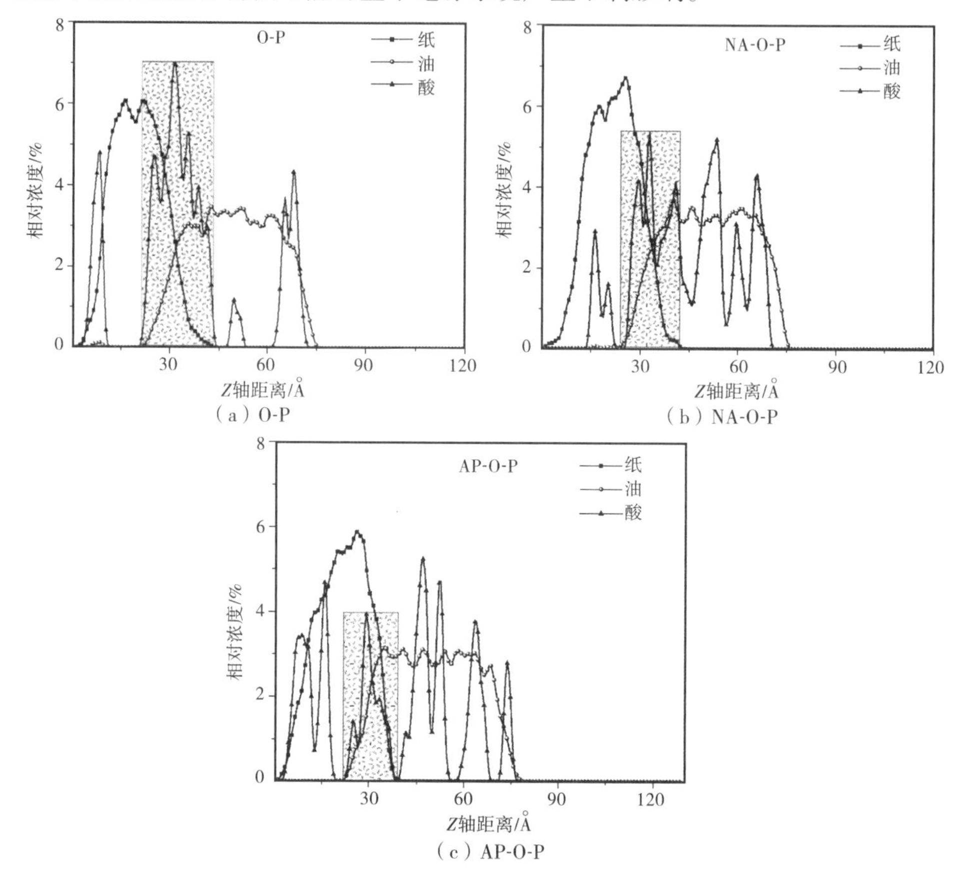

图5.52 模型中甲酸分子的相对浓度

由图5.52的结果表明:在O-P中,初始位置位于矿物油中的甲酸,平衡后相对浓度峰值为7.02%,位于 Z 轴的31.05 Å处的油纸界面处;第二个峰值为4.79%,位于纤维素中,而留在矿物油中甲酸分布相对浓度值较小。通过分析模型NA-O-P中各组分相对浓度,首先可知平衡后相对浓度有两个大小相差不大的峰值,为5.36%左右,位于 Z 轴的32.86 Å处;第二个峰值为5.19%,位于 Z 轴的53.43 Å处。上述两个峰值分别对应于模型中的油纸界面处和纳米 SiO_2 油中。在AP-O-P中,平衡后相对浓度峰值为5.25%,位于 Z 轴的46.81 Å处对应于模型中油的部分。在NA-O-P和AP-O-P两个模型中甲酸仍然会向纤维素中扩散,但相对浓度比O-P中小很多。由以上结果可知,无论是纯矿物油还是纳米 SiO_2 改性后的绝缘油,初始位置位于油中的甲酸都会向纤维素中扩散,与纤维素链产生紧密的结合,但是

添加了纳米 SiO_2 使得甲酸在纤维素中的浓度分布变少，有效保护了油纸绝缘系统中的纤维素绝缘纸。同 NA-O-P 相似，AP-O-P 纤维素中的甲酸虽然比 NA-O-P 中的多，但比 O-P 中的浓度小，且界面处的甲酸明显减少，绝大部分甲酸仍然分布在油中，从而减弱了甲酸对绝缘油纸系统的危害。

2）运动轨迹

通过分析系统中甲酸整体质心的运动轨迹，直观地考察了甲酸在相关介质中的扩散路径。扩散分子的位移可通过以下公式计算

$$R(t) = \sqrt{|\overrightarrow{r}(t) - \overrightarrow{r}(0)|^2} \tag{5.16}$$

式中，$R(t)$ 是分子在 t 时刻相对于初始坐标的位移。$\overrightarrow{r}(t)$ 和 $\overrightarrow{r}(0)$ 分别表示时间 t 和初始时刻分子的空间位置矢量。

图5.53为甲酸整体质心的运动轨迹，分子动力学模拟之前，模型 O-P、NA-O-P、AO-O-P 的甲酸整体的质心位置分别为（26.155，18.313，31.012）、（23.752，26.962，44.344）和（17.199，20.630，40.827）即甲酸整体运动的起点都位于油中，模型达到的最终平衡位置分别为（22.384，24.352，35.158）、（23.357，28.183，44.433）和（14.354，20.414，37.772）。由质心沿 Z 轴方向的变化可知，在 O-P 模型中，甲酸整体质心是向 Z 轴正方向移动的（纤维素位于 Z 轴正方向）；而在 NA-O-P 与 AP-O-P 模型中，甲酸整体向 Z 轴负方向移动（油位于 Z 轴负方向）；在 AP-O-P 模型中，向负方向移动幅度较 NA-O-P 大。上述结果说明：纳米 SiO_2 的添加改变了部分甲酸的运动方向，从而减弱了甲酸整体向纤维素扩散的运动趋势，使甲酸在油纸绝缘系统中的整体分布发生改变。APTES 表面改性后的纳米 SiO_2 改性后，甲酸停留在油中的趋势较未经表面改性的大。

3）氢键

氢键是一种特殊的弱相互作用，对油纸绝缘系统中各项性能稳定性有重要的意义。首先，甲酸与水一样容易与纤维素形成氢键，甲酸在油纸绝缘系统中的分布与氢键有着密切的联系。其次，甲酸与纤维素的氢键结合会对纤维素内部原有的氢键结构造成影响，纤维素的内部氢键结构在纤维素纸的机械性能、抗老化性能等诸多性能中起到了非常重要的作用。

因此采用氢键的几何定义对系统内氢键数目进行分析，结果如表5.15所示。氢键（D—H…A）的几何准则如图5.54所示，图中的原子 D 是电负性较强的原子，可以与 H 原子形成化学键，D-H 氢键的供体，A 是另一个电负性较强的原子，为氢键受体。根据几何准则，距离参数 R 设置为 3 Å，角度 β 设置为 120°。

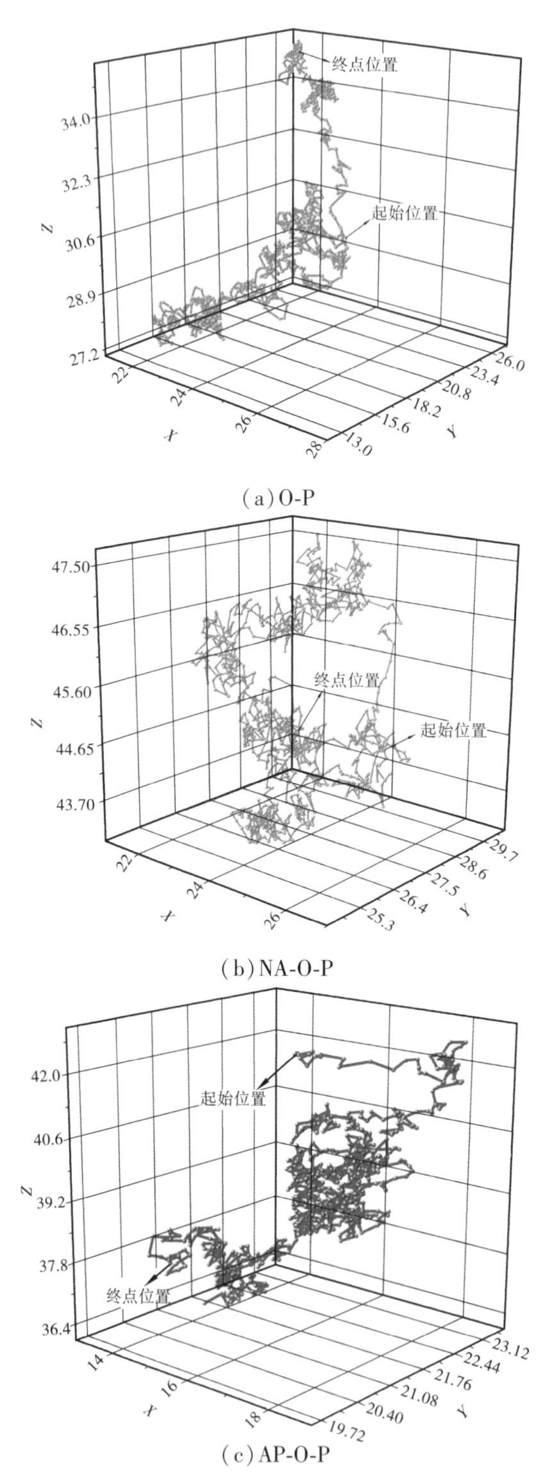

图 5.53　模型中甲酸分子质心的运动轨迹

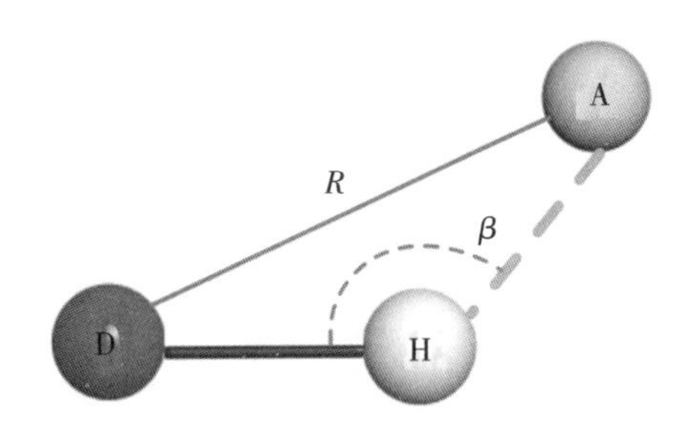

图 5.54　氢键的定义

表 5.15　油-纸复合模型中氢键数

类型	O-P	NA-O-P	AP-O-P
甲酸-纤维素	47	29	21
纤维素-纤维素	651	679	690
纤维素-纤维素(分子间)	321	334	356
纤维素-纤维素(分子内)	330	345	334
总氢键	709	751	770

由表 5.15 可知,总氢键数的数目按以下顺序 AP-O-P > NA-O-P > O-P;通过观察 NA-O-P 和 AP-O-P 模型结构平衡后的局部放大后的可观察到,由于纳米 SiO_2 的加入,油纸绝缘系统中增加了两种类型的氢键:一种是纳米 SiO_2 的表面羟基中的邻位羟基可能会形成氢键;另一种是 SiO_2 表面的羟基与部分甲酸可形成氢键,使得纳米 SiO_2 油对甲酸的吸附能得到提升,如图 5.55 所示。其中 AP-O-P 中的氢键数目大于 NA-O-P,这是由于 APTES 表面接枝后虽然替代了表面的部分羟基,但是引入了氨基(—NH_3)也可以与形成氢键如图 5.55(b)所示。未经改性的纳米 SiO_2 和 APTES 改性的纳米 SiO_2 均可以减少向纤维素纸中扩散的甲酸分子的个数,从而减少了甲酸与纤维素纸形成氢键的概率。因此,NA-O-P 和 AP-O-P 中甲酸-纤维素形成的氢键数远远小于 O-P 模型,且在模型 AP-O-P 中,甲酸-纤维素形成的氢键数略小于 NA-O-P。

由以上的分析可知,纳米 SiO_2 的通过吸附限制部分甲酸的扩散,APTES 修饰后的纳米 SiO_2 表面羟基和氨基也可以吸附部分甲酸,减少甲酸分子与纤维素形成氢键的机会,进一步改善甲酸分子对纤维素内部氢键结构的破坏行为,因此,AP-O-P和 NA-O-P 中纤维素-纤维素氢键数大于 O-P。模型 AP-O-P 的纤维素-纤维素氢键数大于模型 NA-O-P,说明 APTES 表面改性后纳米 SiO_2 对纤维素氢键结构的保护效果略优于 NA-O-P。从纤维素形成的氢键类型分布来看,甲酸容易与纤维素形成氢键,破坏纤维素自身形成的氢键,对纤维素的机械性能以及化学稳定性都

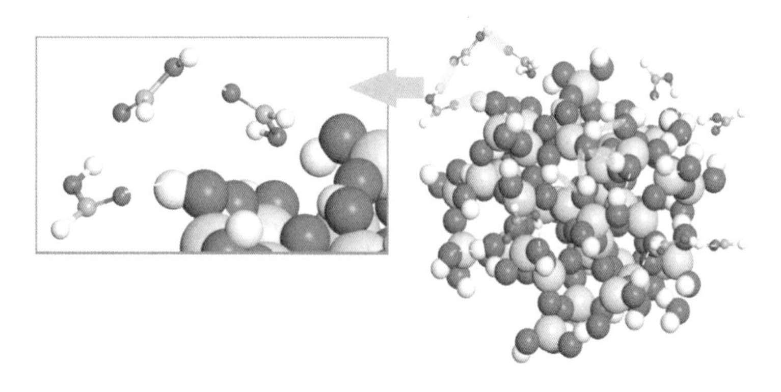

（a）未经改性

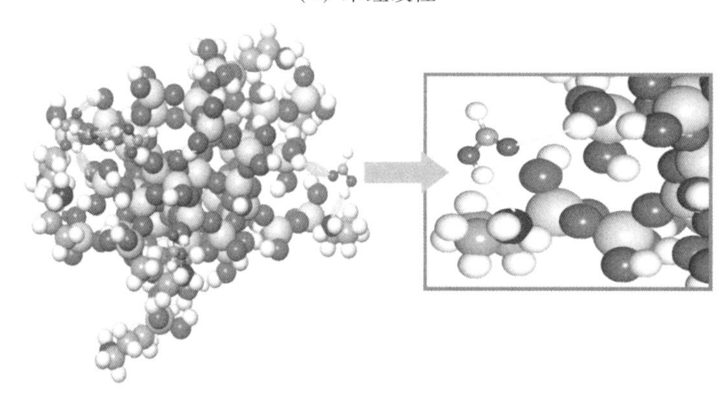

（b）APTES 表面改性

图 5.55　甲酸与纳米 SiO_2 形成的氢键示意图

将产生不利的影响。纤维素自身内部氢键的减少，使得纤维素化学稳定性降低，在油浸式电力设备运行环境下发生老化降解。其中，O-P 模型中纤维素分子间氢键数小于模型 AP-O-P 和 NA-O-P，分子内氢键数相差不多，说明此时甲酸主要破坏了纤维素内的分子间氢键，两种纳米 SiO_2 的添加首先保护了纤维素链间的结构。

4）相互作用能

由前面的分析可知，甲酸在 3 种模型 O-P、NA-O-P、AP-O-P 中的扩散能力与纳米 SiO_2 绝缘油中纳米 SiO_2 对甲酸的吸附作用密切相关。因此对含纳米 SiO_2 的油模型进行动力学模拟。物质能否稳定存在于绝缘油中，这两者的吸附能关系甚大，因此，计算了甲酸与绝缘油的相互作用能。吸附能是相互作用能的负值，表示油对甲酸的束缚作用。模型中两种物质之间的相互作用能 E 可以由下式所得

$$E = E_{total} - E_{acid} + E_{oil} \tag{5.17}$$

式中，E_{oil} 表示油的势能；E_{acid} 表示甲酸的势能；E_{total} 表示模型的总势能。为探究纳米 SiO_2 对吸附能产生的变化，针对上述模型中 PU-O、NA-O、AP-O 单独进行动力学模拟，并且将温度范围拓宽至 343 ~ 403 K，计算结果如表 5.16 所示。

从表5.16中可以看出在3种模型中绝缘油对甲酸的吸附能随着温度的升高而减小。这是由于温度升高会增加甲酸分子的动能,从而促进了甲酸分子的热运动,因此,绝缘油束缚甲酸的能力随温度升高均有所减弱。O-P模型中的绝缘油对甲酸分子的吸附能在各个温度下上均远远小于NA-O-P和AP-O-P,说明了两种纳米SiO_2可以提升绝缘油对甲酸分子的吸附作用,增加甲酸分布在油中的相对浓度,减弱甲酸向纤维素绝缘纸中的运动趋势,从而保护了纤维素绝缘纸中的氢键结构。AP-O-P中的吸附能整体上略大于NA-O-P,但相差不大,从而解释了APTES改性纳米SiO_2绝缘油拥有较好的热稳定性,通过添加APTES改性的纳米SiO_2减弱了甲酸在油纸绝缘系统的运动扩散,从而减弱了甲酸对油纸绝缘的热稳定性的危害。在3种模型中,范德华力与库仑力均为负值,表现出绝缘油对甲酸分子的吸引作用。在模型O-P中的相互作用能主要来自范德华力,库仑力对相互作用能的贡献极小,但是在模型NA-O-P和AP-O-P中库仑力对相互作用能的贡献有了明显的增加,说明纳米SiO_2的添加使得绝缘油对甲酸的静电吸引增加。

①随着老化的进行,油中生成的极性分子量增大,加剧了绝缘油-纸系统的进一步老化,导致了介质损耗增加,油中酸值增加。对比3种样品同一时间老化状况可知,O-P的介质损耗和酸值在老化后期的增长速度大于NA-O-P和AP-O-P,油中酸值在老化后期大于O-P。AP-O-P在老化过程中介质损耗和酸值要小于NA-O-P,说明了AP-O-P在减缓绝缘油-纸的老化方面更加优异,有利于增强油纸绝缘的热稳定性。

表5.16 油分子和甲酸分子的相互作用能

温度/K	O-P			NA-O-P			AP-O-P		
	E_{Total}	E_{Vdw}	E_{Ele}	E_{Total}	E_{Vdw}	E_{Ele}	E_{Total}	E_{Vdw}	E_{Ele}
343	-64.7	-61.6	-0.15	-113.16	-52.28	-58.56	-123.07	-59.05	-60.47
363	-63.31	-60.78	-0.25	-109.88	-46	-61.57	-118.45	-57.46	-55.45
383	-62.51	-59.9	-0.33	-101.66	-46.06	-53.31	-113.42	-54.88	-54.93
403	-56.29	-54.24	-0.1	-99.29	-54.75	-42.31	-90.2	-45.54	-42.42

②利用分子动力学模拟研究了甲酸在模型O-P、NA-O-P和AP-O-P中的分布可知,在O-P中,甲酸的相对浓度峰值位于系统中的油纸界面区域;NA-O-P甲酸整体质心的运动方向由起点指向Z轴正方向(纤维素)。在模型NA-O-P中,甲酸浓度峰值虽然也位于油-纸界面区域,但浓度值较小;而在模型AP-O-P中甲酸相对浓度峰值位于油中;两种模型中甲酸整体质心的运动方向变为由起点指向Z轴负方向(油),因此甲酸在NA-O-P和AP-O-P中大部分分布于油中,限制了甲酸向纤维素中扩散的趋势。

③通过对氢键和相互作用能的计算可知,AP-O-P 模型中甲酸与改性绝缘油的吸附能最大,且纳米 SiO_2 由于可以与甲酸形成氢键束缚,因此 AP-O-P 中纤维素形成的氢键数最多,从而保护了纤维素的内部氢键结构,从而减缓了油纸绝缘系统的老化进程,同时解释了实验结果中 APTES 改性的纳米 SiO_2 绝缘油的抗老化性能更优异。

参考文献

[1] 张成龙，谭显东，翁玉艳，等. “十三五”以来电力消费增长原因分析及中长期展望[J]. 中国电力,2019,52(8):155-162.

[2] 樊金鹏. 高温固体电制热储热装置穿墙套管设计与高温绝缘特性分析[D]. 沈阳：沈阳工业大学，2020.

[3] 贾茹. 高压套管绝缘设计与性能分析[D]. 沈阳：沈阳工业大学，2011.

[4] 蒋国柱，赵玉贞，谢宇，等. 高燃点变压器油的性能与用途[J]. 合成润滑材料，2010,37(2):33-36.

[5] 刘勇，张迪，尤冀川，等. 小间隙高电场下温度对环氧树脂绝缘特性的影响[J]. 电力系统及其自动化学报，2016，28(5):81-85.

[6] 李乃一，彭宗仁，许佐明. 特高压直流 SF_6气体绝缘穿墙套管绝缘结构设计研究进展[J]. 绝缘材料，2019，52(5):6-16.

[7] 陈冰心. 典型缺陷真型电容式玻璃钢套管电气特征参量测试实验研究[D]. 重庆：重庆大学，2017.

[8] 李维江. 基于介电频域特性的套管绝缘状态评估研究[D]. 大连：大连理工大学，2015.

[9] 秦秉东. 基于雨闪特性的超高压复合绝缘套管伞裙优化技术研究[D]. 长春：吉林大学,2018.

[10] 李晓龙. 特高压换流变压器阀侧套管油浸绝缘纸表面电荷积聚与击穿机理研究[D]. 天津：天津大学，2017.

[11] 戴佺民. 油浸纸套管受潮缺陷劣化过程及诊断的研究[D]. 北京：华北电力大学,2019.

[12] 柯磊，王龙华，张东辉，等. ±400 kV 电容式胶浸纤维穿墙套管的设计[J]. 高压电器,2015(12):136-141.

[13] 杨丽君. 变压器油纸绝缘老化特征量与寿命评估方法研究[D]. 重庆: 重庆大学, 2009.
[14] 吴光亚, 张锐. 我国绝缘子的发展现状与应用前景[J]. 电气技术, 2005(12):12-16.
[15] 齐玉. 高压复合绝缘穿墙套管和电缆终端电场仿真及优化设计[D]. 北京: 华北电力大学, 2004.
[16] 吴光亚,叶廷路, 吴巾克, 等. ±500 kV 换流站直流分压器用复合套管外绝缘闪络事故分析及处理措施[J]. 电瓷避雷器, 2010(5):17-22.
[17] 关志成. 绝缘子及输变电设备外绝缘[M]. 北京: 清华大学出版社, 2006.
[18] 王天施, 王清昊, 苑舜, 等. 油纸电容式套管缺油的危害及判断[J]. 高压电器, 2010,46(4):97-100.
[19] 王世阁. 变压器套管故障状况及其分析[J]. 变压器, 2002, 39(7):35-40.
[20] 何思靖. 氮化硼/纳米纤维素改性植物绝缘油的制备及电气性能研究[D]. 重庆: 重庆大学, 2019.
[21] 许佐明, 胡伟, 张施令, 等. 550 kV 环氧浸渍干式油-SF_6电容套管温度场分析[J]. 高电压技术, 2012, 38(11):3087-3092.
[22] 张施令, 彭宗仁. ±800 kV 换流变压器阀侧套管绝缘结构设计分析[J]. 高电压技术,2019, 45(7):2257-2266.
[23] 黎斌. SF_6高压电器设计[M]. 北京:机械工业出版社, 2010.
[24] 潘刚. 受潮状态下油浸式套管的电热场研究[D]. 成都:西南交通大学, 2018.
[25] 王彤. 特高压直流穿墙套管外绝缘研究及结构优化设计[D]. 武汉: 武汉大学, 2017.
[26] 周晔, 魏俊梅. 1 100 kV 硅橡胶套管绝缘结构优化设计[J]. 电气制造, 2010(10):72-74.
[27] 侯帅. 换流变压器套管及出线装置绝缘结构设计与优化[D]. 哈尔滨:哈尔滨理工大学, 2013.
[28] 姜淮. 容性设备在线检测方法研究[D]. 北京:华北电力大学, 2012.
[29] 李东. 变压器套管在线检测方法及其可靠性研究[D]. 武汉:华中科技大学, 2004.
[30] 杜清全. 高压套管的电场与介质响应特性研究[D]. 成都:西南交通大学, 2013.
[31] 何文林,叶自强. 套管与绝缘子[M]. 北京:中国电力出版社, 2003.
[32] 郑新才,刘勋,孙晓珍. 500 kV 变压器中压套管末屏故障分析[J]. 变压器, 2011, 48(9):75-76.

[33] 褚文超. 变压器高压套管末屏安全缺陷分析及处理方法[J]. 内蒙古电力技术, 2014, 32(1):80-83.
[34] 柳玉水,李志强. 油浸变压器高压套管末屏异常分析及处理[J]. 黑龙江电力, 2010, 32(5):396-398.
[35] 刘宏良, 黄新武. 220 kV 变压器高压套管色谱异常分析[J]. 中小企业管理与科技:上旬刊, 2013(11):309-310.
[36] 李樟根. 110 kV 变压器套管介损试验方法[J]. 企业技术开发, 2011, 30(17):50-51.
[37] 陈润晶, 赵爱丽, 刘爽, 等. 变压器套管将军帽发热原因分析及对策[J]. 变压器, 2012, 49(10):61-64.
[38] 杨博. 电容式变压器套管爆炸事故分析[J]. 电世界, 2014, 55(2):12-13.
[39] 高振国. 变压器套管末屏对地介质损耗测量方法的分析[J]. 内蒙古电力技术, 2003, 21(B07):108-109.
[40] 王先臣,李世红,李超,等. 变压器套管式电流互感器极性测量方法[J]. 黑龙江电力, 2001(3):187-188.
[41] 范建二,何平,闵健. 电容式变压器套管介质损耗角测量试验与分析[J]. 电瓷避雷器, 2004(2):10-13.
[42] 张泽华. 环境因素对油纸电容式套管介损试验的影响[J]. 广东电力, 1998, 11(3):40-41.
[43] 容亮. 测量油浸式套管介质损耗因数产生误差的分析[J]. 江西电力职业技术学院学报, 2006,19(1):17-18.
[44] 彭斌. 变压器绝缘电阻的测试分析[J]. 集成电路应用, 2019, 36(5):71-72.
[45] 张诚. 变压器套管介损连续测试装置的研发与应用[J]. 通讯世界, 2019,26(1):144-145.
[46] 吕程. 纳米 TiO_2 改性纤维素绝缘纸的制备和性能研究[D]. 重庆:重庆大学,2014.
[47] 赵建网,金佳敏,王和忠,等. Nomex 绝缘纸的发展及其在变压器中的应用[J]. 电工材料,2015(4): 28-31.
[48] 梁宁川. 基于胺类化合物与纳米氧化铝复合的新型抗热老化绝缘纸的制备与性能研究[D]. 重庆:重庆大学, 2018.
[49] 梁帅伟. 抗老化变压器油及其对绝缘纸热老化影响的研究[D]. 重庆:重庆大学,2009.
[50] 李旭. APTS 表面接枝纳米 SiO_2 改性 MPIA 绝缘纸热稳定性的机理研究[D]. 重庆:西南大学,2018.
[51] 张松. 纳米 SiO_2 掺杂改性油浸纤维素绝缘纸的微观机制研究[D]. 重庆:西

南大学,2018.
[52] 隋彬,李延涛,吴广宁,等. 水分和氧气对油纸绝缘老化的影响[J]. 绝缘材料,2013,46(4):43-47.
[53] 田苗. 水分及酸对油浸绝缘纸微观特性影响的分子模拟研究[D]. 重庆:重庆大学,2014.
[54] 杜岳凡, 吕玉珍, 李成榕,等. 半导体纳米粒子改性变压器油的绝缘性能及机制研究 [J]. 中国电机工程学报, 2012, 32(10):177-182.
[55] 郑伟. 聚倍半硅氧烷对间位芳纶绝缘纸性能影响的研究[D]. 重庆:西南大学,2020.
[56] 聂仕军. 电力变压器绝缘纸无定形区氧化和水解的分子模拟研究[D]. 重庆:重庆大学,2013.
[57] 殷飞. 水分及酸对 PMIA 绝缘纸微观特性影响的分子模拟研究[D]. 重庆:西南大学,2019.
[58] 王小波. 硅烷偶联剂修饰纳米 SiO_2 对其改性纤维素绝缘纸性能的微观机理研究[D]. 重庆:西南大学,2019.
[59] 赵珩,杨耀杰,苗堃,等. 油浸式电力变压器绝缘纸老化特征量的研究进展[J]. 变压器, 2020,57(9):38-43.
[60] 廖瑞金,吕程,吴伟强,等. 纳米 TiO_2 改性绝缘纸的绝缘性能[J]. 高电压技术,2014,40(7):1932-1939.
[61] 胡舰. 基于分子模拟的变压器绝缘纸无定型区老化微观机理研究[D]. 重庆:重庆大学,2009.
[62] 张冬海, 张晖, 张忠, 等. 纳米技术在高性能电力复合绝缘材料中的工程应用[J]. 中国科学: 化学, 2013, 43(6):725-743.
[63] 牛保红, 阳少军. 天生桥二级水电厂#2 变压器事故原因分析[J]. 高电压技术, 2007(1):143-147.
[64] 居季春. 论高压变压器套管的运行可靠性[J]. 电瓷避雷器,1994(5):3-9.
[65] 汪新泉,贺艳群. 油纸电容式套管局部放电现象及分析[J]. 变压器,2008(1):31-34.
[66] 王世阁. 变压器套管故障状况及其分析[J]. 变压器,2002(7):35-40.
[67] 苏鹏声,王欢. 电力系统设备状态监测与故障诊断技术分析[J]. 电力系统自动化, 2003(1):61-65,82.
[68] 白斌. 油纸套管绝缘介质老化诊断分析[J]. 四川电力技术, 2009, 32(3):82-85.
[69] 王晓玲. 电容型高压密封油纸绝缘套管的损坏原因[J]. 华北电力技术,1990(Z1):62-67,75.

[70] 操敦奎. 变压器油中气体分析诊断与故障检查[M]. 2005, 北京: 中国电力出版社, 2015.

[71] WANG Q, RAFIQ M, LV Y Z, et al. Preparation of Three Types of Transformer Oil-Based Nanofluids and Comparative Study on the Effect of Nanoparticle Concentrations on Insulating Property of Transformer Oil[J]. Journal of Nanotechnology, 2016, 2016: 5802753.

[72] DU B, LI J, WANG F P, et al. Influence of Monodisperse Fe_3O_4 Nanoparticle Size on Electrical Properties of Vegetable Oil-Based Nanofluids[J]. Journal of Nanomaterials, 2015, 2015:560352.

[73] DU B X, LI X L. Dielectric and Thermal Characteristics of Vegetable Oil Filled with BN Nanoparticles[J]. IEEE Transactions on Dielectrics and Electrical Insulation,2017, 24(2): 956-963.

[74] 黄猛,牛铭康, 应宇鹏, 等. 纳米 TiO_2 改性变压器油中电子迁移特性及机制[J]. 高电压技术, 2020, 46(12): 4220-4226.

[75] 董明,李阳,戴建卓,等. 纳米添加量对纳米改性变压器油宽频介电弛豫特性的影响[J]. 高电\压技术,2017,43(9): 2818-2824.

[76] MANSOUR D A,SHAALAN E M, Ward S A, et al. Multiple Nanoparticles for Improvement of Thermal and Dielectric Properties of Oil Nanofluids[J]. IET Science, Measurement & Technology,2019,13(7): 968-974.

[77] CADENA-DE L, RIVERA-SOLORIO C I, PAYáN-RODRíGUEZ L A , et al. Experimental analysis of natural convection in vertical annuli filled with AlN and TiO_2/mineral oil-based nanofluids[J]. International Journal of Thermal Sciences, 2017, 111:138-145.

[78] CAVALLINI A,KARTHIK R, NEGRI F. The effect of magnetite, graphene oxide and silicone oxide nanoparticles on dielectric withstand characteristics of mineral oil[J]. IEEE Transactions on Dielectrics and Electrical Insulation, 2015, 22(5): 2592-2600.

[79] CHANG K S, CHUNG Y C, YANG T H, et al. Free volume and alcohol transport properties of PDMS membranes: Insights of nano-structure and interfacial affinity from molecular modeling[J]. Journal of Membrane Science, 2012, 417(11):119-130.

[80] 李阳,董明,戴建卓,等. 温度对纳米改性变压器油黏度影响的分子动力学模拟研究[J]. 绝缘材料,2017,50(7): 66-70.

[81] ZHANG J,YU W Z,YU L J,et al. Molecular dynamics simulation of corrosive particle diffusion in benzimidazole inhibitor films[J]. Corrosion Science,53(4):

1331-1336,2011.
[82] 朱孟兆,辜超,陈玉峰,等. 绝缘油对水分束缚作用的分子动力学研究[A]//中国电机工程学会.2013年中国电机工程学会年会论文集[C]. 中国电机工程学会:中国电机工程学会,2013:1-8.
[83] SHOKUHFAR A,ARAB B. The effect of cross linking density on the mechanical properties and structure of the epoxy polymers: molecular dynamics simulation [J]. Journal of Molecular Modeling,2013,19(9):3719-3731.
[84] YANG J S,YANG C L,WANG M S,et al. Crystallization of alkane melts induced by carbon nanotubes and graphene nanosheets: a molecular dynamics simulation study[J]. Physical Chemistry Chemical Physics,2011,13(34):15476-15482.
[85] ZHANG L L,XIAO Y C,CHUNG T S,et al. Mechanistic understanding of CO_2-induced plasticization of a polyimide membrane: A combination of experiment and simulation study[J]. Polymer,2010,51(19):4439-4447.
[86] YANG S R,QU J M. Computing thermomechanical properties of crosslinked epoxy by molecular dynamic simulations[J]. Polymer, 2012, 53(21):4806-4817.
[87] 廖瑞金,项敏,袁媛,等. 纳米 Al_2O_3 掺杂对绝缘纸的空间电荷及陷阱能级分布特征的影响[J]. 高电压技术,2019,45(3):681-690.
[88] MALLAKPOUR S,EZHIEH A N. Citricacid and vitamin C as coupling agents for the surface coating of ZrO_2 nanoparticles and their behavior on the optical, mechanical, and thermal properties of poly(vinyl alcohol) nanocomposite films [J]. Journal of Polymers and the Environment,2018,26(7):2813-2824.
[89] KARBATU S R,OLDHAM D,FINI E H,et al. Application of surface-modified silica nanoparticles with dual silane coupling agents in bitumen for performance enhancement[J]. Construction and Building Materials,2020,244:118324.
[90] CHOI W T,LIM K T,KIM H S,et al. Preparation of surface modified silica nanoparticles with silane coupling agent in supercritical carbon dioxide[J]. Journal of Korean Society for Imaging Science & Technology,2017,23(4):47-51.
[91] SPONCHIA G,MARIN R,FRERIS I, et al. Mesoporous silica nanoparticles with tunable pore size for tailored gold nanoparticles[J]. Journal of Nanoparticle Research,2014,16(2), 2245.
[92] MAURICE V,RIVOLTA I,VINCENT J,et al. Silica encapsulation of luminescent silicon nanoparticles: stable and biocompatible nanohybrids[J]. Journal of Nanoparticle Research, 2012,14(2):1-9.
[93] OHNO K,YAHATA Y,SAKAUE M, et al. Grafting of Polymer Brushes from Silica Particles Functionalized with Xanthates [J]. Chemistry -A European Journal,

2018,25(8):2059-2068.

[94] 李亮荣,丁永红,齐海霞,等. 表面改性纳米 TiO_2 粒子杂化 PI 薄膜的制备与性能研究[J]. 化工新型材料,2012,40(1):57-61.

[95] LI X,TANG C,WANG J N,et al. Analysis and mechanism of adsorption of naphthenic mineral oil,water,formic acid,carbon dioxide,and methane on meta-aramid insulation paper [J]. Journal of Materials Science,2019,54(11):8556-8570.

[96] YANG X H,FU H T,WONG K,et al. Hybrid Ag@ TiO_2 core-shell nanostructures with highly enhanced photocatalytic performance[J]. Nanotechnology, 2013, 24(41):415601.

[97] GRIMME S. Density functional theory with London dispersion corrections[J]. Wiley Interdisciplinary Reviews Computational Molecular Science, 2011, 1(2): 211-228.

[98] ANAREA T A,SWOPE W C,ANDERSEN H C. The role of long ranged forces in determining the structure and properties of liquid water [J]. Chemical Physics, 1983, 79(9): 4576-4584.

[99] PAN F S,PENG F B,LU L Y,et al. Molecular simulation on penetrants diffusion at the interface region of organic - inorganic hybrid membranes [J]. Chemical Engineering Science, 2008,63(4): 1072-1080.

[100] 朱德恒,严璋. 高电压绝缘[M]. 北京:清华大学出版社,1992.

[101] OOMMEN T V. Vegetable oils for liquid-filled transformers[J]. IEEE Electrical Insulation Magazine, 2002,18(1): 6-11.

[102] ROONEY D,WEATHERLEY L R. The effeect of reaction conditions upon lipase catalysed hydrolysis of high loeate sunflower lil in a stirred liquid-liquid reactor [J]. Prcess Biochenistry,2001,36(10):947-953.

[103] HAO J,LIAO R,CHEN G,et al. Quantitative analysis ageing status of natural ester-paper insulation and mineral oil-paper insulation by polarization/depolarization current[J]. IEEE Transactions on Dielectrics and Electrical Insulation, 2012,19(1):188-199.

[104] 杨丽君,齐超亮,吕彦冬,等. 变压器油纸绝缘状态的频域介电谱特征参量及评估方法[J]. 电工技术学报, 2015, 30(1): 212-219.

[105] 张卫华,苑津莎,张铁峰,等. 应用 B 样条理论改进的变压器三比值故障诊断方法[J]. 中国电机工程学报,2014,34(24): 4129-4136.

[106] 孙才新. 电气设备油中气体在线监测与故障诊断技术[M]. 北京: 科学出版社, 2003.

[107] 廖瑞金,杨丽君,郑含博,等. 电力变压器油纸绝缘热老化研究综述[J]. 电

工技术学报,2012, 27(5): 1-12.
[108] 陈曦,陈伟根,王有元,等. 油纸绝缘局部放电与油中产气规律的典型相关分析[J]. 中国电机工程学报, 2012, 32(31): 92-99,223.
[109] 杨景刚,黎大健,赵晓辉,等. 局部放电定位中 UHF 信号到达时延估计法的研究[J]. 变压器,2008, (6): 34-38.
[110] 唐炬,陈娇,张晓星,等. 用于局部放电信号定位的多样本能量相关搜索提取时间差算法[J]. 中国电机工程学报, 2009, 29(19): 125-130.
[111] 常文治,唐志国,李成榕,等. 变压器局部放电超宽带射频定位技术的试验分析[J]. 高电压技术,2010,36(8): 1981-1988.
[112] PATSCH R, MENZEL J. Ageing and degradation of power transformers-how to interpret Return Voltage Measurements[C] // International Symposium on Electrical Insulating Materials. IEEE,2008.
[113] 尚勇,钱政,杨敏中,等. 高电压设备绝缘老化及状态维修的实现[J]. 高电压技术, 1999(3): 40-42,44.
[114] 牟雪云,李东东. 利用油中特征气体诊断变压器绝缘寿命[J]. 上海电力学院学报, 2014, 30(5): 433-436,442.
[115] 廖瑞金,杨丽君,郑含博,等. 电力变压器油纸绝缘热老化研究综述[J]. 电工技术学报, 2012, 27(5): 1-12.

展望

欧美国家电力工业发展较早,如瑞典、德国、日本和美国等国在高压套管的材料、结构、制造和生产等已经形成完整的工业体系,高压套管的研究与开发方面较为领先。我国高压套管的工业体系建立相对较晚,以西安交通大学、国网电力科学研究院有限公司、中国电力科学研究院有限公司以及西安高压电器研究院有限责任公司等为代表,一直从事高压套管的研究与开发工作,在高压交直流套管的材料、设计、工艺和试验等领域,取得了一系列重要成果,形成了多项核心技术与自主创新,但与欧美发达国家仍然有一定差距。尤其在当前,国内特高压工程的交直流套管产品仍然主要依赖进口,也成为制约我国特高压发展的瓶颈问题之一。目前,我国的套管发展主要面临以下几个关键问题。

①在特高压工程应用场合中,套管运行环境复杂,需要承受特高电压、大电流、机械拉力、振动和大气污染等方面的综合工况。这对套管的电气性能、机械性能、温升控制、密封性能等提出较高要求。常规电压等级套管的结构方案、绝缘材料和生产工艺等不能直接应用于特高压套管,套管材料和技术难点成为我国特高压工程的“卡脖子”技术。因此,未来高压套管的材料选取方面需要考虑材料的绝缘、化学、力学非线性问题,以及不同材料间的界面效应、空间电荷效应等。套管的结构设计需要充分考虑材料特性、生产工艺和现场安装等多种因素,同时需满足电气机械应力、温升和密封等要求。超长超大电容芯子、大型外护套和超长导电杆等部件则要确保加工质量和整体装配精度。

②当前采用变压器套管末屏高频局放信号、介质损耗、放电图像识别以及接地泄漏电流等系列方法来检测套管内绝缘状态,或者采用光纤传感器、振动传感器和声传感器来获取高压套管的热应力和机械应力的参量,从而间接获取套管故障情况,这些方法对高压套管的监测有一定促进作用,但相关的阈值设定方法或者仪器设备仅研究尝试,未得到广泛认同。因此,这些运行方法与标准制定之间还有一些

距离，随着电力工业的迅猛发展，新技术不断涌现，给高压套管监测与运行的发展带来了契机。

③目前特高压工程中应用较多的油纸套管、胶浸纸套管和纯六氟化硫气体套管在关键材料和生产工艺上依赖进口，且存在渗油、漏气、吸潮等绝缘风险。胶浸纤维干式套管从原材料采购到生产工艺均为国产，且具有阻燃防爆、机械强度高、电气性能稳定、防潮、少维护等优势，但在特高压工程中的应用还有待进一步研究。通过研究新型改性复合材料配方可以使复合材料的电气、机械和物理性能更优。结合新型复合材料特性，有针对性地设计高压套管的结构参数为解决传统套管尺寸受限、温升过高、密封性差和机械强度不够等问题提出了新的解决思路。

“十四五”期间，我国特高压工程建设将加快推进，新增的跨区输电通道将以输送清洁能源为主，新能源、微电网、互动式设备将大量接入，电力系统“双高”“双峰”特征进一步凸显，在保障电网安全运行和可靠供电方面面临巨大考验。因此，我们应该加快电网关键设备技术改造革新，为建设更加智慧、更加绿色、更加安全、更加友好的能源互联网贡献力量。